首都新农村建设论丛 第二辑

「首都师范大学史学丛书」出版资助

首都新农村

生态文明建设与对策研究

刘新成 主编

梁景和 田国秀 副主编

首都师范大学「首都新农村社会与文化建设研究中心」主办

首都师范大学出版社
CAPITAL NORMAL UNIVERSITY PRESS

图书在版编目(CIP)数据

首都新农村生态文明建设与对策研究/刘新成主编．—北京：首都师范大学出版社，2011.6

ISBN 978-7-5656-0429-4

Ⅰ.①首…　Ⅱ.①刘…　Ⅲ.①农村—生态文明—建设—研究—北京市　Ⅳ.①X321.21

中国版本图书馆 CIP 数据核字(2011)第 121360 号

首都新农村建设论丛　第二辑
SHOUDU XINNONGCUN SHENGTAIWENMING JIANSHE YU DUICE YANJIU
首都新农村生态文明建设与对策研究
刘新成　主编
梁景和　田国秀　副主编

责任编辑　陈　曦
首都师范大学出版社出版发行
地　址　北京西三环北路 105 号
邮　编　100048
电　话　68418523(总编室)　68982468(发行部)
网　址　www.cnupn.com.cn
三河市博文印刷厂 印刷
全国新华书店发行
版　次　2011 年 6 月第 1 版
印　次　2012 年 6 月第 2 次印刷
开　本　787mm×1 092mm　1/16
印　张　30
字　数　357 千
定　价　66.00 元

目录

序

《国家中长期教育改革和发展规划纲要》（2010—2020年）强调指出，“高校要牢固树立主动为社会服务的意识，全方位开展服务”。长期以来，首都师范大学作为北京市属的一所综合性师范大学，始终坚持“立足北京、服务首都”的办学方向，注重发挥学校在学科建设、科学研究、人才培养等方面的优势和特色，努力增强社会服务能力，积极围绕北京经济、政治、文化和社会建设方面的现实问题开展对策研究，服务政府决策，取得了较为明显的成效，受到了北京市委、市政府的充分肯定。

如何更好地深化学校、政府和企业间的合作，不断提升科学研究水平，拓宽社会服务范围，以创新和质量为导向产出更多的应用型研究成果，实现产学研用的有效衔接，是新形势下学校面临的一个重要课题，我们必须勇于探索，大胆创新，务求实效，积极采取各种措施，力求有新的突破。2008年6月，我校在北京市委社会工作委员会的指导和支持下，充分整合学科力量，凝练研究方向，组织科研队伍，成立了“首都新农村社会与文化建设研究中心”。研究中心成立以来，我们以首都社会主义新农村建设中的热点难点问题为中心，以课题研究为纽带，以服务政府决策为目标，引导广大教师和学生走出

"书斋"，走进田舍，从自己的专业研究出发，联合协作，共同深入京郊区县开展调查研究，服务首都三农建设。在研究工作中，我们始终强调理论联系实际，因地制宜，"实"字当先，杜绝形式主义，不搞空头理论，不做表面文章，多推出有思路、有对策、有措施的高质量的研究成果和报告，形成学术研究与成果应用转化的合力，不断增强研究工作的指导性、针对性和可操作性。本书就是在这一研究思路指导下，以生态文明与首都新农村建设为主题汇编而成的一项科研成果。

党的十七届五中全会明确指出，"要推进农业现代化、加快社会主义新农村建设，统筹城乡发展，加快发展现代农业"，继续强调农村工作是全党工作的重中之重，是加快转变经济发展方式的重要基础和关键环节。在当前北京建设世界城市的新的征程中，必须正确处理好人口、资源和环境的关系，首都"三农"工作的重要地位更加凸显，这些都对我们下一步的研究工作提出了新的更高的标准和要求。为此，我们必须继续发挥学校在学科建设和人才培养方面的优势，多渠道、多层次、多方位地融入首都经济社会发展之中。特别是要在前期研究工作的基础上，继续投身于服务首都社会主义新农村建设的实践中去，以满腔的热情和务实的态度，以严谨的科学精神和扎实的研究作风，学以致用，笃行实践，为推进京郊农村改革发展出谋划策，为首都新农村建设提供智力支持，充分发挥好高校在政府决策中的"智囊团"和"思想库"的参谋服务作用，不断提升学校的社会影响力和贡献力。

刘新成
2011.2

北京地表饮用水源地

——密云水库流域农村非点源污染控制与管理

王晓燕

一、引言

近年来，随着点源污染控制水平的提高，非点源污染已经成为水环境污染的主要来源，非点源污染研究越来越受到重视，并且成为环境科学、水文学领域的热点问题之一。西方国家最早开始对非点源污染进行了研究，在模型开发方面，20 世纪 80 年代在美国环保署和农业部等政府部门主持下开发的化学污染物模型 CREAMS；流域非点源污染模拟模型 ANSWERS；农田小区模型 EPIC；土壤侵蚀机理模型—农田尺度的水侵蚀预测模型（WEPP）；用于模拟农业活动对地下水影响的 GLEAMS 模型；用于农业非点源管理和政策制定的农业非点源污染源模型 AGNPS 等机理模型。20 世纪 90 年代以来，陆续出现了 SWAT、AGNPS 等大型的连续—分布式参数机理模型。在控制管理方面，美国提出了最佳管理措施，欧洲科学家提出了 AgriBMP-Water 工程体系，在预测与评价方面，Petersen 等（1991）建立了一个用于较大区域尺度的农业非点源污染潜力指数系统，Lemunyon 等(1993)首先提出了用磷指数评价法确定农业地区磷元素流失的风险性，Hughes 等(2005)分别提出了地块尺度和流域尺度的磷流失风险分级方案。

我国的农业非点源污染研究始于 20 世纪 80 年代初，USLE 开始被引入中国，并通过修正因子值，运用于气候、植被、土壤、土地，利用不同的地理区域进行试验研究。刘枫等(1988)运用 USLE 在于桥水库流域非点源污染的量化研究中进行了探索性研究；阮伏水在南方丘陵山区对 USLE 进行因子的试验研究，90 年代中后期以来，我国一些学者尝试进行机理模型的开发，李怀恩等先后提出了暴雨径流污染负荷计算的响应函数模型，郑丙辉等(1997)建立了湖泊流域非点源污染负荷模型，这个时期 GIS 与 USLE 相结合进行土壤侵蚀量的预测研究也得以探讨。史志华等(2002)在汉江流域运用 GIS 与 USLE 及 SCS-CN 方程结合，进行了土壤侵蚀量估算、水土保持规划等。经过国内外 30 多年的研究，非点源污染研究已从初期的定性化研究转向定量化，由统计、调查与机理研究转向实用治理与系统开发研究，由小区单次径流监测转向流域地形、气象、土地利用等对非点源污染时空变异研究。

我国农业资源有限，人口压力大，对农业要素和产品的高强度需求，使我国农业经历了持续的资源集约化生产历程，在这些历程中不适当的土地利用方式和农田管理模式导致了土壤侵蚀和过量 N、P 随地表径流流失，形成大面积非点源污染；肥料的不合理施用同时也带来了一系列的负面效应，如目前出现的水体富营养化、地下水硝酸盐含量超标等现象；致使农业面源污染数量巨大且难以控制，污染后果严重且逐渐显化，其中水安全问题日益突出，由于我国的饮用水源地大多位于农村，现也遭受到不同程度的污染，不达标的水源的数量呈显著上升趋势，且呈现复合污染的复杂情况。因此，水源地的环境保护刻不容缓，这也是农村生态环境的重要组成部分。

密云水库是北京城市供水的主要地表水源。目前库区水质富营养化趋势明显。初步研究表明：非点源已成为影响水库水质的主要污染源，其中农业源，即畜禽养殖、农田径流、农村生活等导致的水体污染最为重要且分布最为广泛(王晓燕等，2002)。这对北京的水安全带来了严重隐患，迫切需要在上述研究的基础上，对该区非点源污染状况进行进一步调查分析。

本课题拟以饮用水源地保护及农村环境生态安全管理为目标，综合运用环境经济学、环境社会学、环境管理学的研究方法，研究面源污染产生的主要原因和途径、各污染源的污染负荷贡献率，划定农村非点源污染关键控制区，提出污染控制管理的体系；在此基础上，估算污染所产生的环境经济损失，进行污染控制管理措施的效益评估及村民可接受程度的研究，为饮用水源地水质保护和生态环境管理提供一种新模式。

二、密云水库流域农村非点源污染类型区划

(一)研究区域概况

研究区域为密云水库上游流域。密云水库上游流域处于 N40°19′～N41°31′和 E115°25′～E117°33′之间，面积为 15788 km^2(见图 2-1)。

研究区域包括一省一市(河北省、北京市)共六县一区，包括河北省承德市和张家口地区的丰宁县、滦平县、赤城县、兴隆县和北京的密云县、怀柔区、延庆县等区县。

流域内地形西北高、东南低，西北部多以海拔 1000～2300 m 的

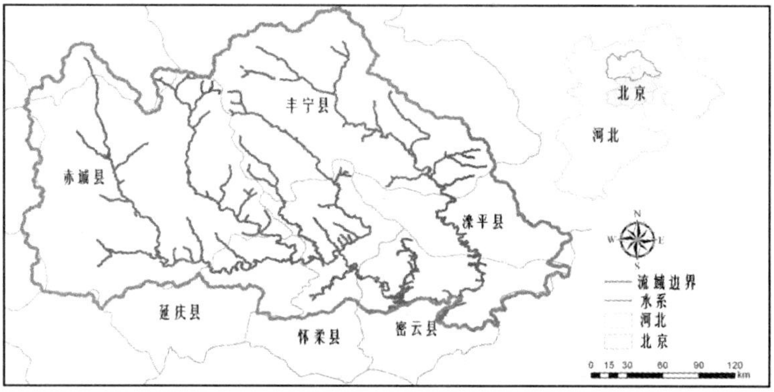

图 2-1　研究区域图

中山为主，东南部多分布低山、丘陵、少量平原和河滩地。山地面积占总面积的 2/3 以上，属侵蚀构造地貌类型。

流域属温带大陆性季风气候，冬季干燥寒冷，春季干旱多风，夏季湿热多雨，秋季次之。全年平均气温 9℃～10℃。流域气候大致可划分为两个气候带，即北部为中湿半干旱森林草原气候带，南部为暖湿半湿润山地气候带。

密云水库上游流域地表水有潮河和白河水系。流域内河川径流年内变幅很大，年际变化与降水年际相应，充分反映出山区河流的特征。

流域内土壤为四大类：褐土、棕壤、草甸土和栗钙土。以褐土分布最广，占 60.23%。

研究区共有人口约 80 万，人口密度为 53 人/km^2。有耕地 13.5 万 hm^2，人均耕地 0.16 hm^2。潮白河流域内各区县人口中农业人口约占总人口的 85%，城镇人口约占 15%，农村城镇人口比为 0.17。

农业收入是密云水库一级水源保护区家庭收入的主要来源之一，特别是玉米和板栗生产收入。因此，村民为了追求较高的产量和经济效益，农业生产中大多使用肥料，尤其是化学肥料。底肥使用中肥料种类多为二铵，追肥绝大部分为尿素。

密云水库是北京市唯一的地表饮用水源，其供水量为 4.8×10^8 m^3，占北京市地表水供应量的 61％左右。密云县是北京市重要的水源地，大部分地区处于密云水库水源保护区和地下水源保护区内，本研究选取密云县为代表，研究流域内非点源污染特征及采取的措施。

(二)流域农村非点源污染

1. 非点源污染特征

①畜禽养殖及污染状况分析

通过调查统计，密云县共有畜禽养殖场(或养殖小区)267 个，其中规模化的养殖场有 105 个，约占总数的 39％；非规模化养殖场 162 个，约占总数的 61％。尽管规模化养殖场的个数较少，但其存栏数却占总量的绝大部分。密云县畜禽存栏总量中，规模化约占总数的 75％；非规模化占总数的 25％。

密云县各乡镇中规模化畜禽养殖场及存栏数较多的是太师屯和高岭，两乡镇规模化养殖场占总数的 40.0％，存栏数约占总数的 49.1％。非规模化畜禽养殖场的数量及存栏数较多的是穆家峪和太师屯，两乡镇非规模化养殖场约占总数的 42.6％，存栏数约占总数的 42.4％。

密云县养殖的主要畜禽种类有牛(奶牛和肉牛)、猪、鸡(蛋鸡和肉鸡)、羊等，其中牛规模化养殖场存栏数占总数的 88.9％，非规模化养殖场存栏数占总数的 11.1％；猪规模化养殖场存栏数占总数的 89.1％，非规模化养殖场存栏数占总数的 10.9％；鸡规模化养殖场存栏数占总数的 75.1％，非规模化养殖场存栏数占总数的 24.9％；羊和其他畜禽规模化养殖场存栏数占总数的 99.1％，非规模化养殖场存栏数占总数的 0.9％。

本次调查分别对密云水库的一级保护区、二级保护区、密云水厂地下水源保护区内及其他地区的畜禽养殖场内的畜禽养殖场个数和存栏数进行调查统计，不同区域的养殖场分布见图 2-2 和图 2-3。

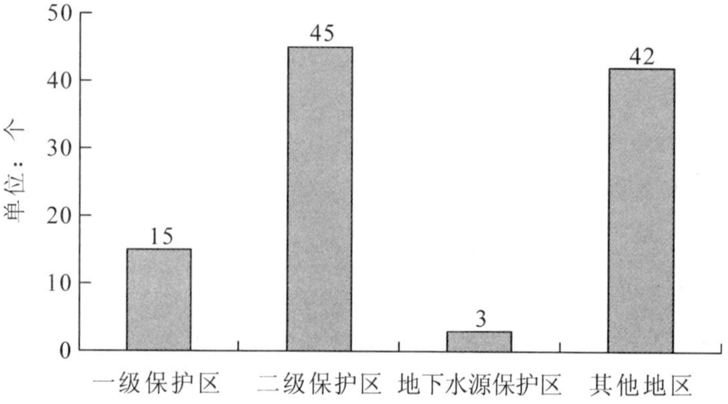

图 2-2　不同区域规模化畜禽养殖场的个数

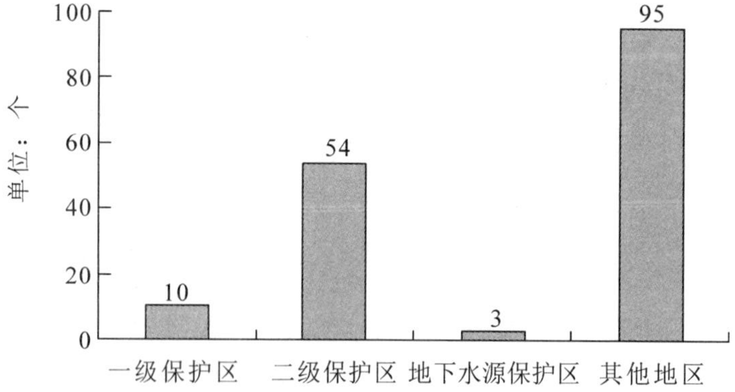

图 2-3　不同区域非规模化畜禽养殖场的个数

经统计可知，在非水源保护区内的畜禽养殖场个数最多，占总数的 51.3%；在各类水源保护区中，密云水库一级水源保护区有 25 个畜禽养殖场，占总数的 9.4%；密云水库二级保护区内的养殖场有 99 个，占总数的 37.1%；地下水源保护区主要分布在密云县城及周边，只有 6 个养殖场。

通过统计计算、分析可知，密云县规模化养殖场年粪便产生量占总量的 90.5%；非规模化畜禽养殖场年粪便产生量仅占总量的 9.5%。就主要养殖种类而言，牛粪便产生量最多，占到总量的 74.4%；其次是鸡，粪便产生量占总量的 14.6%；养猪场的粪便产生量占总量的 9.8%；羊和其他畜禽粪便产生量最少，仅占总量的 1.2%。

②农业生产及生产资料投入状况调查分析

以密云水库为中心，对周边石城镇、冯家峪镇、不老屯镇、高岭镇、太师屯镇等乡镇村庄的家庭状况、农业生产状况以及农业生产资料状况进行了入户调查。

不同乡镇耕地面积和作物种植类型比例差别较大，在调查乡镇中，作物种植类型可分为三类。第一类，与总体种植特点相似，果树和玉米是主要种植类型，果树与玉米所占面积都在 80.0%以上。第二类，以大田作物玉米和谷物杂粮种植为主的镇，玉米种植面积所占比例大于 50.0%，如翁溪庄镇，玉米种植面积占 56.4%。第三类，以果树、玉米为主，其他种植作物也有较大的种植规模。

从调查乡镇总体来看，施肥种类以尿素态氮肥和复合肥为主，分别占肥料用量的 60.5%和 33.0%，磷钾肥用量相对较少，分别占 4.3%和 2.2%。仍然存在氮磷钾施用比例不均衡的现象。受耕地面积、种植作物类型和经济发展水平不同，调查乡镇中化学肥料总用量和单位耕地面积用量有很大的差别，尤以太师屯镇化肥用量最多。氮肥用量与总用量及二者单位耕地面积用量之间呈显著性地正相关关系，这更进一步地说明了乡镇农业生产中氮磷钾施用比例的不平衡，氮肥所占比重较大，不仅对作物的持续生产不利，长期条件下导致土壤养分的失衡，导致土壤氮素流失风险加大。

乡镇农药用量呈现较大的差异，不老屯、太师屯用量较多，北庄、溪翁庄用量较少，这与不同镇种植作物类型有关。不同作物用药水平不同，玉米、花生、大豆、高粱等作物很少使用农药，板栗、苹果、梨树等果树以及蔬菜作物较常使用农药。以上分析结果表明，不老屯是一个以鸭梨水果生产为主的镇，太师屯是九个镇中蔬菜和果树种植面积较大的镇。这些镇都位于密云水库一级水源保护区，较大的农药用量意味着较大量的环境流失风险。

随着城镇化进程的发展，人均耕地面积的减少，由于农民施肥的盲目性，对农业生产资料的投入受施肥以及农药使用习惯的影响，年季之间用量变化不大。作物种植类型和经济发展水平不同，不同乡镇化肥和农药用量呈现明显的差异，特别是一级水源区内乡镇单位耕地面积承载较大的化肥尤其是氮肥和农药用量，如太师屯镇、不老屯镇等，具有较大的潜在水源污染风险。

③村镇生活

A. 农村生活污水特征研究

通过对农村生活污水排放源排放的污水进行调查监测，查清污水排放量、来源及其污染物浓度，估算排放负荷。为进行生活污染预测、评价提供基础数据，从而有效地指导农村生活污水的管理、收集与处理。

a. 生活污水排放量

本调查采用“自上而下”及“自下而上”两个途径的结合对生活污水产生量进行统计，“自上而下”即在实现了统一供给自来水的村镇，统计全村供(用)水量；“自下而上”即争取农户的协助配合，通过询问及农户自行收集的方法进行统计及称重，计量污水排放量。

村镇供水情况通过向村干部询问的方式进行了调查，经过对供水情况统计计算后得到，村民人均供(用)水量在 47 $L \cdot P^{-1} \cdot d^{-1}$～172 $L \cdot P^{-1} \cdot d^{-1}$之间，平均人均供(用)水量为 95 $L \cdot P^{-1} \cdot d^{-1}$；

各农户生活污水排放则选择了高岭镇放马峪村及石城镇王庄村的农户进行调查监测。通过询问及农户自行收集的方法统计计量污水排放量，调查统计结果显示，被调查农户全天生活污水排放量在 14.50 $L \cdot P^{-1} \cdot d^{-1}$～32.50 $L \cdot P^{-1} \cdot d^{-1}$之间，平均排放污水量为 21.59 $L \cdot P^{-1} \cdot d^{-1}$，年排放量为 7.9 t/P・a。

对上述调查的供(用)水量及污水排放量进行对照，计算得污水排放量约为供(用)水量的 22.73%。供水量远大于污水排放量，这是由于部分农民自留地用水及各种原因的水管理不善导致水的流失造成的。其次，因农户安装了自来水管，也会因用水方便对农民用水习惯造成影响而增加水的用量。

b. 生活污水来源比例

生活污水来源受生活用水的影响，主要有厨房洗涤污水、洗衣污水、洗浴污水、清洗农具污水、冲洗卫生间的粪便污水等。调查显示，在本研究区清洗农具污水所占比例较小，而使用水冲厕农户的厕所粪便污水不便收集计量，故这两类来源未作统计。这样，经调查计算可知，各类型的生活用水中，洗衣用量最大，一般约占了各户总用水量的 60%～70%，在人口较少的家庭，则以厨房用水为主。

随着本地区农村旱厕改造为水冲厕工程的完成，冲洗卫生间的粪便污水将成为最主要的污水来源。从各村的供水情况来看，已建及在建改厕工程的村庄用水量也稍高于其他村庄，其中高岭镇界牌峪、大城子镇墙子路、大城子镇杨各庄及石城镇王庄是使用水冲厕较多的村庄，其每日人均供水在 117 $L \cdot P^{-1} \cdot d^{-1}$～172 $L \cdot P^{-1} \cdot d^{-1}$。其中王庄村基本实现水冲厕改造，其人均日供水量最高，为 172 $L \cdot P^{-1} \cdot$

d^{-1}。这些村庄的供水管理者也反映了“改厕后用水量比原来要多一倍”的状况。

c. 生活污水水质特性

农村生活污水来源复杂，水质差异大，为查清主要来源，结合研究区现有情况，生活污水水质监测水体采样方案确定为：按洗浴、洗衣、厨房用水等主要的生活源分别取水样，记录该来源的用水量、采集时间及地点，按水质分析要求采集、运输及实验室分析。

分析结果显示，农户生活污水中无论何种用途，生活污水各项指标浓度均很高。从厨余水、洗衣用水、洗浴用水各用途的来源来看，总氮、总磷的浓度未见明显差异，但厨余水中化学需氧量的浓度普遍高于其他类型污水，洗衣用水中悬浮物的浓度普遍高于其他污水，具体见图 2-4。

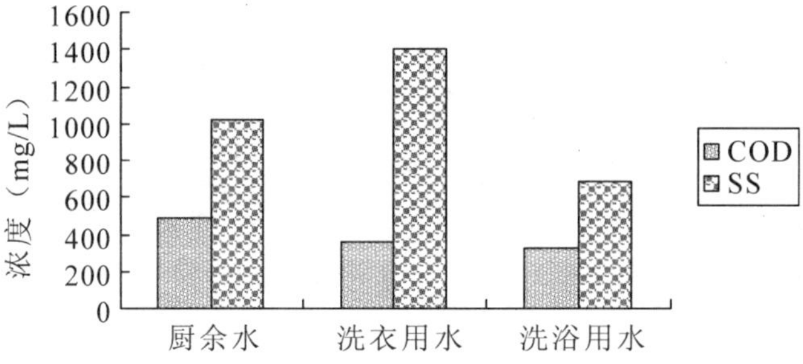

图 2-4　不同类型生活污水中 COD_{Cr} 及 SS 浓度比较

d. 排放负荷估算

根据实测生活污水量和污染物氮、磷、化学需氧量浓度，计算生活污水污染物排放量。结合生活污水排放量，按下列污染物人均日排放量的计算公式：

$$Q_i = \sum_{k=1}^{n}\sum_{j=1}^{m} C_{ijk} L_{ijk} / n$$

Q_i为 i 污染物人均日排放量(mg・P^{-1}・d^{-1})；C_{ij} 为第 k 个农户第 j 个污水用途来源第 i 种污染物的浓度(mg・L^{-1})；L_{ij} 为第 k 个农户第 j 个污水用途来源的每日人均用量(L・P^{-1}・d^{-1})；j 为污水用途来源，j=1，2，3，即分别是厨余水、洗衣用水、洗浴用水；k 为监测农户样本数，即 k=1，2，3，4，5；n 为监测农户样本总数，n=5。计算得各污染物指标人均日排放量为总氮 0.95 g・P^{-1}・d^{-1}、总磷 0.11 g・P^{-1}・d^{-1}、化学需氧量 9.13 g・P^{-1}・d^{-1}，按此排放浓度计算，人均年排放量为总氮 0.35 kg・P^{-1}・a^{-1}、总磷 0.04 kg・P^{-1}・a^{-1}、化学需氧量 3.33 kg・P^{-1}・a^{-1}。本研究可作为排除人粪尿污水后生活污水最低排放负荷。

研究区总人口为 115863 人，按本研究结果的排放系数估算，研究区生活污水污染物总排放负荷，总氮排放量为 40.0 t・a^{-1}、总磷排放量为 4.8 t・a^{-1}、化学需氧量排放量为 386.2 t・a^{-1}。

B. 农村厕所调查

a. 农村厕所类型

对研究区的调查结果表明，村民使用的厕所主要有四种类型：第一类为水冲厕，粪尿经地面储存槽、地下简易化粪池或三格化粪池存储，调查区内多数使用三格化粪池，这是目前生态村建设中普遍采用的厕所类型。粪尿定期、不定期的清淘，少数任其下渗；第二类浅坑旱厕，建于屋外，坑深约 1～1.5m；第三类坑深 1.5m 及以上的深坑旱厕。旱厕也进行定期、不定期的清淘；第四类公共厕所，属旱厕，有简易的化粪池。

通过对 808 份有效问卷的统计，被访农户使用浅坑旱厕、深坑旱厕及水冲厕的农户比例分别为54.6%、14.9%、27.1%，其余3.4%无私厕而使用公共厕所(见图2-5)。可见，研究区内农户仍以使用浅坑旱厕为主。

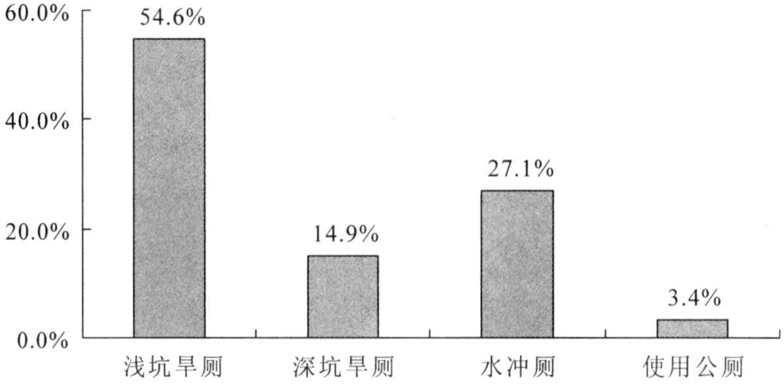

图2-5 使用厕所类型

分析厕所类型与生态村建设的关系时还发现，水冲厕的使用主要集中在生态村，使用水冲厕的农户占27.1%，89%为生态村农户。见图2-6。

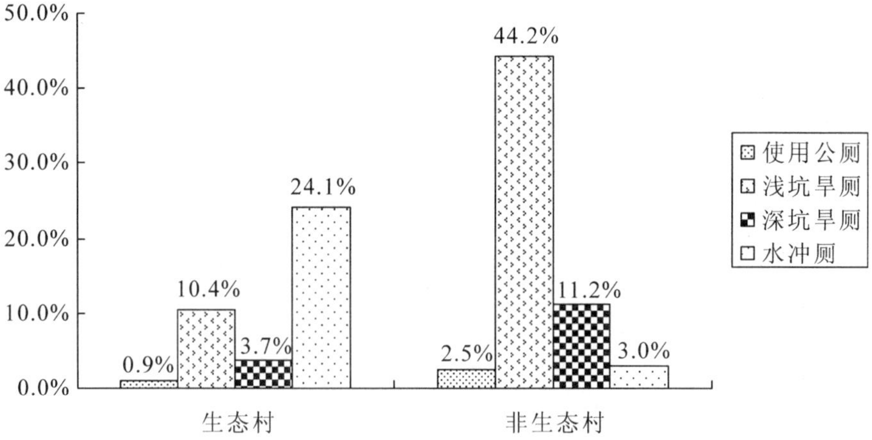

图2-6 生态村建设与使用厕所类型

通过村镇调查还获得了农村公共厕所的情况。120个村镇90005

人拥有公共厕所共147座，平均每村1.2座，平均每612人拥有一座公共厕所。除去拥有私厕的农户，无私厕使用公共厕所的农户共2970人，占3.3%。这部分人平均约20人拥有一座公共厕所。按此数据来看，现有的农村公共厕所已能满足人口需求。然而，通过分析农村公共厕所的离散趋势时发现，拥有公厕数量最多的村庄是8座，人口分别为659人及1025人，这只是调查村庄中等规模的人口数，57.5%的村庄尚无公厕。因而公厕的分布呈现明显的村与村之间的不平衡，尤其是与人口的分布不相一致的状况。

问卷调查统计结果显示，81.9%的农户把粪便作为肥料回田，倒到路边或沟里的占0.9%，倒入垃圾堆的占1.0%，花钱清掏并雇人运走的占9.6%，统一收集并集中净化处理占5.1%，从未处理过的占1.5%。可见，绝大部分农户的粪便被作为农肥入田。见图2-7。对典型村庄的走访调查时也看到了这一情况，村民将清掏出来的粪尿与灶灰混合后，露天堆放等待耕作时施用。

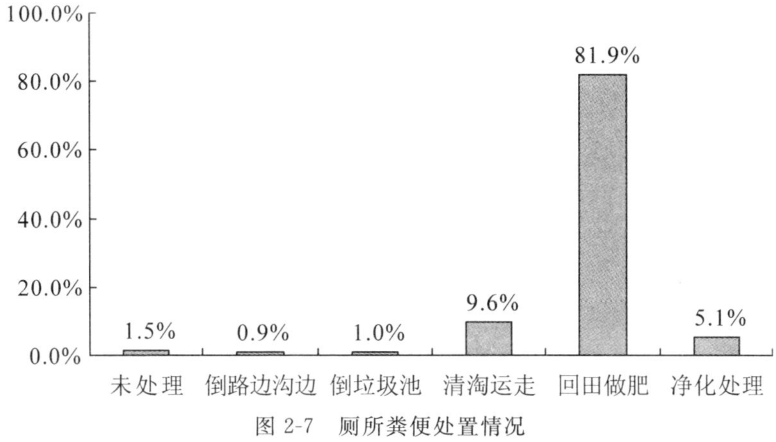

图2-7　厕所粪便处置情况

b. 排放量估算

人粪尿排污系数可采用张大第等的研究结果，即每人每天平均排粪 0.25 kg，尿 1.0 kg。人粪尿的排污系数为：总氮为 30.60 $kg \cdot P^{-1} \cdot a^{-1}$，总磷为 5.24 $kg \cdot P^{-1} \cdot a^{-1}$，化学需氧量为 19.80 $kg \cdot P^{-1} \cdot a^{-1}$，按该区 2004 年总人口 115863 人计算，区内年产粪量 10572.5 $t \cdot a^{-1}$，尿量 42290.0 $t \cdot a^{-1}$，人粪尿污染物的排放总量分别为：总氮 3545.4 $t \cdot a^{-1}$，总磷 607.1 $t \cdot a^{-1}$，化学需氧量 2294.1 $t \cdot a^{-1}$。

C. 村镇生活垃圾调查研究

通过对村镇的调查走访发现，其中有相当一部分村庄垃圾无序堆放，垃圾池使用率低，尤其是一些靠近河道的村庄，垃圾更是长期堆放于河道边，直接污染河水。

a. 生活垃圾排放量

垃圾排放量指除去回收再利用的部分，余下废弃物的数量即垃圾的排放量。本次对村民入户调查的即为垃圾排放量，调查共在 12 户进行，其中高岭镇放马峪村 7 户，石城镇王庄村 5 户，分别于 11 月 24 日、25 日、26 日进行，除王庄村有两户因故未能获得合作外，共完整调查统计了 10 户，其中有 3 户(家庭人口共 7 人)表示垃圾已“随手处理”而当日无垃圾，其他 7 户的垃圾排放量通过称重获得。

经调查计算，每日人均排放量为 0.29 $kg \cdot P^{-1} \cdot d^{-1}$。按该调查结果计算，若不考虑季节因素，研究区内每天垃圾排放量为 33.6 $t \cdot d^{-1}$，年垃圾排放量为 12264.1 $t \cdot a^{-1}$。若考虑季节因素，研究区全年垃圾排放总量为 19883.1 $t \cdot a^{-1}$。

b. 生活垃圾组成特征

农村垃圾的产生源一般有农业生产源、生活源、建筑源及其他产生源。在本研究中，主要探讨与村民日常生活密切相关的生活源垃圾。通过对村镇垃圾池及垃圾堆放地的观察以及对农户一日收集的垃圾称重及组成成分分类称重，可认识农村生活垃圾各种组成成分及其比例等。农村生活垃圾组成特点归纳如下：

①农村生活垃圾主要组成成分有燃煤柴等灰分、厨余物、枯枝落叶、塑料包装物、纸张、农作物残余、砖石、电池等，以有机物成分居多。观察各垃圾池，除灰分外，垃圾中有机物成分较多，塑料包装物因难于降解，在视觉上污染也较突出。因生产生活差异，各村各户垃圾组成差异也较大。一些村庄及农户，燃煤柴等灰分及其他有机物回田使用率高，垃圾量较少。

②垃圾组成季节变化特征突出。在冬季，燃煤柴等灰分在各种组成中，占有较大比例，一般家庭，从立冬至次年立春的约 90 天间，因取暖燃烧煤柴产生的灰分每户平均约为 2.00 $kg \cdot d^{-1}$，计算垃圾排放量时若加入这部分垃圾及枯枝落叶，则该季节平均每日垃圾排放量将增至约 0.70 $kg \cdot P^{-1} \cdot d^{-1}$。应妥善处理冬季的燃煤灰垃圾。

③除去燃煤柴等灰分及枯枝落叶，厨余物在各户垃圾中出现频率高、所占比例大。所调查的 7 户垃圾组成中均含厨余物，厨余物在除燃煤柴等灰分及枯枝落叶外的生活垃圾中所占比例分别为 71.4%～50.0%，个别农户 25.0%，平均约占生活垃圾的 59.3%。

c. 生活垃圾收集与处置

通过村镇走访，农户处置垃圾的方式主要有：倒到路边或沟道里、倒到地里、倒入垃圾池、不同方式分别回收利用及处理、倒入垃圾桶后有专人收集处理。入户问卷调查统计结果见图 2-8。

垃圾清运量指环卫部门收集和运输的垃圾数量。在本次调查中通过对村卫生管理员进行专访，调查了解到各村垃圾池(桶)平均数目为 7.9 个、月均垃圾产生量 28.3t、每次清运量约为 4.0t、清运周期为 6.7 天。

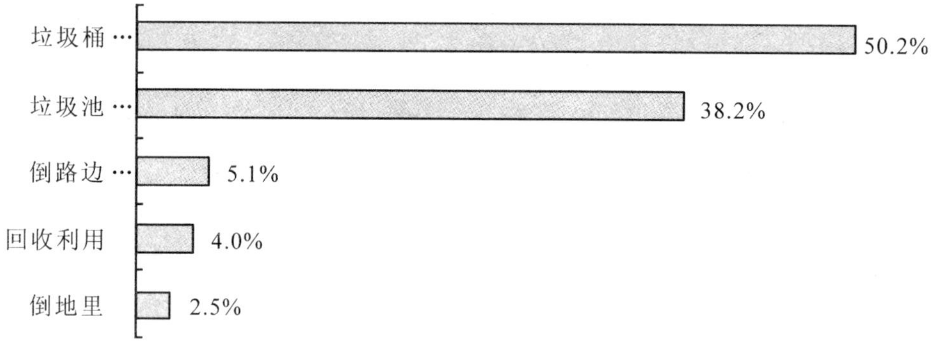

图 2-8　垃圾目前处置方式

2. 污染负荷估算及评价

①畜禽养殖排污量

根据北京市环保局 2001—2002 年组织对畜禽养殖场污染调查与监测结果确定的畜禽养殖业污染源排污系数计算密云水库流域畜禽养殖场的粪便排污量，经计算密云水库流域畜禽养殖场的粪便排污量比例见表 2-1。

表 2-1　规模化与非规模化养殖场废水产生量及污染物排放量所占的比例

养殖场类型	废水产生量(%)	COD(%)	氨氮(%)
规模化养殖场	81.3	95.5	58.4
非规模化养殖场	18.7	4.5	41.6

②村镇生活污染负荷

A. 生活垃圾总量与人均系数

人均生活垃圾系数是指在一段时间内(通常取 1 天或 1 个月)一个人生活过程中产生的垃圾量。其计算通常用每户一段时间的垃圾产量除以每户的人数。调查结果计算得出，普通村人均垃圾系数为 $8.7\ kg \cdot m^{-1} \cdot p^{-1}$，旅游村为 $12.3\ kg \cdot m^{-1} \cdot p^{-1}$，镇级村为

11.7 kg·m^{-1}·p^{-1}。普通村 695 人，旅游村 520 人，镇级村共计 2725 人，由总量估算公式：

$$年垃圾总量=人均垃圾系数\times人口\times365 \tag{1}$$

估算得出普通村、旅游村以及镇级村三个村年垃圾产生量分别为 73.56 t、77.82 t、387.9 t。

B. 生物污水排放量与排放系数

人均生活污水排放系数是指在一段时间内(通常为 1 天或 1 个月)一个人生活过程中产生的污水量。

总氮(总磷)人均排放系数是指每人每天在生活过程中所产生的污水中的总氮(总磷)含量，它直接反映着地区污染物的产生状况，应用人均总氮(总磷)排放系数公式和总氮(总磷)污染负荷公式计算。

在分析各类污水产量的统计数据后，经计算得出了三类村庄的人均污水排放系数。普通村人均污水排放系数为 26 L·d^{-1}，旅游村为 118 L·d^{-1}，镇级村为 39 L·d^{-1}。普通村和镇级村的人均污水排放系数(26 L·d^{-1}，39 L·d^{-1})与太湖地区农村(徐洪斌等，2007)(25.7～75.9 L·d^{-1})相近，而旅游村略高(118 L·d^{-1})。而王俊起等(2004)的研究发现上海及浙江地区的农村人均污水日排放量为 100～130 L，旅游村与之相近，北京地区的农村人均污水日排放量为 50.58 L，河南地区为 7.87～8.74L，普通村和镇级村介于二者之间。这说明经济水平和自然条件与污水排放量相关。旅游村排放系数最高，普通村最低。

通过公式(1)的计算，普通村的人均总氮、总磷排放系数分别为 0.57 g·d^{-1}和 0.06 g·d^{-1}，旅游村分别为 1.58 g·d^{-1}和 0.19 g·d^{-1}，镇级村分别为 0.84 g·d^{-1}和 0.13 g·d^{-1}。

镇级村因其人口相对较多且经济发展较好而污水产量和氮磷排放

量较大。普通村因其人口较少且经济相对落后而污水排放系数和氮磷排放稍少。旅游村受旅游餐饮业的影响而人均污水排放系数和污染物排放系数较大。

(三)防治类型区划分及污染控制对策

1. 畜禽养殖污染控制区划

密云县规模化畜禽养殖场污染防治类型区划

污染防治类型区划是指对区域污染源特点、生态系统客观认识和充分研究的基础上，根据区域生态环境要素、生态环境敏感性与污染源空间分布，应用生态学原理和方法，揭示自然生态区域的相似性和差异性规律以及人类活动对生态系统的干扰影响，通过整合和分区，将区域划分成不同污染防治类型区的过程，它不同于自然区划，它既要考虑自然环境特征和过程，也考虑污染特征及人类活动的影响，它是特征区划和功能区划的统一。

密云县规模化畜禽养殖场污染防治类型区划分为禁止发展区，即水源保护一级区；限制发展区，即二级水源保护区及地下水源保护区；适度发展区，即三级水源保护区及其他地区。在此基础上，根据不同区域的畜禽养殖现状，结合《畜禽养殖业污染防治技术规范》和《畜禽养殖污染防治管理办法》对畜禽污染的防治要求，我们对不同区域的畜禽养殖污染提出了相应的控制对策，见图 2-9。

密云县规模化养殖场污染防治类型区划　见图 2-10。

A. 禁止发展区污染控制对策

《北京市密云水库怀柔水库和京密引水渠水源保护管理条例》划定的密云水库一级保护区为密云水库环库公路以内(荞麦峪西侧至口门子村、城子以南至黄土洼以北、前保峪岭至老爷庙背水一侧及鲶鱼沟南背水一侧划定的区域除外)，包括内湖区及环库公路以外由市人民

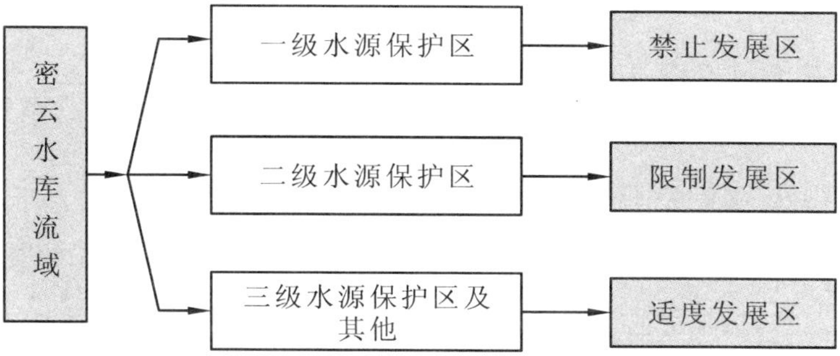

图 2-9　密云水库流域畜禽养殖防治分区

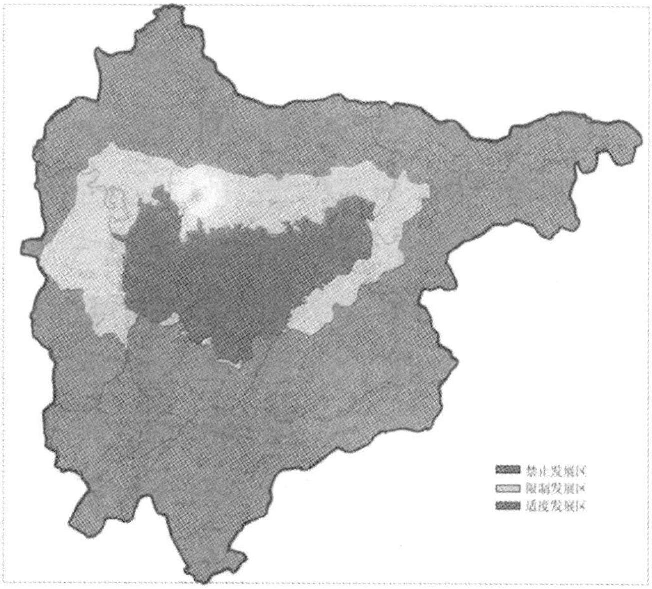

图 2-10　密云县规模化养殖场污染防治区划图

政府划定的近水地带。一级保护区是非建设区和非旅游区，禁止新建、改建、扩建除水利或者供水工程以外的工程项目。

结合《畜禽养殖业污染防治技术规范》和《畜禽养殖污染防治管理办法》对畜禽污染的防治要求，禁止发展区的畜禽污染防治应当遵守以下规定：

a. 禁止在一级保护区内新建、改建、扩建畜禽养殖场。

b. 原有的养殖场应限期迁出或关闭。

B. 限制发展区污染控制方案

限制发展区包括密云水库二级水源保护区及密云县地下水源保护区。密云水库二级保护区为一级保护区之外至两库的向水坡范围以内以至密云水库调节池的汇水范围以内；密云县地下水源保护区主要分布在密云县城及周边。

结合《畜禽养殖业污染防治技术规范》和《畜禽养殖污染防治管理办法》对畜禽污染的防治要求，密云水库二级保护区及地下水水源保护区的畜禽污染防治应当遵守以下规定：

a. 禁止在二级保护区及地下水水源保护区内新建、改建、扩建畜禽养殖场。

b. 原有的养殖场应加大畜禽污染控制力度，大力推进综合利用模式，推荐采用四位一体的新型农村生态养殖模式及资源综合利用模式，重点加强对畜禽污水的处理。即要严格控制畜禽养殖规模和养殖量，调整养殖结构，实现增产不增污，现有规模化养殖场全面集中治理污染，完善污染治理措施，畜禽粪污不外排，通过沼气等新能源的建设，实现畜禽粪便资源化。

C. 适度发展区污染控制方案

密云水库三级保护区为二级保护区之外上游河道的流域。

结合《畜禽养殖业污染防治技术规范》和《畜禽养殖污染防治管理办法》对畜禽污染的防治要求及三级保护区内畜禽养殖的污染防治现状，三级保护区的畜禽污染防治应当遵守以下规定：

a. 以畜定产，发展有机农业。要强调资源化。既在环境容量允许条件下，使畜禽废弃物最大限度地在农业生产中得到利用。调整种植业及养殖业结构，扩大干捡粪便畜禽的养殖规模(如羊、兔、特种禽类等)，发展草食家畜，结合种植业结构调整，加大对有机肥需求量大的蔬菜等品种的种植面积，推广使用有机肥，减少化肥的使用量，扩大土地载畜(禽)能力；合理规划，以畜定产，在发展有机农业、保证农产品安全的同时，减少粪便的处理难度，减少农业治污成本。

b. 污染控制技术的选择坚持经济、适用、可靠，尽量减少治污成本。根据养殖场的类型和规模，选取合适的畜禽粪水处理技术，在处理好养殖场的污染前提下，发展畜禽养殖，增加农民收入。

c. 积极引导一级保护区、二级保护区内养殖场向适度发展区转移。

d. 依托科技进步提高养殖生产水平，增强市场竞争力，改变散养的生产方式，实行集约化饲养、规模化经营。

e. 进一步加强规范化生产和标准化建设。实施规范化管理和标准化建设，提高养殖生产水平，促进养殖业从数量型向质量型转变，提高产品质量，推广清洁生产工艺，减少污染物的排放总量，降低对环境的影响，确保首都动物产品安全，增强畜产品的竞争能力，最终实现增加农民收入的目标。要抓好养殖小区规范化管理和标准化养殖生产基地建设，在养殖生产全过程实施质量监控，保障畜禽产品安全，实现污染物的达标排放。

f. 严格畜禽养殖的环境保护管理。对新建规模化养殖企业规范审批程序，按照《畜禽养殖污染防治管理办法》、《畜禽养殖业污染物排放标准》和《畜禽养殖业污染防治技术规范》的要求，采用先进的饲养生产管理工艺，配套建设粪便污水处理设施，做到环保设施与生产设施同时设计、同时施工、同时使用。

g. 对畜禽养殖污染防治实施全过程环境管理。对畜禽废弃物污染的管理要依法纳入总量控制目标中，实施畜禽污染物排污申报登记制度和排污许可证制度。畜禽废弃物堆放应有固定场所和设施，对堆放场所应实现地面水泥硬化并加强管理和维护，防止畜禽废弃物溢流、渗漏、雨水淋失、恶臭气味等对周围环境造成污染和危害；对畜禽废弃物用于直接还田的，应当经处理达到规定的无害化标准，防止病菌传播。在运输过程中必须采取防渗漏、防流失或其他防止污染环境的措施，妥善处置贮运工具清洗废水。

2. 农田污染流失风险分区

①氮素流失风险分区

对密云水库及其主要入库河流流域全氮、碱解氮及有机质叠加综合分析，按照氮素流失风险大小，可划分为三级：流失风险极高区、流失风险较高区、流失风险较低区。

流失风险极高区：位于白马关河流域冯家峪镇北部、潮河流域古北口镇西部区域和安达木河流域新城子镇东北区域等。这些区域氮素养分含量极高；海拔高度高，多为山区和丘陵。

流失风险较高区：位于清水河流域北庄镇东南、密云水库周边潮河流域的高岭、不老屯区域，密云水库周边白河、白马关河流域的冯家峪镇的南部、石城镇等区域，有较高的全氮和碱解氮含量，海拔高度相对较低，但距水库较近，大部为水库集水面，对采样点土壤机械组成分析结果表明，库区周边土壤质地较为疏松，呈壤质、砂质质地，冯家峪小流域质地情况反映了库区流域周边土壤质地情况(见图2-11)。

流失风险较低区：位于潮河流域的古北口、新城子镇南部，太师屯镇北部，不老屯镇北部，白马关河流域冯家峪镇东南部以及库南的溪翁庄镇等区域，本区域全氮和碱解氮含量相对较低，地势较为平坦，径流形成几率低，氮素养分流失进入水体的风险小。

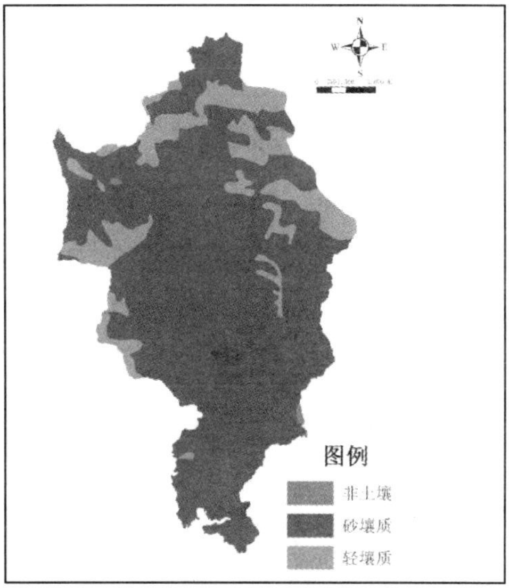

图 2-11　密云冯家峪小流域土壤质地

②土壤磷流失风险分区

土壤中磷主要以径流和渗滤两种途径进入水体。按照磷素流失对密云水库水质污染风险大小可分为三类，流失风险极高区、流失风险较高区、流失风险较低区。

流失风险极高区：位于白马关河流域冯家峪镇东北部、潮河流域古北口镇大部、高岭镇北部等区域，有极高的速效磷含量，地形多为丘陵，夏季降雨条件下，极易形成径流进入白马关河和潮河，磷素随径流进入河流，成为河流磷素主要来源之一。

流失风险较高区：位于潮河流域太师屯镇西部、高岭镇南部、不老屯镇大部、潮白河流域溪翁庄镇等区域，有较高的速效磷含量，本区域地势较为平坦，大部位于密云水库一级水源保护区内，在夏季强降雨条件下也易形成地表径流，耕地土壤较高磷素养分随径流淋失进入密云水库和白马关河和潮河，最终成为密云水库磷素主要来源。

流失风险较低区：位于白马关河流域冯家峪镇南部、清水河流域太师屯、北庄镇大部等区域，速效磷含量较低，地势较为平坦，随径流流失磷素养分量较少，对密云水库水源磷素贡献率小。

③农田污染控制对策

针对不同质地土壤，根据不同农作物类型生育时期长短，选择合适释放天数的缓控释肥类型，与尿素态氮相比，减少用量，分次少施，并与二铵配施。此施用条件下不仅有利于提高农作物产量，降低农作物硝酸盐含量，提高农作物品质，而且有利于减少土壤硝态氮累积和环境流失风险。农业生产中，适量氮素调控物质的施用有利于显著降低农作物中硝酸盐和土壤硝态氮含量，高量施用条件下不利于农作物硝酸盐和土壤硝态氮的累积。污染防控型作物结构调控关键技术研究监测结果表明，立体间作模式有利于减少氮磷及水土的流失，建议在密云县推广立体间作模式生产，同时开展农业面源污染防控示范区建设，通过示范区的成功效应，带动农民自发采取科学的生产模式，减少农业活动产生的面源污染，保护水环境。

3. 村镇生活污染特征分区

①生活污染特征

村庄类型对人均垃圾系数有明显影响。本研究将村庄类型分为旅游村、镇级村与普通村，经研究发现，旅游村的人均垃圾系数最高，镇级村略低，普通村最低。就厨余垃圾而言，旅游村人均产量最高，其次为镇级村，普通村最少(见图 2-12)。

调查表明，厨余垃圾产量随季节有明显变化，夏秋两季厨余垃圾含量明显比冬春两季高。

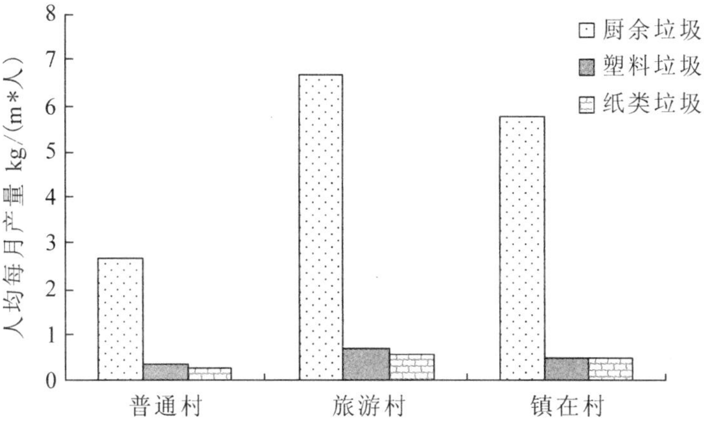

图 2-12 不同类型村垃圾产量

村庄类型和季节性对村庄生活垃圾的影响是影响研究区生活垃圾特征的宏观因素，调查结果显示在相同村庄类型和相同季节条件下，不同家庭生活垃圾的特征与家庭人均收入有关。在旅游村，家庭总收入与塑料、纸类垃圾人均产量呈明显相关。

调查发现，该地区村镇生活污水的产量和结构具有季节性规律。三种类型村庄生活污水产量季节变化明显。在生活污水产出结构方面，该地区也呈现出季节性特点，污水产出结构与污水产量也有相似之处。三类村庄夏季的污水产量均较高，洗浴及洗衣污水比例显著增加。

②防治类型区划定

防治类型区的划分应从空间和时间上两方面入手，从空间上看，村庄类型对生活垃圾和生活污水的产生有明显影响：旅游村的人均垃圾系数最高，镇级村略低，普通村最低；旅游村的污水产量远远高于普通村和镇级村。从时间上看，不同季节和时间段，生活污染物的产生也有很大变化：夏秋两季厨余垃圾含量明显比冬春两季高，冬季的炉渣产量是一年中最高的；旅游村夏秋两季污水产量最高，约为冬春两季的2～4倍，普通村和镇级村夏季污水产量约为其他季节的2～3倍，用餐的时间段是旅游村生活污水的产生的高峰期而晚饭后是其他类型村庄的污水产生高峰时段。

综上所述，旅游村作为村镇生活污染的重要控制区域，应加大垃圾和污水处理设施的建造力度，其他类型村庄适当加以控制。夏秋应是污染监控的重要时间段，在设计相关污染处理设施时，要考虑高峰负荷问题。

③防治污水的措施

党的十六届五中全会和“十一五”规划提出了建设社会主义新农村的重大历史任务。2006年的中央一号文件突出强调了农村规划和人居环境治理，建设部《关于村庄政治工作的指导意见》明确提出了村庄治理是社会主义新农村建设的核心内容之一，要求各地从实际出发在制定村庄建设和人居环境整治规划，引导和帮助农民切实解决住宅与畜禽舍混杂问题，搞好农村生活污水的治理，改善农民居住环境，并将此作为社会主义新农村建设的一项重要内容和检验标准，促进农村地区社会经济的协调发展。因此，需要及时对这些日常产生的污水进行处理来保护农民的健康和周围的环境。

密云县为保护水库周边的生态环境，密云水库上游乡镇已全部建成污水处理厂，并在各村建设污水处理站。截至2009年，已建成130余座村级污水处理站。这些污水处理站以行政村为单位建设，村民家中的厨房和厕所排出的生活污水，将通过连接着各家各户的污水管线流到污水处理站，再经过净化处理，使处理后排放的水质达到国家相关排放标准。污水处理站采用先进的膜处理工艺，这种工艺技术可让污浊的生活污水变成透明纯净的达标水，各项指标均符合国家规定的排放标准，不会对周边环境造成破坏。建设污水处理站的数量依各村的地势情况和人员分布增加或减少，每个行政村所建的数量并不相同。地势复杂和人员较分散的行政村建两到三座污水处理站，而村民相对集中，地势条件有利于铺设管道的行政村建一座。如 2009 年上金山村建了一座污水处理站，设计年处理能力 9125 t；2006 年黄土坎村建了 4 座污水处理站，设计年处理能力 25550 t。2010 年密云县将在密云水库周边再建设 53 座村级污水处理站，水库北部的不老屯、古北口乡镇都将分批建设。2010 年年底，密云县村级污水处理站数量将接近 200 座，全部投入使用后，密云水库周边和库北地区近 20 万村民可受益，村民的日常生活污水经过处理后不污染环境，保护了水库周边的生态环境。

三、水源地污染的环境经济损失评价

（一）环境经济损失评价方法

环境经济损失评价是对环境质量破坏的现状及其影响给予量化，利用货币化技术评估环境影响带来的经济损失，对环境污染造成的经济损失进行估算的常见方法有以下几种。

1. 生产率变动法

这种方法把环境看成是生产要素。环境质量的变化导致生产率和生产成本的变化，从而引起产值和利润的变化，而产值和利润是可以用市场价格来计量的。生产率变动法就是利用因环境质量变化引起的产值和利润的变化来计量环境质量变化的经济损失。生产率变动法的基本步骤如下：(1)估计环境变化对受者（财产、机器设备或人等）造成影响的物理效果和范围；(2)估计该影响对成本或产出造成的影响；(3)估计产出或者成本变化的市场价值。该方法适用于土地、农田、森林、渔业等可由于环境变化计算产值利润变化的环境要素。

2. 机会成本法

在无市场价格的情况下，资源使用成本可以用所牺牲的替代用途的收入来估算。不是直接用保护资源所得到的收益来测量，而是用为了保护资源而牺牲的最大的替代选择的价值去测量。机会成本法在其他方法都不适用时，通常是一种可行的方法。它简单易行，不需要大量的数据或复杂的计算。但任何一种资源的机会成本并不是固定不变的，通常随着资源的需求特性变化而变化，即当资源稀缺时机会成本增加，反之则减少。

3. 恢复费用法

恢复费用法是以恢复受破坏的水环境资源所需的费用作为水环境资源遭到破坏的经济损失估值的一种计算方法，该方法不考虑污染以后造成的复杂影响，仅从污染源角度出发，计算削减污水排放的费用。这种方法看上去实现的困难不大，但是它一方面无法体现累积效应的影响，另一方面由于不同排放方式和用途的污水，所造成的危害不尽相同，因此，计算结果也存在差异。

4. 影子工程法

影子工程法是恢复费用法的一种特殊形式，是在环境破坏后人工建造一个工程来代替原来的环境功能，用建造新工程的费用来估计环境污染或破坏所造成的经济损失的一种方法。

5. 置换成本法及重新选址成本法

置换成本法是用因环境危害所损坏的生产性物质资产的重新购置费用来估算消除这一环境危害所带来的效益的方法。它使用置换的真实费来估计对消除环境危害的主观评价。

重新选址成本法实际是置换费用法的变种。是用因环境质量的变化而重新安置某一物质设备的地理位置的实际成本，来估价环境保护的潜在效益。

置换成本类方法计算结果在经济上有效率的前提条件：危害的数量可以测量；置换费用可以计量，且不大于生产资源损失的价值；重置费用不产生其他连带效益。

在一般情况下置换成本用作受影响资源及其服务质量变化价值的低限估值，但由于个人可能有比所显示成本更高的恢复环境成本的支付意愿。因此，这些成本并不必然等于防止环境退化的收益。

(二)水源地污染产生的环境经济损失计算

针对不同类型的非点源污染损失，采用不同的环境价值损失计量方法。如耕作管理措施的经济损失，可通过农业生产成本的变化或单位面积农作物产量的变化来计算。

土壤侵蚀造成的泥沙淤积所引起的环境损失用影子工程法计算(杨志新等，2004)。

$$D_s = Z_s P_s / \rho_s \tag{1}$$

式中，D_s为土壤侵蚀造成的泥沙淤积所引起的环境损失(元)；Z_s为研究区年度土壤侵蚀中泥沙流失总量(t)；P_s为拦截泥沙工程的投资费用(元·m^{-3})，目前每m^3库容造价为100元；ρ_s为泥沙容重(密度)，取值为1.28 t· m^{-3}。

因土地废弃而失去的年度经济损失价值采用机会成本法计算，这里的土地废弃价值指因全部耕层丧失而废弃和因耕层变薄更加贫瘠而废弃两种情况。因此，以土壤流失总体积按平均耕层厚度折算成土地面积来计算(周冰冰等，2000)。

$$D_d = Z B / (0.3 \times 10000 \times \rho) \tag{2}$$

式中，D_d为土壤废弃的经济损失价值(元·a^{-1})；Z为研究区年度土壤侵蚀总量(t· a^{-1})；B为土地损失的机会成本，按每1 hm^2造价

1.5×10^4元计算；ρ为土壤容重，取值为1.10 t·m^{-3}。

土壤养分和有机质流失所造成的环境损失，可用恢复费用法来计算(杨志新等，2004)。

$$S_i = \sum T_i K_i C_i \tag{3}$$

式中，S_i为N、P养分流失所损失的价值(元)；i为N或P元素；T为研究区非点源污染土壤养分流失总量(t)；K_i为N、P折算为磷酸二铵的系数；C_i为磷酸二铵肥料的价格(元)。

根据北京市农业生产资料公司的数据，2005年磷酸二铵的市场价格为2200元·t^{-1}，折算成纯氮、纯磷化肥的比例分别为9.4和4.2。

畜禽养殖的非点源污染主要是未经处理的畜禽排泄废物和废水，会对农田和周围水资源造成环境污染，对大气环境和周边生态环境也存在很大影响，因其较难统计，本文现不作讨论。畜禽养殖排泄的废物可利用生物技术和工程进行有效处理并转化为肥料，达到综合利用的目的。因此，对其造成的非点源污染的生态价值损失，可用与土地养分流失评估相同的替代费用法及其公式(3)进行评估，但式中系数意义略有变化，式中：S_i为畜禽养殖废物养分流失所造成的生态损失价值(元)；T为研究区畜禽非点源污染养分流失总量(t)，其他同公式(3)。农村生活污染损失，植物缓冲带对非点源污染控制效果的经济价值等，也采用与土壤流失及畜禽养殖污染相同的方法计算。

根据以上公式计算出改变土地利用类措施的经济效益(见表3-1)。同时计算出养殖污染造成的生态损失为总氮1.48×10^6元(占总损失36.47%)、总磷1.73×10^5元(占总损失4.25%)；农村生活污染损失为总氮1.01×10^6元(占总损失24.77%)、总磷4.01×10^6万元(占总损失0.98%)。

表 3-1 非点源污染的生态损失价值估算(万元)

土地类型	养分流失		废弃地	泥沙淤积
	总氮	总磷		
耕地	29.84	1.84	14.46	40.18
林地	3.44	0.11	4.53	2.39
果园	3.64	0.18	2.31	4.06
草地	13.61	0.49	3.05	12.53
累计	50.52	2.62	24.34	59.17
比例(%)	12.4	0.64	5.97	15.52

但是，使用恢复费用法仍存在以下问题：①当评估地受到环境影响较大，致使较大部分人搬迁，若研究滞留人员对环境变化的反应，会低估环境的实际破坏程度；②对于防护所支付的费用可能有部分不是因为环境影响因素，还附带非环境因素，计算时难以区分；③防护费支付者可能对当前或跨时间风险有过高或过低估计，从而出现防护费支出的超补或低补，导致评估结果的偏差。

总之，以上各类估算未考虑水库非点源污染物浓度的提高而对周边大气及生活环境的影响，也为考虑畜禽对草地、林地破坏造成的生态经济损失及土地利用变化对土地持水能力的损失等，因此，比实际损失偏低。

四、污染控制管理措施效益评估

选定密云水库上游的太师屯镇，针对研究区农业非点源污染特征，设计了最佳管理措施(BMPs)，尝试运用环境经济学方法进行污染控制效果的经济效益评价，从流域的生态效益和经济效益的整体目标出发，为非点源污染的治理和控制措施的可行性评价提供科学依据。

(一)评估体系建立

研究区北京密云县太师屯镇，西临密云水库东岸，镇域辖34个行政村，含108个自然村，总面积202.5 km^2。据第五次人口普查数据，全镇人口约32937人，镇内以绿色农业和第三产业发展为主，工业所占比例较小。利用ArcGIS 9.2软件，结合北京市行政区划图和密云县土地利用图，对太师屯镇土地利用情况进行统计(见表4-1)，研究区林地(包括果园)面积约占总面积的47%，耕地占24%左右，其中76.9%的耕地主要集中在坡度小于15°的区域；草地占21%左右。

表4-1　研究区不同坡度耕地、草地和林地面积

坡度 / 土地类型	0°～15°		15°～25°		>25°		总面积
	面积	比例(%)	面积	比例(%)	面积	比例(%)	
耕地	37.22	76.9	5.02	10.4	6.14	12.7	48.38
草地	14.24	34.2	12.53	30.1	14.88	35.7	41.65
林地	22.62	23.4	28.19	29.2	45.86	47.4	96.67

1. 非点源污染控制措施的选择

已有研究表明，密云水库流域污染以非点源污染为主，主要来源有畜禽养殖、土壤侵蚀、流域内大量的农业活动及农村生活产生的垃圾，其中畜禽养殖是该区非点源污染的最主要来源。

因此，结合研究区实际情况，针对不同污染源、污染途径、类型制定以下8项非点源污染控制措施：①25°以上坡耕地退耕还林；②25°以上荒草坡还林；③15°～25°坡耕地变耕地为等高种植的果园；④0°～15°坡耕地设置等高植物篱；⑤0°～15°坡耕地部分保护性耕作；

⑥非规模化散养户推广农村户用沼气池；⑦在河流和水库的敏感地带设置植被保护带；⑧采用平衡施肥技术，测土配方施肥。其中，第1、2、3、4、6、7种控制措施属于工程性措施，第5、8种属于非工程性措施。这8项措施即可单独使用也可结合使用，也可根据污染控制目的进行组合，以达到最好的结果。

2. 非点源污染控制措施效果预测方法

流域非点源污染控制措施的经济评估是在流域非点源污染负荷估算的基础上，对规划的污染控制管理措施实施后的控制效果进行预测，并在此基础上，利用环境经济学方法，以币值的形式来衡量非点源控制措施的污染控制效果。

首先需要估算流域的非点源污染负荷。本文选择输出系数法模型(Johnes，1996)对流域非点源负荷进行估算。输出系数法利用相对容易得到的土地利用状况等资料，直接建立土地利用与受纳水体非点源污染负荷的关系，在很大程度上避免了过多考虑非点源污染产生和迁移过程，适用于流域为单元的长期年均负荷估算。

$$L = \sum_{i=1}^{n} E_i[A_i(I_i)] + p \tag{1}$$

式中，L—污染物流失量(t)；E_i—流域内不同土地利用类型的污染物输出系数(kg· km^{-2} · a^{-1})；A_i—第i类土地利用类型面积(km^2)或第i种牲畜数量、人口数量(头或人)；I_i—单位面积或人、畜的第i种污染源污染物输入量(kg)；p—降雨输入的污染物量(kg)。根据本区已有的研究结果，采用不同土地利用类型输出系数分类及取值(Wang *et al.*，2003)；畜禽粪尿输出系数主要参考《全国饮用水水源地环境保护规划》技术培训讲义①和王方浩等(2006)的全国畜禽粪尿输出系数进行确定；农村人均生活污染物排放量及输出系数参考本区已发表的结果(郑玉涛等，2008)，再根据各农村人口数、人均用水量及人均产污系数，以排放量的30%造成流失进行测算。

其次是估算流域非点源污染损失，在第3部分已经介绍并计算出结果。

非点源污染控制措施效果，可以采用多年定位监测方法进行实测以及模型模拟的方法进行预测。鉴于本研究对规划的非点源污染控制措施的效果无法做到全面的试验及监测分析，因此，对土地利用方式改变类非点源污染控制措施的控制效果是利用输出系数法，在输出系数不变而土地利用类型面积改变的情况下，计算出控制措施的污染负荷削减效果。对非土地利用方式改变类非点源污染控制措施的控制效果，本文经过大量的文献比较和分析，参考国内外已有研究的成果，选择了一个平均比例作为实施效果的预测依据。经济效益计算是根据各类措施对损失的减少，以货币形式反映出来。

(二)流域非点源污染控制措施的效果预测及价值估算

1. 非点源污染负荷和损失估算

根据上节中介绍的输出系数法，估算出研究区不同土地利用方式下非点源污染负荷(见表4-2)和各种畜禽在不同养殖方式下的污染负荷(见表4-3)。来自生活污染的总氮、总磷分别为48.67 t和4.26 t。

① 《全国饮用水水源地环境保护规划》技术培训讲义，中国环境科学研究院，2006年6月。

表 4-2　不同土地利用方式下非点源污染负荷估算

类型	面积/km^2	总氮/t	总磷/t	泥沙/t	土壤侵蚀总量/t
耕地	48.38	14.38	1.96	5143.28	31809.85
林地	68.71	1.66	0.12	306.45	9962.95
果园	27.96	1.75	0.19	519.22	5084.105
草地	41.65	6.56	0.52	1604.36	6701.485
总计	186.70	24.36	2.80	7033.31	53558.39

表 4-3　各种畜禽在不同养殖方式下的污染负荷

畜禽	数量/头	总氮/t		总磷/t	
		规模化养殖	非规模化养殖	规模化养殖	非规模化养殖
猪	23241	1.11	0.55	0.41	0.21
牛	3207	2.85	1.43	0.46	0.23
羊	39583	26.12	15.50	11.05	5.56
鸡	3033000	26.82	7.94	1.41	0.71
总计		56.9	25.42	13.33	6.71

按照第 3 部分研究方法计算出改变土地利用类措施的经济效益(见表 3-4)。

2. 污染控制措施

土壤养分流失中，固态氮、磷的输出和泥沙流失量主要受土壤侵蚀的影响，而溶解态氮与溶解态磷的流失主要受地表径流的影响。磷与氮不同，大多数吸附在土壤颗粒上，在土壤中不易移动，吸附态磷是磷流失的主要形态。不同土地利用类型的吸附态磷占总磷的比重都在 90%以上，由此可见，土壤泥沙随径流流失是导致土壤磷流失的重要原因。控制土壤侵蚀就可以控制磷的流失(王晓燕等，2002；黄生斌等，2007)。

(1)改变土地利用方式类

此类控制措施包括以下3种：①25°以上坡耕地(总面积为6.14 km^2)退耕还林；②15°～25°坡耕地(总面积为5.02 km^2)变耕地为果园；③25°以上荒草坡(总面积为14.88 km^2)还林。针对不同政策实行时可能存在反对及不能完全实行的情况，本文模拟了实行50%、75%和100%3个不同级别措施的控制效果。在输出系数不变而土地利用类型面积改变的情况下，计算出以上3种控制措施的污染负荷削减量，削减量与表4-2中各类土地利用下的负荷的比值即为削减率(见表4-4)。

表4-4　改变土地利用方式类非点源污染控制措施效果预测

控制措施	比例	调整后总面积/km^2		总氮削减量/t	削减率	总磷削减量/t	削减率	泥沙削减量/t	削减率
		耕地/草地	林地/果园						
25°以上坡耕地还林	50%	45.31	71.78	0.84	5.84%	0.12	6.12%	312.68	6.08%
	75%	43.77	73.32	1.26	8.76%	0.18	9.18%	469.02	9.12%
	100%	42.24	74.82	1.68	11.68%	0.24	12.25%	625.36	12.16%
15°～25°坡耕地变果园	50%	45.87	30.47	0.59	4.10%	0.085	4.34%	220.23	4.28%
	75%	44.62	31.73	0.88	6.12%	0.13	6.63%	330.34	6.42%
	100%	43.36	32.98	1.18	8.21%	0.17	8.67%	440.45	8.56%
25°以上荒草坡还林	50%	34.12	76.15	0.99	15.09%	0.080	15.38%	253.41	15.80%
	75%	30.49	79.87	1.50	22.86%	0.12	23.08%	380.11	23.69%
	100%	26.77	83.59	1.980	30.18%	0.16	30.76%	506.81	31.59%

分析以上3种措施对非点源污染负荷的削减结果，从表4-4可以看出：25°以上荒草坡还林措施效果最好，对总氮、总磷、泥沙流失的控制效果都超过15%，最高可达30%以上；25°以上坡耕地还林效果次之；对总氮、总磷、泥沙流失的控制效果都超过5%，最高可达

12%以上；15°～25°坡耕地变果园措施最差，对总氮、总磷、泥沙流失的控制效果一般为4%～8%。由于这3种措施为针对不同坡度不同土地利用的控制措施，并非互斥方案，因此，3种措施同时实施，则对土壤侵蚀类污染的控制效果为3种方式效益的加和，约为24%～59%，能取得较好环境效益。从表4-4可知，不同土地利用下非点源污染负荷小于农村生活和畜禽养殖，因此，仅仅通过改变土地利用方式控制并不能有效地控制该区的非点源污染，需要采取其他非点源污染控制措施。

根据表4-4中各种措施的削减量，按照上述3.2节中的损失估算公式2、公式3和公式4，计算出各措施效果的经济效益(见表4-5)。

表4-5　改变土地利用方式类控制措施效果的经济价值评价

控制措施	比例	土壤养分流失		废弃地	泥沙淤积	总计	控制效率	土壤侵蚀总效率
		总氮	总磷					
25°以上坡耕地还林	50%	1.74	0.11	0.72	2.44	5.01	5.80%	3.67%
	75%	2.61	0.17	1.07	3.66	7.52	8.71%	5.50%
	100%	3.48	0.22	1.43	4.89	10.02	11.61%	7.33%
15°～25°坡耕地变果园	50%	1.22	0.079	0.54	1.72	3.56	4.12%	2.61%
	75%	1.83	0.12	0.81	2.58	5.35	6.20%	3.91%
	100%	2.44	0.16	1.09	3.44	7.13	8.26%	5.22%
25°以上荒草坡还林	50%	2.06	0.075	0.05	1.98	4.17	14.05%	3.05%
	75%	3.09	0.11	0.08	2.97	6.25	21.06%	4.57%
	100%	4.12	0.15	0.11	3.96	8.33	28.07%	6.10%

注：1. 控制效率为该措施削减量的经济价值在原土地利用方式下非点源污染负荷价值中的比例。

2. 土壤侵蚀总效率为该措施削减量的经济价值在原土壤侵蚀类非点源污染负荷总损失中的比例。

比较3种控制措施效果的经济价值可以发现：25°以上坡耕地还林措施的经济效益最大，这主要是由于坡耕地的严重土壤侵蚀情况所造成；25°以上荒草坡还林措施控制的效率最高，在14%～28%左右，这主要是由于该区地处水库保护区，坡耕地和缓草坡面积不大，限制利用坡地，因此，控制效率一般。

进一步分析3种措施经济效益的组成(见图4-1)，发现25°以上坡耕地还林措施中泥沙淤积量削减所带来的经济效益是其主要组成部分，约占49%，其次是总氮量削减价值，约35%，废弃地约14%；15°～25°坡耕地变果园措施与退耕还林措施的价值组成结构相似；而25°以上荒草坡还林措施的控制效果组成与前两者不同，其对总氮流失量削减的效益与控制泥沙淤积的经济效益相当，几乎没有废弃地减少的价值，这是由于荒草坡基本未种植利用，因而没有废弃地损失，相对坡耕地的土壤养分流失较小，而土壤侵蚀情况与林地更近，与坡耕地土壤侵蚀差别较大。

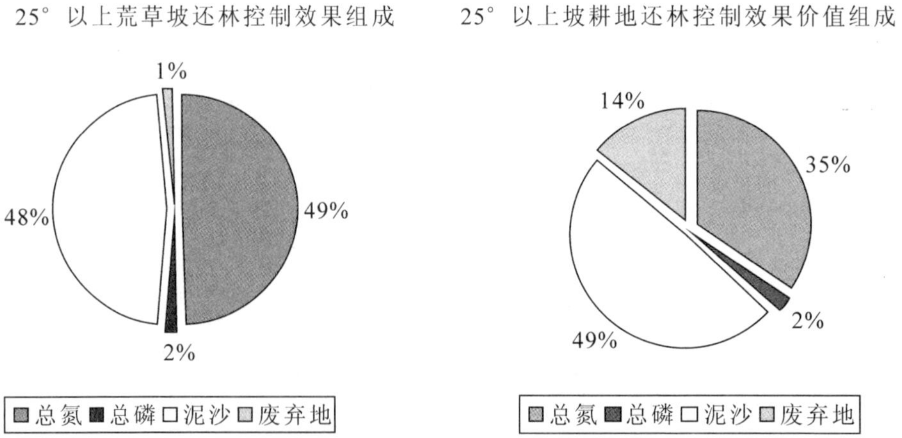

图4-1　同控制措施效果的经济价值组成

(2)非土地利用方式类

针对土壤侵蚀类非点源污染的单项控制措施还包括：①0°～15°坡耕地部分采取保护性耕作；②0°～15°坡耕地设置等高植物篱。

由于评估方法复杂性和数据的有限等原因，本文对该区规划的0°～15°坡耕地采取保护性耕作，对非点源污染控制效果进行评估，预测此措施对土壤养分流失的削减效果。泥沙流失削减预测以土壤侵蚀控制效果为依据，该区共有0°～15°坡耕地37.22 km^2，对0°～15°坡耕地部分采取保护性耕作措施的控制效果及经济效益进行评估，结果见表4-6。

对该区规划的0°～15°坡耕地设置等高植物篱控制效果评估，根据其对地表径流控制26%～66%和减少土壤侵蚀50%～97%的经验效果，取平均值。再根据此平均值预测此措施对土壤养分流失及泥沙流失的削减效果，经济评估方法不变。对0°～15°坡耕地设置等高植物篱措施的控制效果及经济效益见表4-6。

表4-6　非土地利用方式下0°～15°坡耕地污染削减效果预测及经济评价

控制措施	削减量/t				经济效益/10^4元				总经济效益/万元	总削减效率
	总氮	总磷	泥沙	废弃地	总氮	总磷	泥沙	废弃地		
保护性耕作	8.63	1.57	4114.62	25447.88	17.40	1.47	32.14	11.57	53.08	13.02%
等高植物篱	6.61	1.45	3806.03	23539.29	13.72	1.36	29.73	10.70	55.51	13.62%

此两种措施是针对同一坡度同一土地利用的两种不同措施，为互斥措施。其中，保护性耕作为管理措施，而等高植物篱为工程性措施。

(3)畜禽养殖污染类非点源污染控制措施

畜禽养殖已成为本区非点源污染的最大贡献来源，进一步分析畜禽养殖的污染负荷组成，会发现仅占养殖总量25%的非规模化养殖却占据了养分流失总量的50%以上(王晓燕等，2002；黄生斌等，2007)，非规模化养殖场粪便处理率低是造成这种现象的主要原因。针对非规模化养中的畜禽排泄污染，农村户用沼气池是最佳的处理方式。

一般6～8m^3的农户沼气池，需要饲养3～5头存栏猪，才能满足沼气池发酵原料(指猪粪尿)的需要。根据2005年密云县统计年鉴，太师屯镇共有生猪30238头，非规模化养殖7560头，其中，未处理的983头。现仅针对这些未处理的散养畜禽采取措施，因还养殖有其他畜禽，按每3头猪可建1个8m^3沼气池换算，共建328个户用沼气池。根据收集的效果数据和对该镇畜禽养殖污染的统计，估算户用沼气池对该镇非点源污染的控制效果及经济效益(见表4-7)。

计算通过户用沼气池削减散养畜禽养殖带来的非点源污染时，仅针对该镇25%非规模养殖中未对畜禽粪污进行回收处理的13%比例部分进行，仅此部分的控制效果就可以达到总损失的10.46%。根据现有发展水平，其余87%的非规模养殖中多以传统的统堆沤造肥方法为主，畜禽粪便投入沼气发酵氨态氮增加20%以上，磷、钾等养分没有明显损失。沼气发酵全氮保存率比敞口池沤肥保存率增加46%，敞口池沤肥中磷、钾保存率仅为63.36%和66.67%(孙忠孝，2005)。

表4-7　农村户用沼气池削减效果预测及经济评价

控制类型	单位控制效率		削减量/t	经济效益/10^4元	总计/10^4元	总效率
减少养分流失	总氮	90%	17.11 t	35.49		
	总磷	90%	4.42 t	4.14		
替代化肥	硫酸铵	50 kg	16.4 t	3.61	50.08	10.46%
	过磷酸钙	40 kg	13.12 t	3.56		
替代农药		100元	3.28*10^4元	3.28		

注：总削减效率为该措施削减污染的价值占该区非点源污染经济损失的比例。

(4)化肥施用类污染控制—测土配方施肥技术

测土施肥技术对化肥利用率的提高效果按经验值的中位数7.5%计算，研究区2005年氮肥施用量共1244 t，则平衡施肥措施对该区氮肥流失削减效果为6.44 t，利用最简单的市场价值法将其折合成等量磷酸二铵肥料，其经济价值为1.42×10^{4}元。磷肥使用及磷素流失由于文献不足，本文暂不作讨论。

平衡施肥技术除提高肥料利用效率外，还可以达到节约肥料使用，增加产量的效果。按施氮量超过作物需求的50%计算，则可节约1/3的氮肥使用量，约411 t，折合经济价值9.03×10^{5}元。则该区实行测土施肥技术仅节约氮肥流失方面的经济价值就为9.17×10^{5}元，约占总污染损失的19%。且该措施与针对0°～15°坡耕地的部分工程性措施并不矛盾，可以结合使用。当然两种措施的叠加效果会有所不同，本处不作讨论。

(5)综合污染控制措施—河岸植被保护带

本文对经验削减效率取平均值，预测河岸缓冲带对该区非点源污染控制效果。本区共有河岸和水库岸边长141 km，可根据地区情况设置不同的缓冲带建设比例，如25%、50%、75%和100%。假设整个区域的非点源污染最后都会经过缓冲带被其截流，并且整个区域的污染负荷总量在可建设的缓冲带的承担范围内不会造成污染外溢的情况下进行的，为一种理想状态，根据环境经济评估方法，对其经济价值进行估算，结果如表4-8所示。

表 4-8　河岸缓冲带削减效果预测及经济评价

建设比例	污染物	削减量/t	经济价值/10^4元	经济效率	削减总价值/10^4元	总经济效率
25%	总氮	10.96	22.73	4.75%	40.41	8.82%
	总磷	6.70	6.28	1.31%		
	泥沙	1459.41	11.40	2.38%		
50%	总氮	21.92	45.47	9.5%	80.82	17.65%
	总磷	13.40	12.	2.62%		
	泥沙	2918.82	22.80	4.76%		
75%	总氮	32.88	68.20	14.23%	121.24	26.47%
	总磷	20.10	18.83	3.93%		
	泥沙	4378.23	34.21	7.15%		
100%	总氮	47.35	98.21	19.00%	168.92	35.29%
	总磷	26.79	25.10	5.24%		
	泥沙	5837.65	168.92	9.3%		

以上结果说明，植被缓冲带对非点源污染削减效果明显，总经济效率最高到达35%，在污染控制中有着非常重要作用。当然，植被缓冲带会占用土地，造成一定的经济损失，所以，应该在缓冲带建设的成本效益中加以综合考虑。

(三)效益评估结果

1. 针对控制土壤侵蚀的 3 种改变土地利用类型的措施中，25°以上荒草坡还林措施效果最好，对总氮、总磷、泥沙流失的控制效果都超过 15%，最高可达 30%以上；25°以上坡耕地还林效果次之；对总氮、总磷、泥沙流失的控制效果都超过 5%，最高可达 12%以上；15°～25°坡耕地变果园措施最差，对总氮、总磷、泥沙流失的控制效果一般为 4%～8%。

2. 坡度为 0°～15°坡耕地在土壤侵蚀控制中具有重要地位，坡耕地植物篱和保护性耕作对土壤侵蚀类非点源污染的控制效果相近，削减的污染损失价值占总污染损失的13%，具有明显的环境效益。

3. 针对畜禽养殖污染设计的农村户用沼气池总经济效率在10%左右；测土施肥技术可减少氮素流失、节约大量化肥，且削减的污染损失价值达到总污染损失的19%。

4. 作为综合污染控制措施的河岸缓冲带，可以有效地拦截氮、磷和泥沙的流失，对泥沙的控制效果最好为83%，氮最低仅为27%；而从经济效益方面比较，缓冲带减少氮素流失所获得的经济效益最大，约为该措施总经济效益的56%，泥沙次之，占28%；植被缓冲带削减非点源污染的总经济效率最高，可达35%，折合经济价值约1.69×10^6元。

五、公众环境意识分析

(一)村民环境意识调查

1. 调查问卷设计与数据处理方法

为全面了解密云流域的农村环境保护状况，为制定适宜的密云流域农业非点源污染控制政策提供背景信息，项目组在密云流域范围内进行了少数几个典型村庄在内的二百份小范围的初步问卷调查，获得了关于流域村庄居民的生活环境状况、环境意识及环境支付意愿的第一手资料。在对此次调查的分析、总结和对上次调查的修正的基础上，项目组在密云流域又进行了一次大范围的以农户为调查单位的问卷调查，并在此调查基础上辅以村庄总体情况调查。此次问卷包括家庭及个人社会经济情况、乡村总体环境、生活垃圾、生活用水及污水、厕所及粪便处理、支付意愿、环境意识及密云水库的保护等八部分内容，其中结构性选择问题25个和开放性问题4个。

采用多阶段随机抽样方法(曾思育，2004)，选取调查对象，发放问卷形式，凡县域境内18岁以上成年人，不受年龄、性别、职业限制，均可作为受访者对问卷进行完整回答。共回收问卷809份，其中有效问卷780份，有效率96.4%，共涵盖8个镇125个村庄，其中一级保护村庄44个，二级保护村庄81个。本文的数据来源于此次问卷调查。问卷回收后，利用SPSS10.0软件进行统计分析。

2. 被调查者社会经济情况统计

问卷对被调查者的社会经济状况作了基本的调查，包括家庭总收入、农业收入、家庭支出、常住人口、劳动力数量、畜禽养殖种类及数量、性别年龄、婚姻状况、职业、受教育程度等。受访人的人数、性别、年龄、学历等结构状况详见表5-1。

统计得出调查的全部对象中以男性为主，占总体的80%，且大部分为已婚者。年龄集中的35～60岁之间，主要以中老年为主。家庭收入平均值为12730.85元·a^{-1}，变化范围较大，主要集中在5000元到20000元之间。生活支出平均为7565.62元·a^{-1}，约占家庭总收入的60%，较为平均的分布于2000元到16000元之间。其中，若按村镇分，平均家庭收入最高42700元·a^{-1}，最低1000元·a^{-1}，大部分在5000到20000元之间分布，两极差别较大，虽存在少数村庄的统计数据代表性较差或填写有误的情况，但依然可看出在密云县境内不同村镇之间生活状况也存在着较大的。

教育程度以初中为主，占一半以上，高中和小学占少量比例，受过高等教育的极其稀少，总共不到十个，因此在分析中这部分人群的代表性较差，会对分析造成一定影响，在一定情况下可作为极端情况予以剔除。根据一般经验，职业、性别、婚姻状况这三项对支付意愿没有明显的相关性，且95%以上的调查者均为农民，其他职业者非常少见，故分析意义不大。

表 5-1　被调查者个人信息统计表

性别	男 71.7%	女 28.1%					缺失 0.3%
婚姻状况	已婚 94.1%	未婚 5.6%					0.3%
年龄结构	18～24 岁 1.4%	25～34 岁 11.5%	35～44 岁 37.7%	45～60 岁 40.6%	60 岁以上 8.5%		0.3%
文化程度	文盲 3.6%	小学 11.5%	初中 59.2%	高中、中专 21.3%	大专 0.9%	大学及以上 0.1%	3.3%
家庭收入	<5000 元 17.4%	5001～8000 元 16.0%	8001～12000 元 27.2%	12001～16000 元 16.7%	16001～20000 元 11.4%	>20000 元 8.9%	2.4%

3. 环境意识调查

选择了居民对密云水库环境质量现状评价(包括水库受污染情况的了解情况、对水库影响最大的污染源的识别)、环保信息来源(包括对密云水库环境保护政策法规的了解渠道、程度)和环保态度三个方面来分析密云县居民的环境意识情况。结果统计见表 5-2。

表 5-2　居民对环保信息的了解和倾向方式

项目内容	关于对密云水库环保信息的了解及倾向[1](%)							
	A	B	C	D	E	F	缺失	合计
环保政策法规了解[2]	28.8	40.0	29.4	0.9			0.9	100
了解渠道[3]	58.8	5.0	5.0	4.6	20.4	1.5	2.8	100
倾向环保宣传方式[4]	53.6	15.4	9.1	16.3	4.6		1.3	100

备注：(1)A、B、C、D、E、F 为村民的选择；(2)相应指：不了解、听说过、一般了解、很了解；(3)相应指：电视、报纸杂志、亲戚朋友或村民间的交流、专门的宣传、各种方式都有、不了解；(4)相应指：科教影片电视及广播、印有图片和文字的宣传手册、专门的培训、建好的示范工程、无所谓。

从调查结果看，剔除未作答的缺失值，村庄居民对"您认为密云水库的受污染情况"的回答中，选择"不清楚"的人最多，约占总数的41.3%。其次是认为"有轻微污染"和有"污染严重"的，认为"没有污染"的人相对较少，但仍占10.8%。

在对密云水库污染来源的识别问题上，选择"生活污水、垃圾"的人最多，约占27%；其次是"不清楚"的人，占22.3%；选择"工业及乡镇企业"、"畜禽养殖"和"农田施肥及洒农药"三个选项的人数相当，均占总数的15%左右。还有少量的被调查者认为"过境水"是密云水库最大的污染源。（见图5-1、图5-2）

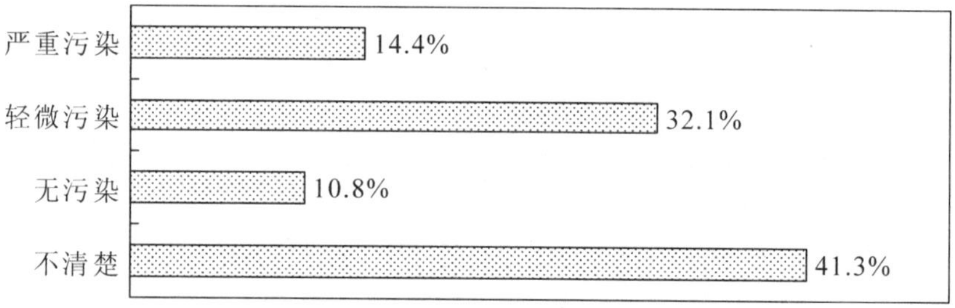

图5-1　农户对水库受污染程度的识别

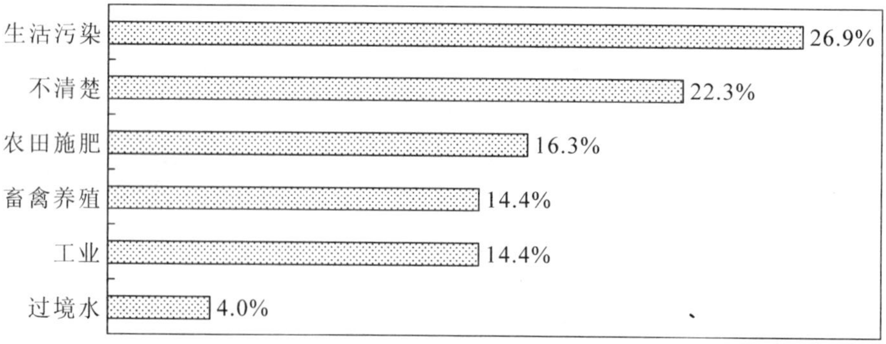

图5-2　农户对水库最大污染源的认定

①环保知识及环境信息来源

在问卷中设计了"居民对有关密云水库的环境政策法规的了解程

度和渠道"的问题，统计结果显示近70%的居民处于"一般了解"或"听说过"的水平，"很了解"的人非常少，连1%都不到，其余均为"不了解"。了解渠道主要集中于"电视"，且大部分都是在观看其他节目的过程顺便看过。

在此基础上我们进一步询问了被调查者所希望和乐于接受的环保技术推广方式，除了仍占主要份额的传统的"科教影片、电视和广播宣传方式"外，还有一部分人选择了"印有图片、文字的宣传手册"和"建好的示范工程"，选择"专门的授课培训"的人数相对最少，但仍占到近10%。可以看出，虽然传统宣传方式还是当地居民的第一选择，但是已开始逐渐接受了更多样的宣传方式，并主要集中于那些更简单易懂、可直接看到效果的方式。

②环境保护态度

这部分，我们用来科特标尺技术(曾思育，2004)(来测量被调查者的环保态度)。本调查中用来度量的三项陈述分别是：生活环境改善态度、是否有环保支付愿望、保护水库态度。

我们对被调查者关于这三个项目的态度分别赋予1(不支持)、2(随大流)、3(依靠政府)、4(支持但有顾虑)、5(非常支持)的分值，并设定得分1～1.6为"反对型"，1.6～2.6为"随大流型"，2.6～3.6为"政府依赖型"，3.6～4.4为"支持型"，4.4～5为"非常支持型"。对780份问卷的计算结果见表5-3。最后求得总体环保态度平均值为3.52，总体环保态度表现为"政府依赖型"，渐向"支持型"发展；涉及环境支付愿望，其分值最低，为2.86，说明农民在涉及自身经济利益时是很现实的，对政府的依赖性很强；而对"生活环境改善态度"，从分值上看虽然是"支持型"，但分值较低，有"政府依赖"倾向。但谈及保护水库态度，大部分被调查者均表现为"支持型"，这样的态度值得保护。对上述四项环境改善态度的进行离散趋势分析，从标准差可以看出，村民对支付愿望这一问题的回答，差异性较大，标准差为1.14，反映出在对待这一问题上公众的意识差异明显。

表 5-3　村民改善环境及村镇卫生态度的总体水平

项目	最小值	最大值	均值	标准差	环保态度类型
生活环境改善态度	1	5	3.64	0.76	支持型
环保支付愿望	1	5	2.86	1.14	政府依赖型
保护水库态度	2	5	4.05	0.96	支持型
总体环保态度均值		3.52			政府依赖型

进一步调查农民对"改善环境的责任"，发现同意"个人、政府都有责任的"人最多，占 49% ；认为"要完全依靠政府解决"的约占35.8%，数量也较多；只有近 10%的人愿意"通过自己的努力来改变"；剩余 4.2%的人认为"无所谓"或"没必要改"(见图 5-3)。这里我们也可看出，当地居民对"改善生活环境、保护水库资源"大部分持支持的态度，但由于较低的收入和繁重的生活负担，使他们中的一部分人在环保行为上有"政府依赖型"的倾向，整体参与意识较低，缩小了公众参与环保的作用，夸大了政府环保的能力。

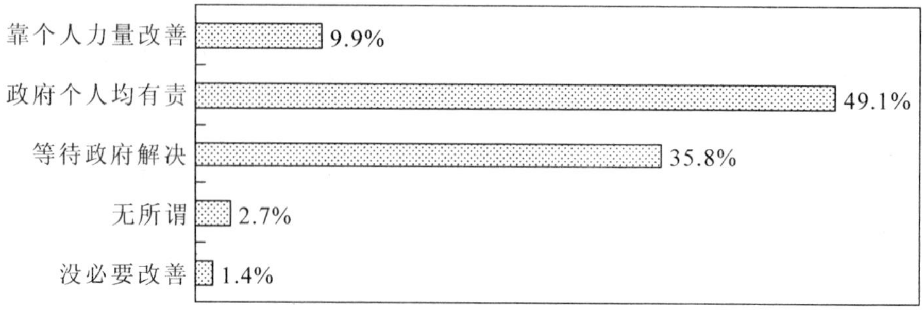

图 5-3　农户对改善生活环境责任的态度

(二)环境保护支付意愿调查分析

1. 环境保护支付意愿调查

在进行支付意愿调查前，先询问了村民关于改善村镇卫生环境、保护密云水库水质支付一定费用的态度。808 份有效问卷中有 18.6%的受访者明确表示不愿意支付。32.8%的人表达了愿意或非常愿意，其余 48.6%的人选择了随大流及听政府的安排，显然，多数人仍有明显的依赖政府的倾向。问及愿意支付的金额时，又有 3.7%的受访者表示了 0 支付，这样，共有 22.3%的受访者拒绝支付(WTP=0)，77.7%的受访者表达了数额不等的支付意愿(WTP>0)。表 5-4 为本次调查农户支付意愿的分布情况。

表 5-4　农户为改善乡村环境、保护密云水库水质的支付意愿

支付意愿的数值范围[1](元/年)	问卷数量(份)	占总有效问卷百分比(%)	支付意愿的数值范围(元/年)	问卷数量(份)	占总有效问卷百分比(%)
0	181	22.4	60—70	2	0.2
0—20	446	55.2	70—80	1	0.1
20—30	101	12.5	80—90	1	0.1
30—40	27	3.3	90 以上	6	0.7
40—50	35	4.3	Total	808	100.0
50—60	8	1.0			

备注：支付意愿金额的选项确定是根据密云县 2003 年农民人均纯收入(5885.8 元)的 1%确定为中点，并采用双向辐射法向两个方向延伸确定。即先询问 60 元，被访者认为高则降，低则升，若普遍认为高则降低中点值。经过三次的前期访谈，发现农户给付金额一般在 60 元以下。

根据以上结果计算得到愿意支付者(WTP>0)的平均支付意愿是 20.74 元/户·年，全部样本的平均支付意愿是 16.10 元/户·年。

2. 环境保护支付意愿分析

①支付意愿的影响因素分析

通过对具有连续分布特征的变量及性别、年龄等描述性社会经济变量设置虚拟变量后，用 SPSS 统计软件分析了影响支付意愿大小的因素。见表 5-5。

表 5-5　影响村民环保支付意愿的社会经济变量

变量名称(3)		数值	变量名称		数值	变量名称		数值
家庭人口	P.(1)	0.032	改善环境	P.	0.204**	性别	P.	−0.027
	Sig.(2)	0.369	的态度	Sig.	0.000		Sig.	0.449
家庭劳	P.	−0.018	饮用水质	P.	0.093**	婚姻	P.	−0.032
动力	Sig.	0.609	的认定	Sig.	0.008	状况	Sig.	0.362
家庭	P.	0.077*	水库受污	P.	0.118**	年龄	P.	−0.038
收入	Sig.	0.029	染情况(4)	Sig.	0.001		Sig.	0.284
家庭	P.	0.066	对环保政策	P.	0.101**	受教	P.	0.112**
支出	Sig.	0.060	的了解(5)	Sig.	0.004	育程度	Sig.	0.001
对环境的	P.	0.092**	保护水库	P.	0.104**	职业	P.	−0.006
满意度(3)	Sig.	0.009	的态度(6)	Sig.	0.003		Sig.	0.869

备注：(1)指 Pearson Correlation，即皮尔逊相关系数；(2)指 Sig.(2-tailed)，即双侧(尾)显著性检验，*表示显著相关(Sig.⩽0.05)，**表示极显著相关(Sig.⩽0.01)；(3)所设虚拟变量分别指，对环境的满意度：1=很不满意、2=不太满意、3=基本满意、4=很满意、5=非常满意，改善环境的态度：1=没必要改善、2=无所谓、3=等待政府解决、4=政府个人均有责、5=靠个人力量改善，饮用水质的认定：1=非常差、2=很差、3=没在意、4=一般、5=很好，水库受污染情况：1=不清楚、2=没有污染、3=有轻微污染、4=污染严重，对环保政策的了解：1=不了解、2=听说过、3=一般了解、4=很了解，保护水库的态度：1=反对、2=随大流、3=依靠政府、4=支持但有顾虑、5=非常支持，性别：1=男、2=女，婚否 1=已婚、2=未婚，受教育程度：1=未上过学、2=小学、3=初中、4=高中及中专、5=大专、6=大学本科及以上，职业：1=农民、2=企业工人、3=个体工商业者、4=其他。

统计表明，在个人及家庭状况中，家庭人口、劳动力、家庭支出、性别、婚姻状况、年龄、职业对支付意愿水平影响不显著，双侧(尾)显著性检验值 Sig.(2-tailed)>0.05。而个人对环境的满意程度、改善环境的态度、对饮用水质及水库受污染情况的认定、对环保政策的了解、保护水库的态度及受教育程度与支付意愿间有极显著正相关关系，双侧(尾)显著性检验值 Sig.(2-tailed)<0.01，皮尔逊相关系数在 0.092～0.204 之间，其中，改善环境的态度、受教育程度与支付意愿间有最好的相关性，皮尔逊相关系数最高，分别为 0.204 和 0.112；家庭收入与支付意愿水平间有显著正相关关系，双侧(尾)显著性检验值 Sig.(2-tailed)为 0.029。可见，家庭人口、劳动力、性别、婚姻状况、年龄、职业这些社会经济因素并不会对环境保护支付意愿有太大影响，而家庭收入虽然与支付意愿也有相关性，但并非最显著相关因素。环保态度和认知、受教育程度才是对支付意愿影响最为显著的因素，是影响该区域公众环保需求的首要因素。

为更直观的考察社会经济因素对环境保护支付意愿的影响，按不同的社会经济信息来统计平均环保支付意愿，见表 5-6。

表 5-6　不同社会经济信息的平均环保支付意愿

项目名称	平均环保支付意愿[1](元/户·年)					
	A	B	C	D	E	F
性别	16.35	15.44				
婚否	16.24	13.75				
年龄	12.5	16.38	16.90	16.19	12.50	
受教育程度	12.19	14.85	15.71	18.19	17.86	45.00
职业	15.92	20.26	20.26	14.74		
家庭收入	12.99	14.22	17.16	17.16	18.28	18.41
消费支出[2]	15.00	16.22	16.40	15.31	19.20	17.94

备注：(1)A-F 项分别指：年龄指 18～24、25～34 岁、35～44 岁、45～60 岁、>60

岁，家庭收入的划分为≤5000、5001～8000、8001～12000、12000～16000、16000～20000、＞20000（元/户·年），消费支出的划分为≤3000、3001～5000、5001～8000、8001～12000、12000～20000、＞20000（元/户·年），其他项同表9A～F对应1～6；（2）家庭收入的划分是依据统计结果：平均数为12224元、中位数和众数为10000划定的；（3）消费支出的划定是依据统计结果：平均数为7212元、中位数为6000、众数为5000划定的。

可见，不同性别的村民支付意愿无太大差异；已婚者较未婚者支付意愿要高，这一现象可能与未婚者年龄一般偏小且无稳定的收入来源有关；年龄因素与环保支付意愿在25岁以下偏低，25～60岁年龄段的支付意愿较平均，其中年龄在35～44岁的中年者支付意愿相对最高，60岁以上的支付意愿也较低；工人和个体工商业者的支付意愿高于其他职业者，这可能与他们的收入相对高并且较稳定有关；受教育程度及家庭收入越高，支付意愿也呈现越高的正相关变化；而支付意愿与家庭消费支出的高低则无太大关系。

由上述统计分析均可看出，环保态度和认知、受教育程度、家庭收入是影响支付意愿的主要相关因素，它们之间呈现正相关关系，即对环境的满意程度越高、改善环境和保护水库的态度越积极、认为饮用水质越好及水库受污染越严重、对环保政策越了解、受教育程度及家庭收入越高的人，支付意愿越高。

②支付意愿的地域差异分析

研究区域内部也存在明显的地区差异，进而影响村民环境意识的差异。

A. 支付意愿的地理分布

首先按乡镇来考察支付意愿的地理分布，见表5-7。

表 5-7 各乡镇环保支付意愿的地理分布

环境支付意愿（元·户$^{-1}$·a^{-1}）	各乡镇样本数（人）							
	大城子镇	北庄镇	太师屯镇	新城子镇	高岭镇	不老屯镇	冯家峪镇	石城镇
0	26	6	41	29	24	32	7	16
<20	54	34	162	72	37	24	38	25
20～30	24	13	30	15	7	3	8	1
30～40	6	5	3	3	2	3	4	1
40～50	8	0	7	3	5	5	5	2
50～60	1	1	1	2	0	1	1	1
60～70	0	0	0	0	0	1	1	0
70～80	0	0	0	0	0	0	1	0
80～90	0	0	0	0	0	0	1	0
>90	0	0	0	0	0	0	6	0
样本合计	119	59	244	124	75	69	72	46
平均 WTP	17.10	18.10	14.98	14.56	13.67	12.83	27.15	12.61

可见，各乡镇平均支付意愿存在地区差异。其中冯家峪镇平均支付意愿最高，为 27.15 元·户$^{-1}$·a^{-1}，石城镇最低，为 12.61 元·户$^{-1}$·a^{-1}。

B. 地域差异因素

通过调查问卷，将尝试探讨对农民支付意愿影响显著的地域差异因素。

本研究认为以下几方面可能是造成村民环保意识差异的地区因素：

a. 自然条件

其中选取距密云水库的距离这一因素进行探讨。自 1995 年 11 月

1日起施行的《北京市密云水库怀柔水库和京密引水渠水源保护管理条例》，将密云水库流域水源保护区范围划分为一、二、三级保护区。一级保护区为密云水库环库公路以内，包括内湖区及环库公路以外由市人民政府划定的近水地带。因而可参考该划分，将研究区分为一级保护区和非一级保护区。一级保护区距离水库较近，非一级保护区则距离水库相对要远。

b. 社会条件

农村生态建设在本区域逐渐开展，政府对生态村在政策、经济上均有不同程度的扶持，如改厕、统一修建污水收集处理设施等，生态村建设对农民生活的影响也是突出的，因而可将研究区按生态村否来分别对当地农户进行研究。

c. 经济条件

参考农民人均劳动所得来划分不同区域。参考依据是2004年统计资料中各村的农民人均劳动所得。

C. 地域差异对环保支付意愿的影响

借助SPSS软件对数据进行Kendall's tau _ b等级相关分析，它适合于次序(定序)变量的相关测量，以考察水源保护区级别、生态村建设及年鉴统计资料显示的人均劳动所得与环保支付意愿有无关系。因一级保护区和生态村建设村相对少，被调查者也少，因而有必要首先对数据进行加权处理，再进行分析。分析结果见表5-8、表5-9。

表 5-8 水源保护区级别与环保支付意愿相关性分析

			水源保护区级别	支付金额
Kendall's tau _ b(1)	水源保护区级别	相关系数	1.000	−0.042
		Sig.(2-tailed)(2)	.	0.086
		N(3)	1477	1477
	支付金额	相关系数	−0.042	1.000
		Sig.(2-tailed)	0.086	.
		N	1477	1477

备注：(1)Kendall's tau _ b，即 Kendall 相关系数；(2)Sig.(2-tailed)，即双侧(尾)显著性检验；(3)N 表示对水源保护区级别加权后的个案数。

表 5-8 中，Kendall's tau _ b 相关系数显示，Sig.(2-tailed)=0.086，Sig.(2-tailed)>0.05，表明水源保护区级别与环保支付意愿间相关性不显著。

从表看，Kendall's tau _ b 相关系数显示，tau _ b =0.057，Sig.(2-tailed)=0.027，Sig.(2-tailed)<0.05，表明生态村建设与环保支付意愿间有显著相关关系。

表 5-9 生态村建设与环保支付意愿相关性分析

			生态村否	支付金额
Kendall's tau _ b(1)	生态村否	相关系数	1.000	0.057*
		Sig.(2-tailed)(2)	.	0.027
		N(3)	1298	1298
	支付金额	相关系数	0.057*	1.000
		Sig.(2-tailed)	0.027	.
		N	1298	1298

备注：(1)Kendall's tau _ b，即 Kendall 相关系数；(2)Sig.(2-tailed)，即双侧(尾)显著性检验，* 表示显著相关(Sig.≤0.05)；(3)N 表示对生态村否加权后的个案数。

表5-10中，Kendall's tau _ b相关系数显示，Sig.(2-tailed)=0.923，Sig.(2-tailed)>0.05，表明年鉴中统计资料显示的人均劳动所得与环保支付意愿间无相关性。年鉴统计资料显示的人均劳动所得与问卷调查“家庭收入”这两项收入相比较，通过问卷所获得的“家庭收入”与支付意愿间相关性显著，对村民的环保意愿影响明显，更具研究意义。

表5-10　统计资料显示的人均劳动所得与环保支付意愿相关性分析

			本村人均劳动所得	支付金额
Kendall's tau _ b(1)	本村人均劳动所得	相关系数	1.000	−0.003
		Sig.(2-tailed)(2)	.	0.923
		N(3)	808	808
	支付金额	相关系数	−0.003	1.000
		Sig.(2-tailed)	0.923	.
		N	808	808

备注：(1)Kendall's tau _ b，即Kendall相关系数；(2)Sig.(2-tailed)，即双侧(尾)显著性检验；(3)N表示个案数。

为更直观的考察上述地域因素对环境保护支付意愿的影响，按不同因素的地域类型来分类统计人均环保支付意愿，见表5-11。

表5-11　不同地域因素的平均环保支付意愿

项目名称	平均环保支付意愿(1)(元/户·年)				
	A	B	C	D	E
水源保护区级别	17.05	15.90	—	—	—
生态村建设	14.97	16.82	—	—	—
本村人均劳动所得(2)	14.04	19.36	15.24	15.09	18.66

备注：(1)A、B、C、D、E相应是：水源保护区级别指一级、非一级；生态村建设

指生态村、非生态村，本村人均劳动所得划分为≤4000、4001元～5000元、5001元～6000元、6001元～7500元、>7500；(2)本村人均劳动所得的划分是依据2004年鉴各村人均劳动所得统计结果：最高所得为9806，最低为3541，平均数为5542元、中位数为5344、众数为4000划定的。

水源保护区级别与环保支付意愿间相关性不显著，但也呈现非一级水源保护区人均环保支付意愿低于一级水源保护区人均环保支付意愿的状况，说明离水库的距离对人们的环保支付意愿还是有一定程度影响的。

统计年鉴中的人均劳动所得与人均支付意愿的关系的研究显示，人均劳动所得为4001～5000元以及7500元以上的村庄，村民的人均支付意愿较高，分别为19.36元和18.66元。说明统计年鉴记录的人均劳动所得与人均支付意愿并无相关性。

生态村建设与环保支付意愿间有显著相关，生态村和非生态村的人均环保支付意愿分别为14.97元和16.82元，生态村的村民人均环保支付意愿低于非生态村的村民人均环保支付意愿。一般认为，已建生态村的村民通常具有更多的环保知识和更高的环保意识，相应地支付意愿也应高些，但目前的调查统计结果却并不是这样，分析原因，可能与村民"政府依赖型"的环保态度有关。生态村建设中往往政府都会有政策和经济上的扶持，正是这种外部"扶持政策"，削弱了村民"自我建设"主体意识的发展，更强化了村民对政府的依赖程度。但同时也表明，非生态村农户有更高的环保需求。因而，在今后的生态村建设中还应注意积极引导村民作为环境保护"主体"意识的发展。

六、农村非点源污染控制管理的体系框架

我国的饮用水源地大多位于农村，农业生产过程及农民生活等行

为现已对水源地产生影响，水源地遭受到不同程度的污染，密云县同样存在这种问题，因此对密云农村的非点源污染进行控制管理有利于保护水源地环境，采取的措施主要有以下几方面。

(一)经济手段

经济手段是国家根据生态规律和经济规律，运用价格、成本、利润、信贷和利息税收等经济杠杆以及环境责任制等经济方法，向污染者提供的一种非强迫的、具有灵活选择性以及直接影响污染控制被选方案费用与效益权衡的手段，以限制破坏水环境的经济行为、激励利于水环境的经济活动。与直接命令型政策相比，它更为灵活和高效。

1. 经济激励手段

“污染者付费原则”是环境经济政策的一个具体体现，最初主要是在污染的企业部门执行，它有效解决了环境问题的外部不经济性，使外部费用内部化，遏制了更大污染的发生。目前在我国一些城市也开始对家庭征收“污水处理费”、“垃圾处理费”，这一措施目前要在我国广大农村实行条件还不够成熟。但当农村基础设施逐步健全并运行，村镇的各项社会经济管理事务逐步落实后，则可考虑。密云水库水源保护区农户的支付意愿调查也表明，77.7%的受访者愿意支付村镇环境卫生的维护费用，平均支付意愿是16.1元·户$^{-1}$·a^{-1}。征收小额的费用于农民而言是可以接受的，费用征收后可解决村镇环境卫生维护的部分经费来源，更重要的是，通过收费可使农民认识到环境的价值所在，减少排污，提高环境保护的自觉性。作为水源保护区，政府对本区有一些相应的补偿，引入“排污收费”思想，“排污收费”是按其排污的质和量及对水环境造成的危害程度征收的一种税或费，其目的是用税费来弥补私人成本与社会成本之间的差距。这是把水环境容量资源引入市场的一种重要措施，体现了水环境容量资源的价值。则可将这些补偿与生活污染控制一同考虑，制定“激励自觉维护环境”的补偿制度，对能有效控制污染源的村镇给予更高的补偿。

农业是非点源污染的主要污染源之一，控制农业非点源污染的税费政策是针对农业上的不合理生产方式和行为，通过环境经济分析，按一定标准向农业生产者征收费用，目的是限制农民采用有损环境的生产方式和行为、减少非点源污染的产生，迫使其转变传统观念，选择经济效益和环境效益“双赢”的生态农业之路。农业非点源污染产生的输入要素常常是可监测和容易掌握的，所以，采取间接手段，通过约束和规范农用化学品向田地的输入要比直接限制径流流失来控制农业非点源污染更为可行和有效，其中制定合理的农用化学品输入税（或产品使用税），适当提高化肥、农药的出售价格为政策选择之一。各地区可根据调查农民向农田的养分投入（粪肥施用量），测定分析不同农田中营养物的流失情况及其对受纳水体造成的影响，规定农田允许的最大施肥量，超量施用者需付费。要根据各地区的实际情况和经济状况制定相应的收费体制。可以改进点源排污收费的手段加以借鉴使用，如对点源的污染排放进行监测收费改为对非点源污染的输入或可测输出进行监测收费。

2. 排污权交易

水环境容量资源是一种稀缺的经济资源，应具有经济资源的共性，其中最主要的是明晰的产权归属和可流通性。排污权交易的主要思想是政府部门确定污染总量标准后，建立合法的污染物排放权即排污权（通常以排污许可证的形式出现），通过将许可排污量资源化和产权化，使排污成为一种生产要素进入企业或个体的生产过程，并和劳动力、资本等要素一起，在利益最大化导向下进行优化配置，当许可排污量节约剩余或不足时，允许它像商品那样被买入和卖出。例如新企业或意图扩大再生产的企业可从排污指标有剩余的生产者那里购买排污权，或治污成本低的污染者出售许可证给成本高的污染者。这样既可确保宝贵的水环境容量资源不会耗尽，又不让其闲置浪费，保证在总量控制的前提下合理充分地利用水资源、发展经济，为社会创造最大福利。

可以利用的排污交易方式为：（1）点源之间进行的交易；（2）点源与非点源之间的交易；（3）非点源之间的交易。实施点源与非点源排污权交易的目的是以最小成本花费达到流域污染削减或污染控制目标。在交易方案设计中，对流域总的污染削减量或允许污染排放量进行最优分配，并在点源与非点源之间确定一个恰当的交易系数(交易比例)是保证交易成功实施的关键。

排污权交易是环境管理中广泛运用的经济手段，其侧重确定污染的总水平。实践证明，排污权交易的运用灵活有效，对污染者来说较为公平，并可降低机构的管理费用，有利于控制经济发展对水环境的影响。

3. 费用分摊

在农业非点源污染类型中，多数污染源难以采用个体控制或个体治理不经济，如村庄的生活废水、固体垃圾、畜禽养殖废物(尤其是散养或小规模的畜禽养殖)、由多个农户耕种的地块所产生的农田径流等。相对于个体治理来说，采用合适的技术设施对产生的污染进行集中控制更为有效和经济，农户愿意加入其中并为此分担相应的费用，该费用常以使用者收费的形式出现。费用分摊的基本依据是特定区域针对某类农业非点源污染控制目标和规划所需的费用以及相应的污染处理量。这类规划包括农村生活基础设施建设、农村废物垃圾处理、畜禽养殖废物处理、农田径流处理(如人工湿地、氧化塘)等。费用分摊法的收费标准是一种收支相抵或以支定收的收费标准。主要起到一个重新分配污染控制费用的功能，一般要求收取的费用能够完全或部分抵消实施一年或若干年污染控制目标所需的支出。

尽管农户缴纳污染治理费符合“污染者付费”和“使用者付费”原则。但在中央反复强调减轻农民负担的背景下，收费过高或不当可能会给农民增加新的负担，引起农民不满，不利于农业及农村环境治理。因此，在采取工程技术措施治理农业非点源污染的初期，政府投入是控制技术设施投资的主体，社会收费是象征性、有益的补充，社会收费标准的制定应该基于农民的意愿并在其经济承受能力之内，在这种情况下，可通过支付意愿调查(投标博弈方法)来确定农民愿意承担的污染治理成本。

4. 收税

凡是使用在生产中或使用过程中对水环境有害的产品者，都必须支付一定数额的费用。该收费主要依据产品中有害物质含量及其危害程度进行收费或对产品本身收费。

按照一定的比例对农用化肥和杀虫剂征税，对生产过程中或其产品会引起水污染的原料和能源材料征收原料税，减少其用量及随后造成的污染。增加产品收费还可以引导产业转型，如在常规化肥农药与一些少污染、无污染的生物农药和微生物化肥之间的税率差距可激励生产和使用无污染产品，从而提高许多高科技无污染产品的竞争力，逐步使农民减少化肥、农药的施用，或选择采用测土配方等环境友好的施肥技术，最终减少水污染。

5. 信贷、补贴和价格

国家可对采用先进技术设备进行清洁生产者提供优惠价格或低息、无息贷款，对企业和农场治理污染、保护水环境的活动给予资金补贴，补贴发放主要针对的是能够产生正外部性的生产活动(如重要水环境功能保护区内的退耕还林还草、构建人工湿地与氧化塘、实施生态农业工程、建立农村废水垃圾处理场和畜禽粪便处理加工场等)，或者可以减少负外部性产生的生产方式和行为(如土地科学利用、农田耕作管理、合理施肥施药等)。对于继续从事农作物种植的农民，一方面要严格控制化肥的运输和销售，另一方面对不再施用化肥的农民进行补偿。同时在当地建立有机农业生产示范区，用成功的生产实例显示无害化有机农业生产发展的优势和前景，使农民转变原有的生产方式。对不再施用化肥农民的补偿，需根据当地多年的化肥施用量与粮食产量建立肥效关系式，求出不同化肥施用量下的边际利益，以减少化肥用量造成的边际利益损失的和为依据进行补贴。

根据补贴对象的不同，可将补贴分为 3 种类型：对正外部性行为的补贴、对减少负外部性行为的补贴及产品价格补贴。补贴的额度应正好等于外部收益，这种补贴常来源于收费和税收。补贴政策倾向于鼓励和引导农民采取利于环境的生产方式或开发经营绿色产业，通过经济刺激来控制和削减农业非点源污染。

(二)教育与公众参与

《21 世纪议程》指出，团体及公众参与是实施环境可持续发展的必要条件。促进公众参与的重要途径就是生态环境共建，只有树立起农民的主人翁感，才能使其担负起村镇环境维护的责任。公众参与有助于环境问题的解决，公众参与环境问题解决的目的是明确存在哪些分歧的观点，以共同寻求环境问题的解决方法。同时在此过程中，公众不应被视作研究和管理的对象，而应是咨询对象，他们在被咨询的过程中，将提出自己对长期可持续性目标的基本要求。促进公众参与应注重以下几方面工作。

1. 环境保护宣传教育

研究表明，虽然当地农民对于生活环境只达到“基本满意”的程度，但涉及改善态度时，农民“依靠政府”的意识倾向仍然存在，态度不甚积极，亟待改善。其次，研究也证实了对环保政策的了解程度及受教育程度等与支付意愿间有着极显著正相关关系。因而，增加农民环保知识、提高农民受教育程度会使农民有更高的环保需求，从而形成更主动的环境保护参与意识。环境保护宣传教育必不可少。

环境保护宣传教育实施时，还应注意到知情(即对环保政策的了解程度高)者具有更高的支付意愿，加强环境信息的公开制度是有效进行环保教育的重要途径，尤其是对农村生活污染的存在、危害的宣传以及密云水库水源保护区受污染情况、建设工作、成果等的宣传。目前，在水源保护区内，关于“水源保护”的宣传工作相对乐观，与之相比，有关“农村生活污染”的宣传教育却反而少了。宣传教育可以采取多种途径，对于本研究区的公众，多数人更愿意选择通过影视媒体接受环保教育。此外，受教育程度与支付意愿间呈极显著正相关的研究结论也提示我们，保证未成年人的学校教育、发展继续教育、加强农村科学技术的推广教育等更应受到普遍重视。

2. 环境友好的生活方式

随着农民生活水平的提高，“最有效的消费物质的生活方式”也应成为农村生活方式的主流。“最有效的消费物质的生活方式”简言之即是中国传统文化倡导的“勤俭节约”。通过对本区农户生活垃圾的调查表明，还有一部分农户可实现生活垃圾的“自我销纳”，这种状况有利于垃圾的减量化，对农民的这一行为应进行科学的引导。

在社会各职业群体中，农民属于低收入群体，有着较低的环保需求，在环境意识上又呈现“依赖政府性”倾向，文化程度低也制约着对环境问题严重性的认识，因而要靠农民自发地接受教育或参与环保行动、养成环境友好的生活方式是不太现实的。在这一过程中，政府还必须在这些方面扮演主导性的角色。

(三)非点源污染控制技术措施

1. 化肥和农药的控制技术措施

对化肥和农药的控制，最重要的是控制化肥和农药的施用量以及化肥中氮、磷、钾的比例。已有的研究证明，氮肥超量使用及化肥中氮、磷、钾的比例失调，会降低作物对化肥的利用率，增大淋溶和径流损失。有机肥还田，有机肥中的腐殖质可以提高土壤的保肥性能，还可以增强土壤微生物的数量和活力。利用土壤微生物先将化肥氮同化，然后再缓慢释放，提高氮肥的利用率，减少氮肥流失。研究表明，开发无污染、可替代化肥和农药的产品和推广环保型的农业生产技术是控制化肥和农药总量的有效措施。

2. 畜禽粪便的控制技术措施

畜禽粪便的污染，通过对堆肥技术、资源化技术、减量化技术的应用，减少其污染。以沼气为纽带的畜禽粪便综合利用是我国大中型畜禽场处理粪便的主要途径。此外，减少畜禽栏舍冲洗水量，分别处理畜禽场的固、液粪污，固体部分高温发酵处理后还田，液体部分处理达标后排放。在处理粪污固体部分时，投加筛选出来的嗜高温细菌，不仅可以缩短处理时间，而且处理效果也优于常规处理，改变饲料成分可以减少畜禽的排泄量和粪便中污染物质的浓度。

3. 农田的控制技术措施

①农田管理方式

控制农业非点源污染的最有效和最经济的方法是采取合适的农田管理方式，如少耕、免耕的耕作方法，控制农药、化肥的施用量和施用方式等。在传统的农田耕作中，由于翻耕导致农田土壤的矿化作用强烈，使土壤中的可溶性养分在降水和径流的作用下造成淋洗和流失。Chichester 等研究发现农田径流产生量与农田耕作方式并无明显的相互关系，但农田泥沙和养分流失在传统耕作农田中明显高于免耕农田。说明保护性耕作(免耕、少耕等)可以减少土壤的入渗性能和农田土壤流失，而传统耕作使养分易于淋洗。

②节水灌溉技术

农田灌溉方式和灌溉量与养分、农药的流失的关系为喷灌 < 淹灌 < 沟灌。根据作物不同生长期的需水量不同来确定用水量的节水灌溉方式，不仅可以减少灌溉回归水的量，而且还可以提高水的利用率。此外，这也对确定灌溉面积，提高灌溉效益十分有利。节水灌溉措施如能与耐旱作物的品种匹配，则污染防治效果会更好(张鑫等，2006)。

③水体缓冲带建造技术

在农田与水体之间增加湿地面积、或在坡耕地等高线种植植物篱笆、或建造植被缓冲带，将会有效控制坡耕地和平原农田非点源污染的形成。这是控制地表径流的有效手段。植被缓冲带一方面对地表径流起到阻滞作用，调节入河洪峰流量；另一方面有效地减少地表和地下径流中固体颗粒的养分含量。调查发现：氮在岸边植被带的截流率为 89%，而在农田的截流率为 8%，磷的截流率分别为 80%和 41%。植被缓冲带在保护水质方面有较高的经济价值，合理设计的植被缓冲带将有利于对非点源污染的控制。坡地农田上的树篱可有效地控制地表径流，防止土壤侵蚀保护农田的土壤养分，改善附近河流的水文特征。

(四)农村环境管理体系的建立

结合国家建设社会主义新农村工作精神，建立农村环境管理体系，强化政府宏观指导管理，制定行之有效的法规、制度和标准。针对市、镇、村、户不同级别，加强农村环境管理的目标责任制，以市为单位建立农村环境管理体系，下达各乡镇农业非点源污染控制目标与指标，各乡镇根据自己的特点制定控制农业非点源污染的具体实施办法，制定相应的奖罚措施和监督管理机制。各村庄要建立相关的村规民约，在原有村民公约中加入农业非点源污染控制的相应条目，强化行政管理措施、教育培训措施和经济杠杆措施。

引入农村非点源污染控制示范村家庭考核指标体系，在各乡镇进行“生态示范村”评选，在示范村再进行农业非点源污染控制“示范家庭”的评选活动，给予一定的宣传和奖励，扩大其影响力度，使农村非点源污染得到有效控制。

七、结论

(1)研究发现，密云县境内畜禽业对密云水库的污染负荷最大。根据密云县现状规模化畜禽养殖场的分布及治理现状，从保护水源及农村生态环境出发，提出有利于密云县区域环境保护管理的畜禽养殖污染防治类型区划。密云县规模化畜禽养殖场污染防治类型区划分为禁止发展区，即水源保护一级区；限制发展区，即二级水源保护区及地下水源保护区；适度发展区，即三级水源保护区及其他地区。在此基础上，根据不同区域的畜禽养殖现状，结合《畜禽养殖业污染防治技术规范》和《畜禽养殖污染防治管理办法》对畜禽污染的防治要求，对不同区域的畜禽养殖污染提出了相应的控制对策。

(2)以密云水库为中心，对水库周边水源保护区的乡镇村庄就家庭状况、农业生产状况以及农业生产资料状况进行了入户调查访问。提出了农田氮、磷流失风险分区，以及村镇生活污染的类型特征并对不同的分区提出了相应的控制对策。

(3)选定密云水库上游的太师屯镇，针对研究区农业非点源污染特征，设计了最佳管理措施(BMPs)，从环境经济学角度，预测了不同控制措施的效果及环境效益、经济效益。

(4)在密云流域进行了以农户为调查单位的问卷调查，并在此调查基础上辅以村庄总体情况调查。经过对调查问卷的分析，探讨了水源保护区公众的环保意识、支付意愿及影响因素，提出了公众参与途径。

参考文献：

1. Bracmort K S，Engel B A，Frankenberger J R. 2004. Evaluation of Structural best management practices 20 years after installation: Black Creek Watershed，Indiana [J]. Journal of Soil and Water Conservation，(5)：191—196.

2. Bracmort K S，Engel B A，Frankenberger J R. 2004. Evaluation of Structural best management practices 20 years after installation: Black Creek Watershed，Indiana [J]. Journal of Soil and Water Conservation，(5)：191—1961.

3. Drolc J. Zagorc Koncan. 2002. Estimation of sources of total phosphorus in a river basin and assessment if alternatives for river pollution reduction [J]. Environment International，28：393—400.

4. Dukes M D，Ritter W F. 1998. Modeling BMPs to optimize municipal wastewater land treatment system [J]. Journal of Environmental

Engineering，(12)：1178—1187.

5. Hsieh，C. D，Yang，W. F. 2007. Optimal nonpoint source pollution control strategies for a reservoir watershed in Taiwan [J]. Journal of Environmental Management，85(4)：908—917.

6. Hughes KJ，Magette WL，Kurz I. . 2005. Identifying critical source areas for phosphorus loss in Ireland using field and catchment scale ranking schemes. Journal of Hydrology，304：430—445.

7. Johnes P J. 1996. Evaluation and management of the impact of land use change on the nitrogen and phosphorus load delivered to surface waters：the export coefficient modeling approach [J]. Journal of Hydrology，183：3231—349.

8. Lemunyon J L，Gilbert R G. 1993. The concept and need for a phosphorus assessment too ls. J. Prod. Agric，6 (4) ：483—486.

9. Michael D D，William F R. 1998. Modeling BMPs to optimize municipal wastewater land treatment system [J]. Journal of Environmental Engineering，(12)：1178—1187.

10. Newmark W D，Leonard N L. 1993. Conservation attitudes of local people living adjacent to five protected area in Tanzania[J]. Biological Conservation，63：177—183.

11. Novotny V. Water quality：Diffuse pollution and watershed management (second edition) [M]. New York：John Wiley & Sons，Inc. 2003：264.

12. Petersen G W，Hamlett J M ，Baumer G M ，et al. 1991. Evaluation of agricultural nonpoint pollution potential in Pennsylvania using a geographic information system. Prepared for the Pennsyl-

vania Department of Environmental Resources, Bureau of Soil and Water Conservation. Environmental Resources Research Institute. University PARK, P A .

13. Sharpley A N. 1995. Identifying sites vulnerable to phosphorus loss in agricultural runoff [J]. Journal of EnvironmentalQuality, 24: 947—951.

14. Sriwastava P, Hanlett J. M and Robillard P D. Water optimization of best management practices using Ann AGNPS and a genetic algorithm [J] . Water Resources Research, 2002, 38 (3): 1029—2001.

15. Sriwastava P, Hanlett J. M, Robillard P D. 2002. Water optimization of best management practices using AnnAGNPS and a genetic algorithm [J]. Water Resources Research, 38(3): 1029—2001.

16. Sun Henglun, Houston Jack, Bergstrom John, 加姆河流域水质最佳管理措施的效益分析[J]. 水土保持科技情报, 1998, (1): 13—16.

17. Turoin N, Bontems P, Rotillon G, and Barlun I. 2005. Agri BMP Water: systems approach to environmentally acceptable farming [J] . Environmental Modelling & Software, 20: 187—196.

18. Vladimir N. 1999. Integrating diffuse nonpoint pollution control and water body restoration into watershedmanagement. J of the American Water Resource Association. , 35 (4) : 717—722.

19. Wang X Y, Li T F, Xu Q, et al. 2001. Study on the distribution of non-point source pollution in the watershed of Miyun reservoir,

Beijing, China [J]. Water Science and Technology, 44 (7): 35—40.

20. Wang X Y, Wang X F, Wang ZH G.. et al. 2003. Nutrient loss from various land areas in Shixia small watershed of Miyun county, Beijing, China [J]. Chinese Journal of Geochemistry, 22(2): 173—178.

21. Wischmeier W H, et al. 1971. A soil erodibility nomorgraph farm land and construction sites [J]. Journal of Soil and Water Conservation, 26: 189—193.

22. 北京市统计局 . 2006. 北京市统计年鉴(2005). 北京: 中国统计出版社。

23. 蔡明, 李怀恩, 庄咏涛 . 2005. 估算流域非点源污染负荷的降雨量差值法 . 西北农林科技大学学报(自然科学版). 33(4)102～106。

24. 曾思育 . 2004. 环境管理与环境社会科学研究方法 . 北京: 清华大学出版社, 216～223。

25. 陈利顶, 傅伯杰 . 2000. 农田生态系统管理与非点源污染控制 . 环境科学, 21(2): 98～100。

26. 单保庆, 尹澄清, 白颖等 . 2000. 小流域磷污染物非点源输出的人工降雨模拟研究 . 环境科学学报, 20(1): 33～37。

27. 窦培谦, 王晓燕, 房孝铎, 王丽华 . 2006. 石匣小区氮磷坡面流失特征研究 . 干旱地区农业研究, 4(4): 19～24。

28. 杜桂森, 刘晓端, 刘霞等 . 2004. 密云水库水体营养状态分析 . 水生生物学报, 28(2): 191～196。

29. 符素华, 吴敬东 . 2001. 北京密云石匣子流域水土保持措施对土壤侵蚀的影响研究 . 水土保持学报, 2001, 15(2): 23～24。

30. 韩秀娣．2000. 最佳管理措施在非点源污染防治中的应用．上海环境科学，19(3)：102～104，128。
31. 刘枫，王华东，刘培桐．1988. 流域非点源污染的量化识别方法及其在于桥水库流域的应用．地理学报，43(4)：329～339。
32. 梁爽，姜楠，谷树忠．2005. 城市水源地农户环境保护支付意愿及其影响因素分析——以首都水源地密云为例，中国农村经济，(2)：55～60。
33. 路炳军，袁爱萍，李永贵等．2007. 密云水库上游典型水保措施减少面源污染效益分析．中国水土保持，(1)：30～31。
34. 牛志明，解明曙，孙阁．2001. 非点源污染模型在土壤侵蚀模拟中的应用及发展动态．中国水土保持，3：20～22。
35. 马秀娟，陈郁．2005. 农村生活垃圾资源化利用的分类收集设想．能源与环境，49～51。
36. 密云县统计局．2005 密云县统计年鉴。
37. 欧阳喜辉，朱姝青，崔晶．1996 北京市水源保护区施肥及其对水体污染控制研究．农业环境保护，15(3)：107～110。
38. 宋秀杰，陈博．2007. 北京市农药化肥非点源污染防治的技术措施．环境保护，9：30～33。
39. 孙江，黄生斌，刘晓霞．2006. 北京市水源保护区农业非点源污染基本特征与控制对策．农业环境与发展，23(5)：61～63
40. 王方浩，马文奇，窦争霞等．2006. 中国畜禽粪便产生量估算及环境效应的研究．中国环境科学，26(5)：614～617。
41. 王晓燕，王一峋，蔡新广等．2002. 北京密云水库流域非点源污染现状研究．环境科学与技术，26(3)：1～3。
42. 王晓燕，王一峋，胡秋菊等．2001. 密云水库流域降雨径流及土壤中氮磷流失规律．首都师范大学学报(自然科学版)，22(2)：77～85。

43. 王晓燕，王一峋，王晓峰等．2003. 密云水库小流域土地利用方式与氮磷流失规律．环境科学研究，16(1)：30～33。

44. 王晓燕．2003. 非点源污染及其管理．北京：海洋出版社，130～131。

45. 吴开亚，王玲杰．2006. 巢湖流域水土流失的环境经济损失研究．生态经济．(11)：56～59。

46. 苑韶峰，吕军．2004. 流域农业非点源污染研究概况．土壤通报，35(4)：507～511。

47. 章明奎，李建国．2005. 农业非点源污染控制的最佳管理实践．浙江农业学报，17(5)：244～250。

48. 张雪花．2004. 非点源污染量化模型中重要影响因素的研究．东北师范大学硕士学位论文。

49. 张鑫，史奕，赵天宏等．2006. 我国农业非点源污染研究现状及控制措施．安徽农业科学，34(20)：5303～5305。

50. 郑丙辉．1997. 流域非点源污染负荷模型及其对湖泊生态环境的研究．中科院南京土壤研究所．博士位论文。

51. Singh V P. 2000. 水文系统流域模拟．赵卫民等译．河南：黄河水利出版社，10～15。

52. 郑玉涛，王晓燕，尹洁等．2008. 水源保护区不同类型村庄生活垃圾产生特征分析．农业环境科学学报，27(4)：1450～1454。

53. 周冰冰，李忠魁．2000. 北京市森林资源价值．北京：中国林业出版社，77～91。

54. 周早弘，张敏新．2007. 防治农业面源污染的工程技术．环境与可持续发展，(6)：55～57。

主持人：王晓燕（首都师范大学资源环境与旅游学院 教授）

参加人员：欧洋、王秀英、李明涛

怀沙河流域水环境污染与治理调研报告

洪剑明

一、调研工作背景

北京市是严重资源型缺水的国际化大都市，人口1700多万，人均淡水资源量不足300m^3，仅为世界人均水平(7500m^3)的1/25，中国人均的1/6。1999年以来华北地区连续干旱，南水北调中线工程推迟到2014年给北京供水，更使北京缺水问题雪上加霜，首都面临持续的水资源危机，水资源短缺成为制约首都经济社会发展的主要瓶颈。

怀柔区位于北京东北部，距北京市区50km，总面积2128.7km^2，其中山区占88.9%，平原区占11.1%，森林覆盖率75%，是北京市生态环境保护带的重要组成部分。区内有四级以上河流17条，小Ⅱ型以上水库17座，多年平均水资源总量3.56亿m^3，可利用总量为1.63亿m^3。怀柔区人均水资源量为1085m^3，相当于北京市人均水平的3倍以上。怀柔区长期承担着向首都供水的重要任务，全区97.1%的面积都是首都一、二、三级饮用水源保护区。

怀柔水库位于怀柔城区西侧，是北京的第三大水库和重要饮用水源调蓄地，1958 年 7 月建成，当年拦洪蓄水，最高水位 61.86m，总库容 9800 万 m^3，调洪库容 5880 万 m^3，兴利库容 5670 万 m^3，控制流域面积 525km^2。怀沙河、怀九河为怀柔水库主要入库河流。1966 年京密引水渠建成后，水库成为京密引水输配水的枢纽。密云水库的“生命之水”通过京密引水渠先输送到怀柔水库，再入城区的团城湖，最终进入田村自来水厂。怀柔水库既是北京主要的供水水源地之一，也是京密引水渠的调节库，库区水质直接关系着首都人民的饮水安全。

按照《北京城市总体规划》(2004－2020 年)，怀柔区是北京市的生态涵养发展区和水源保护地。作为生态涵养区的功能定位是向首都提供生态服务，包括优质的水源、农副产品和高品质的休闲旅游产品。怀柔水库上游流域也是京郊重要的旅游度假区和新农村建设的示范区、国家级可持续发展实验区。

由于怀柔区的特殊地理位置及生态功能，水资源保护工作直接关系到首都饮用水安全，对全市经济社会的可持续发展具有重要的战略意义。近年来，怀柔区以水源保护为中心，大流域为骨架，小流域为单元，构筑“生态修复，生态治理，生态保护”三道防线，大力开展生态清洁型小流域建设，现已完成 17 条小流域，治理面积达 250km^2。

为巩固生态清洁型小流域的建设成果、保障首都供水安全，怀柔区提出了以大流域为单位，开展全面的生态治理与水资源保护工作。以科学发展观为指导，依据怀柔区“生态涵养发展区”的功能定位，全区生态建设的最终目标是要将每一条河流都建设成为生态型河流。在这种背景下，通过调研工作摸清各条河流的整体情况，掌握详实的基础数据，为大流域综合治理工程提供决策支持。

怀沙河源于怀柔区西部山区，末端入怀柔水库，是怀柔水库最主要的入库河流，且未经过综合治理，在全区各条河流中具有典型代表性。流域内有慕田峪长城、响水湖等著名景区，亦有全区最大的虹鳟鱼养殖基地——顺通养殖中心，渔业、旅游业近年来发展迅速，污废水的排放量也大大增加。本次调研选择怀沙河流域为典型流域，旨在摸清流域水环境质量情况、污染源的分布、各类污废水的排放情况及水污染的发生规律，为水污染治理技术的研发和综合治理工程的开展奠定基础，并为类似流域开展治理工作积累经验。

根据我们长期科研监测，怀柔水库及上游流域目前存在的主要问题是：

①河流入库水量减少，入库水质下降。

1999 年以来北京地区的连续干旱和流域内用水量增加等原因，使怀沙河、怀九河的入库水量减少，沿河旅游业快速发展加重了入库水质的下降。

②河流自净能力衰退。

由于旅游业和垦殖对怀沙河怀九河的滩涂、堤岸和河道的占用、硬化、筑坝等各种原因，已使自然河道生态系统受到不同程度的破坏，河流的自净能力衰退。

③流域内面源、点源污染增加，水体污染负荷加重。

④库区水质下降，水体富营养化趋势明显。

2009 年 5 月下旬对怀柔水库的水质调查结果显示，大坝前库区与怀九河库区的底泥有机质含量高，腐败后呈黑臭状态，怀沙河库区底泥以泥沙为主，有机质含量略低于前 2 个区域(见图 1-1)。与 1981 年相比，库区浮游藻类密度增加 4 倍(106.36×10^4 cells/L→426.50×10^4 cells/L，见图 1-2)，蓝藻所占比例上升 48.4% (15.9%→64.3%)，优势种群是：盘星藻、针杆藻、微囊藻。盘星藻是中营养水体指示种，针杆藻、微囊藻为富营养型水体指示种，说明库区水质已由中营养向富营养发展。水体富营养化及其引发的蓝藻水华(世卫组织公布藻毒素是导致肝癌的重要诱因)是怀柔水库饮用水源的主要威胁。

怀九河入库口底泥　　怀沙河入库口底泥　　库区大坝前底泥

图 1-1　怀沙河怀九河入库口及大坝前库区底泥现状

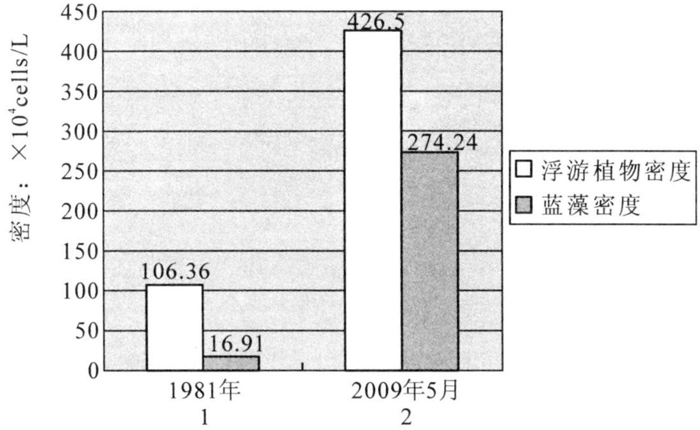

图 1-2　水体富营养化及蓝藻水华的威胁

二、调研范围、方法和内容

(一)调研范围

本次调研范围为整个怀沙河流域。怀沙河源于渤海镇三岔村西的南、北苇滩一带，全长 28.7km，流域面积 175.2km^2，多年平均径流量 3921.86 万 m^3，是怀柔水库的两大水源之一，其下游河道湿地是怀沙河、怀九河水生野生动物自然保护区的重要组成部分。

怀沙河、怀九河水生野生动物自然保护区成立于1996年，是经北京市政府批准的市级自然保护区，有国家一级保护野生鸟类——黑鹳、白尾海雕、二级保护动物鸳鸯、大鲵以及中华九刺鱼、圆尾斗鱼、马口鱼等多种野生动物在此生活。流域出口的怀柔水库始建于1958年，经1964年、1976年、1988年三次改建，库容达到1.44亿m^3，现为北京市第九水厂的主要水源之一，同时也对怀沙河下游的防洪安全发挥了重大作用。因此，怀沙河的水质、水量对于自然保护区及怀柔水库具有重要的影响，并且也直接影响到首都供水安全。

(二)调查方法和技术路线

本次调研通过查阅各类科技文献以及各级政府统计资料，并走访镇、村干部和居民，对整条流域内的自然地理、社会经济等方面的情况进行详细的调查。现场调查及取样、试验室检验分析等。

技术路线主要包括资料收集、问题分析、野外调查、水质监测、然后对调查结果进行综合分析，特别是对水环境质量进行评价，找出影响怀沙河流域(包括怀柔水库)水质的主要污染源，各类污染排放的比例，治理的现状。针对存在的问题，提出合理解决对策，针对污染防治的难点提出通过科技解决的建议。

(三)调查内容

通过对怀沙河流域范围内的社会经济发展、河流水质、污染源分布、污废水排放量等情况的调查，掌握流域水环境的整体情况及各区段的污染情况，主要包括以下具体内容：

自然地理概况包括河流长度、流域面积、水量、沿河水利工程类型和数量，小流域划分和治理情况，流域内气候、地形地貌、地质条件、土壤植被等情况；

社会经济概况包括流域范围内涉及的各乡镇、村庄的人口和经济社会发展情况，特别是餐饮业、旅游业、畜牧业和渔业的发展情况。

野外植物调查、水质监测和影响水环境的因素现场调查。

(四)技术路线图

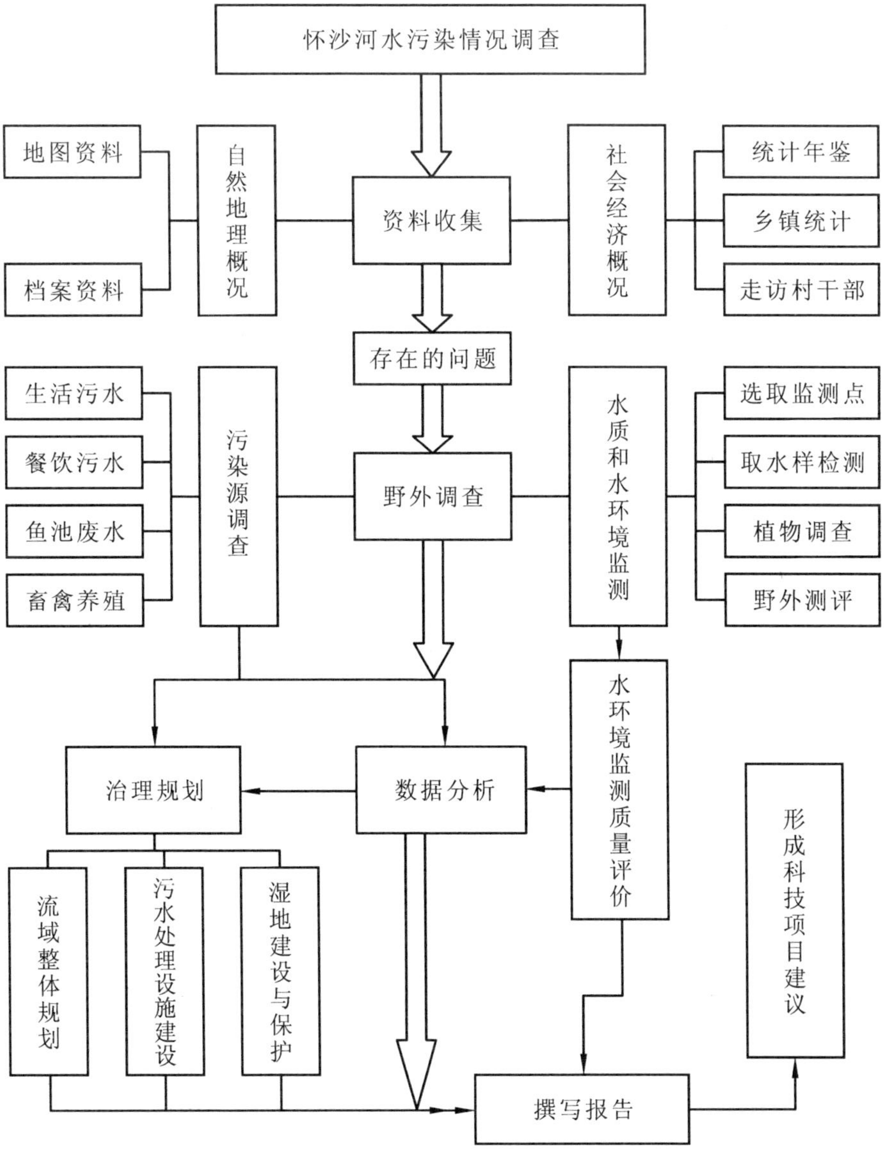

三、调查结果及分析

(一)流域概况

1. 自然环境概况

怀沙河发源于怀柔区渤海镇西部三岔村西一带，向东贯穿整个渤海镇，并流经桥梓镇、怀柔镇，末端汇入怀柔水库。河道全长28.7km，流域面积175.2km^2，多年平均径流量3921.86万m^3，近20年平均径流量为3111.62万m^3。最高处为海拔1303m的大北坨子峰，最低处为入库口处，海拔仅57m，河床平均纵坡为12.5‰。根据2000年的土壤侵蚀普查结果，怀沙河流域内水土流失面积37.13km^2，占流域总面积的21.2%，其中轻度侵蚀27.67km^2，中度9.46km^2。由于气候干旱及沿岸居民截流引水等原因，怀沙河干流沙峪以上河段及多条支流长期处于断流状态，发源于田仙峪村北的支流渤泉河水量较为充沛，是下游地区的主要水源。

怀沙河流域东西狭长，绝大部分位于长城以南为山前暖区，多年平均气温11.9℃。冬季受西伯利亚冷空气控制，盛行西北风，寒冷干燥；夏季受海洋性气团影响，多偏南风，温暖湿润。多年平均降水量为680mm，降雨量年际变化大，年内分布也不均衡，6～9月的降雨量约占全年的90%。

流域内基岩种类有白云岩、花岗岩、闪长岩、片麻岩、石灰岩等。土壤种类有棕壤、淋溶褐土、褐土性土、无碳酸盐褐土，山区土层厚度30～50cm，河谷附近及下游平原区达1～3m以上。本区域主要生长的植被有辽东栎、华北落叶松、山杨、板栗、侧柏、核桃、小叶鼠李、苹果、梨、油松、白桦、山杏、棘条、蚂蚱腿和各种草本等，林草覆盖率相对较高，达70%以上。

根据北京市山区小流域划分成果，怀沙河流域共分为10个小流域，分别为三岔、庄户、兴隆城、沙峪北沟、渤海、辛营、三渡河、六渡河、口头、红军庄小流域，其中口头、红军庄两个小流域分别位于桥梓镇和怀柔镇，其余全部属于渤海镇。2004年以来，水务部门按照清洁小流域的建设标准，先后对口头、三渡河两个小流域实施了治理，当前红军庄、南冶两个小流域也在治理之中，其他6个小流域也都完成了初步治理，大大减少了水土流失。在生活垃圾治理上，整个流域内基本上实现了村收集、区运输处理的模式。

2. 社会经济概况

对怀沙河流域的调研包括查阅各类文献以及各级政府统计资料，并走访镇、村干部，对整条流域内的自然地理、社会经济等方面的情况进行详细的调查，主要包括流域内各村镇沿河水利工程类型和数量，污水治理情况，农民经济收入、地形地貌、种植条件等情况，其中主要污染源污水治理情况见表3-1。

表3-1 怀沙河流域各乡镇经济概况

地点	人口	收入来源	污水类型	处理站情况	备注
三渡河	670口	板栗种植	生活污水	4个处理站 运行正常	
马道域	500口	板栗种植4700亩 旅游接待(5户)	生活污水	4个处理站 运行正常	
苇店村	530口	板栗种植8000亩 旅游接待(30户)	生活污水	4个处理站 运行正常	
六渡河	550口	板栗种植 旅游接待(特色)	生活污水	2个正常 2个在建	经济实力第一
顺通养鱼场		鲟鱼、虹鳟鱼养殖	养殖污水	1个停用	水源处
卧佛山庄		鲟鱼、虹鳟鱼养殖	养殖污水	1个正常 1个停用	顺通养殖场的下游

怀沙河流域内共有28个行政村，根据2007年统计年鉴，共有居民8139户，20182人，实有耕地面积6143.5亩，农民人均纯收入为9395元，粮食总产量为3929.5吨，干鲜果品总产量为8123.3吨，生猪出栏4447头，肉牛出栏123头。

怀沙河流域属于怀柔水库上游一、二、三级保护区，国民经济发展以农业为主，种植业、林业、养殖业(牧业、渔业)各占1/3左右，详见表3-2。近年来，观光休闲农业发展迅速，接待游客人次及产值均有大幅提高，并有望发展成为主导产业。

渤海镇总面积152km²，占整个流域的86.8%，流域范围内的桥梓镇、怀柔镇部分仅占13.2%。因此，本报告中的各类调查数据、结果分析力求准确、完整，统计或调查资料不完整时，以渤海镇为主。

表3-2 怀沙河流域各乡镇经济概况

1. 农业总产值(万元)

乡镇	小计	种植业	林业	牧业	渔业	养殖业产值比重(%)
渤海镇	11926.3	1443.7	6852.6	2049.6	1580.4	30.4
怀柔镇	4196.9	2176.3	528.8	1467.8	24	35.5
桥梓镇	18487	7573.7	2363.5	8503.8	46	46.2
合计	34610.2	11193.7	9744.9	12021.2	1650.4	37.37

2. 观光休闲农业

乡镇	总收入(万元)			接待人次		
	2007年	2006年	同比增减(%)	2007年	2006年	同比增减(%)
渤海镇	3027.7	3282	−7.7	904175	401225	125.4
怀柔镇	1985	943	110.5	254500	551802	−53.9
桥梓镇	2842.1	339	738.4	311308	70107	344
合计	7854.8	4564	280.4	1469983	1023134	138.5

3. 存在的问题

(1)近年来流域水质明显下降，表现为色度差、浊度高、有异味、浮游植物大量繁殖等，直接影响着怀柔水库水体富营养化发展趋势，威胁着首都供水安全。

(2)清洁小流域治理范围不大。已实施治理和在建工程共 4 条小流域，仅占总数的 40%，尚有近半数行政村没有生活污水处理工程。

(3)水产养殖、畜牧业发展迅速，污废水排放量比较大，而且大部分直接排入河道，对水质的影响十分巨大(见图 3-1)。

(4)流域内年接待游客 100 万人次左右，由此所产生的污废水、生活垃圾等对水质也会产生严重的影响。(见图 3-1)。

(5)沿河拦水建筑物较多，而且缺乏统一规划，导致部分河段水流严重受阻，甚至局部断流，不利于污染物的稀释，将大大促进浮游植物的繁殖，在特定时期可能加剧水体污染。

(二)污染源调查

怀沙河流域内的污染源主要有居民生活污水、餐饮污水、鱼池废水、畜禽养殖污水等四类。

1. 生活污水

怀沙河流域涉及渤海、桥梓、怀柔 3 个镇 28 个行政村，共有人口 2.02 万人。人均生活用水按照 100L/d 计算，污水排放系数取 0.8，则整个流域生活污水日排放量为 1614.5m^3，年排放量为 58.93 万 m^3，见图 3-2。

截至 2008 年有 8 个行政村安装了 26 套污水处理设备，日处理能力达 837.5m^3，而且大部分运行良好。2009 年又有 11 个行政村规划安装污水处理设备。待这些工程全部完成后，可新增污水处理能力 350m^3/d。详见附表 1。

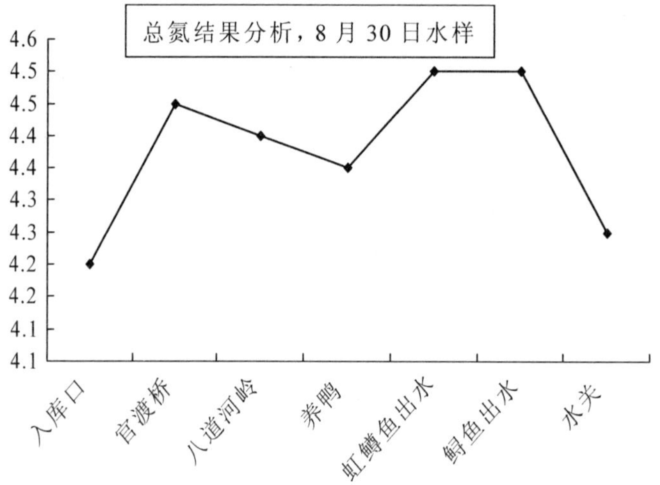

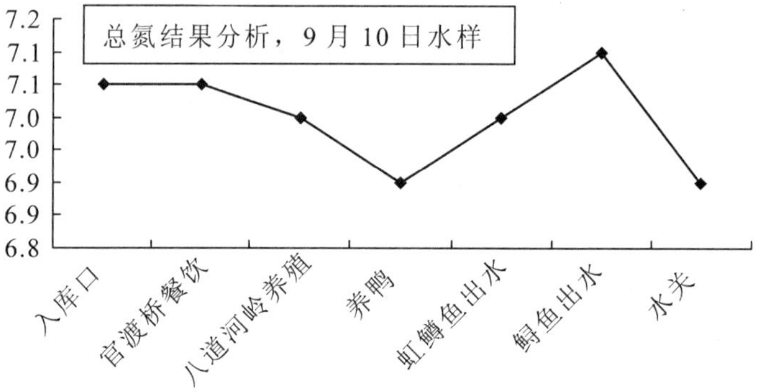

图 3-1 水产养殖和餐饮污水对水质的影响 单位：mg/L

通过类比雁栖河流域的排污情况[1]，因常住人口人均年排污增加的 TP、TN 入河负荷量分别为 0.0120kg、0.5174kg，由此推算，怀沙河流域居民生活污水排放增加的 TN、TP 总量分别为 10442.17kg/a 和 242.18kg/a。

2. 餐饮污水

根据统计资料及调查结果可知，目前怀沙河流域年接待外来旅游人口规模约 100 万人次左右。若以典型餐饮点计算得到的单位旅游人数产生的入河污染负荷增量为依据，在不考虑附属产业(如渔场、养

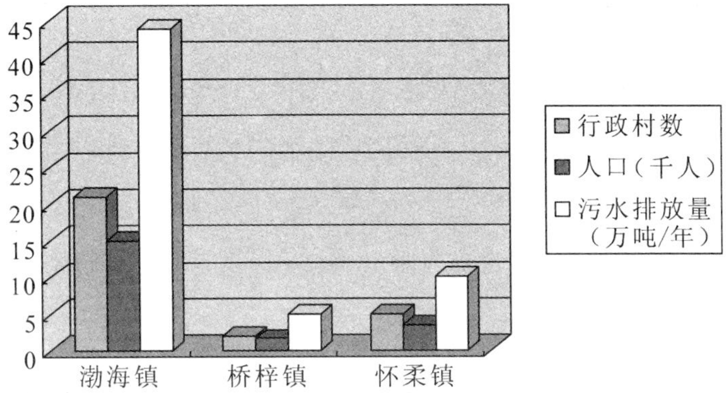

图 3-2 怀沙河流域居民人口及生活污水排放情况

殖场等）排污影响及按当前接待旅游规模和人均排污贡献率（包括餐饮企业为旅游人群就餐的餐前准备、就餐过程及餐后洗涤等）条件下，流域内餐饮企业因废水排放而增加的入河污染负荷量见表 3-3 所示。由表 3-3 中统计结果可知，在怀沙河流域当前年接待 100 万人次时，由外来旅游人口就餐增加的 TN、TP 排放量分别为 423.46kg/a、82.00kg/a。

表 3-3 怀沙河流域餐饮企业排污增加的污染物排放量

接待人次数（千人）	每千人污染物排放量（g/s/千人）		污染物排放量（kg）	
	TN	TP	TN	TP
1000	0.0392	0.0076	423.46	82.00

怀沙河流域内共有餐饮企业 63 家（不计农家院），年污水排放量为 21.74 万 m^3。其中有 56 家企业安装了污水处理设备，设备数量共计 60 套，年处理污水 14.05 万吨。餐饮企业主要分布在渤海镇，约占总数的 3/4，有 1/4 分布在桥梓镇，怀柔镇基本没有，见图 3-3。具体名单见附表 2。

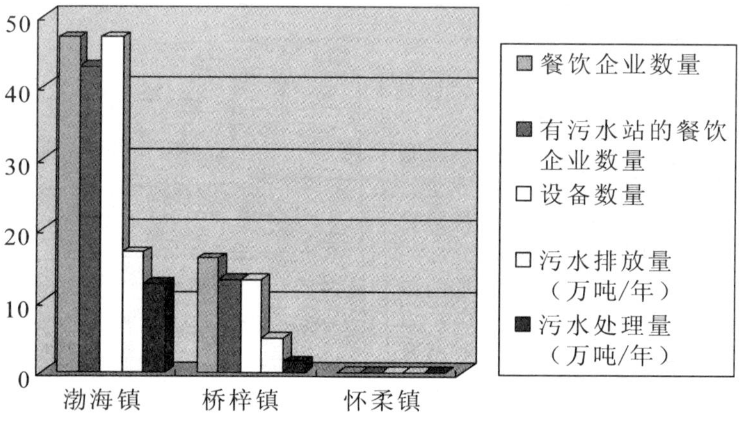

图 3-3　怀沙河流域餐饮企业分布及污水排放量

3. 鱼池废水

(1)污水排放量

怀沙河流域共有规模化水产养殖场 24 处，养殖面积 110 亩。主要分布在水量较大的庄户沟、渤泉河两条支流及干流中游地区，此外还有部分餐饮企业自建的小型鱼池及小规模的垂钓园。根据 2008 年《怀柔区水源地污水治理与运行管理机制调研报告》[2] 及本次调查结果，估算鱼池废水排放量为 733.7 万 m^3/a。

(2)污染物排放

怀沙河流域养殖的鱼类主要品种为虹鳟鱼和鲟鱼。虹鳟鱼养殖池面积以 2m×15m 为宜，养殖水温在 20℃以下，以 12℃～18℃最为适宜，溶解氧在 6mg/L 以上。在水量为 100L/s 的环境中，保持水深为 50～60cm，放养密度为 600～800 尾/m^2。供水量 0.1m^3/s 可供给 600m^2流水池，水深 50～80cm 可放养 40～50g 的鱼种 3.5 万尾，投喂蛋白含量 40%以上的全价饲料，饲育 1 年可产规格 0.6～1.0kg 的商品鱼 1.5 万 kg，且不易发病。

鲟鱼养殖采用流水池养殖模式，占地面积小、产量高、管理方便，一般采用水泥池。鱼池面积15～50m^2，一般不宜大于50m^2。鲟鱼养鱼池较小时，养殖商品鱼的前阶段水交换量1～3次/h；面积在50m^{2}左右的鱼池，视水温、放养密度等情况，池水的交换量可以控制在1～4次/h。养殖3～30g鱼种时，水深0.7～0.8m，30g以上鱼种时水深1m，放养密度为1000～1500尾/m^2。鲟鱼生长速度较快，一般当年就可以长0.5kg以上。

综合以上条件推算，整个流域年养殖规模200万尾左右，产量约90万kg。根据马巍、李翀等人的研究，雁栖河小流域每产出1吨商品鱼（虹鳟或鲟鱼）鱼池总磷（TP）和总氮（TN）的负载量，分别为13.3kg和96.8kg。按此标准推算，怀沙河流域因养鱼排放的TN、TP分别为87120kg、11970kg。

（3）治理情况

2004年，区水务局依托京津风沙源项目，在渤海镇建设了两处鱼池废水处理设施，日处理能力均为1000吨，但因电费负担过重、年久失修等原因，现两套设备都无法运行。

怀沙河各主要支流的源头附近都有鱼池分布，由于其产生的大量污水直排河道，而且有部分养殖户是在河道中用网箱养鱼，致使怀沙河中下游河水全部受到了污染。

4. 畜禽养殖污水

据怀柔区畜牧水产服务中心提供的统计数据和本次调查，流域内共有6家集中养殖场，养殖畜禽种类有柴鸡、肉鸡和猪。按照《北京市主要行业用水定额》，家禽、猪的日用水定额分别为4L/只和40L/头。根据以上数据，估算整个流域养殖业污水年排放量为19万m^3，详见表3-4。因农村居民生活用水定额已经考虑了家庭养殖用水，故本次不再单独计算这部分污水。

表 3-4　怀沙河流域畜禽养殖规模与污水排放量预测

序号	所在乡镇	养殖场名称	畜种	实际存栏（百只、头）	用水估计（m^3/日）	污水排放（万 m^3/年）
1	渤海镇	景峪柴鸡合作社	柴鸡	300	120	3.50
2	渤海镇	景峪肉鸡小区	肉鸡	1050	420	12.26
3	渤海镇	山海峪养殖场	柴鸡	200	80	2.34
4	渤海镇	散养柴鸡场	柴鸡	10	4	0.12
5	渤海镇	天农养猪场	猪	340	13.6	0.40
6	渤海镇	辛营养猪场	猪	326	13.04	0.38
合计					650.64	19.00

畜禽养殖污水主要是粪尿排放和场地冲洗产生。根据相关研究成果[3]，确定在不采取任何措施的情况下，畜禽污染物排放量如表 3-5 所示，进一步估算全年养殖污水排放增加 TN、TP 分别为 7218.75kg、2728.59kg。

表 3-5　畜禽污染物排放数量　　单位：kg/头只·年

序号	种类	TN	TP
1	猪	4.51	1.7
2	鸡	0.275	0.115

5. 调查小结

综上所述，怀沙河流域各类污废水年排放量达 833.37 万 m^3，在不采取治理措施的情况下，TN、TP 年排放量分别为 105204.38kg、15022.8kg，各类污水及污染物排放量所占比例如图 3-4 所示。假设这些污染物全部排入河道，则可使河水 TN、TP 分别达到 3.38mg/L 和 0.48mg/L，整条流域全年维持劣Ⅴ类水环境。

现阶段，水务、环保等部门正积极对居民生活污水、餐饮污水进

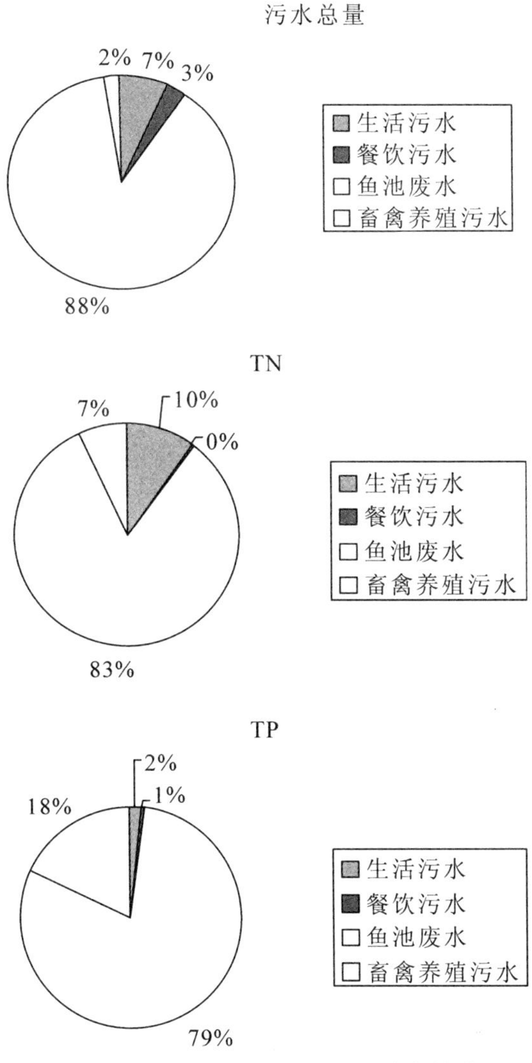

图 3-4　怀沙河流域各类污水总量和污染物排放量比例

行治理，而畜禽、水产养殖污水基本没有治理。今后应进一步加强小型污水处理设施的建设，大力控制 TN、TP 等污染物的排放，使整个流域保持清洁的水环境。

除以上四类污水外，怀沙河流域范围内还有少数非餐饮类企业，以第三产业为主，且主要集中在渤海工业小区。目前，渤海工业小区建有小型污水处理厂1座，日处理能力为400m^3，可满足小区企业污水的治理需求，同时还可接纳来自渤海所的生活污水。故本次调研不考虑这部分企业，同时因调查时间、手段等限制，亦不考虑水土流失的影响。

四、水质监测

(一)监测点布设

为了明确流域内各河段的水质状况，以便对整个流域的水污染情况作出客观评价，我们选择了22个水质监测点，于9月3日、4日两次取水样送检，检测了悬浮物(SS)、总磷(TP)、总氮(TN)、溶解氧(DO)、五日生化需氧量(BOD5)、高锰酸盐指数(COD_{Mn})等6项指标。9月28日第三次取样送检时，根据前两次的水质检测结果对监测点做了调整，取消了4个监测点并增加了2个新的监测点，详见表4-1。

表4-1　水质监测点布设情况

序号	位　　置
1	红军庄下游入库口处截流堰南端小桥下
2	口头村东向南的水泥路边土堰涵管下
3	口头村上游，官渡河桥下
4	三渡河村秀水酒家桥下
5	四渡河桥下
6	六渡河村牌附近小桥下，对面有采摘园
7	渤海渔场下游截流堰处
8	大明星度假村下游，桥上截流堰处
9	大明星度假村上游公路桥河岔口上连拱闸附近

续表

序号	位　　置
10	渤海工业区1号桥，漫水桥、连拱闸附近
11	南冶上游路边多级连拱闸之间
12	渤海所公路桥下游第二连拱闸附近
13	双汇源度假村漫水桥上的连拱闸附近
14	田仙峪桥下连拱闸附近
15	卧佛山庄下游，鱼池出水口附近
16	朝阳区警官培训基地外鱼池取水口上游
17	朝阳区警官培训基地外鱼池排水口下游截流堰附近
18	顺通养殖中心取水口上游
19	顺通养殖中心排水口下游
20	三岔村和铁矿峪之间，小水库处
21	三岔村北支沟上游
22	三岔村河流交汇口附近
23	六渡河污水处理站排水口
24	六渡河污水处理站排水口下游河道

(二)监测依据

主要依据《地表水环境质量标准》(GB3838－2002)及《地表水资源质量标准》(SL 63－94)，水环境质量评价按表4-2执行。

表4-2　地表水环境质量标准部分项目标准限值　　单位：mg/L

序号	分类		Ⅰ类	Ⅱ类	Ⅲ类	Ⅳ类	Ⅴ类
1	溶解氧	≥	7.5	6	5	3	2
2	高锰酸盐指数	≤	2	4	6	10	15
3	五日生化需氧量(BOD_5)	≤	3	3	4	6	10
4	总磷(以P计)	≤	0.02	0.1	0.2	0.3	0.4
5	总氮(以N计)	≤	0.2	0.5	1	1.5	2

（三）监测结果

根据《地表水资源质量标准》(SL 63－94)，所有检验指标均符合一级标准，但是富营养化问题严重。按照《地表水环境质量标准》(GB3838－2002)，各送检样本的 BOD_5 值均符合Ⅰ类标准，DO、COD_{Mn} 两项指标大部分满足Ⅰ类或Ⅱ类标准。详细化验结果见附表 3。

经取水样化验，结果均表明，多数水样的 TP 指标超过Ⅲ类标准，大部分水样的 TN 指标严重超出Ⅴ类标准的限值，详见图 4-1(图中各样本按照所处位置从上至下排列)。

《地表水资源质量标准》特别指出“磷是植物生长的营养元素，也是生命不可缺少的。但如果水中的磷超过临界浓度后，就会刺激水生植物的生长，以至发生水华”，造成水体富营养化。“为防止水生植物的生长，水体中的总磷浓度不得超过 0.05mg/L。在春季，湖泊或水库中的总磷浓度超过 0.025mg/L 时，会刺激藻类和其他水生植物的生长，给水体带来厌恶的臭味，影响水体的感官。磷对水体富营养化起重要的制约作用，所以应该限制或处理，以防止水体发生富营养化。”

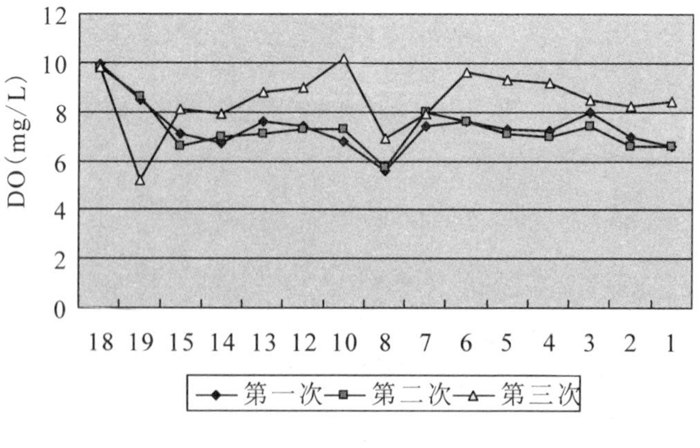

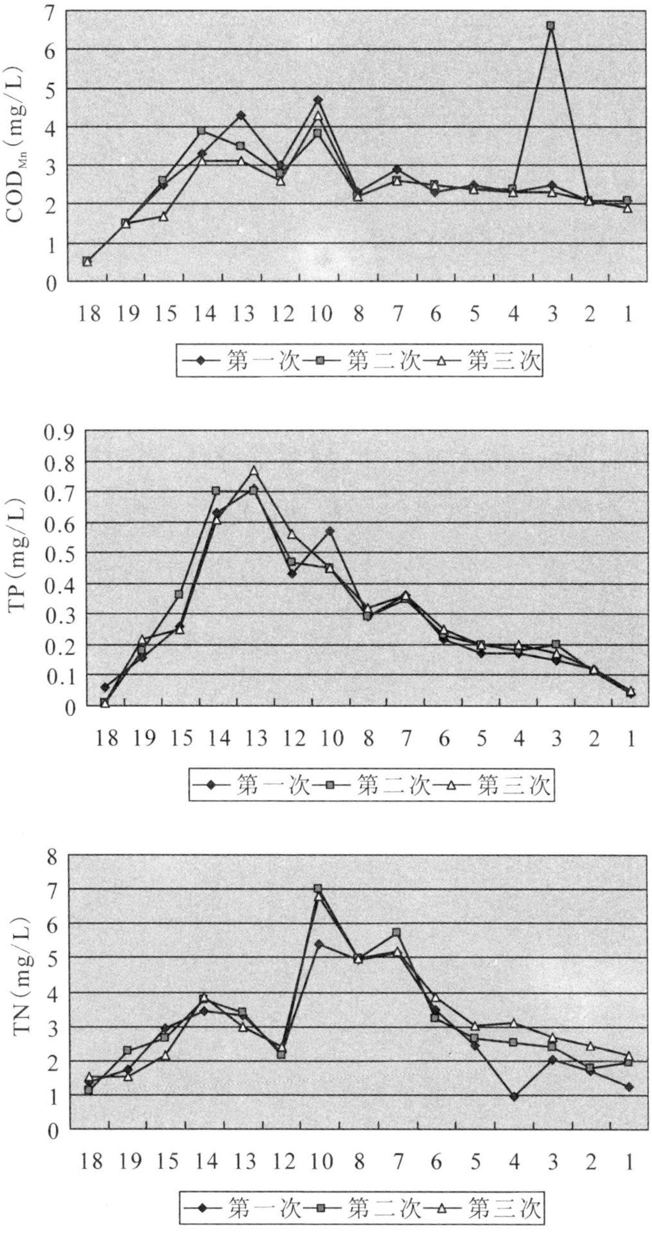

图 4-1　怀沙河水质监测结果

(四)典型断面水质分析

根据污染物浓度曲线，TP以10、12～14监测点(田仙峪至渤海所河段)最为突出，TN以7、8、10号样点(渤泉河口附近至渤海渔场河段)浓度最高，COD_{Mn}也是在10、12～14监测点浓度较高，这主要是鱼池、畜禽养殖场分布不均衡所致。鱼池主要分布在上游的田仙峪村以上的源头区域，养殖场主要分布在辛营、渤海所、景峪至渤泉河口附近的中上游区域。

1. 河流源头

在所有监测点中，16、18和21号监测点均位于河流或支流源头的位置，其水质情况大体相似。因16、21号监测点处水流较浅、取样困难，取样时不可避免会掺杂泥沙、枯枝落叶等杂物，分析检验结果后认定取样失败。因此，以18号监测点代表整个流域的源头水，其水质检验结果见表4-3。

表4-3　源头水18号监测点水质检验结果

序号	TP	TN	DO	BOD_5	COD_{Mn}	SS
118	0.06	1.38	9.9	<2	0.5	2
218	<0.01	1.12	9.8	<2	0.5	3
318	<0.01	1.54	9.8	<2	0.5	7
平均	0.02	1.35	9.83	<2	0.5	4

根据以上结果可以判断，源头水除总氮指标外，全部符合Ⅰ类标准。总氮指标达到Ⅳ类标准，可能是由于植物的枯枝落叶和土壤腐殖质造成的。因技术手段限制，本次调研未做深入分析。

该区域水质清澈，环境清洁。主要植被包括水生、湿生及耐湿植物，主要水生植物有浮萍，茅叶荩草，酸模，狼把草等，藻类植物较少。附近建有多处鱼池，由于养鱼行为投放饲料、添加剂、防病虫害药剂等，可能对下游水生态环境造成不良影响。

2. 中游河段

第 8、9、10 号监测点均位于河流中游，且均集中于渤泉河河口附近，便于进行比较分析，故选择这 3 处作为中游河段的典型断面。其中，8 号监测点位于渤泉河口下游的干流上，9 号监测点位于渤泉河口上游的干流上，10 号监测点位于渤泉河上。

从图 4-1 中可以看出，在这 3 处断面中，9 号水质最好，10 号最差，主要污染物仍然是总氮和总磷。其中，总氮指标严重超过Ⅴ类标准，总磷指标 9 号为Ⅲ类、10 号为Ⅳ－Ⅴ类，8 号超过Ⅴ类标准。

从总氮和总磷的浓度变化情况分析，在交汇口以上怀沙河干流、渤泉河水量大致相等。干流的水质明显优于渤泉河，是因为渤泉河沿岸的渔业、养殖业、餐饮业等数量和规模远远高于怀沙河干流。

该区域水生植物以藻类为主，高等植物较少，主要物种有黑藻、马来眼子菜、水绵、浮萍、香蒲、石菖蒲、金鱼藻、球穗莎草等。该河段养殖场较为集中，水体营养物质含量高，浮萍和沉水植物大量生长，表现有富营养化趋势特点。另外，由于各类截流工程的阻滞，水位较深、流速缓慢，缺乏高等植物，绿藻类植物水绵大量生长并占优势，为极差的水生态环境。

3. 下游河段

从渤海渔场(7 号监测点)以下，各污染物浓度逐渐降低。下游河段总氮、总磷浓度比较接近，但 3 号监测点以下总磷浓度大幅度下降。1 号监测点距怀柔水库最近，其水质情况对水库的影响也最直接，因此选择 1 号监测点作为下游河段的典型代表。

从污染物浓度看，总磷指标满足Ⅱ类水环境标准，总氮指标长期处于Ⅴ类标准，但均比中游地区大大降低。下游河段水质明显改善，是由于一方面下游河段为怀沙河湿地的主要分布区域，湿地对河流水质具有较强的净化能力，另一方面下游河段养殖业、渔业、餐饮业等产业规模及污废水排放量远小于中上游地区。

该地段水较清澈，植物种类较多、群落类型多样、结构较为复杂、生物多样性较高。野生植物种类占有较大成分，耐干扰性种类占一定比例，表明生态环境受到一定程度的干扰。但是，植被密度较高、水体中浮叶植物覆盖程度较高，表现出物质利用循环过程较差。因浮叶植物影响水体景观，沿河村庄和企业经常进行打捞。

(五)综合评价

根据监测怀沙河入库口水质及近 20 年来河流平均径流量估算，怀沙河流域平均每年向怀柔水库输入总氮 55386.84kg、总磷 1348.37kg。

整个怀沙河流域上、中游污染较重，由于河流的自净作用，下游河段各类污染物浓度逐渐降低。主要污染物为 TN、TP，大部分河段 TN 严重超过Ⅴ类水环境标准，TP 超过Ⅲ类标准，综合评价整条流域水环境为劣Ⅴ类，水资源质量属重富营型，远不能达到规划的水域功能Ⅱ类标准。

水中的总氮(TN)在经过鲟鱼、虹鳟鱼养殖之后急剧增加，之后由于河流的净化作用逐渐降低，然后在八道河养殖场后水中总氮含量增高，流经餐饮业集中的官渡桥之后总氮含量达到最高。在 2009 年 8 月 30 日的调查里，从官渡桥到水库入库口总氮有降低的趋势；而在 9 月 10 日的调查中，从官渡桥到水库入库口总氮一直居高。对水库水质有较大影响，增加了出现水华的危险。即，急需治理的主要污染源分别为：

1)田仙峪至渤海所河段的鲟鱼、虹鳟鱼养殖业，为总氮浓度高峰；

2)渤海河口附近至渤海渔场河段的鱼池、蓄禽养殖，为 COD_{Mn} 高峰；

3)大明星度假村的旅游餐饮业的餐饮污水等。

五、流域环境调查与评价

怀沙河地处前山区，河道坡度较大，水流较急，风景秀美，景观宜人，河流湿地分布较广、植物种类繁多。由于沿河村镇较多，流域整体上受人为活动影响较大，居民生产生活及餐饮、旅游业发展造成的污染排放使水体受到一定的污染。该流域中下游及部分支流常年流水，具有较大的水量，保持了较为稳定的水生态环境。近年来，河道人为工程逐渐增多，对河道植被、生态环境的影响逐渐加深。

(一)怀沙河湿地

1. 怀沙河湿地概况

怀沙河是北京市怀沙河、怀九河水生野生动植物自然保护区的主要组成部分，河流中下游共有天然湿地 22.55hm^2，主要分布在口头、红军庄、六渡河、渤海所等河段(见表 5-1)。怀沙河、怀九河是市级水生野生动物自然保护区，科考数据显示，怀沙、怀九河流域生活着112 种动物，其中包括国家二级保护动物大鲵，野生鱼类中华九刺鱼和圆尾斗鱼等。中华九刺鱼则是这里的独有物种。

2. 植物群落的调查

首都师范大学植物学专家和研究生、北京市水科所的植物学专家对两河湿地动植物进行了科学考察。结果表明，由于生态环境总体上相对稳定，河道保持了比较丰富的生物类群、群落组成、群落结构和植被类型，生物多样性较为复杂。但是随着怀沙河流域人口增加、社会经济的发展、对河道各方面的开发，无论在流域整体还是局部上，生态环境受到较严重影响、生态系统面临退化的威胁。

表 5-1　怀沙河湿地情况调查

序号	湿地名称	所属乡镇	总面积（hm^2）	地理位置	
				经度	纬度
1	口头～红军庄桥	桥梓镇	3.7	116°34′19.7″	40°21′22.6″
				116°34′59.5″	40°20′32.5″
2	南冶村北～马连桥	渤海镇	1.5	116°26′32.0″	40°25′22.7″
				116°28′09.6″	40°25′57.2″
3	大明星度假村～六渡河	渤海镇	2.85	116°30′16.5″	40°23′55.2″
				116°31′25.1″	40°23′26.7″
4	四渡河～三渡河	渤海镇	13.4	116°32′18.6″	40°22′39.2″
				116°32′57.2″	40°22′29.8″
5	三渡河～关渡河	渤海镇	1.1	116°30′08.2″	40°22′25.0″
				116°33′14.5″	40°21′37.3″
合计			22.55		

根据首都师范大学2009年野外调查工作（调查点见图5-1）的结果，怀沙河湿地的植被建群种为透茎冷水花（Pilea mongolica），主要伴生种有假稻（Leersia hexandra）、荩草（Arthraxon hispidus）及柳叶箬（Isachne globosa）；亚优种为：艾蒿（Artemisia argyi）、三叶鬼针草（Bidens pilosa）、草芦（Phalaris arundinacea）、薄荷（Mentha haplocalyx）、狼尾草（Pennisetum alopecuroides）。怀沙河及上中下游各种植物的重要值见表5-2～表5-5。

植物群落的物种组成，随着水分的减少，湿生和沼生植物种类逐渐减少，有向盐渍化和中旱生植物群落过渡的趋势，当土壤含水量均值在35％左右时，开始出现旱生群落，可以认为湿生和旱生植物分布的临界土壤含水量在30％～40％之间，根据这一结论可为人工控制土壤含水量，使旱生种类的生长受到限制提供了可操作的依据。

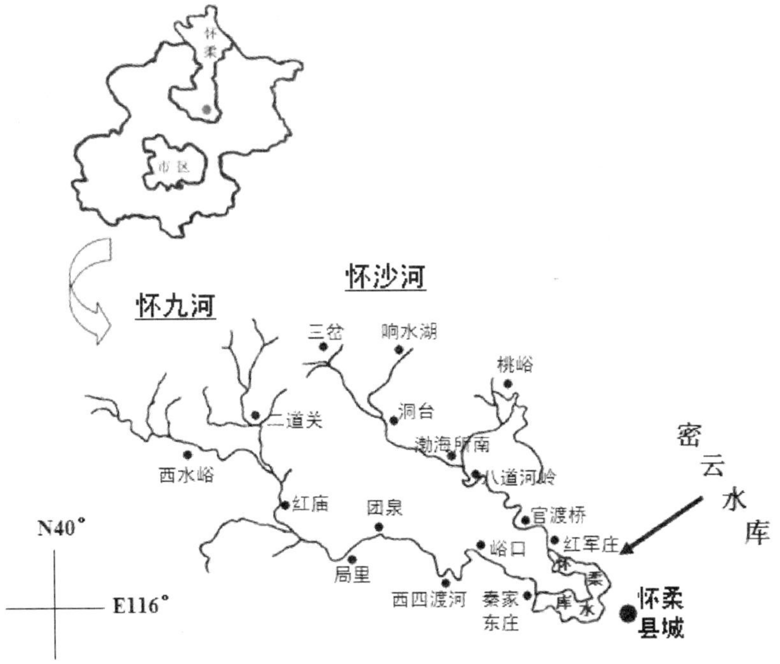

图 5-1　怀沙一怀九河流域植被群落调查点位置示意图(首都师范大学)

表 5-2　怀沙河主要物种重要值

植物名称	相对密度	相对频度	相对盖度	重要值
透茎冷水花	30.71951	3.91753	9.0187	43.6557
艾蒿	2.849164	7.01031	8.4017	18.2612
荩草	7.756754	3.29897	4.845	15.9008
三叶鬼针草	2.22787	4.53608	7.7575	14.5214
假稻	5.751671	3.71134	4.3351	13.7981
荻	3.49556	1.23711	5.4439	10.1765
扁秆苔草	5.817566	1.4433	2.0923	9.35312
柳叶箬	4.90759	1.64948	2.4316	8.98866

续表

植物名称	相对密度	相对频度	相对盖度	重要值
针蔺	4.170197	1.85567	1.1922	7.21807
草芦	1.923499	1.23711	3.7381	6.89873
薄荷	0.420471	1.85567	4.3097	6.58586
柳叶箬	2.510276	1.64948	2.4134	6.5732
白茅	2.651479	0.82474	3.0849	6.56107
狭叶荨麻	0.828391	1.23711	4.0466	6.1121
犬问荆	2.124321	3.50515	0.3049	5.93433
水芹	0.301233	4.12371	1.2793	5.70425
扁秆藨草	1.584612	1.23711	2.7491	5.57087
鹿藿	0.549123	3.91753	0.9273	5.39392
芦苇	1.292792	1.4433	2.6457	5.38181
隐子草	3.828172	0.82474	0.6896	5.34247
狼尾草	1.474787	0.41237	3.0849	4.97201
戟叶蓼	0.963319	2.06186	1.8999	4.92508
矮苔草	3.828172	0.61856	0.1633	4.61004
大籽蒿	0.423609	1.4433	2.4407	4.30757
柳叶鬼针	0.411058	1.85567	1.5152	3.78193
藨草	0.922527	1.4433	1.4063	3.77215
黑三棱	0.282406	0.61856	2.7219	3.62289
西洋菜	0.329474	1.23711	1.8908	3.45742
稗	1.120211	1.4433	0.8257	3.38916
芒	0.530296	0.82474	1.9598	3.31483
蒌蒿	0.181995	2.06186	0.6533	2.89711
荣草	1.663058	0.41237	0.5988	2.67425
菖蒲	0.395369	0.61856	1.5243	2.5382
鹅观草	0.461263	1.4433	0.5081	2.41266
酸模叶蓼	0.229063	1.85567	0.2958	2.38052
毛茛	0.285544	1.03093	0.8166	2.13305
香蒲	0.112962	0.20619	1.7783	2.09747
旋覆花	0.090998	1.64948	0.3176	2.05804
盒子草	0.053343	1.64948	0.3303	2.03309
葎草	0.047068	1.4433	0.4537	1.94402

表 5-3 怀沙河上游主要物种重要值

植物名称	相对密度	相对频度	相对盖度	重要值
中华隐子草	32.45544	4.255319	4.579417	41.29018
艾蒿	6.836925	9.574468	22.29453	38.70592
大籽蒿	3.564778	6.382979	16.14847	26.09623
薄荷	1.915403	4.255319	17.47409	23.64481
矮苔草	21.28226	1.06383	0.361533	22.70762
针蔺	8.512902	1.06383	3.615329	13.19206
草芦	3.192338	1.06383	6.628103	10.88427
毛茛	2.26124	2.12766	5.061461	9.45036
稗	4.256451	1.06383	2.410219	7.7305
犬问荆	5.320564	1.06383	0.060255	6.444649
水芹	0.239425	4.255319	1.470234	5.964978

表 5-4 怀沙河中游主要物种重要值

植物名称	相对密度	相对频度	相对盖度	重要值
透茎冷水花	47.95553	6.598985	14.22372	68.77824
假稻	8.883519	5.076142	8.0135	21.97316
艾蒿	3.40261	7.106599	11.34041	21.84961
三叶鬼针草	3.131948	7.106599	11.54773	21.78628
蒌蒿	3.228613	7.614213	8.606557	19.44938
狭叶荨麻	2.551957	3.045685	10.75217	16.34981
扁秆藨草	4.552924	1.522843	7.087753	13.16352
戟叶蓼	2.938618	4.060914	4.990357	11.98989
鹿藿	1.430643	6.091371	2.145612	9.667626
芒	1.633639	2.030457	5.207329	8.871425
西洋菜	0.212663	1.522843	4.725169	6.460675

表 5-5　怀沙河下游主要物种重要值

植物名称	相对密度	相对频度	相对盖度	重要值
透茎冷水花	25.74291	2.030457	7.550786	35.32416
荩草	12.76839	5.583756	9.467229	27.81938
柳叶箬	8.766104	4.060914	4.944423	17.77144
三叶鬼针	2.313198	5.583756	7.550786	15.44774
狼尾草	4.374463	2.030457	7.857417	14.26234
扁秆苔草	8.084741	2.030457	3.564584	13.67978
假稻	5.233324	4.060914	2.786508	12.08075
艾蒿	1.694818	5.583756	3.813722	11.0923
荻	2.691096	1.015228	6.515906	10.22223
芦苇	2.273118	2.030457	5.557685	9.861259
草芦	2.290295	1.015228	4.216175	7.521698

调查结果还显示，水资源缺乏是两条河流面临的主要威胁。近年来，由于降水量的减少，芦苇、香蒲等典型的湿地植物逐步被艾蒿、三叶鬼针草、萝藦（*Metaplexis japonica*）、旱柳（*Salix matsudana*）、刺儿菜（*Cirsium setosum*）等旱生或耐旱型植物取代。

旅游开发加剧和无序，使生态环境遭到破坏。对河流沿岸土地的过度利用，对野生植物的砍伐，河流入库区的大量放牧，使原有的河岸带植物群落逐渐被各种旱生的、单一的、不稳定的植物群落取代，湿地的原始风貌和湿地景观在很大程度上受到破坏。

水和土壤质量下降，环境中各种污染物增多，主要来自河流两岸居民和旅游场所的生活污染，加之鱼类、畜禽养殖渐成规模，更增加了两条河的污染负荷。

根据北京市水科所的植物学专家对怀沙河河滩湿地和河流中植被的调查，两部分湿地的植物群落组成情况如下：

(1)河滩湿地植被

怀沙河河滩水滨植被主要由草本植物组成，并有许多株龄较小的木本植物构成。组成群落的植物主要有禾本科、莎草科、菊科、藜科和蓼科等。木本植物主要有杨柳科、榆树科、桑科等。根据植被环境综合特点，河滩植被可初步划分为以下主要群系。

①蒙蒿、大籽蒿＋狼把草多砾石湿河滩河岸草丛

该群落类型是以蒿属植物蒙蒿、大籽蒿和狼把草为优势种或建群种组成的群落类型，群落植物组成较丰富，总盖度较高达90%左右。

主要分布在河滩、河岸荒地上，常伴有芦苇、水稗、山莴苣、狗尾草、虎尾草、野大豆、藜、草木樨等，另外还分布有一定数量的幼龄木本植物，如旱柳、榆树、桑树、荆条等。该群落对于维护河滩生态系统、保护河岸、增强河滩生态净化功能具有重要的作用。

②球穗莎草＋荩草＋狼尾草水漫滩湿草丛

此类型群落是以莎草科植物球穗莎草、茅叶荩草或菊科植物狼尾草为优势种或建群种组成的群落，主要分布在怀沙河的河道水漫滩地。群落植物种类相对较少，主要为莎草科，禾本科和菊科植物，总盖度在65%～100%左右，除了构成群落的优势种球穗莎草、荩草以及狼尾草外，伴生植物种类有水莎草、狼把草、野大豆、水稗、荣草、假稻、酸模叶蓼、红蓼、球穗扁莎、灰绿藜、大刺儿菜、意大利苍耳、稗草等。生活型谱以一年生植物为主，群落外貌整齐，高度一般在70～90cm之间，结构只有草本层。

③荆三棱＋芦苇、香蒲浅滩草丛

该类型群落是以莎草科荆三棱、禾本科的芦苇以及香蒲科的香蒲为优势种所组成的，伴生的植物有狼把草、酸模叶蓼、泽泻、慈菇、水莎草、稗草、茅叶荩草、千屈菜、石菖蒲等植物。群落总盖度大于

90%。群落结构只有草本层，可大致分为两层：第一层的高度为70～90cm；第二层的高度在30～50cm之间。

(2)水生植被

主要为分布于稳定水环境中的水生植物。常见群落类型有：

①黑藻、狐尾藻群落

以沉水植物黑藻、狐尾藻植物为优势种所组成的群落。狐尾藻对水质的适应性强，抗污染能力强。总盖度约20%～50%，主要伴生种有菹草、大茨藻、丝叶眼子菜、金鱼藻、穿叶眼子菜等。

②水毛莨群落

水毛莨分布于水质较好的水体中，抗污染能力较差。因而在局部水质较好的地段有一定分布，群落的总盖度在20%～40%，以水毛莨为优势种的地段，伴生植物有黑藻、穿叶眼子菜、马来眼子菜等。

③水鳖+浮萍

在流动性较小的较深的水体分布有以浮叶植物水鳖为优势种的水生植物群落，常与浮萍共同占优势形成群落，在人为干扰缺少其他植物的环境下，往往浮萍形成单优群落。其群落盖度达到100%。

④水绵群落

在水体较深流动性较小、并且受人为硬化环境控制的水体中出现以水绵为单一优势种的群落。形成水环境较差的群落景观。

根据本次水科所植物专家的考察结果，结合水样监测位点，选取了13个重点断面，各观测断面的植物群落组成及环境特点见表5-6。

3. 藻类植物的调查结果

依据张茹春等于2004年3月至2005年3月首次对北京怀沙河、怀九河自然保护区的藻类植物进行实地调查研究，通过对区内10个采样点360余份水生藻类植物标本鉴定、统计，分析了该区藻类植物

表 5-6 植物群落组成及环境特点(北京市水科所)

序号	位置	特征群落	主要植物种类	水环境特点
1	口头村东	黑藻狐尾藻群落、水鳖浮萍群落、丘角菱浮萍群落、荆三棱石菖蒲群落、芦苇群落、狼把草群落、野大豆群落、千屈菜群落等。	黑藻、狐尾藻、金鱼藻、刚毛藻、水鳖、浮萍、丘角菱、荆三棱、石菖蒲、芦苇、慈姑、合子草、野大豆、狼尾草、狼把草、鸭跖草、千屈菜、紫苏等。	植被密度较高,水体中浮叶植物覆盖程度较高,表现为利用循环过程较差。
2	官渡河桥	马来眼子菜群落、水毛茛群落、蔗草群落、石菖蒲群落、野大豆群落、狼把草群落、千屈菜群落等。	马来眼子菜、水毛茛、刚毛藻、蔗草、茅叶荩草、石菖蒲、萕草、野大豆、假稻、狼尾草、狼把草、水稗、千屈菜、鳢肠、红廖、薄荷、牛筋草等。	水环境较好,水浅流速较急,稍浊。植物密度较高,缺少利用。
3	三渡河村	水鳖群落、黑藻金鱼藻群落、狼把草群落、鸭跖草群落、石菖蒲群落等。	水鳖、黑藻、金鱼藻、浮萍、刚毛藻、丘角菱、石菖蒲、茅叶荩草、萕草、假稻、狼尾草、鬼针草、狼把草、鸭跖草、鳢肠、苍耳、红廖。	水体有一定富营养化趋势,而生态系统不完善,植物生长过剩,经常人工打捞。
4	四渡河村	金鱼藻黑藻群落、水鳖群落、球穗莎草群落、石菖蒲群落、野大豆群落、狼把草群落等。	黑藻、金鱼草、水鳖、浮萍、石菖蒲、野大豆、狼把草、茅叶荩草、萕草、假稻、狼尾草、水稗、鳢肠、红廖。	水体可见鱼、蟹,河中养鸭,漂浮有垃圾、秸秆等。植被覆盖程度较低,退化明显。水污浊,为浅褐色。村庄及养殖造成污染较重。
5	六渡河村	黑藻金鱼藻群落、水鳖群落、人工荷花群落、芦苇＋狭叶香蒲群落、石菖蒲群落、野大豆群落等。	黑藻、金鱼藻、荷花、水鳖、浮萍、芦苇、狭叶香蒲、泽泻、石菖蒲、球穗莎草、假稻、茅叶荩草、萕草、狼尾草、野大豆、鳢肠、狗尾草、车前草、旋覆花。	河水不见流动,腥味重,水草、鱼,垃圾、油污、落叶等多。生物多样性较差,水体表现为富营养化趋势。村庄、餐饮、截流对环境影响大。经常打捞浮萍。
6	渤海渔场	金鱼藻浮萍群落、狼把草群落、茅叶荩草群落、薄荷群落。	金鱼藻、浮萍、千屈菜、泽泻、球穗莎草、酸模叶蓼、假稻、狼尾草、狼把草、薄荷、茅叶荩草、萕草、鳢肠、戟叶蓼。	河道开阔,人为活动减少,水草丛生,植被盖度较大,有鸭活动,水较清。渔场污水是主要污染源。

续表

序号	位置	特征群落	主要植物种类	水环境特点
7	大明星度假村	金鱼藻黑藻群落、穿心眼子菜群落、丝叶眼子菜群落、芦苇群落、香蒲群落。伴杂类草较多。	金鱼藻、黑藻、刚毛藻、穿心眼子菜、丝叶眼子菜、浮萍、芦苇、狭叶香蒲、鳢肠、葎草。	有臭味，浮萍、藻类多。餐饮企业、鱼池、养殖场加重了水环境的污染负担，人为活动强度较大，严重影响了水环境和水生态系统。
8	大明星上游	黑藻马来眼子菜群落、西洋菜群落、狭叶香蒲群落、石菖蒲群落、野大豆群落、水稗狼把草群落。	黑藻、马来眼子菜、水绵、浮萍、西洋菜、香蒲、石菖蒲、千屈菜、水蓼、假稻、野大豆、狼尾草、水稗、旋覆花、狼巴草、鳢肠、牦牛儿苗。	水恶臭，略显褐色，藻类植物多，有居民的生产活动如养殖鱼、鸭等。上游的截流堰，和较大渔场等人为活动和生产，使水环境恶化
9	渤海工业区1号桥	金鱼藻水生植物群落、芦苇群落、狼把草群落、酸模叶蓼群落。	金鱼藻、水绵、浮萍、芦苇、泽泻、茅叶荩草、石菖蒲、水稗、莕草、狼把草、鳢肠、酸模叶蓼。	浮萍、水草多，缺乏高等植物，尤其在水流缓慢区域大量生长绿藻水绵并占优势，为极差的水生态环境。附近养鸡场、渔场污染较重。
10	渤海所公路桥	球穗莎草群落、假稻群落、水稗群落、狼把草群落。	千屈菜、球穗莎草、假稻、莕草、水稗、鳢肠、薄荷、狼把草等。	水褐色、浑浊，旁有饭店，用网箱养鱼。村庄、工业企业、餐饮、人口数量、人为活动较多，养鱼也加重了水体的污染负担。
11	双汇源上游	狐尾藻金鱼藻群落、球穗莎草群落、假稻水稗群落、狼把草群落等。	狐尾藻、金鱼藻、菹草、浮萍、狭叶香蒲、球穗莎草、假稻、莕草、水稗、狼把草、鳢肠、牦牛儿苗、酸模叶蓼等。	水草几乎被打捞干净，有鱼，人类活动的叠加作用较少，因而水生态系统仍然具备一定的较高的生物多样性，和较强的生态净化功能。
12	田仙峪桥上游	葎草群落占优势。	鸭跖草、酸模叶蓼、红蓼、水稗、鳢肠、薄荷、葎草、蒙蒿等。	近于村庄，沟底杂物、水生植物多，受人为活动影响较大，植物多样性低，生态系统结构、功能退化。
13	朝阳区警官学校上游	茅叶荩草群落、狼把草群落等。	浮萍、鬼针草、茅叶荩草、酸模、戟叶蓼、狼把草等。周边较好的环境下分布有唐松草、青蒿、鸭跖草、鳢肠、葎草、中华茜草、野葱、二色胡枝子、忍冬等植物。	水清、流量小、鱼池外水草多。由于鱼池建筑和养鱼利用，已经缺少了水生植物自然环境。投放饲料、添加剂、防病虫害药剂等，可能对下游水生态环境造成不良影响。

的区系组成、藻类时空分布特点。研究表明，该区共分布有藻类植物9门105属226种，其中以硅藻、蓝藻、绿藻3门为主，并有少量裸藻、甲藻、黄藻、红藻、金藻等分布；藻类植物由于受水体化学物质组成和物理性质的影响，各采样点及不同月份的种类组成和数量等均有差异。

怀九河源头的物种丰度和硅藻多度均最大，洞台、黄坎丝状蓝藻占优势，怀柔水库绿藻占优势；在时间分布上，7月物种丰度和藻类多度最大。通过对区内藻类分布规律及大量污染指示藻类的分析表明，该保护区的水体已经受到了一定程度的污染。用硅藻指数从藻种类组成评价水质的情况来看，怀九河的五个采样点普遍要比怀沙河的硅藻指数高，从一定程度上说明前者水质要优于后者。怀九河上的黄坎污染最严重，怀沙河的洞台污染最严重，怀柔水库的水质从藻类组成看，有一定的富营养化趋势。

4. 鱼类

在本次调查前，怀沙河流域曾在1980年和2004年做过两次比较全面的鱼类调查。2008－2009年，首都师范大学科研人员对两河及怀柔水库鱼类资源进行了详细调查。对比历史信息，怀沙河流域的鱼类种类、数量、体型都存在严重下降。河流中所获鱼类90％以上为笔者使用特制地笼、丝网所获。电捕、渔民用丝网、渔民用地笼所获鱼类发现鱼类物种数不多于特制网具，群落组成与特制网具的调查结果一致。

从区系组成上看，怀沙、怀九河野生鱼类以鲤科为绝对优势类群，占物种总数的55.0％，其次是鳅科，占物种总数的10.0％，再次为鲶科，占物种总数的5.0％。其他各科鱼类不多于1种。鲤科鱼类在怀沙河、怀九河和怀柔水库中所占的比例接近。鱼类名录见表

5-7。

表 5-7 怀沙河野生鱼类调查名录

种名 Species	怀沙河 (2004)	怀柔水库 (1980s)	怀沙河 (本次)	怀柔水库 (本次)
鲤形目 CYPRINIFORMES				
鲤科 Cyprinidae				
南方马口鱼 *Opsariichthys bidens*	+	+	+	+
尖头鲅 *Phoxinus oxycephalus*	+		+	
宽鳍鱲 *Zacco platypus*	+	+	+	+
棒花鱼 *Abbottina rivularis*	+	+	+	+
唇䱻 *Hemibarbus labeo*(pallas)		+		
花䱻 *H. maculatus*		+		
麦穗鱼 *Pseudorasbora parva*	+	+	+	+
黑鳍鳈 *Sarcocheilichthys nigripinnis*	+	+	+	+
点纹颌须鮈 *Gnathopogon* sp.	+	+	+	
东北颌须鮈 *Gnathopogon mantschuricus*			+	
清徐胡鮈 *Huigobiochinssuensis*	+			
似铜鮈 *Gobiocoriparoides*	+			
䱗(䱗条) *Hemiculterella leucisculus*		+		+
贝氏䱗 (油䱗) *Hemiculterella leucisculus*		+		+
翘嘴红鲌 *Culter alburnus*		+		+
青梢红鲌 *Erythroculter. Dabryi*(Bleeker)		+		
红鳍鲌 *Culter erythropterus* Basil.				+
逆鱼 *Acanthobrama simoni* Bleeker		+		
彩石鳑鲏 *Rhodeus lighti*	+			+
中华鳑鲏 *Rhodeus sinensis* Giinther		+		+
兴凯刺鳑鲏 *Acanthorhodeus Chankaensis* (Dybowsky)	+	+	+	+

续表

种名 Species	怀沙河 (2004)	怀柔水库 (1980s)	怀沙河 (本次)	怀柔水库 (本次)
越南刺鳑鲏 *A. tonkinensis*			+	+
大鳍刺鳑鲏 *Acanthorhodeus macropterus* Bleeker		+		+
白河刺鳑鲏 *A. peihoensis*			+	
短须刺鳑鲏 *A. barbatulus*(Gunther)			+	
斑条刺鳑鲏 *A. taeinianalis*				+
鳅鮀 *Gobiobotio pappenheimi*(Kreyenberg)				
鲤 *Cyprinus carpio*		+		
鲫 *Carassius auratus*	+	+	+	
鳅科 Cobitidae				
中华花鳅 *Cobitis sinensis*	+	+	+	+
北方须鳅 *Nemacheilus nudus*	+		+	+
北鳅 *Lefua costata*(Kessler)			+	
泥鳅 *Misgurnus anguillicaudatus*	+	+	+	+
鲇形目 SILURIFORMES				
鲇科 Siluridae				
鲶 *Silurus asotus*	+	+	+	+
鮠科 Bagridae				
黄颡鱼 *Pelteobagrus fulvidraco*	+	+	+	+
乌苏里拟鮠 pseudobagrus ussuriensis(Dybowski)				+
鳢科 Channidae				
乌鳢 *Channa argus*		+	+	+
鲑形目 SALMONIFORMES				
鲑科 Salmonidae				
胡瓜鱼科 Osmeridae				
池沼公鱼 *Hypomesus japonicus*	+			+

续表

种名 Species	怀沙河 (2004)	怀柔水库 (1980s)	怀沙河 (本次)	怀柔水库 (本次)
银鱼科 Salangidae				
大银鱼 *Protosalanx hyalocranius*				+
鲈形目 PERCIFORMES				
刺鳅科 Mastacembelidae				
刺鳅 *Mastacembelus aculeatus*	+		+	+
鰕虎鱼科 Gobiidae				
子陵栉鰕虎鱼 *Ctenogobius giurinus*	+	+	+	+
塘鳢科 Eleotridae				
黄蚴 *Hypseleotris swinhonis*	+		+	+
格斗鱼科 Belontiidae				
圆尾斗鱼 *Macropodus chinensis*(Bloch)			+	+
刺鱼目 GASTEROSTEIFORMES				
刺鱼科 Gasterosterdae				
中华多刺鱼 *Pungitius sinensis*	+		+	+
鳗鲡目 Anguilliformes				
鳗鲡科 Anguillidae				
鳗鲡 *Anguilla japonica* Temm er schl		+		+
鳉形目 CYPRINODONTIFORMES				
青鳉科 Oryziatidae				
青鳉 *Oryzias latipes*	+		+	+
合鳃目 Synbranchchiformes				
合腮科 Synbranchidae				
黄鳝 *Monopterus albus*(Zuiew)				+
合计 Sum	23	26	26	32

本次调查，共记录 9 种养殖鱼类。其中鲟鱼(Acipenser sinensis)虹鳟(Oncorhyn chusmykiss)、鳜 (Siniperca chuatsi)在养殖场内养殖。青鱼、草鱼、镜鲤(Cyprinus carpio varspecularis Lacepede)、鲢、鳙、团头鲂在水库养殖，但养殖数量少。草鱼也在河道养殖。具体情况见表 5-8。

表 5-8　养殖鱼类分析

编号	名称 Species	养殖方式及主要养殖地
1	鲟鱼 *Acipenser sinensis*	引山间溪流入养殖场养殖，怀沙－怀九河中上游地区、支流
2	虹鳟 *Oncorhyn chusmykiss*	引山间溪流入养殖场养殖，怀沙－怀九河中上游地区、支流
3	青鱼 *Mylopharyngodon piceus*	放养，怀柔水库
4	草鱼 *Ctenopharyngodon idellus*	放养，怀柔水库，部分河段
5	镜鲤 *Cyprinus carpio varspecularis* Lacepede	放养，怀柔水库
6	鲢 *Hypophthalmichthys molittrix*	放养，怀柔水库
7	鳙 *Aristichys nobilis*	放养，怀柔水库
8	团头鲂 *M. amblycephala*	放养，怀柔水库
9	鳜 *Siniperca chuatsi*	放养，怀柔水库

5. 不同生物类群对水质的影响

由于氮和磷都是植物生长所需要的重要营养元素，故植物的生长对控制水中 TN、TP 浓度具有重要作用。植物不仅能直接吸收水中的氮、磷元素，还能通过吸附、过滤作用，促进悬浮物沉降，浮游植物因其特殊的絮凝作用，对水体中悬浮物的过滤功能更为强大。

植物体的含氮量一般约占干物质的 0.3%～5%，含磷量约为干物重的 0.2%～1.1%，而大多数作物的含磷量在 0.3%～0.4%[5]。根据现场调查，沿河湿地植被覆盖度多在70%以上，高度0.3～1.5m不等，生物量鲜重可达5kg/m^2以上。如按平均生物量干重1kg/m^2估算，干物质氮、磷含量分别取2%和0.3%，则每1 m^2湿地植物所含氮、磷分别为0.02kg和0.003kg。

另外，由于大多数植物冬季会枯死，如果不及时处理，腐殖质进入水体会增加水中TN、TP的浓度。因此，在冬季冰冻前进行人工打捞，可以清除浮游植物以外的各类植物死体。根据上述方法估算，每打捞或收割1kg植物(干物质)可减少TN、TP负荷分别为0.02kg和0.003kg。

本次调查，多处源头水的TN超过正常标准，应该是植物腐殖质造成的，因技术手段有限，暂时未进行深入的研究和分析。

贝类、螺类等底栖生物具有滤食特点，能充分摄食水体中的残饵、浮游生物及悬浮颗粒，增加水体透明度，抑制浮游生物大量繁殖。并且能够减少底泥污染物，有利于调节水体生态平衡，提高和净化水质，增加水体自净功能，促进各物种生长，达到互利共生的目的。

沉水植物是水域生态系统的重要组成部分，并具有净化水质和抑制藻类生长的生态功能，也是水生态系统的主要初级生产者之一，是构成复杂食物网的主要组成环节，直接或间接地为水生动物提供食物。沉水植物可以抑制生物性和非生物性悬浮物质，改善水下光照和溶解氧条件，有效增加水体空间生态位，为其他水生动物提供生存空间和产卵栖息地。沉水植物是许多小型鱼类、螺类和虾蟹的索饵场所，也是它们逃避敌害的隐蔽场所；沉水植物还是水生动物产卵、孵化和育幼的最佳场所，沉水植物是水体生物多样性赖以维持的基础，沉水植物表面着生有大量的藻类、原生动物、螺类等，沉水植物的消亡将影响水体正常的生态循环，使水生态系统中的食物链变短、食物网简化，物种多样性下降。

(二)水华威胁

2002年密云水库首次暴发大面积蓝藻水华[4]，之后密云水库局部水域在夏秋季节连年发生轻度水华，引起了中央和北京市有关部门的高度关注。怀柔水库虽未监测到大面积水华的发生，但局部区域也存在水华发生的危险。本次调查中发现，渤海所——六渡河、洞台附近河段，特别是截流堰、连拱闸壅水水域，水质腥臭、浮游藻类大量繁殖，均存在水华发生的可能性，局部区域还残留着水华的痕迹。

美国环境保护署(EPA)在其《湖泊与水库技术指导手册——营养盐标准》中指出，在湖泊与水库中，总磷与总氮浓度分别超过0.01mg/L与0.15mg/L时，即有可能发生蓝藻水华。河流水体由于具有较大的流动性，因此总磷与总氮的浓度警戒值也高于湖泊、水库。《地表水资源质量标准》(SL 63-94)指出，为防止水生植物的过度生长，水体中总磷浓度不应超过0.05mg/L。而通常采用Redfield比值(氮磷比为16∶1)判断浮游植物受氮、磷的限制情况，N/P＞16时，表明磷相对不足，磷为限制因子[4]，反之则氮是限制性因素。因此，总氮浓度不宜超过0.8mg/L。

根据三次水质监测结果，90％以上的监测点TP、TN浓度超过了0.05mg/L、0.8mg/L的警戒值。河流发生富营养化的水流流速条件是水流流速小于0.2m/s，而沿河各类截流堰、连拱闸等壅水区域，流速基本满足这个动力学条件，加上TN、TP超标严重，在适当的条件下均可能刺激蓝藻、硅藻、绿藻大量繁殖，进一步引发水华。

(三)拦水建筑物对水质的影响

据《怀柔区防洪规划》怀沙河干流共有19座拦水坝，23座连拱闸，

12 座漫水桥，4 座大桥。渤泉河上也有 10 余座拦水建筑物。

拦水建筑物对河道水文过程的干扰主要体现在改变了壅水河段的水动力条件，即降低了壅水河道的水流流速，增加了壅水河段的水力停留时间，促进了藻类和漂浮植物的繁殖，进一步增加水华现象发生的风险。同时，拦水建筑物也有一定的好处，除了提高水资源的利用效率外，还能促进河水下渗补给地下水，促进悬浮物的沉淀及通过曝气促进水体复氧。溢流堰对提高水体的 DO 贡献显著，在部分季节对氮有一定净化作用，但除磷的效果甚微。[6]

在各监测断面中，水环境质量退化最严重的区域，也就是壅水最为严重的区域。例如，南冶村上游河段、渤泉沟河口附近河段等，既有大量的养殖污水注入，又有较大的拦水建筑物，造成水流缓慢、污染物富集、浮游植物大量繁殖，水质恶化，浊度上升并伴有腥臭味。

拦水建筑物使当地河道的生态环境发生了变化，打破了原有的生态平衡。随着蓄水位的增高，水流流速降低，水体自净能力下降，纳污能力变弱，尽管拦河闸本身并不产生污染物，但拦河闸会降低水体自净能力，从而使污染问题凸显，如大坝前库区与怀九河库区的底泥有机质含量高，腐败后呈黑臭状态，极易引发水华。

(四)河道自净能力分析

根据水质监测结果，以及对污染物排放的预测，可以认为怀沙河自净能力 TN、TP 分别为 49817.54kg/a 和 13674.4kg/a，见表 5-9。

TN、TP 的总排放量仅考虑了各类生产、生活污水的影响。流域内的植物腐殖质对水环境质量也具有一定的影响，但由于调查手段和技术的限制，对其贡献率难以作出准确的预测，同时本次调研对河道自净作用的各种影响因素也未进行深入的分析和研究。

表 5-9 河道自净能力分析

项目	TN	TP
总排放量(kg/a)	105204.38	15022.77
入库量(kg/a)	55386.84	1348.37
河道净化量(kg/a)	49817.54	13674.4
净化率(%)	47.35	91.02

(五)怀沙河流域水生态环境的问题

怀沙河水环境相比其他地区而言较好，污染程度较低，生物多样性较高，生态环境质量较好，但是仍然存在着许多水生态环境的严重问题、水生态系统潜在的退化隐患、整体水滨带生态环境受严重威胁。尽管水务部门对水生态环境做了大量的改善工作，但是依然存在许多严重问题，具体如下。

1. 人为干扰和破坏

原有居民的生活生产活动、当地开发及旅游业兴起，其生活污水、养殖排放、防虫杀菌药剂滥用、侵占践踏等，这些人为干扰破坏有迅速发展的趋势，对水滨带水生态环境构成了严重的威胁。

2. 水生态系统严重失衡

整条流域的人为干预较大，水生态系统物质循环缺乏重要的组成成员，从而其循环过程严重受阻。因为缺乏作为消费者和次级生产者的鱼类、田螺等草食性动物，出现了水生植物生长过剩的状况，植物—草食性动物—肉食性动物这一食物链无法维持平衡。在中游河段，因为截流堰的壅水作用，造成水位较深、流速过缓，污染物在底泥中沉积呈黑臭状，浮游植物大量繁殖，而高等植物无法生长，水—土壤—大气的物质交换也难以达到理想的平衡状态。因此，应适当人为调控，如生态工程建设、放养食草鱼类和食草性其他动物、人为去除有害植物等。

3. 人为生态恢复活动中存在着不协调

很多生态建设工程本意是恢复和保护水生、湿地生态系统，但因措施不完善，仍然可能导致水生态系统受较大的影响和严重的破坏。如单一物种应用、工程单一功能的选择、外来物种不适合的引入、生态功能低的景观建设、低生态科学含量的美化、缺少工程生态补偿机制等，降低了水生态功能如净化能力变弱等。当地村委会及经营单位经常以美化环境为目的，组织人员随意打捞水生植物，亦对河流水质产生严重影响。一旦高等植物、大型水生维管植物被打捞殆尽，浮游植物则借机大量繁殖，水华发生的危险性大大增加。

六、防治对策分析和水质改善项目的思路

(一)河流、湖库水生态恢复的思路

美国土木工程师协会对于“河流恢复”定义如下，“河流恢复是一种促使河流系统恢复到较为自然的状态，使其具有可持续的特征，并且能够提高生态系统价值和生物多样性的环境保护行动”。

研究表明，在一个淡水水域中，物种类型丰富而数量又均衡的食物网结构，抵抗外界干扰的承载力高，生态功能趋于完善。从河流生态系统的整体性出发，生态恢复的出发点是改善河流生态系统的结构和功能，并且各种目标的恢复工程都把生物群落多样性作为恢复程度的主要衡量标准。

现代生态学之父 Eugene Odum 认为，“生态工程的本质是对自组织功能实施管理”，美国著名生态学家 W. J. Mitsch 认为“所谓自组织也就是自设计”，是遵循生态恢复的基本原理——自我设计理论。可见生态工程的设计是一种辅助性设计，一种遵循自然规律的设计，它

依据生态系统的自设计、自组织功能，由自然界(或者由人按照自然规律)选择合适的物种，形成合理的结构，从而完成和实现设计。

国内外生态恢复的实践证明，自然恢复的长期效果最好，人工直接干预的短期效果显著，但前者见效慢，后者投入高，风险也大，因此二者都不太适合中国的国情。适合我国特别是农村地区实际的思路是，将两种方法相结合，初期投入较少的资金，建设必要的人工辅助措施，主要是河流自然形态的恢复和生物栖息地的改善，而最大限度地发挥生态系统自我修复的功能。进一步讲，就是现阶段立足河流生态系统的现状，积极创造条件，通过适当的改造，使河流廊道生态系统和生物多样性逐步恢复，使河流健康和具有可持续性。

对于河流的治理和生态恢复，国内外成功的案例大都具备以下特点：建立有权威的流域一体化管理机构，对水资源的保护和利用进行统一规划；控制污染物向河流的排放，主要是建立沿河的污水处理厂，实现达标排放；河流生态系统的恢复，包括河道、河岸的自然化和两岸湿地的恢复，提高了河流的自净化能力；加强监测评价，建立完善的水质物理化学和生物监测系统；加强环境教育，提高公众的保护意识，形成公众参与河流保护的合力。

对于湖泊和库区水质改善与富营养化治理国内外都开展了大量的工作，取得了一定的成效，如日本的琵琶湖，美加边界的伊利湖等。但其治理的难度远大于河流，仍然是世界范围内的难题，我国云南的滇池和江苏的太湖的治理现状就是典型的例证。水体更新慢，污染物排入快，治理赶不上污染，水深较浅，升温快，更易暴发蓝藻水华是其典型特征，此类湖泊治理难在内源污染的去除，这类退化生态系统的恢复通常需要在人类的正向干预下逐步实现。而控制外源污染物进入则需要保护好周边生态环境和建立防止点面源污染流入的复合生态屏障。

湖泊和库区的水质改善关键还要依据生态平衡的原理，对于已经和正在发生富营养化的湖泊，最有效的办法是利用生物操纵技术正向干预，形成营养级串联效应，从而建立合理的有利于营养向顶级消费者集中的水生生态系统。如，采取增加浮游动物、控制浮游藻类；增加肉食鱼类、控制小型鱼类；配合放养蚌螺，清除有机碎屑；种植水草，吸收营养盐等组合技术；以及近年来提出的渔业净水技术等都是通过建立合理的食物链(网)，带走水中的营养物质，恢复生态平衡，最终成功实现降低水体富营养化水平的目标。

道法自然，实现生态恢复需要科学技术的支撑，但并不是越复杂、越先进的技术就越能达到预期的目标。科技支撑关键是运用科学技术研究和发现自然界的规律，做到因势利导、水到渠成。有些情况下，往往是越简单的方法越是智慧的结晶，实用性和效果越好，能够做到事半功倍。在农村地区研发、示范和推广的新技术最好能够具有这样的特点。

由于“生态涵养发展区”以及首都水源地保护区的功能定位，怀柔区长期坚持“治河先治污”的流域治理思路，多年以来，水务部门为了治理怀沙河水污染做出了不懈的努力，积累了丰富的经验。我们充分认识到，治污工作不仅要加强源头控制力度，也要增强河道的自净能力。因此，治污工作要从流域整体规划、污水处理设施建设、湿地建设与保护三个方面入手。

怀柔水库及流域水质下降的主要原因是由于水产养殖、旅游业发展和流域内农业生产导致的水污染和河流生态系统结构与功能的破坏。上中游冷水鱼养殖和乡村旅游快速发展，使污染排放迅速增加，其中游客的生活污水排放现在已建立了一批分散式的污水处理系统，污染排放得到了一定的控制；而冷水鱼养殖场的污水排放由于排放量大和周期性排放的特点，不适合已建的生活污水处理设施，并成为河流源头污染的主要污染源。

以虹鳟鱼养殖为例，主要的废物废水包括鱼的内脏与清洗鱼池产生的粪便和饲料残渣。如怀沙河源头的卧佛山庄共养殖虹鳟鱼 15 万尾，其中成鱼约 10 万尾。仅以内脏计算，夏季旅游高峰时日宰虹鳟鱼 400kg，产生内脏 100kg；每周投喂饮料 7500kg，每周清洗一次池内沉淀的鱼粪和饲料残渣，折合干重 1200～1500kg。一年下来，这一个冷水鱼养殖场向河流排放的污染物就有 650 吨以上。

中下游旅游业发展出现大批果园、餐厅侵占河滩，河道或堤岸硬化和立砌，层层设坝截流改变了水深和水体流态，造成静止区污染物大量沉积，形成黑色底泥，水体透明度下降和水色发黑的恶果，影响了水生植物的群落多样性，使干流的自净化能力衰退。从东四渡河和到大明星度假村之间尤为突出，导致水体表面被浮萍、满江红或藻华完全覆盖，严重降低了河流的景观价值和旅游吸引力。

由于河流污染加剧和自净能力衰退，导致排入库区氮磷和有机物含量超标，库区水质已由中营养向富营养化发展。由于库区水域鱼类品种单一、生物量小、食物链简单、能量转换效率低、营养盐同化和固定转化效率低下，导致水体生态系统脆弱、营养盐输出能力弱，存在蓝藻水华爆发的潜在威胁。

综上所述，怀沙河流域水污染类型为重度富营养化，由于其下游的怀柔水库在保障首都供水安全中发挥着重要作用，故水污染的潜在威胁很大。根据怀沙河作为水生野生动物保护区、地表水源地一级保护区(河口)的功能定位，水环境应保持Ⅱ类标准。因此，有必要进一步加强流域内污水治理工作，TN、TP 的控制目标分别为 0.5mg/L、

0.1mg/L。(GB3838－2002)

(二)怀沙河流域水质改善项目的思路

针对怀柔水库水资源保护和利用存在的问题，怀柔水库流域区别于密云水库的特点，如流域短，主体在怀柔，无跨界管理难题，适合采用流域一体化管理；库区为浅盆状的地形地貌，水深较浅；旅游开发和虹鳟鱼养殖是流域经济发展的支柱产业；保护区无禁渔期，保护力度小，保护难度大。我们提出了“怀沙河流域水资源保护与可持续利用技术研究与示范”的项目建议。

项目的总体设计遵循三个原则。一是整体性原则，上中下游作为一个整体来考虑，河流和库区作为一个整体来考虑；根据整体性原则，将研发“源头减排、干流截污和库区减负”的流域一体化整治技术。二是人工辅助自然恢复的原则，即按照自然规律来改善河流和库区生态系统的结构，因势利导，最大限度地发挥生态系统自我修复功能，研发提高生境异质性、河水流动性、群落多样性和食物网稳定性的系列技术。三是适用性原则，再好的技术，如不能与当地条件相适应就不提倡使用；再普通的技术，如能因地制宜，解决问题，就积极研发和示范。

项目设计实现两个平衡。一是生态平衡，二是经济发展与水资源利用的平衡。实现第一个平衡，要解决三个问题，污染物排放的源(点与面)、河流自净能力下降、库区营养盐输出能力低。实现第二个平衡，一是经济发展要适度，严格控制开发规模在生态承载力范围内；二是水资源利用要可持续，解决水的过度利用问题，包括水量和水质。实现第一个平衡主要靠科技，需要研发冷水鱼养殖减排技术、河道和堤岸生态修复技术、水体食物链修复与渔业生态净水技术；第二个平衡的实现主要依靠监督和管理，重点在建立监测技术、评价指标和管理制度，提出流域水环境保护与水资源可持续利用的规划。

项目设计了四个实施目标。一是显著降低虹鳟鱼、鲟鱼等养殖业对河流水体的污染；二是提高河流和库滨带的自净化能力，显著减少营养物质进入库区水体；三是修复库区水体生物链，降低库区水体的营养水平，将库区水质控制在中营养水平之内；四是实现水资源的综合与可持续利用，提高流域的生态服务价值。

七、项目建议的主要内容

(一)冷水鱼养殖减排技术研究与示范

针对怀柔水库上中游冷水鱼养殖对河流水质造成的污染，重点研发虹鳟鱼养殖开发废水废物的生物利用与净化技术，冷水鱼养殖废水的零污染排放技术，虹鳟鱼微生态养殖技术，以实现源头减排的目标。

1. 虹鳟鱼养殖开发废水废物的生物利用与净化技术

本研究的生物利用技术主要是指通过生物链的能量传递，把废物废水变废为宝，成为能量传递链的中间环节，通过循环利用，最终减少向自然界的排放。据实地调查、咨询和预研，拟通过以下环节构建虹鳟鱼养殖废物废水利用生物链。

内脏加工与有机鳖饲养技术。初步试验显示内脏占鳖类取食量30%，重点研究内脏和粗饲料的配比与鳖类生长速度和品质的关系等。

塘泥生产有机蔬菜技术。清池产生的粪便和饲料残渣经过沉淀和腐化发酵后用于生产有机蔬菜，形成的肥水进入下一级池塘用于养鱼。目前已用于茄子、青椒等的生产和大面积紫苏的生长实验。紫苏叶是韩国和日本人喜用的生食辅料，具有较高的经济价值。项目实施之后，将重点放在高附加值蔬菜生产技术开发上。

肥水养鱼和水生蔬菜生产技术。肥水养鱼技术包括利用肥水来繁殖鱼类喜食的浮游动物和饲养肉食性鱼类，前期实验用的鱼类有鲤鱼、鲶鱼和嘎鱼等。项目实施后将研究浮游生物种群类型和生长速度与鱼类生长的关系，根据实验结果确定鱼类放养配比和提高以嘎鱼、鲶鱼等肉食性鱼类为主的高附加值鱼类产量；肥水养鱼的鲤鱼在后期放入清水池中饲养还可进一步提高品质和售价。养鱼后的水进入水生蔬菜生产池。目前山庄主营的水生野菜有野芹菜和西洋菜，均采自附近溪流内，数量有限。项目实施后主要研究按肥水有机物和氮磷浓度，梯级设计和分别进行莲藕、茭白和野芹菜和西洋菜等有机蔬菜的规模生产，产品供区内旅游饭店或销往京城。

香蒲、芦苇、菖蒲对污水的深度净化技术。经过以上的梯级利用，废水中的有机质含量已大幅度降低，在排入地表水前经过种植有香蒲、芦苇、菖蒲和黄菖蒲的沼泽湿地，利用芦苇、香蒲等的吸收和根际微生物的分解，降解氮磷；利用菖蒲类植物杀菌抑菌作用实现水质深度净化。地表植物每年秋末收割，带走营养物质，香蒲芦苇编制蒲席可用于冬季保暖。

2. 冷水鱼养殖废水的零污染排放技术

本研究与虹鳟鱼养殖的废物废水生物利用技术相结合进行配套开发，根据冷水鱼养殖场区域的地形和周围空地的特点，重点研究开发适宜当地使用的土壤渗滤、氧化塘和人工湿地技术，因地制宜地采取不同方法和组合设计方案，改变冷水鱼养殖产生的高污染废水排放成为零污染排放。

土壤渗滤技术：拟采用渗滤池提高单位土地的处理能力。清池产生的粪便和饲料残渣冲洗进入渗滤池，使污染物沉淀和初步分解，废水停留 4～5 小时后进入氧化塘。此项内容重点研究渗滤池填料组成和配比与出水水质关系，通过对比实验确定最佳填料组成、配比等参数。

氧化塘技术：渗滤池初步处理后滤出的清水进入氧化塘，停留约 24 小时，并经过水生植物和鱼类吸收利用后排入人工湿地。该内容主要针对渗滤池出水特点研究适宜的挺水和沉水植物，沉水植物的种类和收割周期（通过收割带走营养物质），收割的植物可用作水禽饲料。

人工湿地技术：氧化塘出水进入人工湿地。人工湿地设计为潜流湿地，废水在地表之下停留 18～36 小时，达到北京市地方标准《水污染排放标准》(DB11/307—2005)一级 A 的标准后排入地表径流。该项内容主要进行人工湿地水力停留时间和出水水质关系的监测和研究，根据人工湿地对不同浓度废水的污染物负荷和净化能力，确定最佳水力停留时间。

3. 虹鳟鱼微生态养殖技术

本研究在现有虹鳟鱼饵料 1.3 斤出鱼 1 斤的基础上，将与北京著名的饲料科技企业合作，开发和试验示范国际先进的 1 斤鱼/1 斤饲料的虹鳟鱼养殖饲料，进一步降低饵料的投放量和鱼类排泄量，减少污染。此项研究示范的内容包括：

① 根据国内外现有配方研制国内适合于虹鳟鱼微生态养殖用饲料；

② 对比研究用新型饲料和原有饲料鱼类生长速度和品质的差异；

③ 对比研究使用两类饲料，鱼类对饵料的利用率和粪便的排泄量差异；

④ 形成虹鳟鱼微生态养殖技术手册。

上游减排的示范点拟建在怀沙河上游的桃峪。该处一年四季山泉出水量大，1km 内建有顺通养殖场、卧佛山庄养殖场等四家规模化养殖场，其中顺通养殖场、卧佛山庄养殖场是该流域最大的两家冷水鱼养殖场，养殖场的发展曾得到过科委项目的支持，特别是卧佛山庄养殖场具有较强的企业社会责任感，非常重视养殖废物和废水的处理，前期已有一定的工作基础。

示范项目的建设以卧佛山庄养殖场为主体，包括顺通养殖场，及卧佛山庄养殖场以下的另两家养殖场(有可能用来建人工湿地的场地)，示范沟长度 1km。示范项目采取综合考虑、统一规划设计，分步实施的思路。

项目实施后资源的综合利用率将得到极大提高，实现变废为宝，循环利用。特别是利用冷水鱼开发的下脚料(以前是满山遍野找地埋，或丢在河边垃圾里)、开发出高附加值的有机鳖，养殖粪便和饲料残渣废水可用于养殖嘎鱼、鲶鱼、鲤鱼，增加了农家乐旅游的水产品品种，其中清水鲤鱼可达到虹鳟鱼的售价。利用肥水和池泥生产的水芹、西洋菜都是本市供不应求的野生水生蔬菜，茭白和莲藕也是秋冬季适宜的旅游保健食品，苏子叶是日本、韩国人喜食的蔬菜，茄子、青椒等更是农家乐的家常菜。

能够实现项目提出的流域一体化治理中的源头减排目标，预计减少项目示范点污染物排放量的 80%以上，还能通过氧化塘、人工湿地建设形成美丽的池塘和植物景观与鸟类栖息地。通过该示范项目提供的绿色食品，带动的旅游业发展可产生经济效益 200 万元/每年以上，减少排污费 10 万元/年。其在资源循环利用、环境效益、经济和社会效益上的示范作用将有力带动当地的生态建设和经济发展，真正实现保护好水资源，促进旅游业发展。旅游业发展了，能拿出更多钱进行生态补偿和生态建设，实现怀沙河流域上游水资源保护与可持续利用的项目目标。

(二)河道生态修复技术研究与示范

针对中下游河道设坝截流开发旅游业、养殖业造成的河水流态改变，水生植物群落退化，水体自净化能力下降，出现大面积浮萍和藻华影响河流景观的现状，以及河流水体营养盐大量进入库区的问题，重点研发河道和堤岸生态修复技术，河口沼泽湿地净化技术，实现怀沙河中下游的生态恢复、水体自净化能力提高的干流截污目标。

1. 河道和堤岸生态修复技术

本研究采用的河道生态修复技术主要针对河道筑坝截流造成的水体流动性(特别是在河道坡降几乎为零时)和透明度降低，沉水植物群落退化，底泥呈现黑臭趋势，河面浮萍疯长，藻华发生的现状，采取包括河道地貌修复技术、水体动植物与微生物群落联合修复技术、堤岸生态化修复技术。

(1)河道地貌修复技术。选取河道筑坝造成水体自净化能力下降的典型河段，通过以下设计改变水渠状河道的地貌。设计丁字形潜坝导流、水中沙洲分流、坝口鱼道导流、可调试坝口导流、河道内砾石堆、小型水潭等河道地貌，增加生境异质性和水体流动性。其中丁字形潜坝和沙洲的设计均考虑引入多空植物生长砖和鱼巢砖等特殊结构，实现多种生态功能。

(2)水体动植物与微生物群落联合修复技术。

①动物方面增殖放流泥鳅、鲫、鲢、鳙和鲶鱼等，螺蛳和蚌类，主要监测它们在滤食浮游植物、分解有机碎屑、增殖浮游动物、提高水体透明度方面的功能。

②培育沉水植物群落，选择水禽(鸭子)喜食且净化能力强的金鱼

藻、苦草、黑藻、荇菜、狐尾藻等植物，吸收水中氮磷，为养殖场提供饲料。

③建立生态浮岛，选择能自然过冬的植物和非自然过冬的植物材料，分别建立净水和景观功能均较好的千屈菜－菖蒲浮岛和美人蕉－伞草浮岛。

④引入耐寒睡莲和荷花，吸收污染物和美化河道环境。

⑤微生物制剂可使用有安全认证的藻菌复合制剂，可促进光合硅藻生长，抑制蓝绿藻生长。

(3)堤岸生态化修复技术

根据选取河段现有堤岸的实际情况和工程的可行性分别采取相应的措施。

①修复自然堤岸，引种挺水植物，形成河流蜿蜒、植被盎然的湿地景观。主要适用于尚未硬化和立砌的河岸，或可以拆除硬化部分的堤岸。

②在人造堤岸特别是立砌河段，通过增设护坡、护角及其种植槽的结构，间断性鱼巢砖结构，修复堤岸的近自然地貌，为动植物生长和提高河流的生物多样性创造条件。主要适用于暂时不能拆除硬化和立砌的堤岸。

③在有条件的河段进一步恢复河漫滩，形成灌木、湿生、挺水三道面源污染截污带，配置兼顾水质净化和环境美化双重功能的植物种类。

以上河道地貌修复技术可通过对比性研究(与未采取以上技术的河段比较)，得出采取不同技术措施河段的水流动力学、水质、水生动植物群落、景观格局的差异和不同效果，最终形成提高河流生境异质性、水体流动性、生物群落多样性、食物网稳定性和河道自净化能力显著提高的系列技术。

2. 示范项目的建设拟选择在怀沙河四渡河村到大明星度假村之间。选取长约1km的生态系统退化较严重的河段实施。项目完成后，将显著改变现有河段水体发黑、底泥趋臭、维管植物群落退化、浮萍和藻华疯长，河流自净化能力降低的现状。形成河流蜿蜒、植被盎然、水清鱼美的健康湿地景观。吸引更多游人前往旅游观光，实现生态效益、经济和社会效益的协调发展与水资源的可持续利用。

(三)库区水体食物链修复与渔业生态净水技术研究与示范

通过实地调研，了解库区水体营养盐分布格局和蓝藻种群动态，研发净水型渔业模式。选择库区适宜水域设置渔业生态净水技术研究示范区和对照区。通过适口性水草移植、底栖动物投放及鱼类放流模式实验，营造水体短食物链为主的高效N、P输出食物链，提高渔产力和营养盐输出效率。经实验和示范，形成并集成适合怀柔水库库情的渔业资源配置、食物链修复、水生生物生境营造和立体渔业放流与管理等渔业净水技术体系，达到有效改善水体生态系统结构和自稳定、自净化能力，减轻水体营养负荷，扭转富营养化趋势，防控蓝藻水华的目的。并类似的浅水型水库水质保护和富营养化治理提供集成技术和参考依据。

1. 渔业净水监测和效益评估技术研究

(1)渔业净水综合指标体系建设

筛选适合的水质指标、水环境指标、水生生物多样性指标、系统稳定性指标和渔业经济效益、社会效益和其他生态效益指标，建立渔业净水指标体系。量化指标体系，形成渔业净水效益评价标准并编制相应的评估手册。在项目研究和示范监测过程中试评估和优化，形成适合怀柔水库库情并可适当推广的水库渔业净水评价标准。

(2)渔业净水关键监测技术研究与集成

基于实地调查，依据项目实施目标，精心选择和设置库区渔业净水监测位点。集成传统的水质和水生生物监测技术，研发稳定同位素示踪技术、微金属线码标记示踪技术，形成支撑渔业净水评价标准的监测技术体系。

(3)净水效果的模型分析和预测

开发监测数据库，以水质评价模型、种群动态模型、物种多样性模型、鱼类食性选择模型、生态系统物流模型和地球化学模型等评价渔业净水能力和示范工程的实施效果、预测水质和水华蓝藻动态并提供净水渔业管理的决策依据。

2. 食物链修复与短食物链营造技术研究与示范

(1)食物链修复技术研究和示范

基于库区渔业生产历史和现状，分析渔业生产和水面开发利用对水生生物资源的影响，尤其是对渔业饵料生物资源的破坏。设置示范区开展资源恢复实验研究，修复受损的食物链。目的在于恢复水体的自我稳定和自我调节能力。

(2)短食物链营造技术研究和示范

依据短食物链营养盐输出效率高的原理，在修复水体食物链的基础上，在示范区内营造以短食物链为主的食物链结构，如浮游植物→鲢，浮游植物→浮游动物→鳙，适口水草→草鱼(鲂)，碎屑→螺(蚌)→乌鳢(青鱼)等。配合渔业配比放流，形成营养物转化环节少、N、P输出效率高的立体型净水渔业体系。

(3)水生生物生境修复和营造技术研究与示范

针对拟投放的鱼类、螺、蚌等关键物种的生境需求，于示范区开展生境修复实验，引入相应的水生植物群落，借以提供物种生息和繁衍的条件。

3. 净水渔业放流和管理技术研究与示范

(1)净水型渔业放流模式的研究与示范

根据短食物链高效输出营养盐的技术需求，基于已有的经验，结合短食物链营造方案，精心选择合适鱼种。依据各类饵料生物的生物量和水体生产力测算，合理配比各种鱼类的放养比例。根据水体N、P等营养盐和优势蓝藻种群的季节性动态规律，确定合理的鱼种规格。形成适合怀柔水库库情的净水型渔业放流品种配比模式和技术集成。

(2)渔业放流节律的研究与示范

改变传统的“春放秋捕”的渔业生产节律，针对库区水质和有害蓝藻的变动规律，依据种群动态调节的原理，选择关键时期，确定合理力度，适时放流、科学调控，提高N、P消减和蓝藻控制的效果。

(3)渔业捕捞技术研究与示范

改良传统的渔业捕捞方式，研究新型捕捞技术，和捕捞方案，以期减小捕捞作业对水草等生物资源的破坏，保留适当的鱼类群体，消耗冬季营养盐并防止春季水华的发生，实现渔业净水效果的最大化和持续性。

(四)流域一体化管理与水资源安全保障体系建设与示范

1. 流域一体化管理机制的探索

流域综合管理的思路正式形成于20世纪80年代，并在欧洲莱茵河、澳大利亚墨累一达令河等流域的治理中成功运用。我国在20世纪90年代前后黄河连年出现断流后，国家于1999年授权黄河水利委员会对黄河水资源实行统一管理与调度以来，黄河在天然来水量持续偏枯的情况下，已连续实现了10年不断流。由于河流大的经过数省，小的经过多个乡镇，并且涉及水务、渔业、农林业、旅游业等多个部门，如果没有统一的政策和管理制度，就容易出现对水资源的不合理利用，造成各种环境问题，导致河流生态系统退化。

怀柔水库流域由于各自为政，对河流进行开发，已造成多种生态危机。但是怀沙河、怀九河流域短，主体在怀柔境内的特点，使其具备了由怀柔区政府实行上中下有统一管理的便利条件。流域一体化管理机制的建立应包括如下内容：

(1)建立由区政府主管区长牵头，水务、农业、渔业、林业和流域各乡镇组成的流域管理委员会，共同协商解决关于流域保护与开发的重大事宜；

(2)制定统一的水资源保护与可持续利用的政策和制度；

(3)对所有开发利用项目组织专家进行环境影响和可行性评估；

(4)对违法行为进行查处，对流域水质水量进行监测和调度等。

2. 制定水环境保护与水资源利用规划

在流域管理委员会的领导下，由科委和水务局牵头，组织各部门参与的怀柔水库流域水环境保护与水资源可持续利用总体规划，应该包括如下内容：

(1)两河流域和水库周边经济社会发展的现状；

(2)20 年来两河流域水资源的变化与发展趋势；

(3)流域内环境的变迁，以及对水资源的影响；

(4)流域上中下游水资源利用现状和存在的主要问题；

(5)流域的环境污染和生态退化状况；

(6)今后 10 年流域内经济社会发展对水资源的需求预测；

(7)提出水资源保护与水污染防治的政策和制度(包括鼓励和限制的行业)；

(8)建立流域水环境安全监控体系的实施规划；

(9)流域生态恢复的10年规划和实施日程表。

3. 水资源安全保障体系的建设

河流与其所处环境构成流域生态系统，流域环境制约着河流的水质与水量，“问题在水里，根子在岸上”。保护水质、涵养水源，必须注重流域的生态建设、水资源安全保障体系的建设。

拟在以下基础上，建立两河流域水质监测和评价体系。

(1)对2河的源头、干支流的水质和水环境状况进行调研，了解主要的点、面污染源及其对河流水质的影响。

(2)在2河选择监有代表性的测断面开展水质、水量的监测。

(3)选择监测指标：物理指标、化学指标、生物指标的定期监测，多参数水质监测仪的在线监测。

(4)确定和实施监测计划。

(5)监测指标的统计分析和撰写报告。

(6)制定水质评价的指标体系。

(五)项目的具体目标

1. 提出怀沙河流域水资源保护与可持续利用的技术体系，实现“源头减排、干流截污和库区减负”的流域一体化保水模式。示范区水质标准较示范前或对照区域提高一个等级。

2. 按照源头减排的思路，形成上游虹鳟鱼、鲟鱼养殖开发废水废物的生物利用和生态净化系列技术，示范区冷水鱼养殖废水经过净化后达到北京市地方标准《水污染排放标准》(DB11/307－2005)一级A的水平。

3. 按照干流截污的思路，形成中下游河道地貌和堤岸生态化修复技术、水体动植物与微生物群落联合修复技术，逐步恢复河道的自然状态和水体自净化能力。在河口、库滨滩涂地区形成沼泽湿地净化技术，有效拦截进入库区的污染物。

4. 按照库区减负的思路，了解库区水体营养盐分布格局和蓝藻种群动态，研发库区水体食物链(网)修复与渔业生态净水系列技术，编制形成渔业净水监测评价技术手册，形成以水体短食物链为主的高效输出N、P的食物链结构，提高渔业生产力和营养盐输出效率，达到减轻库区水体营养负荷，扭转富营养化趋势，防控蓝藻水华的目标，并形成适应净化水质需求的渔业生产和管理模式。

5. 通过生物利用和生态净化技术的开发，变废为宝，丰富首都人民的菜篮子，在污水资源化和水资源综合利用、循环利用的基础上，真正实现怀柔水库流域的水资源保护与可持续利用。

6. 建立流域水资源监测、评价、管理的技术体系和区政府统一协调管理的机制。

7. 在调研和分析预测基础上，编制全流域水环境保护与水资源可持续利用规划，为后续项目的实施、为流域水环境质量和生态承载力的持续提升，为新农村建设和地方经济提供可持续的发展空间。

8. 通过项目的实施，建立一个技术研发、示范和推广应用的科技平台，培养一支面向基层、面向农村、服务首都生态建设的高水平、重实践的科研团队。

(六)项目的考核指标

1. 按照“源头减排、干流截污和库区减负”的流域一体化保水模式，提出怀柔水库流域水资源保护与可持续利用的技术总报告。

2. 提交冷水鱼养殖开发废水废物的生物利用和生态净化系列技术手册，建立系列技术示范基地一处，示范区冷水鱼养殖废水经过净化达到北京市《水污染排放标准》(DB11/307－2005)一级A的水平。

3. 提交中下游河道地貌和堤岸生态化修复技术、水体动植物与微生物群落联合修复技术手册，示范区河道的自然状态和水体自净化能力得到显著改善。

4. 建成从河口到库滨滩涂的沼泽湿地净化技术示范点一处。

5. 提交库区水体食物链(网)修复与渔业生态净水系列技术手册，示范区水质N、P指标和综合指标提高到地表水Ⅱ类(GB3838－2002)，渔业经济产值不降低。

6. 提交流域水资源监测、评价、管理的技术手册，建立怀沙河上中下游和库区水质监测站点4～5个，提供在线监测和定期理化生监测数据(每2个月)。

7. 提交怀沙河流域水环境保护与水资源可持续利用总体规划。

8. 申请相关技术专利2项，发表学术论文8篇以上，培养技术骨干和研究生12名左右。

八、结论和建议

(一)主要问题

1. 根据监测结果和近20年来河流平均径流量估算，怀沙河流域平均每年向怀柔水库输入总氮55386.84kg、总磷1348.37kg。野外调查和水质监测的结果均表明，怀沙河水质已呈现重度富营养化。主要污染物为TN、TP，大部分河段TN严重超过Ⅴ类水环境标准，TP超过Ⅲ类标准，综合评价整条流域水环境为劣Ⅴ类，水资源质量属重富营型，远不能达到规划的水域功能Ⅱ类标准。

2. 调查了居民生活污水、餐饮污水、鱼池废水、畜禽养殖污水等4类主要的污染源。鱼池、畜牧养殖业主要集中在上、中游河段，村庄、餐饮业在中、下游河段分布较多。从污染物的排放量看，鱼池废水最多，其次为畜禽养殖污水，两项约占总数的90%。

3. 流域内较为集中的湿地有5处，面积22.55hm²，植被覆盖度、生物多样性均较高，对河流水质的净化起到了重要的作用。但就整条河流而言，河道或堤岸硬化和立砌，层层设坝截流改变了水深和水体流态，造成截流区污染物大量沉积，形成黑色底泥，水体透明度下降和水色发黑，影响了水生植物的群落生长，滩区被各类开发活动占用使湿地受损，干流的自净化能力呈现不同程度的衰退。

水生生态系统不完善，初级生产力过剩，整条流域藻类植物生长十分旺盛，在特定时期局部可能会发生水华，需要人为干预、控制。

4. 库区水质下降，水体富营养化趋势明显。水质调查结果显示，大坝前库区与怀沙河库区的底泥有机质含量高，腐败后呈黑臭状态。库区水质已由中营养向富营养发展。水体富营养化及其引发的蓝藻水华是怀柔水库饮用水源的主要威胁。

5. 沿河旅游设施建设缺乏统一规划，对于各类污染排放缺乏有效的监管可从加强流域整体规划、污水处理设施建设、湿地建设与保护三个方面入手，控制流域水污染，在整个流域建立较为完善的污水处理系统。

(二)加强技术研究与示范

1. 流域减排技术研究与示范

主要是指通过生物链的能量传递，把废物废水变废为宝，开展虹鳟鱼养殖废水废物的生物利用与净化技术研究与示范；开展与虹鳟鱼养殖的废物废水生物利用技术相结合的，冷水鱼养殖废水的零污染排放技术研究与示范；开展进一步降低饵料投放量和鱼类粪便排泄量的虹鳟鱼微生态养殖技术研究与示范。

2. 河道生态修复技术研究与示范

主要是恢复河道的自然流态和河滨带滩涂及植被，研发河道地貌修复技术、水体动植物与微生物群落联合修复技术、提高河流自净化能力的河道和堤岸生态修复技术，并开展相应的示范；通过改造现有的地形和植被，形成由高效净水植物组成的自然湿地，进行河口大面积沼泽湿地净化技术研究与示范。

3. 库区水体食物链修复与渔业生态净水技术研究与示范

依据生物操纵理论和生态学原理，开展渔业净水监测和效益评估技术研究、水体食物链修复与短食物链营造技术、净水渔业放流和管理技术研究与示范。集成水体生物群落调控技术、水生生物种群培育技术和综合型渔业放流技术，形成适合怀柔水库库情的渔业生态净水模式。从根本上改善水库水质状况，防止蓝藻暴发，保障首都饮用水安全。

4. 流域一体化管理与水资源安全保障体系建设与示范

针对怀柔水库特点建立流域一体化的管理模式，包括管理机构的组成、制定政策和制度，组织环评和违法处罚等；制定怀柔水库流域水环境保护与水资源可持续利用总体规划；完成两河流域水质监测和评价体系建设。

(三)建议加强体系建设

1. 加大清洁小流域建设力度。怀柔区88.9%是山区，103条小流域总面积近2000km^2，按照现在每年60～80km^{2}的清洁小流域建设任务，需要20～30年才能建设完毕。因此，现在的建设速度不足以保障各水库的水环境质量以及首都供水安全。建议将怀柔区每年治理任务加大到100km^{2}以上。同时，还需要考虑清洁小流域治理后在管护、设施维护等资金上的投入，加强管护工作。

2. 加强大流域的治理规划以及相应的执法监督工作。现阶段，全区各条河流上均建设有大量的拦水建筑物，有的是水务部门建设的，也有群众自建的，各种截流工程大大降低了河水流速，为水华的发生创造了条件。而且，很多未经正规设计的截流工程会严重影响到防洪安全。因此，建议在进一步开展生态清洁小流域建设工作的基础上，加强大流域的治理规划工作，统筹安排截流工程，拆除一些应用价值小、阻水严重的旧工程。同时，加强执法监督工作，制止各类侵占、破坏河道的违法活动。

3. 市财政加大对水源地保护区的生态建设资金投入力度。怀沙河流域位于怀柔水库水源保护区，当地居民为了保障首都供水安全，在经济发展上做出了巨大牺牲，该流域内的工业基本是一片空白，养殖业的发展也受到限制。为了进一步治理怀沙河的污染，需要大量的资金投入，仅凭怀柔区的财力是无法完成这项浩大的工程的，因此建议市财政大力支持对怀柔区的生态建设资金投入力度。

4. 加大科学技术推广和生态产业示范区建设。怀沙河流域最大的污染源是鱼池废水，其次为畜禽养殖污水，这两类污水基本上是直排河道。因此，可以认为山区水污染的根本原因是生产经营粗放和技术落后，缺乏对养殖废水治理的有效技术。建议进一步加大科学技术推广和生态产业示范区建设，加大对养殖废水治理的研究与示范，建立流域一体化的管理体制。

参考文献：

1. 马巍，李翀，骆辉煌等. 雁栖河流域水环境承载能力研究。

2. 魏自刚，王庆，焦金锋. 怀柔区水源地污水治理与运行管理机制调研报告。

3. 卞有生．生态农业中废弃物的处理与再生利用．北京：化学工业出版社，2000。
4. 王蕾，杨敏，郭召海等．密云水库水质变化规律初探．中国给水排水，22(13)。
5. 陆景陵主编．植物营养学．北京：中国农业大学出版社．2003。
6. 王锦旗，王国祥．城市河道溢流堰对水体溶解氧及氮和磷的影响．水利水电技术，2006，37(10)。

附表 1　生活污水处理站详单

生活污水处理站

村名	所在乡镇	处理工艺	设备数	处理规模 t/d	规划日期	备注
红军庄	怀柔镇	CWT	4	85	2008 年	
兴隆庄	怀柔镇	CWT	2	35	2008 年	
杨家东庄	桥梓镇	CWT	3	65	2008 年	
峪口	桥梓镇	CWT	4	65	2008 年	
一渡河	桥梓镇	CWT	2	80	2008 年	
后辛庄	桥梓镇	CWT	4	75	2008 年	
东凤山	桥梓镇	MBR	1	30	2008 年	未安装
六渡河	渤海镇	CWT	3	45	2008 年	
庄户	渤海镇	CWT	4	22.5	2008 年	
三渡河	渤海镇	CWT	4	190	2008 年	
苇店	渤海镇	CWT	4	30	2008 年	
马道峪	渤海镇	CWT	4	30	2008 年	
慕田峪	渤海镇	MBR	2	50	2008 年	未安装

续表

村名	所在乡镇	处理工艺	设备数	处理规模 t/d	规划日期	备注
团泉	九渡河镇	CWT	3	90	2008 年	
西四渡河	九渡河镇	CWT	3	145	2008 年	未安装
局里	九渡河镇	CWT	1	50	2008 年	未安装
黄坎	九渡河镇	CWT	1	150	2008 年	未安装
黄花城	九渡河镇	CWT	1	40	2008 年	未安装
撞道口	九渡河镇	CWT	1	30	2008 年	未安装
石湖峪	九渡河镇	CWT	1	25	2008 年	未安装
铠甲庄	桥梓镇	CWT		45	2009 年	
红林	桥梓镇	CWT		20	2009 年	
岐庄	桥梓镇	CWT		40	2009 年	
四渡河	渤海镇	CWT		30	2009 年	
新王峪	桥梓镇	CWT		30	2009 年	
郭家坞	怀柔镇	CWT		90	2009 年	
孟庄	怀柔镇	CWT		40	2009 年	
卧龙岗	怀柔镇	CWT		15	2009 年	
秦家东庄	桥梓镇	CWT		20	2009 年	
前辛庄	桥梓镇	CWT		60	2009 年	
口头	桥梓镇	CWT		90	2009 年	

附表 2　怀沙河餐饮生活污水排放与治理情况调查

编号	排污口单位	排污地点	排放规律	污水性质	排放量（万吨/年）	备注
1	无名	南也村	常年	生活	0.0073	无处理设备，有沉淀池
2	鲟鱼山庄	南也村	常年	生活	0.161	无处理设备，直排河道
3	春阳垂钓园	大榛峪村右	常年	生活	0.735	污水基础完成，等待改造安装

续表

编号	排污口单位	排污地点	排放规律	污水性质	排放量（万吨/年）	备注
4	滴水泉	洞台村右	常年	生活	0.147	无污水处理设施
5	三家养鱼池	庄户村右	常年	鱼池水	0.148	已转包
6	仙香洞府	庄户村右	常年	生活	0.256	无污水处理设施
7	响水湖旅游度假村	景区右侧	常年	生活	0.771	设施齐全，正常运行
8	无名	渤海所右	常年	生活	0.162	无处理设备，直排河道
9	大明星度假村	渤海所右	常年	生活	0.431	设施齐全，正常运行
10	渤海工业区	渤海所右	常年	生活	0.776	设施齐全，正常运行
11	山豆根垂钓园	六渡河村右	季节	生活	0.776	设施齐全，正常运行
12	渡水山庄	六渡河村右	常年	生活	0.73	设施齐全，正常运行
13	原始部落		常年			停业
14	龙至烧烤店	四渡河村右	季节	生活	0.088	设施齐全，正常运行
15	秀水酒家	三渡河村右	常年	生活	0.735	有污水池，鱼池水直排河道
16	三亩园烧烤店	三渡河村右	常年	生活	0.073	设施齐全，正常运行
17	北信研究中心	口头村右	常年	生活	0.45	设施齐全，正常运行
18	玺明翔和农家院	口头村左	常年	生活	0.446	有沉淀池，鱼池水直排河道
19	金瑞晟达民俗接待	口头村左	常年	生活	0.15	无处理设备，有沉淀池
20	渔水湾					停业
21	回故里民俗	苇店村右	常年	生活	0.365	有排水池，直接排出
22	鱼师傅	苇店村右	常年	生活	0.214	设施齐全，正常运行
23	渤海润土贸易中心	苇店村右	常年	生活	0.263	设施齐全，正常运行

续表

编号	排污口单位	排污地点	排放规律	污水性质	排放量（万吨/年）	备注
24	顺通养殖中心	田仙峪	常年	生活	0.254	设施齐全，正常运行
25	卧佛山庄	田仙峪	常年	生活	0.365	设施齐全，正常运行
26	箭扣长城度假村	田仙峪	常年	生活	0.324	设施齐全，正常运行
27	北京加鲑养殖基地	田仙峪	常年	鱼池水	0.156	设施齐全，正常运行
28	渔家傲	苇店村右	常年	生活	0.596	设施齐全，正常运行
29	红房子	苇店村右	常年	生活	0.251	设施齐全，未运行
30	圣泉山庄	口头村北	常年	生活	0.561	设施齐全，未运行
31	怀九水务站	口头村	常年	生活	0.465	设施齐全，正常运行
32	红灯笼	口头村	常年	生活	0.265	设施齐全，正常运行
33	金来顺	口头村北	常年	生活	0.369	设施齐全，未运行
34	圣贤山庄	口头村北	常年	生活	0.258	设施齐全，未运行
35	绿洁乐	口头村	常年	生活	0.156	设施齐全，未运行
36	渔缘	口头村	常年	生活	0.149	设施齐全，未运行
37	绿康园	三渡河村南	常年	生活	0.651	设施齐全，未运行
38	栗香园食府	三渡河	常年	生活	0.453	设施齐全，正常运行
39	龙至垂钓园	三渡河村西	常年	生活	0.486	设施齐全，正常运行
40	六渡河村	六渡河村右	常年	生活	0.694	设施齐全，正常运行
41	星光培训中心	渤海所	常年	生活	0.146	设施齐全，正常运行
42	炸药厂	怀沙河左岸	常年	生活	0.647	设施齐全，正常运行
43	双缘汇饭店	渤海所	常年	生活	0.563	设施齐全，正常运行
44	云霞酒家	渤海所	常年	生活	0.452	设施齐全，未运行
45	庄户村	庄户村右	常年	生活	0.695	设施齐全，正常运行
46	山水渔村	庄户村右	常年	生活	0.216	设施齐全，未运行

续表

编号	排污口单位	排污地点	排放规律	污水性质	排放量（万吨/年）	备注
47	鑫双泉	苇店交辛营	常年	生活	0.352	设施齐全，正常运行
48	小芳山庄	苇店村右	常年	生活	0.254	设施齐全，正常运行
49	慕田峪渔村	慕田峪	常年	生活	0.489	设施齐全，正常运行
50	假日怡宾	苇店村西	常年	生活	0.387	设施齐全，未运行
51	小渔村	苇店村	常年	生活	0.164	设施齐全，未运行
52	渔佰福垂钓园	苇店村	常年	生活	0.142	设施齐全，未运行
53	田间风情	苇店村	常年	生活	0.214	设施齐全，未运行
54	顺兴山庄	苇店村	常年	生活	0.365	设施齐全，未运行
55	银喜鹊	三渡河村北	常年	生活	0.253	设施齐全，未运行
56	华坤烧烤城	三渡河村北	常年	生活	0.156	设施齐全，未运行
57	鑫羽关烧烤城	马道峪村南	常年	生活	0.324	设施齐全，未运行

附表 3.1　北京锦绣大地技术检测分析中心有限公司水样检测结果表

样品编号	地点	样品名称	总氮检测结果（mg/L）	总磷检测结果（mg/L）	高锰酸盐指数检测结果（mg/L）
090830001	京密引水渠入口	水样	4.2	未检出	2.9
090830002	京密引水渠入口	水样	4.0	未检出	3.0
090830003	怀沙库区	水样	3.9	未检出	4.2
090830004	怀沙库区	水样	4.0	未检出	4.3
090830005	怀沙入库口(红军庄)	水样	4.1	0.12	2.2
090830006	怀沙入库口(红军庄)	水样	4.3	0.14	2.1
090830007	怀九库区	水样	4.2	9.5×10^{-2}	4.4
090830008	怀九库区	水样	4.4	0.10	4.3
090830009	怀九入库口	水样	4.4	0.11	0.95

续表

样品编号	地点	样品名称	总氮检测结果(mg/L)	总磷检测结果(mg/L)	高锰酸盐指数检测结果(mg/L)
090830010	怀九入库口	水样	4.4	0.11	1.4
090830011	怀沙一官渡桥	水样	4.5	0.26	2.7
090830012	怀沙一官渡桥	水样	4.4	0.26	2.7
090830013	怀沙一八道河岭	水样	4.4	0.33	2.2
090830014	怀沙一八道河岭	水样	4.4	0.32	2.0
090830015	怀沙一大明星度假村(养鸭)	水样	4.3	0.35	1.9
090830016	怀沙一大明星度假村(养鸭)	水样	4.4	0.35	1.8
090830017	怀沙一大明星(虹鳟鱼出水)	水样	4.5	0.32	1.8
090830018	怀沙一大明星(虹鳟鱼出水)	水样	4.5	0.32	1.9
090830019	怀沙一洞台养鲟鱼出水	水样	4.5	0.27	1.8
090830020	怀沙一洞台养鲟鱼出水	水样	4.5	0.34	1.8
090830021	怀沙上游小溪一水关	水样	4.3	未检出	1.5
090830022	怀沙上游小溪一水关	水样	4.2	0.12	1.7
090830023	怀九上游小溪一二道关	水样	3.9	9.9×10^{-2}	1.3
090830024	怀九上游小溪一二道关	水样	4.3	0.10	1.4
090830025	黄花城水库出水口	水样	4.1	0.11	1.9
090830026	黄花城水库出水口	水样	4.1	0.11	1.8
090830027	怀九一红庙	水样	4.1	0.21	2.5
090830028	怀九一红庙	水样	4.2	0.22	2.5
090830029	怀九一红庙一养虹鳟鱼出口	水样	4.3	0.20	1.1
090830030	怀九一红庙一养虹鳟鱼出口	水样	4.1	0.21	1.2
090830031	怀九一花木附近	水样	4.3	0.13	1.0
090830032	怀九一花木附近	水样	4.3	0.15	1.1
090830033	怀九一西四渡	水样	4.5	0.14	1.0

续表

样品编号	地点	样品名称	总氮检测结果(mg/L)	总磷检测结果(mg/L)	高锰酸盐指数检测结果(mg/L)
090830034	怀九一西四渡	水样	4.3	0.12	0.92
090830035	怀九一峪口	水样	4.5	0.13	1.1
090830036	怀九一峪口	水样	4.4	0.12	1.2

北京锦绣大地技术检测分析中心有限公司　2009.08.30

附表 3.2　北京锦绣大地技术检测分析中心有限公司水样检测结果表

样品地点	样品名称	总氮检测结果(mg/L)	总磷检测结果(mg/L)	高锰酸盐指数检测结果(mg/L)
京密引水渠入库口	1	6.6	未检出	0.8
京密引水渠入库口	2	6.0	未检出	0.7
口头村西	3	7.0	8.8×10^{-2}	1.2
口头村西	4	7.1	9.3×10^{-2}	1.0
怀沙河一四渡河	5	6.9	0.18	1.4
怀沙河一四渡河	6	6.8	0.18	0.9
八道河岭	7	6.9	0.25	1.2
八道河岭	8	7.1	0.26	1.1
大明星一干流	9	6.9	0.41	1.1
大明星一干流	10	6.9	0.41	1.2
大明星一支流	11	6.9	0.22	0.9
大明星一支流	12	7.1	0.27	1.0
水关	13	7.0	未检出	0.7
水关	14	6.8	未检出	0.6
洞台	15	7.1	0.32	0.5

续表

样品地点	样品名称	总氮检测结果(mg/L)	总磷检测结果(mg/L)	高锰酸盐指数检测结果(mg/L)
洞台	16	7.1	0.32	1.0
二道关	17	5.7	未检出	0.8
二道关	18	6.8	未检出	0.6
红庙	19	6.1	0.25	0.7
红庙	20	6.9	0.29	1.0
团泉	21	6.9	6.9×10^{-2}	0.4
团泉	22	6.9	8.2×10^{-2}	2.6
西四渡	23	7.2	2.7×10^{-2}	0.7
西四渡	24	7.0	3.1×10^{-2}	0.8
峪口	25	7.0	未检出	0.4
峪口	26	7.1	未检出	0.2
怀九河入库口	27	6.9	未检出	0.8
怀九河入库口	28	6.9	未检出	0.7
水库一天文台	29	6.8	未检出	2.1
水库一天文台	30	7.0	未检出	1.9
红军庄	31	7.0	7.6×10^{-2}	2.3
红军庄	32	7.1	7.7×10^{-2}	2.0
郭家坞	33	7.1	3.5×10^{-2}	1.9
郭家坞	34	6.6	2.6×10^{-2}	2.1

北京锦绣大地技术检测分析中心有限公司　2009.09.10

主持人：洪剑明(首都师范大学生命科学学院　教授)

参加人员：杜桂林、王忠锁、谷飞飞、刘成立、王旭晨感谢怀柔区水土保持科学试验站提供了部分调研数据。

首都新农村建设中京郊(典型村镇)生态环境评价研究

申玉铭
蔺雪芹

2007年10月，党的十七大报告提出，要“建设生态文明，基本形成节约能源资源和保护生态环境的产业结构、增长方式和消费模式”。生态文明的发展理念，是以尊重和维护生态环境为主旨，以可持续发展为依据，以未来人类的继续发展为着眼点，强调人的自觉与自律，强调人与自然环境的相互依存、相互促进、共融共处。生态文明建设不仅包括人类在生态问题上所有积极的、进步的思想观念建设，而且包括生态意识在经济社会各个领域的延伸和物化建设，具有经济、政治、文化、社会、生态等多层面的内容[1]。党的十六届五中全会指出了建设社会主义新农村的目标和具体标准，即“生产发展、生活宽裕、乡风文明、村容整洁、管理民主”20字方针，体现了经济建设、政治建设、文化建设、社会建设和生态建设五位一体的发展策略。可以看出，生态文明建设和社会主义新农村建设是相辅相成的，社会主义新农村建设充分体现了生态文明的发展理念，而生态文明建设推动了农村社会、经济、政治、文化、环境的全面协调、可持续发展。以生态文明理念指导新农村建设，不仅关乎我国整个生态文明建设的全局，更对中国城乡统筹发展、社会经济和谐、可持续发展具有重大的意义。

新农村生态文明建设就是在新农村建设中，将资源的接续能力和生态环境容量作为农村建设发展的重要依据，建立"资源节约型、环境友好型"的现代化农业生产方式[2]和多元化的高效、绿色产业结构，建设生活富裕、服务完善、乡风文明的社会环境以及建设基础设施齐备、村容整洁和环境优美的农村生态环境。优化农村生态环境，建设新农村生态文明是践行科学发展观的重要体现，是实现城乡统筹发展、构建和谐社会的重要组成部分，是实现全面建设小康社会奋斗目标的必然要求[3]。可以看出，从生态文明的发展理念出发，新农村生态环境建设包括了更为丰富的内涵，它与农村经济发展、社会进步和物质环境的改善具有密切关系，产业现代化、社会物质文明和精神文明建设是农村生态环境建设的重要基础和主要表现，农村生态环境建设不仅包括与农民生活和生产相关的水资源、土地、阳光、河流、大气、生物多样性等自然环境要素的保护与改善，还包括农村人居条件、经济条件、社会发展条件等物质要素环境的发展和进步。生态建设的最终目的是实现农村经济—社会—生态环境系统的持续稳定协调发展(见图 1-1)。

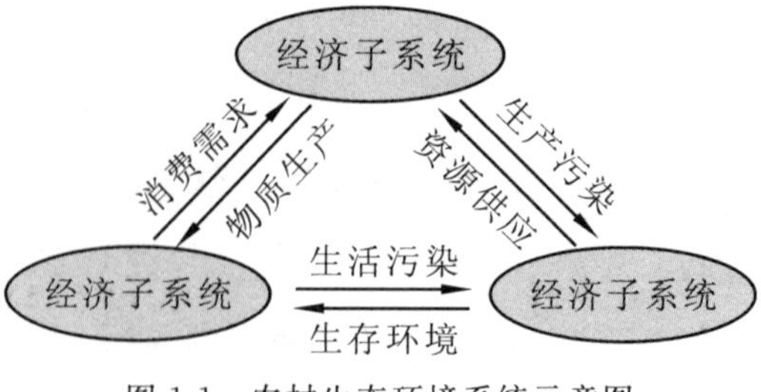

图 1-1　农村生态环境系统示意图

2004 年北京市在全国率先开展了对新农村建设工作的探索，根据实际情况选取13个试点村进行旧村改造，之后在《关于推进社会主义新农村建设的若干意见》的推动下，于2006年专门成立了新农村建设领导小组，并在全市首批确定了80个市级新农村规划建设试点村，全面编制村庄规划，推动了新农村建设工作快速进展。新农村生态文明建设是新的历史时期下，建设具有首都特色的都市型农村，实现北京城乡统筹发展目标和郊区现代化的重要任务和历史使命。以生态文明的发展理念为基础，从经济、社会、环境等各方面对北京市新农村建设中京郊生态环境状况进行综合评价，明确北京新农村建设中农村生态环境变化特征和存在问题，对于探讨京郊农村生态文明建设的合理、有效对策，实现首都新农村建设中社会一经济一生态的协调可持续发展提供理论和决策依据具有重要意义。

一、首都新农村建设生态环境现状分析

(一)农村经济总量不断提升，产业结构生态化成效显著

由表1-1可以看出，2004—2008年北京市农村经济总量呈不断上升的变化趋势。2004年北京市经济总收入为2408.70万元，到2008年增加至3417.93万元，4年间增长了41.90%。产业结构不断优化，2004年农村三产之比为7.6∶46.9∶45.51，到2008年三产之比为6.31∶44.49∶49.20。分行业来看，传统农业向都市型农业转变加快，产业化、生态化、现代化、规模化和可持续发展方向明确，农田基础设施建设任务基本完成，农产品标准化生产基地累计达到1128家，一批市场优势明显、科技含量较高的主导产业初具规模，精品农业、设施农业、加工农业、休闲观光农业、会展农业的发展，拓展了农业的发展空间。同时以交通运输、商业餐饮、乡村旅游及其他服务业为主的第三产业发展迅速。农村经济发展质量提升明显。从万人农

业科技人员数来看，5 年间呈增长趋势，2004 年万人农业科技人员数为 4.9 人/万人，2008 年为 10.92 人/万人。新农村建设对促进北京市农村经济总量增长和经济发展质量提升起到了积极的推动作用。

表 1-1　2004—2008 年北京市新农村建设经济发展指标一览表

指　　标	单位	2004	2005	2006	2007	2008
经济总收入	万元	2408.70	2750.43	2813.43	3145.32	3417.93
第一产业产值比重	%	7.60	6.89	6.85	6.47	6.31
第二产业产值比重	%	46.90	46.37	46.03	46.35	44.49
第三产业产值比重	%	45.51	46.74	47.12	47.19	49.20
经济总收入增长率	%	20.48	14.19	2.29	11.80	8.67
农村固定资产投资比重	%	8.10	8.43	10.14	9.85	8.60
万人农业科技人员	人/万人	4.90	5.60	5.60	10.78	10.92
农业机械化水平	万千瓦	340.30	337.70	325.50	300.48	267.05

新农村建设以来，北京市委、市政府贯彻城乡统筹方略，着眼缩小城乡差距，加大了对新农村建设的资金投入和政策引导力度，确定了“两个确保”的目标，即确保市级固定资产投资投向郊区的比例不低于总量的 50%、投向农村的比例不低于上年。2008 年市政府全年投入 171.2 亿元，比上年增长 40.6 亿元，固定资产投资对郊区的比例提高到 51.4%，对生态涵养区的投资比上年提高了 2.5 个百分点。但是从农村经济发展潜力来看，2004—2008 年北京市农村经济并未保持持续的增长后劲。从经济总收入增长率来看，2004—2008 年经济总收入增长率表现为先下降后上升的变化趋势。从农村固定资产投资来看，农村固定资产投资与农村经济总收入的相关系数为 0.7303，呈显著相关性，事实上，北京市农村固定资产投资的投向明显倾向于第二、三产业，二者合计占农村固定资产投资的 95% 以上[4]，2004—2008 年农村固定资产投资表现为先上升后下降的变化趋势，2004 年经济总收入增长率和农村固定资产投资比重分别为 20.48% 和

8.10%，2008年分别为8.67%和8.60%。说明新农村建设虽然促进了北京市农村经济总量和质量的提升，但是后续资金投入不足，经济发展潜力和能力并未得到持续、有效的提高。

(二)农村生活水平不断提高，社会服务体系和环境建设逐渐完善

从2004—2008年北京市农村社会发展各指标可以看出(见表1-2)，近5年北京市农村居民生活水平总体不断提高。从农民人均纯收入、人均生活消费支出2项指标变化可以看出，5年内两项指标均表现出持续增长的态势，分别从2004年的7172元、12200元增长至2008年的10747元和16460元。人均住房面积也有较明显提高，2004年为34.20平方米，到2008年增加至39.40平方米。新农村建设以来，北京市出台了加强农业和粮食生产等一系列政策措施，制定了《北京市共同致富行动工作方案》，按照靠促进劳动力转移就业增收一批、发展都市型农业增收一批、靠提高社会保障水平增收一批、靠社会帮扶增收一批的要求，重点抓组织建设、基础工作、抓政策落实、就业安置、帮扶机制、产业发展、技能培训、服务保障，完善有针对性政策举措，推动农户收入的持续快速稳定增长。2008年北京市农民收入首次实现“双突破”：人均纯收入首次突破万元、达到10747元，年度增加额首次突破千元，达到1188元，山区农民纯收入达到9248元，与平原地区农民收入增长速度基本同步[5]。

表1-2　2004—2008年北京市新农村建设社会发展指标一览表

指标	2004	2005	2006	2007	2008
农民人均纯收入(元)	7172	7860	8620	9559	10747
农民人均生活消费支出(元)	4102	4321	4505	4933	5545
农民人均住房面积(平方米)	34.20	36.90	39.10	39.50	39.40

2004—2008年北京市农村社会保障和公共事业发展迅速(见表1-3)。合作医疗覆盖率、养老保险覆盖率、劳均受教育年限均有明显提高。2004年，合作医疗覆盖率、养老保险覆盖率、千人拥有医生数、劳均受教育年限分别为71.91%、24.44%、2.9人/千人、9.99年，到2008年这些指标分别为92.89%、85.42%、2.03人/千人、10.60年。其中养老保险覆盖率增长最快，5年间增长率250%。新农村建设以来，北京市一直坚持城乡一体化取向，大力推进农村社会事业发展，在教育、医疗卫生、文化、社会保障等制度设计上逐步缩小城乡差别，加大政府投入力度，使越来越多的农民进入到政府公共服务和社会保障的体系。2008年推出新型农村养老保险制度，与城市完全接轨，带动农民参保率由37%提升到84%；截至2008年11月底，全市共有44058户、80713名农村居民得到最低生活保障，基本实现了“应保尽保”的目标；新型农村合作医疗制度也不断完善，2008年全市参合人员总数达到272.5万人，农民参合率为92.9%；新型农村培养工作进一步加强，10.5万农村劳动力实现转移就业。义务教育“两免一补”政策不断完善，农村办学条件继续改善；农村社会文化设施条件不断改善，截至2008年，建成农村文化室累计3694个、农村数字影厅2400个、益民书屋927个，全民健身设施建设实现全覆盖，广播电视也基本实现了“村村通”[6]。

表1-3 2004—2008年北京市新农村建设公共事业发展指标一览表

指标	2004	2005	2006	2007	2008
合作医疗覆盖率(%)	71.91	80.31	86	88.9	92.89
养老保险覆盖率(%)	24.44	25.1	27.50	36.63	85.42
千人拥有医生数(人/千人)	2.90	2.70	2.00	2.09	2.03
劳均受教育年限(年)	9.99	10.26	10.34	10.49	10.60

(三)基础设施建设成效显著，乡村生态环境明显改善

从2004—2008年农村基础设施建设指标可以看出(见表1-4)，近5年北京市农村基础设施建设成效显著。从公路密度、使用卫生厕所农户比重、清洁能源普及率三个指标的变化情况来看，2004—2008年这3个指标均呈不断增长的变化态势。2004年北京市农村公路密度、使用卫生厕所农户比重、清洁能源普及率分别为0.97公里/平方公里、41%和60.9%，到2008年分别增长至1.12公里/平方公里，62.2%和81.6%。

表1-4　2004—2008年北京市新农村建设基础设施建设指标一览表

指标	2004	2005	2006	2007	2008
公路密度(公里/平方公里)	0.97	1.08	1.10	1.09	1.12
使用卫生厕所农户比重(%)	41.00	42.30	44.50	54.10	62.20
清洁能源普及率(%)	60.90	67.40	64.40	78.10	81.60

北京在新农村建设中开展了“五项基础设施”(安全饮水、街坊路硬化、垃圾处理、厕所改造和污水处理)建设工程和“三起来”(让农村亮起来、让农户暖起来、让农业资源循环起来)工程。截至2008年年底，累计完成1100个村的规划编制工作，“五项基础设施”建设工程整体推进村实施400个[7]，完成街坊路硬化3216万平方米，街坊路绿化1408万平方米，改造老化供水管网5049公里，完成一户一表23.85万个，实施污水处理工程286处，改造户厕30万座，新建公厕3093座，为68万农户配置了垃圾分类容器，清理垃圾上百万吨，配备垃圾密闭化收集设施40余万只，建立垃圾中转站1000余座，初步建立了“村收集、镇(乡)运输、区(县)处理”的垃圾清运、处理体系[8]；累计安装太阳能路灯13.8万盏，建设节能卫生吊炕36万铺，

建设太阳能公共浴室 251 处，新建节能民居 0.35 万户，既有住房节能改造 0.25 万户，生物质气化站 108 处，大中型沼气站 81 处，户用沼气 2000 户，生物质炉 5.34 万台，雨洪利用工程 500 处，粪污治理 526 家[9]，极大地提高了农村基础设施建设水平，改善了村容村貌，促进了农村人居环境和生态环境质量的大幅度提升。

(四)生态环境质量有所改善，生态可持续发展能力逐年提高

2004—2008 年北京市生态环境质量有所改善(见表 1-5)，生态可持续发展能力逐年提高。北京市农村森林覆盖率表现出持续上升的变化趋势，2004 年为 35.5%，到 2008 年达到 36.5%。耕地总面积、万元 GDP 农业用水量、化肥农药施用强度表现为持续下降的变化态势，分别由 2004 年的 259860.3 公顷、1312 立方米和 1.81 吨/公顷下降至 2008 年的 232187.3 公顷、1061.60 立方米和 1.58 吨/公顷，说明 2004—2008 年北京市新农村建设推动下的生态环境质量得到一定程度的改善。

表 1-5　2004—2008 年北京市新农村建设生态环境建设指标一览表

指标	2004	2005	2006	2007	2008
森林覆盖率(%)	35.50	35.47	35.88	36.49	36.50
耕地总面积(公顷)	259860.3	236437.2	233400.9	232574.8	232187.3
万元 GDP 农业用水量(立方米)	1312.00	1352.00	1304.08	1228.54	1061.60
化肥农药施用强度(吨/公顷)	1.81	1.88	1.88	1.63	1.58

截止到 2009 年，新农村建设治理了 51 条小流域，治理水土流失面积 575 平方公里，绿化造林 1.5 万亩，土地开发整理规模 7000 余亩。生态区县、环境优美乡镇、生态村“三级联创”工作深入推进，新增环境优美乡镇 20 个，生态村 237 个，全市累计创建环境优美乡镇

117个，生态村956个，农村水土流失、水环境污染、水资源浪费、农业污染等问题都得到了有效解决，生态环境治理成效显著，生态环境可持续发展能力逐渐提高。

二、首都新农村建设中京郊生态环境的时空变化过程分析

(一)首都新农村建设中京郊生态环境评价研究对象和研究范围的确定

首都新农村建设中京郊生态环境评价研究范围包括北京市13个郊区、县，包括朝阳区、海淀区、丰台区3个近郊区，昌平区、大兴区、顺义区、房山区、通州区、怀柔区、门头沟区、平谷区、延庆县和密云县10个远郊区、县(见图2-1)。石景山区在2002年12月将辖区内的50个自然村所有农业人口，一次性变更为城镇居民，已实现全域城市化，因此不在此次研究范围之内。受资料统计口径变化以及资料获取难度的限制，选取2004－2008年作为研究时间段，数据来源于2004－2008年北京市统计年鉴、北京区域统计年鉴、北京农村统计年鉴，并得到北京市统计局农村处，北京市统计局信息公开室的支持和帮助。

研究范围以郊区各区、县为研究主体，以2004－2008年的农村社会、经济、环境等统计数据为基础，选取计量模型，对新农村建设中京郊农村生态环境的变化情况进行整体判断，分析其在时间和空间上的变化特征，以发现新农村建设中的生态环境问题。

(二)首都新农村建设中京郊生态环境评价指标体系和诊断模型构建

1. 评价指标体系构建原则

新农村建设评价指标体系的建立，必须遵循科学性、综合性、简

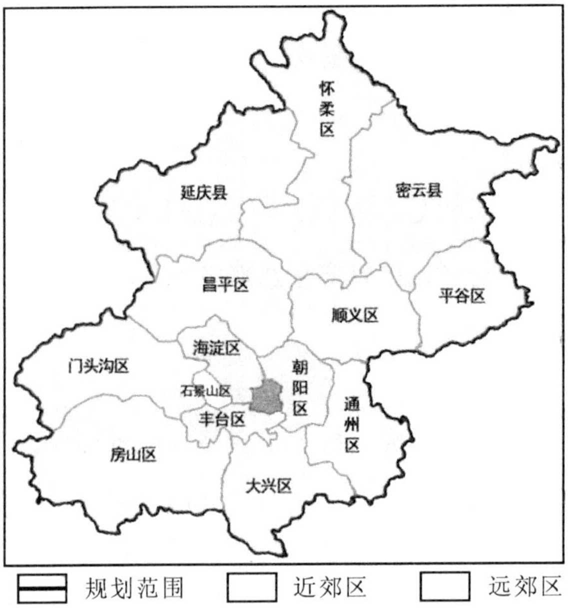

图 2-1　首都新农村建设中生态环境评价研究范围

明普适性及可获性、可持续性、动态性等原则，而且应追求这些原则的最佳结合和有效统一。

(1)科学性原则。评价指标体系必须建立在科学规范的基础上，而且各具体指标概念必须明确，具有一定的科学内涵，评价指标的内容是对评价对象的客观反映和抽象，评价指标体系的构建方法具有科学性，指标体系能客观地体现评价的目的，并且能够全面反映首都新农村建设中京郊生态环境状况的变化及其本质(包括经济发展、社会发展、自然环境等多个方面的影响)。

(2)综合性原则。新农村生态环境是一个经济—社会—生态的复杂综合系统，评价指标体系必须最大限度地涵盖首都新农村建设对生态环境的影响要素和作用范围，反映新农村生态环境变化的主要特征和整体状况。指标选取应以综合性指标为主，要求涵盖信息量大，各指标间重叠信息量小，并且能够全面地反映首都新农村建设与生态环境变化之间的相互关系。

(3)简明普适及可获性原则。评价指标体系必须紧紧围绕首都新农村建设，把新农村建设对京郊农村生态环境的影响进行抽象和简化，变为可度量和比较的数字，为提出首都新农村建设的对策，建设山川秀美、具有高度生态文明的新农村提供科学依据。为此，指标体系要求用尽量少的指标反映尽可能多的内容，能够在同一类型地区普遍适用，在不同的时间和空间尺度上都具有较强的可比性，各指标也应简单明了，能够直接获得或者通过计算获得。

(4)动态发展与可持续原则。诊断指标体系的建立必须与北京市农村及全市社会经济的总体发展战略目标相一致，必须全面、客观反映出农村社会进程的真实情况，体现京郊社会主义新农村建设中的生态环境变化特色。同时要将可持续发展思想贯穿于始终，要合理选择反映首都新农村经济、社会和生态环境变化的指标，使各类指标之间保持合理的数量均衡，以利于首都新农村的和谐发展和可持续发展。

2. 评价指标选取步骤与方法

对新农村建设生态环境质量进行测度或衡量的指标众多。不同学者由于研究地区不同、指标数据的可获取性以及对新农村生态环境内涵理解的不同和研究视角的差异，给出的诊断指标体系亦有所区别[10－16]，新农村生态环境的评价方法通常采用专家咨询法、层次分析法和多因子指数加权综合评价判别法等[12,17－18]。首都新农村建设中京郊生态环境质量评价指标体系的具体指标选取采取如下步骤和方法：

(1)采用频度统计法、理论分析法和专家咨询法得到一般的指标体系。频度统计法就是对目前有关农村生态环境以及新农村建设生态环境质量评价的文献进行频度统计，选择那些使用频度较高的指标；理论分析法就是根据首都新农村建设的内容、新农村建设对生态环境的影响因素及影响机制等的理论分析，从使用频度较高的众多指标中选择那些针对性较强的指标，专家咨询法就是在那些针对性较强的指标基础上，进一步征询有关专家的意见，并对其进行调整，从而得到一般的测度指标体系。

(2)采用相关分析法、主成分分析法等方法筛选指标体系。在得到一般的测度指标体系后，由于选择的指标所涵盖的内容常常带有某种相关性(包括正相关或负相关)，当相关性达到较大程度就会产生指标间的信息重叠。有时为了强调某个子系统的重要性，就会选择较多的指标，如果指标间的重叠性较大，就有可能人为地强化系统某项特征的重要性，从而导致最终测度结果出现偏差。因此，利用 SPSS 统计分析软件，采用相关系数法和主成分分析法对一般的评价指标体系进行“筛选”，将相关系数大于 0.90 以上的指标合并筛减，力求将信息涵盖面广、指标间相关系数和信息重叠较小的指标选进指标体系。

(3)利用因子分析法，将累计贡献率超过 85％的前几个指标构成最终的生态状况诊断指标体系。

3. 诊断指标体系的构成及解释

按照科学性、综合性、简明普适、可获性及可持续发展原则，根据社会主义新农村“生产发展、生活宽裕、乡风文明、村容整洁、管理民主”的内涵和要求，结合对北京市新农村建设基础条件、建设重点和未来发展要求、发展趋势分析，建立首都新农村建设中京郊生态环境评价指标体系，力求能够全面、科学、准确覆盖和描述新农村建设的内涵和特征。指标体系分为 3 个层次，包括总体层、标准层和指标层，共 16 个指标。新农村生态环境的变化是由其经济发展水平、社会发展质量以及自然环境条件等诸多因素综合作用的结果，并决定其演化方向和过程。因此，设计评价京郊生态环境的指标体系包括三个次级指标，一是经济发展要素，二是社会发展要素，三是自然环境要素(见图 2-2)，最终用新农村建设生态环境评价综合指数来表示。生态环境综合指数越大，生态环境可持续发展状况越好，反之亦然。

总体层　标准层　指标层

- 新农村建设（典型村镇）生态环境评价指标体系
  - 经济发展条件
    - 人均经济总收入
    - 经济总收入增长率
    - 农业产值比重
    - 农村固定资产占经济总收入比重
    - 万人农业科技人员数
  - 社会发展条件
    - 农民人均纯收入
    - 合作医疗覆盖率
    - 养老保险覆盖率
    - 千人拥有医生数
    - 农民人均住房面积
    - 公路密度
  - 自然环境条件
    - 森林覆盖率
    - 使用卫生厕所农户比重
    - 清洁能源普及率
    - 万元GDP农业用水量
    - 化肥农药施用强度

图 2-2　京郊新农村建设中典型村镇生态环境评价指标体系

经济发展要素包括人均经济总收入、经济总收入增长率、农业产值比重、固定资产投资占经济总收入比重、万人农业科技人员数。其中，人均经济总收入反映新农村经济发展总量变化情况，经济总收入增长率反映新农村经济发展的速度变化情况，农业产值比重反映新农村经济结构变化情况，固定资产投资占经济总收入比重反映新农村经济的发展潜力情况，万人农业科技人员数反映新农村经济发展的质量情况。

社会发展要素包括农民人均纯收入、合作医疗覆盖率、养老保险覆盖率、千人拥有医生数、农民人均住房面积和公路密度。农民人均纯收入反映农民经济收入情况，合作医疗覆盖率和养老保险覆盖率反映农民社会保障覆盖程度，千人拥有医生数反映农村医疗卫生设施和条件改善情况，公路密度反映新农村建设的交通基础设施建设情况。

自然环境要素包括森林覆盖率、使用卫生厕所农户比重、清洁能源普及率、万元 GDP 农业用水量和化肥农药施用强度。这些指标直接或间接反映新农村建设对农村内部和外部生态环境质量的影响状况。

4. 采用模糊隶属度函数模型计算诊断指标的标准化值

为了解决各指标的量纲不同而难以汇总的问题，有必要对诊断指标进行消除量纲的运算。考虑到诊断指标体系中既有正向指标，又有逆向指标，指标间的“好”与“坏”在很大程度上都具有模糊性，因此采用模糊隶属度函数法对各诊断指标的“价值”进行量化[19]。对正向指标，采用半升梯形模糊隶属度函数模型，即

$$\Phi_{(e_{ij})} = \frac{e_{ij} - m_{ij}}{M_{ij} - m_{ij}} = \begin{cases} 1 & e_{ij} \geqslant M_{ij} \\ \dfrac{e_{ij} - m_{ij}}{M_{ij} - m_{ij}} & m_{ij} < e_{ij} < M_{ij} \\ 0 & e_{ij} \leqslant m_{ij} \end{cases} \quad (2.1)$$

对逆向指标，采用半降梯形模糊隶属度函数模型，即

$$\Phi_{(e_{ij})}=\frac{M_{ij}-e_{ij}}{M_{ij}-m_{ij}}=\begin{cases}1 & e_{ij}\leqslant m_{ij}\\ \dfrac{M_{ij}-e_{ij}}{M_{ij}-m_{ij}} & m_{ij}<e_{ij}<M_{ij}\\ 0 & e_{ij}\geqslant M_{ij}\end{cases}\qquad(2.2)$$

上述公式中，e_{ij} 为评价指标的具体属性值，i 代表区域个数，j 代表第 i 区域指标个数；M_{ij} 、m_{ij} 分别代表第 i 区域第 j 个指标属性值的理论最大值与最小值；$\Phi_{(e_{ij})}$ 代表 i 区域 j 指标的隶属度，其值介于0～1之间。其值越大，表明该项指标的实际数值接近最大值 M_{ij} 的程度越大，标准化值与其相应权数的乘积越大，表示该项指标的数值对总目标的贡献就越大；标准化值与1之差，即为该项指标与最大指标或“先进目标”水平指标之间的差距和不足。

5. 采用加权平均法计算新农村建设生态状况诊断评价指数

采用专家咨询法获得标准层和指标层各指标的权重，采用加权平均法计算新农村生态环境状况诊断评价指数，基本公式如下：

$$F_i=\sum_{j=1}^{m}\omega_j\times\Phi_{(e_{ij})}\qquad(2.3)$$

式中，F_i 为 i 新农村生态环境状况诊断评价指数，ω_j 为 j 指标相对最高层目标的权重系数，$\Phi_{(e_{ij})}$ 代表 i 区域 j 指标的标准化值，m 代表指标体系里具体指标的个数。

上述方法是根据具体指标的标准化值及相对最高层目标的权重系数直接求出最高层目标的综合指数。当然，也可以根据具体指标的标准化值 $\Phi_{(e_{ij})}$ 及相对第二层目标的权重系数 ω_j^k ，先求出第二层目标的综合指数 Φ_k ，Φ_k 与标准层对总体层的权重系数 ω_k 的乘积之和，也就是最高层目标的综合指数。

(三)首都新农村建设中京郊生态环境评价

1. 首都新农村建设中京郊经济发展要素指数计算结果与分析

由表 2-1 可以看出，总体来看 2004—2008 年北京市新农村建设的经济发展指数表现出先上升后略有下降的变化趋势，说明伴随新农村建设的开展，北京郊区农村经济发展状况有较为明显的改善。但是从全市经济发展指数的年际变化率来看，2005—2008 年，新农村建设的经济发展指数年际变化率有逐渐降低的变化趋势，2005 年为 102.87%，2006 年为 22.69%，2007 年为 77.13%，2008 年为－7.89%，说明新农村建设对农村经济发展的推动力以及农村经济的增长潜力逐年降低。

表 2-1　2004—2008 年北京市新农村建设中京郊经济发展指数计算结果

区、县名称	2004	2005	2006	2007	2008
北京市	0.0540	0.1096	0.1345	0.2382	0.2194
朝阳区	0.1337	0.0923	0.1171	0.1442	0.1452
丰台区	0.1598	0.2228	0.1495	0.1453	0.1528
海淀区	0.1555	0.1034	0.1037	0.1611	0.1497
门头沟区	0.1240	0.0806	0.0752	0.1886	0.2125
房山区	0.1660	0.2386	0.0977	0.1449	0.1225
通州区	0.1194	0.1421	0.2102	0.1909	0.1069
顺义区	0.0775	0.0983	0.1884	0.1867	0.1860
昌平区	0.0603	0.1264	0.1674	0.2214	0.1901
大兴区	0.1020	0.1001	0.1291	0.1562	0.1863
怀柔区	0.1447	0.1078	0.1948	0.2173	0.1907
平谷区	0.1096	0.1826	0.2101	0.1673	0.1553
密云县	0.1697	0.2103	0.0770	0.1237	0.2033
延庆县	0.1584	0.1900	0.2451	0.1755	0.1427

从各区、县的发展情况来看，由于研究时间较短，因此，各区、县经济发展指数的时间变化趋势并不明显，但总体来看，朝阳区、门头沟区经济发展指数表现出先下降后上升的变化趋势，通州区、昌平区、平谷区、延庆县出现先上升后下降的变化趋势，顺义区、大兴区表现出上升的变化趋势，丰台区、海淀区、房山区、怀柔区和密云县表现为波动的变化趋势。2004 年经济发展指数最大的密云县为 0.1697，最小值的昌平区为 0.0603，到 2008 年经济发展指数最大的为门头沟区为 0.2125，最小值的通州区为 0.1069。

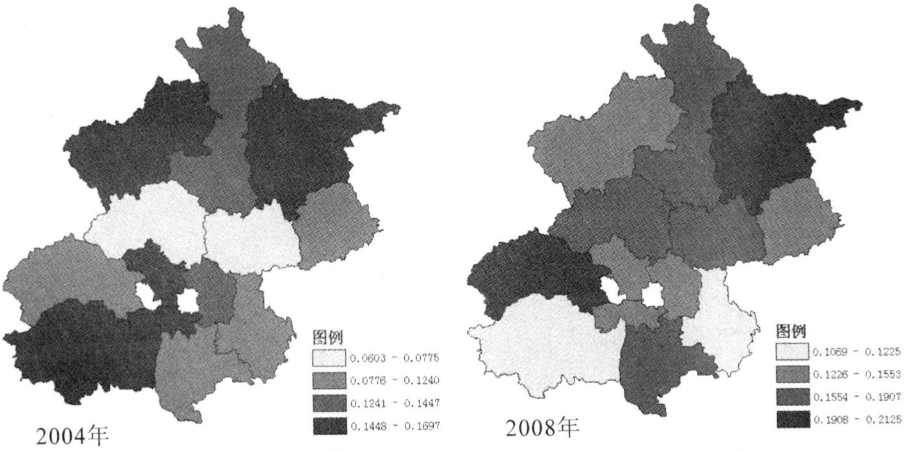

图 2-3　2004－2008 年北京市新农村建设经济发展指数空间分异图

从经济发展指数的空间变化来看(见图 2-3)，2004 年朝阳区、丰台区和海淀区 3 个近郊区农村经济发展指数高于远郊农村经济发展指数，而在远郊地区中又呈现出“南北高、东西低”的变化特征，北部的延庆县、怀柔区、密云县和南部的房山区经济发展指数较高，西部的昌平区、门头沟区，东部的顺义区、平谷区和通州区经济发展指数较低。到 2008 年除延庆、平谷两个远郊山区和通州区外，总体远郊经济发展指数普遍高于近郊经济发展指数，说明新农村建设促进了远郊区农村经济的快速发展。同时，各区、县经济发展指数最大值和最小值之间的差值减小，由 2004 年的 0.1094 降低至 2008 年的 0.1056，说明各区、县之间的经济发展差异也在逐渐减小。

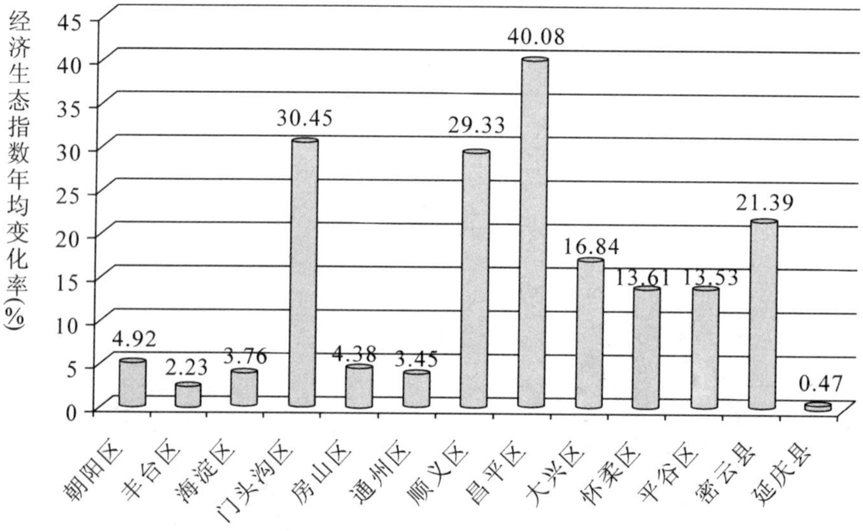

图 2-4　2004—2008 年北京市新农村建设经济发展指数多年平均变化率

从经济发展指数多年平均变化率的空间变化来看(见图 2-4)，多年经济发展指数增长率最高的三个区、县分别为昌平区、门头沟区和顺义区，多年经济发展指数增长率分别为 40.08%、30.45% 和 29.33%。其次依次为密云县、大兴区、怀柔区、平谷区，近郊区的朝阳区、丰台区、海淀区以及南部远郊的房山区、通州区多年经济发展指数增长率较低，均低于 5%，北部远郊山区延庆县多年经济发展增长率最低，仅为 0.47%。说明新农村建设对京郊农村经济发展的带动作用整体上表现为远郊大于近郊，北部大于南部，且在远郊呈随中心城区增长率递减的变化趋势。

2. 首都新农村建设中京郊社会发展要素指数计算结果与分析

由表 2-2 可以看出，总体来看 2004—2008 年北京市新农村建设的社会发展指数表现出持续上升的变化趋势，说明新农村建设促进了北京市新农村社会发展条件的明显改善。从全市社会发展指数的年际变化率来看，2005－2008年，新农村建设的社会发展指数年际变化率先降后升，2005年为67.54%，2006年为15.15%，2007年为25.04%，2008年为41.28%，总体来讲，新农村建设对农村经济社会发展和社会公共和基础设施建设的推动能力以及农村社会发展的潜力不断提高。

从各区、县的发展情况来看，除海淀区新农村建设社会发展指数表现为先上升后下降的变化趋势外，其余各区、县社会发展指数均呈上升趋势，说明在2004－2008年各区、县新农村建设社会发展水平不断提升。2004年社会发展指数最大的为海淀区为0.1736，最小的为门头沟区为0.0007，到2008年社会发展指数最大的为门头沟区为0.4000，最小的为海淀区为0.2222。

表2-2　2004－2008年北京市新农村建设中京郊社会发展指数计算结果

区、县名称	2004	2005	2006	2007	2008
北京市	0.1000	0.1675	0.1929	0.2412	0.3408
朝阳区	0.0601	0.1878	0.1979	0.2425	0.3400
丰台区	0.0553	0.1621	0.2061	0.2420	0.3182
海淀区	0.1736	0.2305	0.2492	0.2156	0.2222
门头沟区	0.0507	0.1186	0.2444	0.2748	0.4000
房山区	0.0758	0.1461	0.1579	0.2399	0.3498
通州区	0.0763	0.1789	0.1893	0.2346	0.3294
顺义区	0.0635	0.1594	0.2052	0.3186	0.3720
昌平区	0.0926	0.1172	0.1600	0.2672	0.3280
大兴区	0.1200	0.1748	0.1899	0.2137	0.2800
怀柔区	0.0927	0.2025	0.1511	0.1374	0.2891
平谷区	0.1516	0.0757	0.1663	0.2762	0.3711
密云县	0.0601	0.1240	0.1548	0.2537	0.3400
延庆县	0.1243	0.0803	0.0883	0.2046	0.3446

从社会发展指数的空间变化来看(见图 2-5)，2004 年近郊区海淀区社会发展指数最高，达到 0.1736，远郊区大兴区、平谷区、延庆县较高，分别达到 0.1200、0.1516 和 0.1243，到 2008 年门头沟区、房山区、顺义区和平谷区社会发展指数较高，分别达到 0.4000、0.3498、0.3720、0.3711，东部和西部远郊区的社会发展情况明显较好。同时，各区、县社会发展指数空间差异略有上升，2004 年最大值和最小值之间的差值为 0.1729，到 2008 年达到 0.1778，说明各区县之间社会发展和建设的差距有所增大。

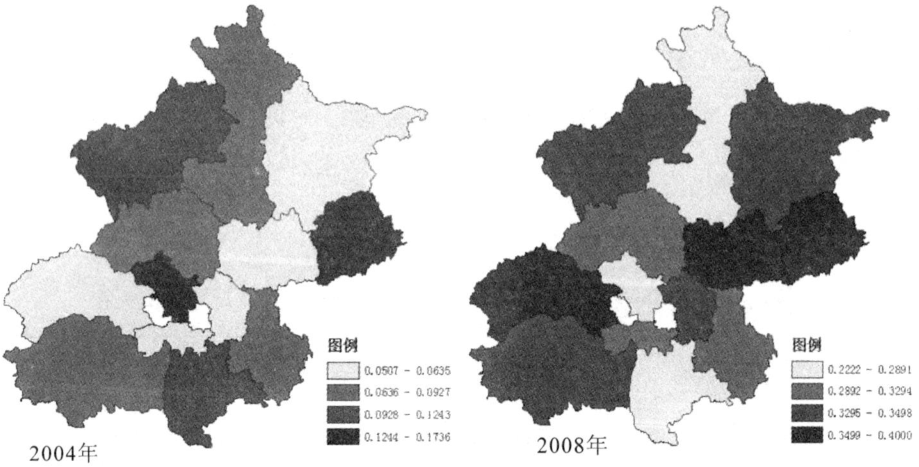

图 2-5 2004—2008 年北京市新农村建设社会发展指数空间分异图

从社会发展指数多年平均变化率的空间变化来看(见图 2-6)，多年社会发展指数增长率最高的三个区、县分别为远郊山区门头沟区和近郊的朝阳区、丰台区，分别为 74.5%、70.13%和 67.25%，整体来看，除海淀区和昌平区社会发展指数多年增长率较低外(分别为 7.62%和 24.46%)，5 年来各区县社会发展和建设齐头并进，均保持较高的增长速度，并表现出近郊大于远郊、远郊南部大于北部的变化特征。

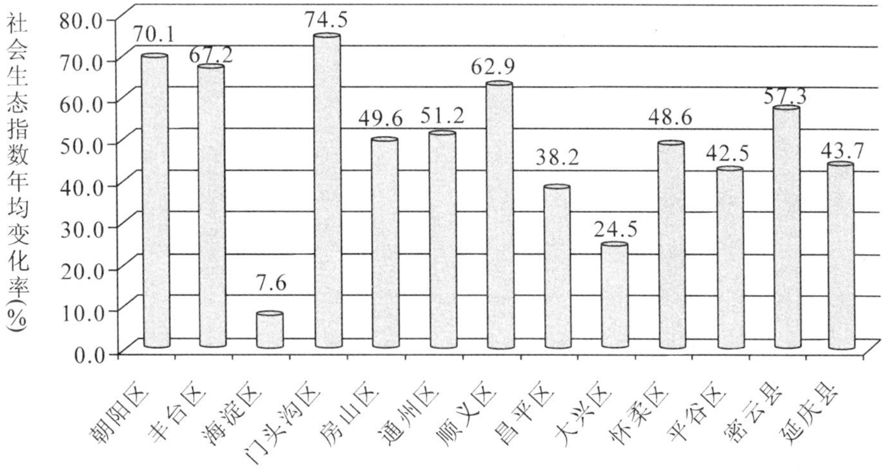

图 2-6　2004—2008 年北京市新农村建设社会发展指数多年平均变化率

3. 首都新农村建设中京郊自然环境要素指数计算结果与分析

由表 2-3 可以看出，总体来看 2004—2008 年北京市新农村建设的自然环境指数表现出持续上升的变化趋势，说明新农村建设促进了北京市农村自然环境条件的明显改善。从全市自然环境指数的年际变化率来看，2005—2008 年，新农村建设的自然环境指数年际变化率先上升后下降，说明近 5 年新农村建设对京郊农村自然环境改善的推动能力呈先增大后减小的变化趋势。

从各区、县的发展情况来看，除通州区新农村建设自然环境指数表现为波动的变化趋势外，其余各区、自然环境指数均表现出上升变化趋势，说明 2004—2008 年各区县农村自然环境质量不断改善。2004 年自然环境指数最大的为通州区为 0.1501，最小的为平谷区为 0.0128，2008 年自然环境指数最大的为朝阳区和丰台区，为 0.3000，最小的为通州区，为 0.1421。

表 2-3　2004—2008 年北京市新农村建设中京郊自然环境指数计算结果

区、县名称	2004	2005	2006	2007	2008
北京市	0.0245	0.0256	0.0518	0.2207	0.3000
朝阳区	0.0290	0.1391	0.1204	0.2257	0.3000
丰台区	0.0366	0.0479	0.1060	0.2364	0.3000
海淀区	0.1048	0.0567	0.1030	0.2539	0.2891
门头沟区	0.0200	0.0533	0.0906	0.2121	0.3000
房山区	0.0921	0.0829	0.1122	0.2000	0.2571
通州区	0.1501	0.0933	0.1395	0.1918	0.1421
顺义区	0.0842	0.1681	0.1283	0.2122	0.2455
昌平区	0.0785	0.0866	0.1227	0.2359	0.2962
大兴区	0.0628	0.0716	0.1227	0.1971	0.2803
怀柔区	0.1104	0.1189	0.1010	0.1916	0.2524
平谷区	0.1481	0.1819	0.1324	0.2238	0.2772
密云县	0.0241	0.1297	0.0980	0.2400	0.2796
延庆县	0.0724	0.0224	0.1048	0.1591	0.2750

从自然环境指数的空间变化来看(见图 2-7)，2004 年海淀区、房山区、通州区、平谷区、怀柔区自然环境指数较高，2008 年朝阳区、丰台区、海淀区、门头沟区、昌平区自然环境指数较高，整体表现为近郊区高于远郊区，且指数值表现为随距离中心城区距离增加而逐渐减小的变化趋势。2004—2008 年各区、县自然环境指数空间差异有增大趋势，2004 年各区、县最大值和最小值之间的差值为 0.1373，2008 年为 0.1579。

从自然环境指数多年平均变化率的空间变化来看(见图 2-8)，多年自然环境指数增长率最高的区域为密云县、朝阳区、延庆县和门头沟区，变化率分别为 143.78%、121.60%、105.89%和 103.00%。

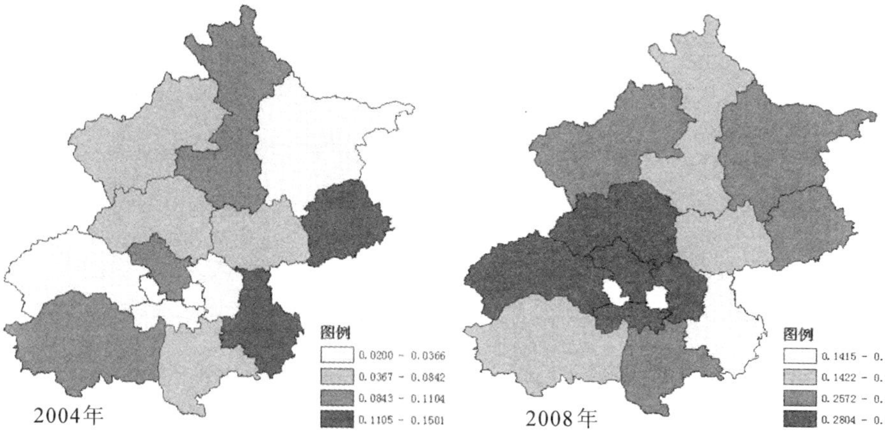

图 2-7　2004—2008 年北京市新农村建设自然环境指数空间分异图

海淀区、房山区、通州区、顺义区、昌平区、大兴区、怀柔区和平谷区较低，多年变化率在50%以下。但全市总体上自然环境指数变化率表现为近郊大于远郊，远郊山区大于平原的空间变化特征。

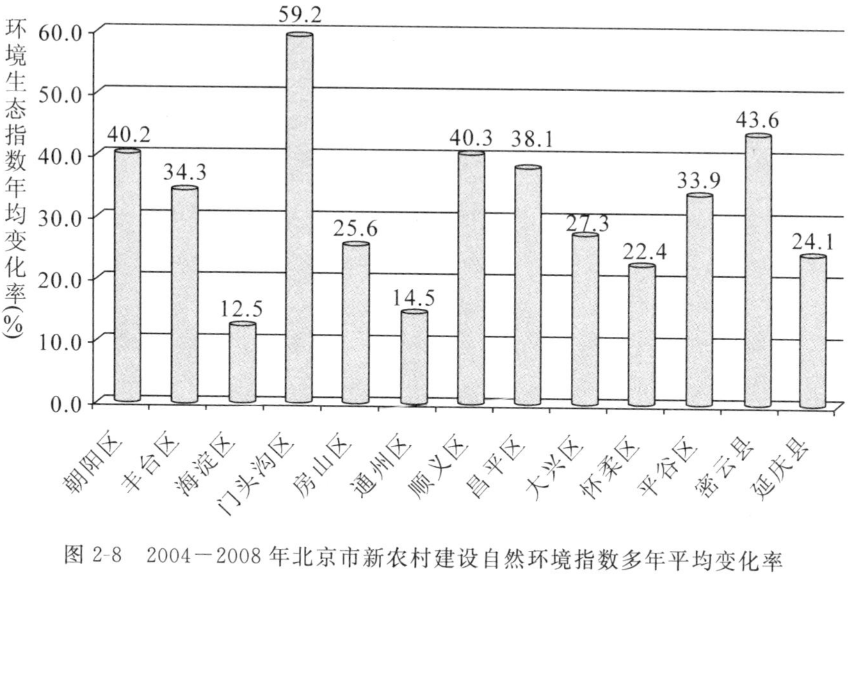

图 2-8　2004—2008 年北京市新农村建设自然环境指数多年平均变化率

4. 首都新农村建设中京郊生态环境综合指数计算结果与分析

由表2-4可以看出，总体来看2004－2008年北京市新农村建设的生态环境综合指数表现出持续上升的变化趋势，说明新农村建设促进了北京市新农村整体生态环境质量的明显改善。但从全市生态环境综合指数的年际变化率来看，2004－2008年，新农村建设生态环境综合指数年际变化率整体表现出下降的变化趋势，2005年为118.50％、2006年为25.26％、2007年为84.67％、2008年为22.86％。说明新农村建设对京郊农村经济、社会、环境综合生态环境改善的推动能力有下降的变化趋势。

表2-4　2004－2008年北京市新农村建设中京郊生态环境综合指数计算结果

区、县名称	2004	2005	2006	2007	2008
北京市	0.1385	0.3027	0.3792	0.7002	0.8603
朝阳区	0.2228	0.4192	0.4354	0.6125	0.7852
丰台区	0.2517	0.4327	0.4617	0.6237	0.7711
海淀区	0.4339	0.3906	0.4559	0.6306	0.6610
门头沟区	0.1447	0.2524	0.4102	0.6756	0.9125
房山区	0.3339	0.4676	0.3678	0.5848	0.7294
通州区	0.3457	0.4143	0.5390	0.6173	0.5784
顺义区	0.2252	0.4257	0.5220	0.7174	0.8035
昌平区	0.2314	0.3302	0.4501	0.7245	0.8144
大兴区	0.2848	0.3465	0.4418	0.5669	0.7466
怀柔区	0.3478	0.3103	0.4469	0.5463	0.7322
平谷区	0.2612	0.4401	0.5088	0.6674	0.8036
密云县	0.2538	0.4640	0.3299	0.6173	0.8229
延庆县	0.3550	0.2927	0.4382	0.5392	0.7624

从各区、县的发展情况来看，2004－2008年13个郊区区、县新

农村建设生态环境综合指数均表现出上升的变化趋势，说明 13 个区、县生态环境质量不断持续改善。2004 年生态环境质量综合指数最大的为海淀区为 0.4339，最小的为门头沟区为 0.1447，2008 年生态环境质量综合指数最大的为门头沟区为 0.9125，最小的为通州区为 0.5784。

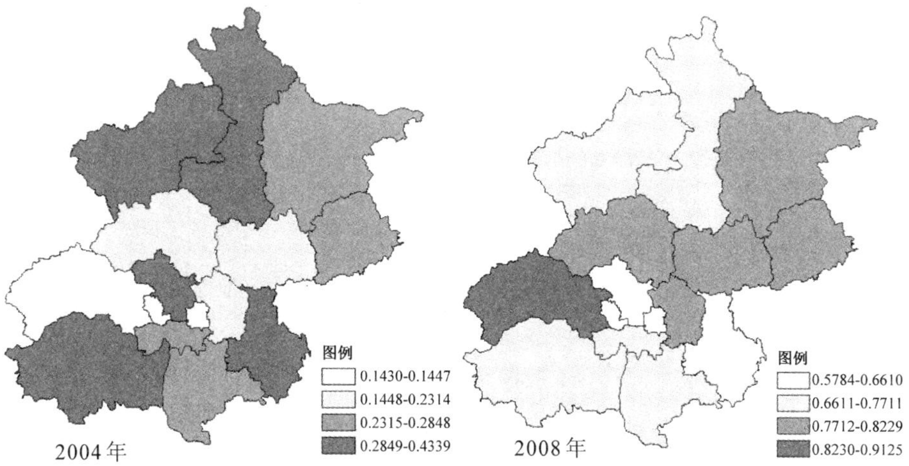

图 2-9　2004—2008 年北京市新农村建设生态环境综合指数空间分异图

从生态环境综合指数的空间变化来看(见图 2-9)，2004 年海淀区、房山区、通州区、怀柔区、延庆县生态环境综合指数较高，整体表现为远郊区北部和南部综合生态环境质量较高的空间变化特征，2008 年门头沟区、朝阳区、顺义区、昌平区、平谷区、密云县生态环境综合指数较高，整体表现为远郊区东部、西部两侧生态环境质量较好的变化特征。2004—2008 年，各区、县生态环境综合指数的空间分布差异增大，2004 年生态环境综合指数最大值和最小值之间的差值为 0.2892，到 2008 年这一差值增大至 0.3342。

从生态环境质量综合指数多年平均变化率的空间变化来看(见图 2-10)，多年生态环境综合指数增长率最高的区域为门头沟区，达到

59.17%，最低为海淀区，为12.47%。整体来看，新农村建设中北京市京郊农村生态环境综合指数表现为远郊高于近郊，远郊北部高于南部，西部高于东部的变化特征。

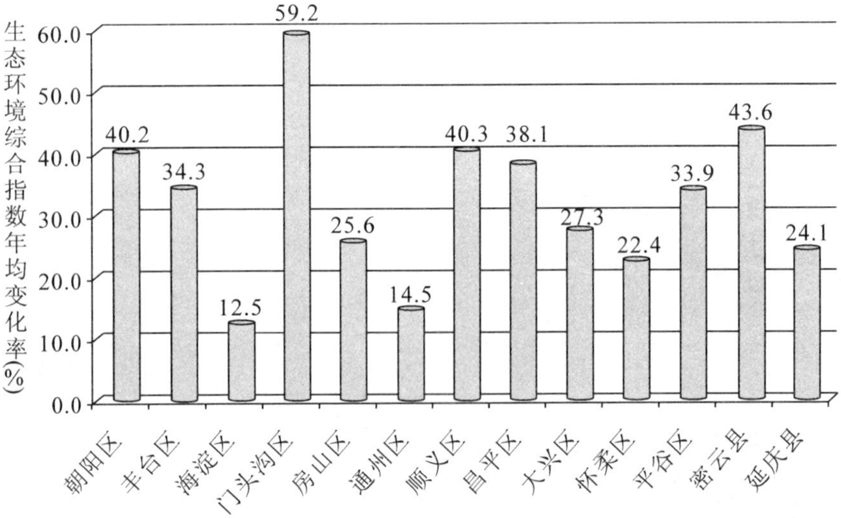

图2-10　2004—2008年北京市新农村建设生态环境综合指数多年平均变化率

三、基于问卷调查的首都新农村建设中京郊生态环境评价

(一)研究方法和评价指标体系构造

1. 研究方法

从农民主观体验角度出发的生态环境质量评价指标既包括硬件设施又包括心理感受，具有一定的复杂性和不可度量性。基于统计数据的传统生态环境评价以定量化为前提，所选指标均要求可以进行定量计算。尽管在硬件设施评定方面易于实现定量化研究，但在人际关系、信息交流、归属感、环境认知等社会生态和心理感受方面却无法定量，因而难以全面反映农村生态环境变化情况。公众反馈信息是评

价农村生态环境的有效途径[20]，为了克服非定量化问题，研究采用问卷调查形式，公众反馈满意度代替标准值评价。同时，满意度调查也是农民参与新农村建设的重要方式[20]，不仅为分析与解决农村发展问题开辟一个新视角，也能为居民提供评价农村经济－社会－生态系统发展变化的机会，进而促进农村管理者与普通农民之间的沟通。

表 3-1 京郊典型村镇生态环境评价调查试点村名称与调查户数

区县	乡镇	试点村	调查户数	地域类型			
				近郊平原区	远郊平原区	远郊半山区	远郊山区
朝阳区	金盏乡	北马房村	28	√			
	黑庄户镇	大鲁店村	20	√			
丰台区	长辛店镇	太子峪村	9	√			
海淀区	苏家坨镇	车耳营村	20	√			
	四季青镇	门头村	6	√			
顺义区	李桥镇	沿河村	20		√		
	马坡镇	石家营村	18		√		
通州区	台湖镇	胡家垡村	20		√		
	于家务乡	仇庄村	20		√		
大兴区	青云店镇	杨各庄村	20		√		
	庞各庄镇	梨花村	19		√		
	榆垡镇	西宋各庄村	22		√		
	魏善庄镇	张家场村	20		√		
房山区	长阳镇	保合庄村	20			√	
	青龙湖镇	庙耳岗村	20			√	
昌平区	小汤山镇	酸枣岭村	22			√	
	小汤山镇	香屯村	20			√	
	阳坊镇	东贯市村	20			√	

续表

区县	乡镇	试点村	调查户数	地域类型			
				近郊平原区	远郊平原区	远郊半山区	远郊山区
平谷区	大华山镇	苏子峪村	19			√	
	黄松峪	雕窝村	14			√	
	镇罗营镇	东四道岭村	18			√	
	大兴庄镇	西柏店村	21			√	
门头沟区	龙泉镇	琉璃渠村	22				√
怀柔区	渤海镇	三渡河村	20				√
	长哨营满族乡	长哨营村	19				√
	怀北镇	河防口村	20				√
密云县	石城镇	石城村	20				√
	古北口镇	古北口村	20				√
延庆县	张山营镇	黄柏寺村	20				√
总计			557	5(83)	8(159)	9(174)	7(162)

注：四种地域类型根据《北京市土地利用总体规划专题报告(1997—2010年)》进行界定；总计栏中括号内为各地域类型调查户数小计。

本研究以北京市2006年确定的市级新农村规划建设试点村(共计80个)为对象，选取其中具不同区位特征的村庄29个(见表3-1)为重点调查对象，编制调查问卷，于2009年11月至2010年1月，就新农村建设中的经济一社会一生态环境系统变化相关问题进行为期三个月的入户调查与深度访谈，就以农民主观感受为主的新农村建设生态环境变化特征及问题进行系统分析研究。被调查者既包括新农村居民，又涵盖村委会领导干部。此次调查先后发放问卷600份，回收583份，回收率为97.2%，有效问卷557份，占回收总数的95.5%。

为真实反映京郊新农村典型村镇经济—社会—生态环境系统的状态和地域变化特征，并使数据更具全局意义，本次调查对北京市近郊平原区(占有效问卷总数的 14.9%)、远郊平原区(占有效问卷总数的 28.5%)、远郊半山区(占有效问卷总数的 31.2%)和远郊山区(占有效问卷总数的 29.1%)四种地域类型进行抽样(见图 3-1)，在多数村庄都获得了多于 20 份问卷。

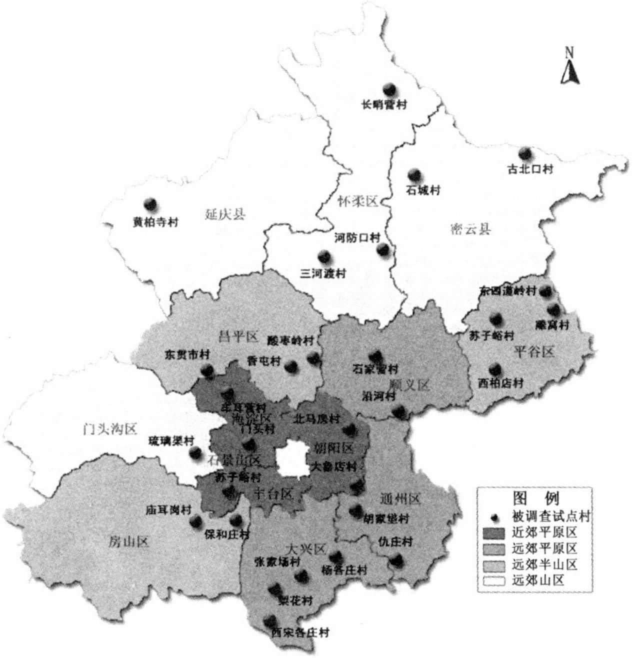

图 3-1　北京市新农村建设生态环境评价调查试点村空间分布示意图

此次调查在性别结构方面，男性 280 人、女性 277 人，分别占总数的 50.3%和 49.7%；民族构成方面，汉族调查为主体，共 530 人(占比 95.2%)，另外满族 24 人(占比 4.3%)、回族 2 人(0.4%)，抽取的民族结构基本与统计数据一致；从文化程度上看，受过初、中等教育的占主体，初中、高中、小学分别依次占 44.5%、21.9%和

27.4%，受过高等教育的仅为5.9%；年龄结构以中青年为主，20～60岁合计占总数的81.3%，调查对象均是思想成熟且对村庄的长期发展比较熟悉的居民(见图3-2、见图3-3)。

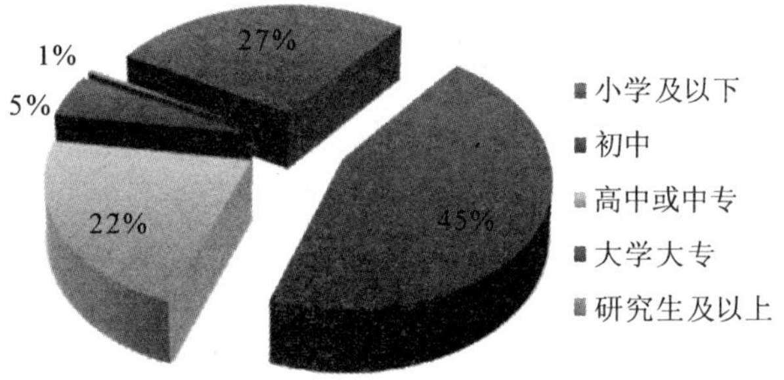

图3-2　调查对象的文化程度

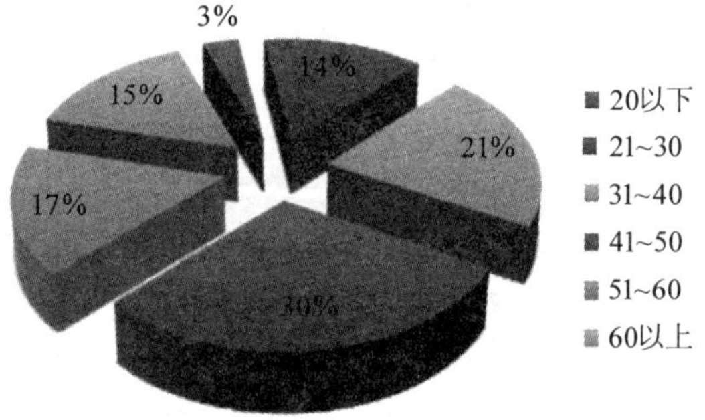

图3-3　调查对象的年龄结构

在满意度测评时，一般采用克朗巴哈系数α值(Cronbach's Alpha)来估计调查问卷的信度，当克朗巴哈α系数大于0.7时，说明该问卷有较高的信度。运用SPSS13.0统计软件对样本数据进行了信度分析，结果显示，满意度问卷26个指标总的克朗巴哈系数α值为0.812，基于标准化项目的克朗巴哈系数为0.873，由此可以判定，此次调查问卷具有较高的内部一致性，信度可接受。

2. 评价指标体系

在遵循全面性、层次性、可比性、可操作性等原则的基础上，针对北京市郊区农村生产生活实际和新农村建设发展现状，借鉴城市人居生态环境评价的有益经验[22,23]，引入满意度评价方法。采用语义学标度，选择具有相对意义的指标，尽可能覆盖农村经济一社会一生态环境系统的各个方面，尽量全面反映居民心理，使评价结果真实可靠。基于村镇层面评价区域尺度小、环境微观、涉及要素多的特征，将新农村生态环境评价指标体系分为经济发展、基础设施配套、公共服务设施、自然生态环境、社会环境 5 个子系统，每个子系统选取多项因素进行询问，如图 3-4 所示：

①经济发展子系统：反映新农村建设“生产发展”的内涵，满足繁荣农村经济、提高农村生产力水平的要求，主要体现经济要素对于农村生态环境变化的作用和响应情况。包括收入状况、生产支出负担、生活支出负担、教育支出负担和医疗支出负担五个因素。

②基础设施子系统：体现新农村建设“生活宽裕”、改善农村人居生态环境的关键环节。包括村内道路质量、到市中心便利程度、垃圾处理设施、给排水设施和防灾设施五个因素。

③公共服务设施子系统：体现“乡风文明”的发展要求，是农村社会文明建设和社会环境改善的重要组成部分。涉及农村社会保障程度、农村合作医疗覆盖面以及农村文化事业发展等方面，包括日常购物商店、学校、文化站、卫生所和小广场和健身场所五个因素。

④自然生态环境子系统：是农村地区人与自然和谐相处的主要内容。反映在水资源、森林、空气保护等方面，这也是新农村建设“村容整洁”的体现，运用植被绿化状况、村内清洁状况、空气污染状况、道路和工厂的噪声情况以及垃圾丢弃产生的污染五个因素进行评估。

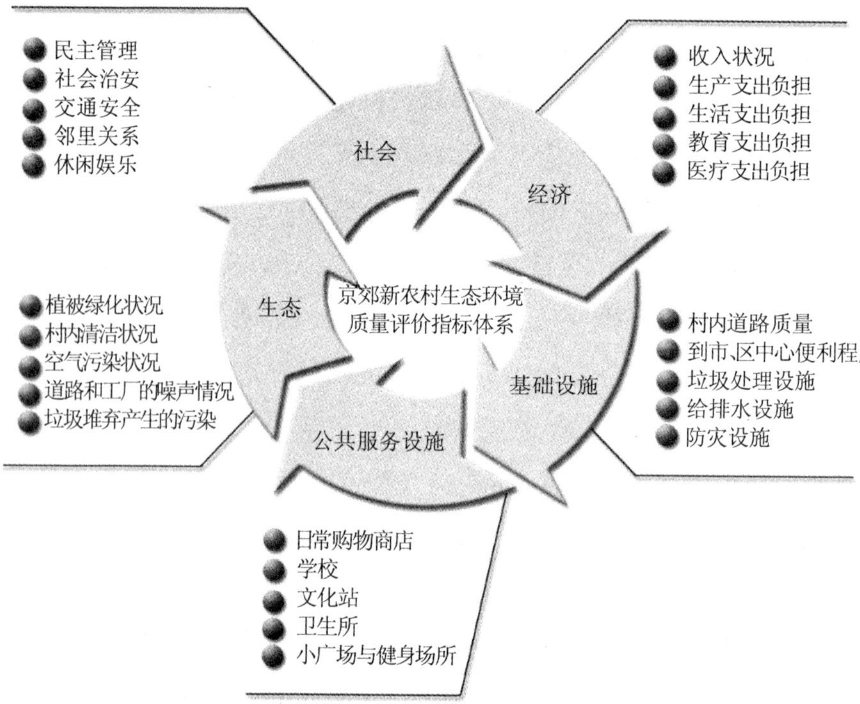

图 3-4 基于问卷调查的北京市新农村建设生态环境评价指标体系

⑤社会环境子系统：体现"管理民主"和"社会和谐"，是农村生态文明建设的重要内容。包括民主管理、社会治安、交通安全、邻里关系和休闲娱乐五个因素的满意度评价。

(二)首都新农村建设中京郊生态环境的描述性统计分析

1. 农业仍是经济结构的主体，产业结构多元化态势显现

2008 年，北京市农民人均纯收入首次达到 10747 元，已初步形成了工资性、财产性、转移性和经营性 4 种主要收入来源。调查中，家庭月收入 1000～1999 元和 2000～4999 元居多，分别为 37.8%、32.5%，但千元以下村民的仍高达 21.9%，远低于全市人均农民纯收入水平(见表 3-2)。

表 3-2　北京市新农村建设中生态环境评价调查对象家庭劳动力和收入情况比重

家庭劳动力数	比重	家庭外出务工人数	比重	家庭月收入	比重
0	5.1%	0	59.8%	1000 元以下	21.9%
1	18.0%	1	23.2%	1000～1999 元	32.5%
2	51.2%	2	10.2%	2000～4999 元	37.8%
3	17.7%	3	1.7%	5000～9999 元	2.9%
4	6.6%	4	0.8%	1～2 万元(不含)	2.2%
5 人以上	1.5%	5 人以上	4.2%	2 万元以上	2.7%

调查表明，49%的村民仍保有土地继续耕种(见图 3-5)，从家庭主要经济来源来看(见图 3-6)，种植业占 37%，农业特别是设施农业仍是创收主要产业。但随着城市化的推进，以及土地流转、合作经济的发展，51%的村民已从传统农业中脱离，增收渠道呈现多元化态势，其中外出务工占 13%，转向交通运输业、住宿餐饮业和批发零售业的分别占 9%、7%和 6%，产业结构的非农化、多元化特征十分明显。

“这个村早就没有地了，就靠租房子给外地人挣点钱。”(对某试点村村民的访谈)

“收入还是可以的，这不是有蔬菜大棚嘛，赶上菜贵的时候还是能赚不少钱的。”(对某试点村村民的访谈)

2. 富余劳动力以就地转移为主，且非农化特征突出

尽管京郊新农村家庭劳动力资源较为丰富，拥有两人以上(包括两人)劳动力数的家庭合计占 76.9%，但外出务工的比重不高，家庭外出务工人数超过两人以上(包括两人)的不足 20%。在“一年中从事非农工作的月数”选项中(见图 3-7)，全年完全从事农业生产的仅占 15%，而 12 个月均从事非农工作的却达到 41%，表明就地转移是京

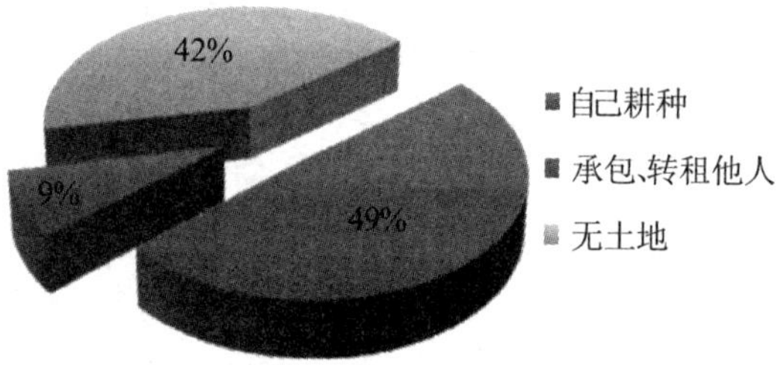

图 3-5　调查对象土地经营方式

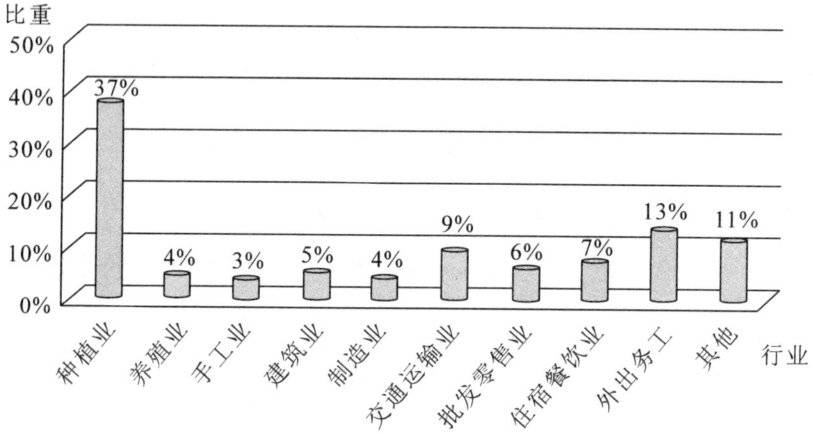

图 3-6　调查对象家庭主要经济来源

郊新农村劳动力转移的主渠道，且非农化特征日趋突显。

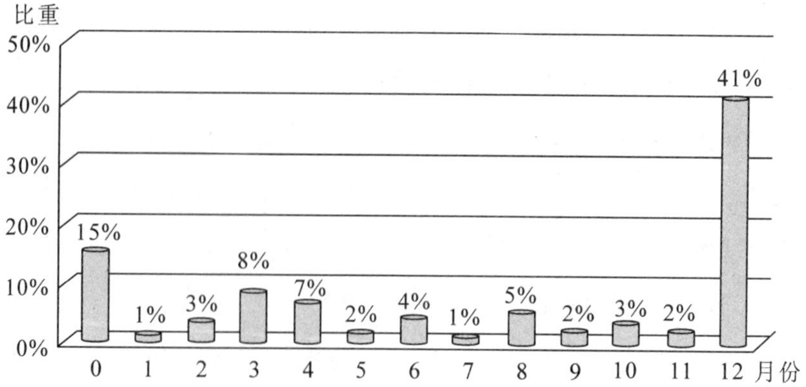

图 3-7　北京市新农村建设中生态环境评价调查对象一年中从事非农工作的月数

3. 以社会公共服务设施为主的社会环境改善明显

北京市推进新农村建设的最大特点在于建设内容的基础性。以2006年为例，北京市市级支持新农村建设资金达到94亿元，重点支持都市型现代农业发展、新农村试点村建设、农村环境建设与整治、农村公共服务设施建设以及农村社会事业发展等。其中基础设施和公共服务设施作为重中之重，建设成效也最为显著。在问卷调查中，认为改善很大和有一定程度改善的村民占到了总数的84.8%。以民主管理、社会治安、交通安全、邻里关系等为主的社会风气也明显改善，认为较新农村建设之前有较大改善和一定程度改善的占总数的77%。(见表3-3)。

“国家资金投入主要用于公共服务和基础设施的建设，使农民周遭环境改善，对于提高农民实际生活水平没有太多的帮助。”(对某试点村村干部的访谈)

“资金大部分都用来改善村里的基础设施了，路是新修的，健身器材还有文化站这都是新农村试行之后建的。”(对某试点村村干部的访谈)

表3-3　北京市新农村建设以来经济—社会—生态环境系统各子系统变化情况

要素	改善很大	有一定程度改善	基本没有改善	比之前稍差	比之前差很多
经济发展	12.4%	54.7%	31.5%	1.4%	0.0%
基础设施	36.6%	45.1%	12.7%	5.6%	0.0%
公共服务设施	38.7%	46.1%	14.0%	0.9%	0.2%
自然生态环境	35.1%	48.2%	15.2%	1.3%	0.2%
社会环境	29.8%	47.2%	21.4%	1.3%	0.4%

4. 以基础设施为代表的生态环境配套设施改善显著

①居民饮水以自来水为主，已实现统一管网配置，生活用水供给和质量基本得到保障。新农村建设前，京郊饮用井水的家庭占50%，

自来水仅为43%，建设后，自来水比重上升到73%，居民以饮用自来水为主(见图3-8)；从取水方式上看(见图3-9)，新农村建设后，家庭压水井或挑(拉)水现象已基本被取代，统一管网配置率达99%。

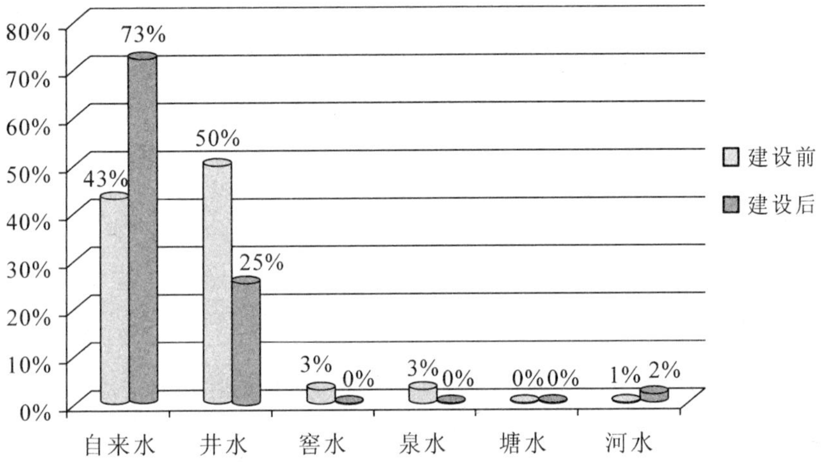

图3-8　新农村建设前后水源情况

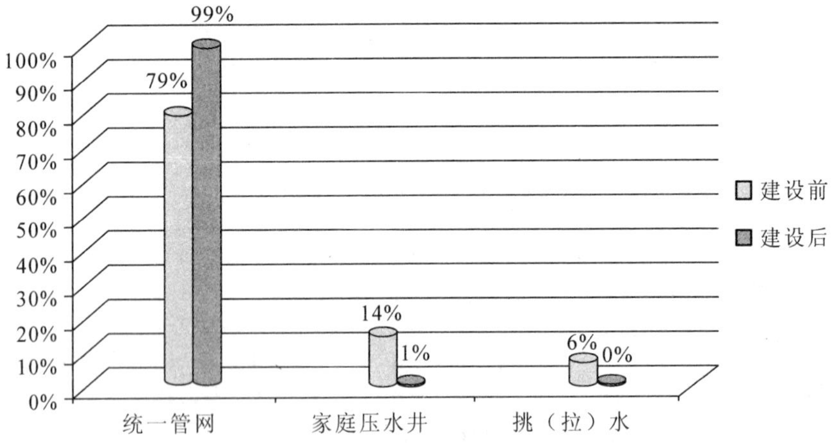

图3-9　新农村建设前后取水方式情况

②排水和污水处理设施逐步实现管网化、集中化。如图3-10所示，新农村建设前农村排水管线和管网敷设率仅为4%，而38%的村庄无排水设施，大部分生活污水未经处理，随意排放(见图3-11)，对

河流、池塘等地表水体和农村生态造成较大破坏。新农村建设后，经过大规模的投资建设，敷设排水管网的村庄比例达到调查村庄的56%，对村容村貌以及生态环境负面影响较大的无任何排水设施或以明沟为主的排污方式所占的比例下降了58%；污水处理从任意排放向集中处理方式过渡，新农村建设后污水的集中处理率达到81%。

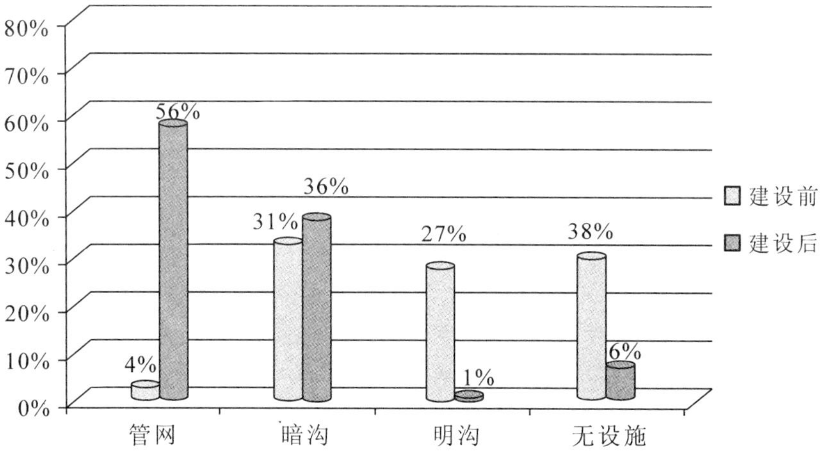

图 3-10　农村建设前后排水设施情况

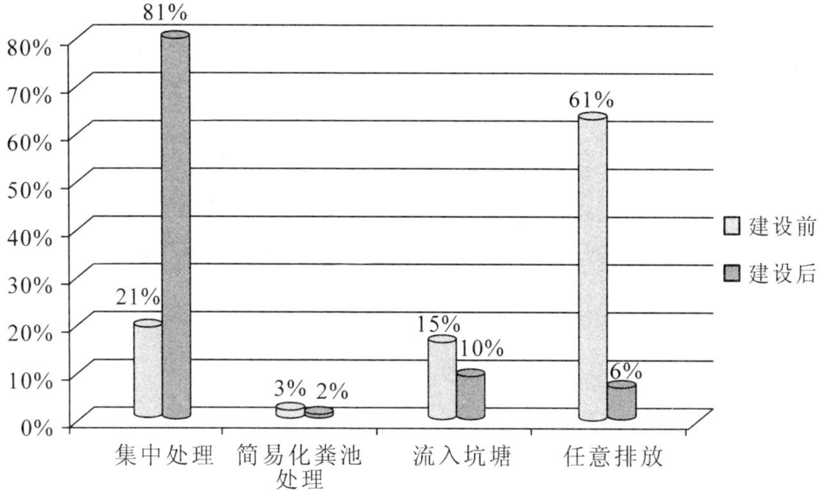

图 3-11　农村建设前后污水处理方式情况

③固体垃圾集中处理方式和水冲式厕所逐渐普及。新农村建设之前，村庄生产和生活产生的垃圾绝大部分在河边、村边、田边、路边等随意抛弃，露天堆放，形成村庄内较大面积的面源污染，厕所主要以旱厕为主，对村庄环境卫生和村容村貌均有较大的负面影响。新农村建设以来，逐渐形成了村、户相结合的垃圾集中清运处理方式，固体垃圾集中处理比重由建设前的47%上升到了95%，水冲式厕所的普及率也逐渐提高，使用户数由建设前的10%提升至建设后的86%（见图3-12、见图3-13）。

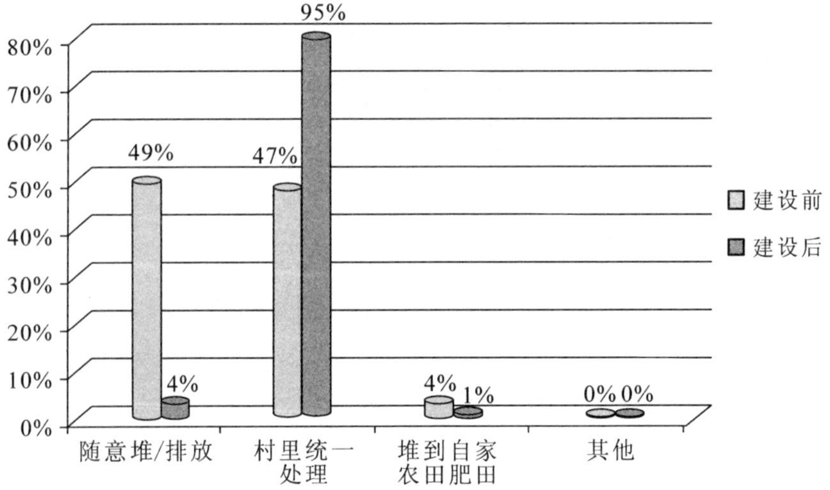

图3-12　建设前后固体垃圾处理方式情况

④能源结构的“绿色化、生态化”成效显著。新农村建设之前，农村能源消费结构以煤炭、秸秆等为主，新农村建设之后，农村能源结构的“绿色化、生态化”成效显著，太阳能、沼气等绿色清洁能源普及率得到较大程度提高。太阳能使用户数由建设前的22%提高到了建设后的67%（主要用途以洗澡为主，少量用于照明），新农村建设之前，被调查村庄几乎未使用沼气，建设后沼气的使用率达到22%（主要用

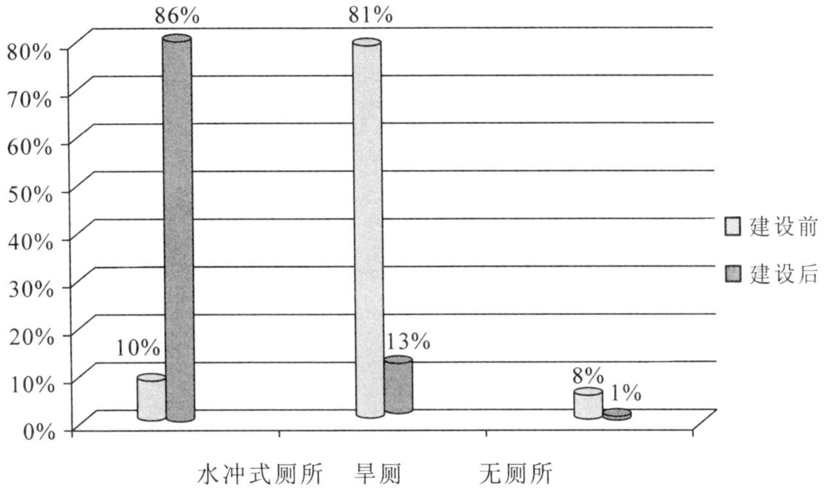

图 3-13　建设前后厕所形式情况

于做饭)(见图 3-14、见图 3-15)。

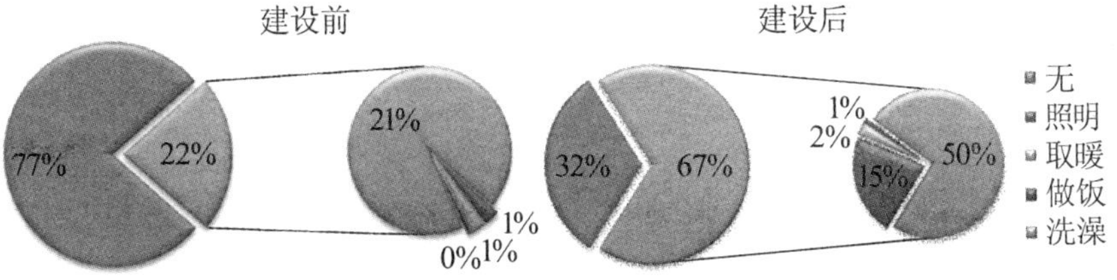

图 3-14　农村建设前后太阳能有无及用途情况

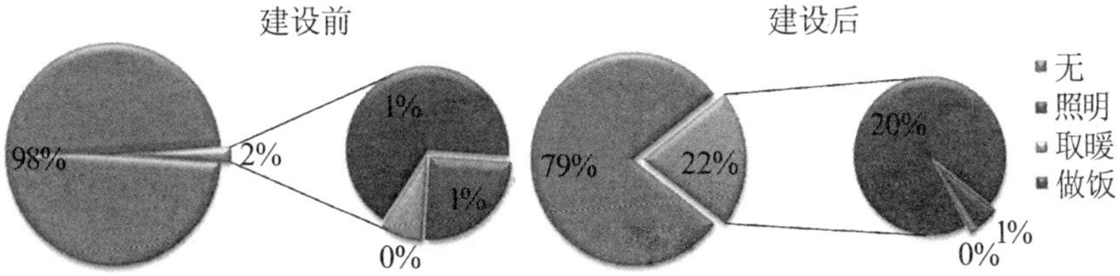

图 3-15　农村建设前后沼气有无及用途情况

⑤供暖方式仍以分散式为主，以煤炭和木柴为主的取暖方式对生态环境压力较大。据新农村建设前后采暖方式的调查显示，京郊新农

村采暖方式尚未实现集中供暖，以家庭为主的分散式自主供暖仍为主要形式，同时以煤炭为主要取暖方式的村庄占7成左右，其次为木柴，这种供暖方式不仅取暖效率低，而且对村庄空气环境质量及居住环境都有较大的压力(见图3-16、见图3-17)。

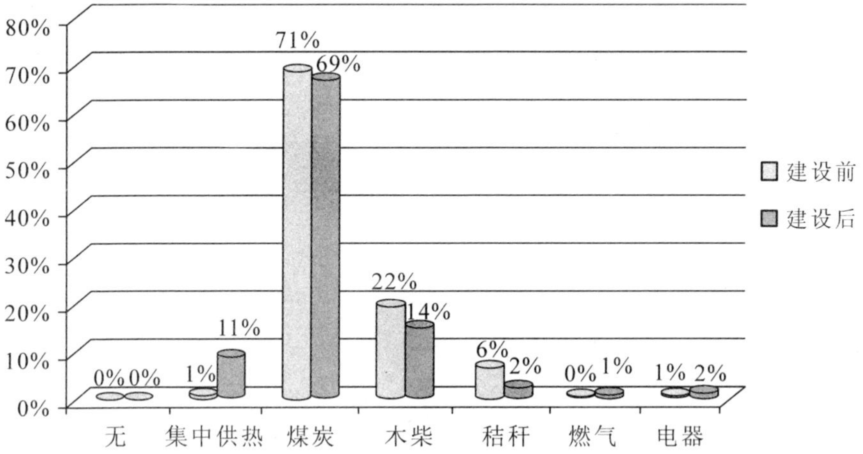

图3-16　农村建设前后主要采暖方式情况

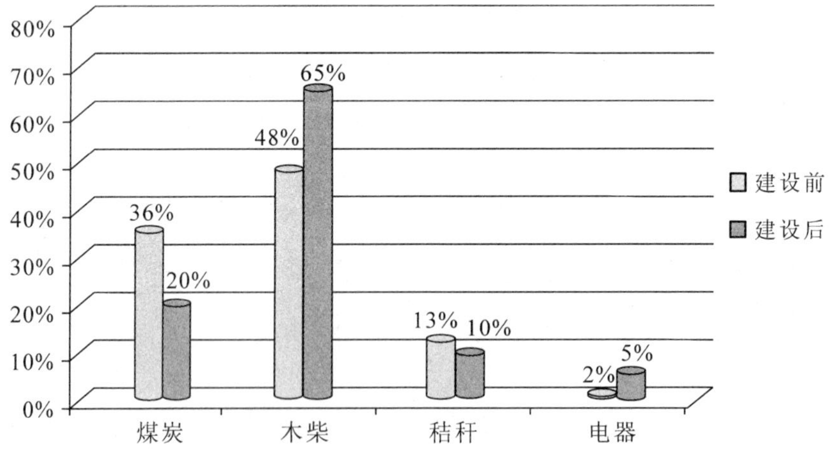

图3-17　农村建设前后次要采暖方式情况

(三)首都新农村建设中京郊生态环境的多元统计分析

1. 首都新农村建设中京郊生态环境的平均值分析

对每一指标采用“非常满意(或很轻)”、“比较满意(或比较轻)”、“一般”、“比较不满意(或比较严重)”和“非常不满意(或非常严重)”五级评价，为便于计算，将“生产支出负担”、“空气污染状况”、“垃圾堆弃产生的污染”等负向指标进行正向化处理，运用计量统计分析软件 SPSS13.0，将原始资料进行数据处理时分别赋分值 100 分、75 分、50 分、25 分和 0 分(见表 3-4)，然后按公式(3.1)算出各指标项的平均得分，根据平均得分判断居民对其经济—社会—生态环境系统内部各要素的满意程度，其中 80 分以上表示“很满意”，60～80 分表示“满意”，60 以下视为“不满意”。

$$Scores_i = \frac{\sum_{i=1}^{n} X_{ij}}{n} \tag{3.1}$$

在公式(3.1)中，$Scores_i$表示 X_{ij} 指标项的得分，n 是被调查样本人数，本研究中为 557。

表 3-4　北京市新农村建设中生态环境评价平均值分析评价定量标准

25 项指标(X_N)			整体感受($Scores_i$)	
正向指标	负向指标			
非常满意	很轻	$X_N=100$	很满意	$Scores_i \geqslant 80$
比较满意	比较轻	$X_N=75$	满意	$60 \leqslant Scores_i \leqslant 80$
一般	一般	$X_N=50$	不满意	$Scores_i < 60$
比较不满意	比较严重	$X_N=25$		
非常不满意	非常严重	$X_N=0$		

(1)首都新农村建设中京郊生态环境要素评价

①以村内清洁状况为代表的自然生态环境系统满意度最高。由于

京郊农村产业发展以城郊生态农业、休闲观光农业、设施农业等为主，以交通运输、商业餐饮、乡村旅游等为辅，产业结构的“生态化”程度较高，同时郊区一直以来重视以水源保护、生态恢复、植树造林、土地治理、生物保护等为主的生态环境保护和建设工作，北京市郊区新农村自然生态环境问题并不突出。从各子系统的排序结果看（见表 3-5），自然生态环境子系统以 76.7 分高居首位。在二级指标排序前五位的因素中，自然生态环境系统所属的占四席，分别是村内清洁状况、道路和工厂的噪声情况、空气污染状况以及垃圾堆弃产生的污染，得分均在 70 分以上，其中位列第一位的村内清洁状况高达 86.4 分，视为很满意。

“村子的环境改善很大，尤其是绿化，一到夏天，绿油油的一片。”（对某试点村村民的访谈）

“村里没什么工业，所以噪声和污染基本上都没有。”（对某试点村村民的访谈）

表 3-5　北京市新农村建设中生态环境评价各指标项得分与排名

子系统	二级指标	平均分	排名
经济发展（57.1）	收入状况	56.5	24
	生产支出负担	63.4	15
	生活支出负担	50.5	25
	教育支出负担	57.7	22
	医疗支出负担	57.5	23
基础设施（68.9）	村内道路质量	72.5	6
	到市、区中心便利程度	71.4	10
	垃圾处理设施	71.9	8
	给排水设施	70.3	12
	防灾设施	58.3	20

续表

子系统	二级指标	平均分	排名
公共服务设施(62.8)	日常购物商店	68.9	13
	学校	58.2	21
	文化站	61.7	18
	卫生所	60.1	19
	小广场与健身场所	65.2	14
自然生态环境(76.7)	植被绿化状况	72.4	7
	村内清洁状况	86.4	1
	空气污染状况	75.2	4
	道路和工厂的噪声情况	75.8	3
	垃圾堆弃产生的污染	73.8	5
社会环境(69.1)	民主管理	62.4	16
	社会治安	71.1	11
	交通安全	71.9	9
	邻里关系	78.1	2
	休闲娱乐	62.2	17

②社会环境优良，邻里关系位居前列。社会环境子系统以69.1分位居第二位，其中邻里关系位列二级指标的第二位，社会治安和交通安全平均分也在70分以上。而民主管理和休闲娱乐两因素得分较低，排名相对靠后，是制约社会环境质量和生态文明的主要方面。

“村内治安不错，主路和巷子里面都安装了摄像头，而且我们家家户户都养狗，所以我们从不担心小偷什么的。”(对某试点村村民的访谈)

“……虽然外地人比较多，但是没有啥治安问题，就是村委会应该听听民意，别整天坐办公室里不给农民办实事。”(对某试点村村民

的访谈）

③以基础设施为主的生态环境配套设施建设较满意，但管理维护及防灾设施建设亟待跟进。基础设施子系统的平均分为68.9，以微弱差距落后社会协调水平，所属的村内道路质量、到市、区中心便利程度、垃圾处理设施和给排水设施均分都高于70，排名均在中上水平。而在防灾设施方面，得分仅为58.3分，而在防灾设施方面，得分仅为58.3分，调查中亦发现，农村防灾设施缺失的现象较为普遍，亟待跟进配套。此外，农村基础设施管理粗放，大部分设施建成后都移交给村集体，缺乏长效的管理资金支持，在一定程度上制约了基础设施和公共设施的利用效率。以太阳能路灯为例，往往重“建”轻“管”，缺乏专业的管护、维修队伍和知识，导致投入使用的太阳能路灯完好率远远低于市政照明完好率95%的标准，太阳能路灯不仅需要“亮起来”更需要“亮下去”。

“自从通了公交车，咱们村里人去镇上和城里就方便多了，以前都得跑老远。”（对某试点村村民的访谈）

“新农村建设是装了不少新的设施，不过光是装上了，坏了也没有人修，这太阳能路灯都没有亮多长时间就坏了，也没有管，现在整条街都没有几个灯亮。”（对某试点村村民的访谈）

④公共服务设施环境提升有待改进，学校、卫生所等满意度偏低。公共服务设施配套的满意度平均得分62.8分，仅略高于及格水平。从二级指标得分不难看出，公共服务设施环境主要受学校、卫生所和文化站三因素的制约，其得分分别为58.2分、60.1分和61.7分。学校低得分的原因有二：本村没有学校或距学校的距离太远，且没有公共交通直达，给子女入学造成了极大不便；尽管京郊新农村大都配备有卫生所和文化站，但由于医生和管理人员缺乏，医疗、文化

设施形同虚设，给村民的寻医就诊等日常活动带来不便。

“……村里没有学校，上小学都得跑到镇上去上，对于我们这些孩子年龄小的家庭来说，上下学都得跑镇上接孩子，这也造成了一定的不方便。”(对某试点村村民的访谈)

“……村里新建的卫生所还没有医生，因此只能到村里的私人诊所看病，因此费用相对而言就高……”(对某试点村村民的访谈)

⑤收支失衡，经济环境面临压力较大。经济子系统满意度的得分仅 57.1 分，为一级指标中最低，是提升京郊农村生态环境质量的首要瓶颈。所属的五个二级指标，除生产支出负担外，其余收入状况、生活支出负担等指标得分都在 60 分以下，均位于倒数后五位，突出反映新农村居民对经济现状不满意。由于收入偏低、增收缓慢，同时来自生活、教育、医疗等方面的负担偏重，收支失衡导致居民在经济环境方面压力沉重，因此，增加收入是京郊新农村生态环境质量再提升的关键。

“花钱的地方也挺多的，孩子上学、老人看病哪个不得花钱啊。……如果住院了国家会给 40％的医疗补贴，但是我们一般都是小病，并没有达到住院的程度，这样的医药费是不给报销的。”(对某试点村村民的访谈)

“最迫切需要改变的就是收入，增加点农民收入比啥都强，这新农村建设是让村子里有了改善，可是农民收入没有增加。”(对某试点村村民的访谈)

(2)首都新农村建设中京郊生态环境空间分异特征分析

京郊新农村生态环境质量水平空间上呈现如下特征：①近郊平原区整体感受水平高于其他地域类型整体感受；②京郊新农村居民对经济发展满意度普遍较低，其中远郊山区经济发展的滞后性最为突出；

③基础设施配套水平呈现由平原向山区递减态势，远郊山区基础设施仍需提升；④处于城乡结合部的近郊平原区公共服务设施配套水平低于其他地域，是京郊公共服务设施完善过程中的薄弱环节。在自然生态和社会环境方面，京郊农村居民的满意度基本相当，无显著的空间分异特征(见表 3-6)。

表 3-6　北京市新农村建设中生态环境评价各子系统的空间分异

地域类型	整体感受	经济发展	基础设施	公共服务设施	自然生态环境	社会环境
近郊平原区	72.7	58.1	73.7	57.0	76.2	65.3
远郊平原区	64.8	62.0	74.0	65.4	75.5	70.1
远郊半山区	67.3	56.1	69.3	60.9	72.5	70.5
远郊山区	64.7	49.7	59.6	61.3	71.4	67.2

2. 首都新农村建设中京郊生态环境的相关分析

相关分析(correlation analysis)是研究现象之间是否存在某种依存关系，并对具体有依存关系的现象探讨其相关方向以及相关程度，是研究随机变量之间的相关关系的一种统计方法。两个变量之间的相关性表示在一个变量发生变化时另一个变量随之发生变化的可能性和总的趋势。相关程度以相关系数 r 表示($-1 \leqslant r \leqslant 1$)，$r$ 的绝对值越大，表示变量之间的相关性越高，r 为负数时表示一个变量的增加可能引起另一个变量的减少，称为负相关。可使用 Pearson 相关系数来度量变量间的线性相关关系，其数学定义为：

$$r = \frac{\sum_{i=1}^{n}(x_i - \bar{x})(y_i - \bar{y})}{\sqrt{\sum_{i=1}^{n}(x_i - \bar{x})^2 \sum_{i=1}^{n}(y_i - \bar{y})^2}} \tag{3.2}$$

其中，n 为样本数，x_i 和 y_i 分别为两变量的变量值。在本研究中，作为样本的试点村数量 $n=29$，设置信度 $\alpha=0.01$。

(1)一级指标相关分析

把试点村生态环境各一级评价指标的平均值看成一个 29×6 阶矩阵，其中 29 行代表 29 个采样组，6 列代表 6 个因素(整体感受也暂作为一项指标纳入其中)。运算结果见表 3-7，可以看出：①基础设施、社会两子系统各要素的建设和改善与村民对农村整体生态环境变化感受的相关性较大，其 Person 相关系数分别为 0.605 和 0.675，这两项因素对村民形成村庄经济一社会一自然生态总体印象最为重要，表明村民有将直接感观印象、切身体验、生存便捷程度与生态环境等同看待的倾向；②基础设施与社会环境两个子系统与生态环境评价系统中其他要素之间具有显著的正相关性。以基础设施子系统为例，其与社会环境、经济发展、公共服务设施、自然生态环境之间显著正相关，相关系数分别达到 0.590、0.573、0.555、0.524，说明基础设施建设和社会环境改善对于农村社会生态文明乡风形成、社会经济发展以及自然生态环境的改善都具有重要的推动作用。

表 3-7 京郊新农村建设生态环境评价各子系统之间的相关系数

要素	整体感受	经济发展	基础设施	公共服务设施	自然生态环境	社会环境
整体感受	1	0.310	0.605**	0.492**	0.363*	0.675**
经济发展		1	0.573**	0.310	0.498**	0.314
基础设施			1	0.555**	0.524**	0.590**
公共服务设施				1	0.123	0.524**
自然生态环境					1	0.556**
社会环境						1

注：*表示显著水平为 0.05，**表示显著水平为 0.01。

(2)二级指标相关分析

把试点村生态环境各二级评价指标的平均值看成一个 29×26 阶矩阵，其中 29 行代表 29 个采样组，26 列代表 26 个因素(整体感受也暂作为一项指标纳入其中）。Person相关系数的计算表明（见图3-18）：①村内道路质量、村内清洁状况、交通安全和社会治安四项因素与整体感受相关性较大，相关系数值均大于0.6；②村内道路质量与村内清洁状况、垃圾处理设施、植被绿化状况有较大相关性，表明各要素间相互影响、相互作用关系明显，一个要素的变化会引起其他要素同向的协调同步变化；③垃圾处理设施与垃圾堆弃产生的污染、村内清洁状况、给排水设施的高相关性较高。说明村内清洁状况改善以及垃圾堆弃产生的污染处理等与垃圾处理设施和给排水设施建设正相关，垃圾处理设施、给排水设施建设完备的村庄往往污染较小、村容村貌整洁、清洁程度较高；④小广场与健身场所与休闲娱乐呈现高相关，说明配套文娱设施在农村社会文化生活中的重要性，各种公共空间建设极大地丰富了农村村民的业余生活，提升了社会生态文明建设程度；⑤社会治安、交通安全和邻里关系之间相关程度较高；⑥道路和工厂的噪声情况与空气污染状况相关系数大于0.8，表明噪声与空气质量的优劣具有伴生性，噪声污染严重的地区，由于过往车辆多、工厂生产强度大或施工作业久等原因，空气污染也较为严重。相关分析说明，上述25项二级指标并非完全是相互独立的，有些因素可能冗余。可以进一步把评价指标归纳为道路交通、三废排放、村容村貌、治安与邻里以及配套设施5个核心因素。

3. 首都新农村建设中京郊生态环境的聚类分析（图3-18）

对"经济发展水平、基础设施配套水平、公共服务设施配套、生态支撑和社会协调水平"五个指标项采用层次聚类方法（Hierarchical Cluster）综合评价（见表3-8），得出京郊新农村生态环境评价结论。在SPSS中对29个样本标准化后进行层次聚类，其中连续变量的样本距离测度方法选用欧氏距离平方（Squared Euclidean Distance），两样本

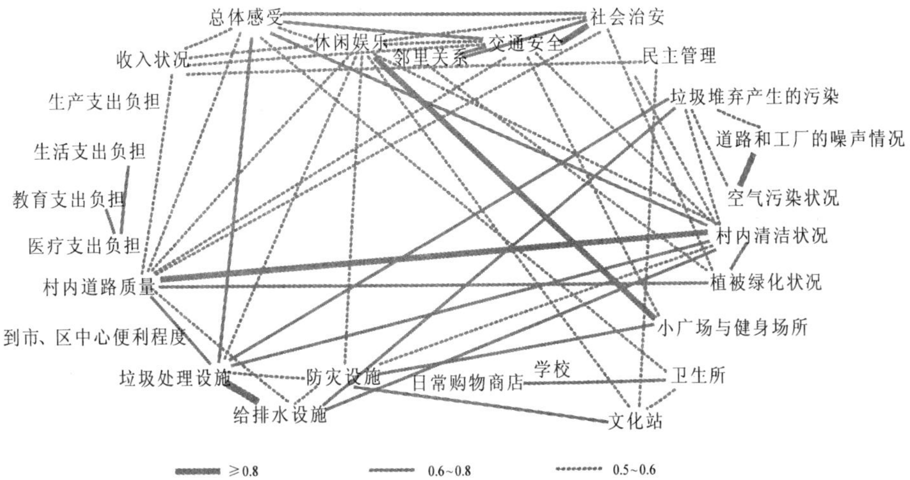

图 3-18 北京市新农村建设中生态环境评价各二级指标间 Person 相关系数

(x, y)之间的距离是各样本每个变量值之差的平方和(k 个变量)，计算公式如下：

$$EUCLID(x,y) = \sum_{i=1}^{k} (x_i - y_i)^2 \qquad (3.3)$$

计算样本数据与小类、小类与小类间亲疏程度的度量方法用离差平方和法(Ward's Method)，该法是 Ward 根据方差分析的原理得到的，如果分类比较合理，则同类样本之间的离差平方和较小，类与类之间的离差平方和较大。

表 3-8 北京市新农村建设中生态环境评价一级指标得分表

村名	经济	基础设施	公共服务设施	自然环境	社会环境
北马房村	66.3	81.8	63.8	77.5	69.5
大鲁店村	71.0	67.8	57.8	82.3	68.3
太子峪村	49.4	63.3	58.3	63.3	61.7
车耳营村	64.0	74.0	49.3	87.0	66.3
门头村	40.0	81.7	55.8	70.8	60.8
沿河村	68.5	70.5	58.0	65.0	53.8

续表

村名	经济	基础设施	公共服务设施	自然环境	社会环境
石家营村	79.4	79.2	74.2	76.7	56.1
胡家堡村	59.8	78.0	74.0	71.0	84.0
仇庄村	58.8	86.8	66.3	78.3	83.8
杨各庄村	49.8	66.8	60.3	63.8	67.3
梨花村	52.9	65.5	62.4	84.2	67.4
西宋各庄村	67.0	74.1	65.0	87.3	79.3
张家场村	59.5	71.0	63.0	78.0	69.5
保合庄村	52.3	67.8	65.8	81.5	75.3
庙耳岗村	53.0	66.5	68.0	68.3	71.3
酸枣岭村	65.7	79.3	70.9	81.4	79.3
香屯村	54.0	66.3	70.3	47.8	65.5
东贯市村	54.3	81.0	71.3	72.5	70.0
苏子峪村	47.6	46.3	28.4	66.8	54.5
雕窝村	54.3	73.9	57.9	77.9	68.2
东四道岭村	67.2	76.7	51.4	84.4	78.9
西柏店村	56.7	66.0	64.5	72.4	71.2
琉璃渠村	32.0	38.0	48.9	64.1	53.4
三渡河村	40.8	51.8	48.8	62.0	60.0
长哨营村	55.3	47.4	58.7	56.6	60.5
河防口村	51.3	67.3	66.0	71.8	69.5
石城村	68.8	78.3	62.5	90.3	79.5
古北口村	49.0	76.5	76.3	78	74.8
黄柏寺村	50.8	58.3	68.3	77.0	72.8

(1)层次聚类结果

根据前文综合评价方法得到京郊 29 个新农村试点村生态环境质量离差平方和聚类谱系图，根据聚类分析结果(见图 3-19)，可以将调查村庄最终合并为 6 类，各类包括村庄数量及村名(见表 3-9)。

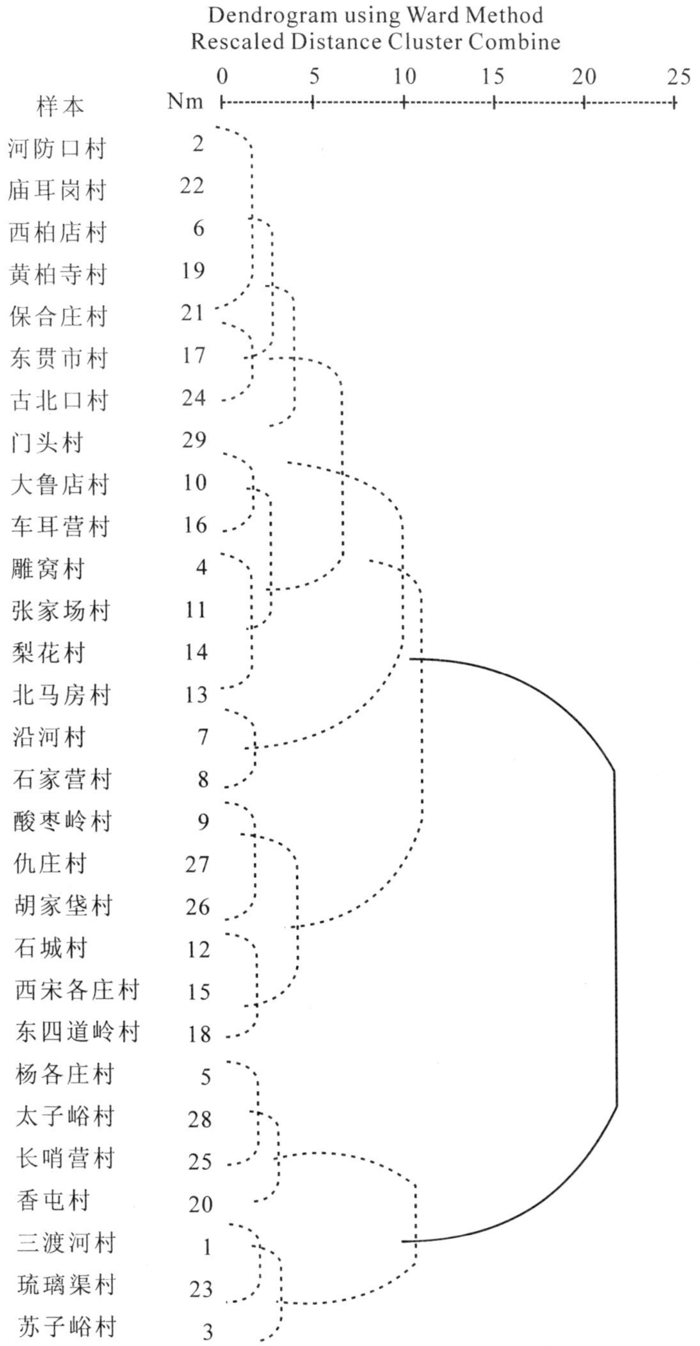

图 3-19 新农村生态环境聚类分析谱系图

表 3-9　北京市新农村建设中生态环境评价层次聚类结果

聚类结果	数量	村　名
第一类	8	门头村、古北口村、东贯市村、保合庄村、西柏店村、黄柏寺村、庙耳岗村、河防口村
第二类	6	北马房村、梨花村、张家场村、雕窝村、车耳营村、大鲁店村
第三类	2	沿河村、石家营村
第四类	6	东四道岭村、西宋各庄村、石城村、胡家堡村、仇庄村、酸枣岭村
第五类	4	香屯村、杨各庄村、太子峪村、长哨营村
第六类	3	三河渡村、琉璃渠村、苏子峪村

(2)首都新农村建设中生态环境评价归类

由聚类结果和归类统计分析将评价水平划分为上、中、下游三类。表 3-10 聚类结果中第四类为京郊农村生态环境质量的上游水平类型村，合计 6 个，各指标平均值均在 60 分以上，最高值自然子系统满意度得分为 82.1，最低值为经济子系统 64.5 分；第一、二、三类为京郊农村生态环境质量的中游水平类型村，合计 16 个，除经济子系统外其他指标均高于 60 分，自然子系统得分 76.3 为最高分；第五、六类为京郊农村生态环境质量的下游水平类型村，合计 7 个，各指标的平均分均较低，经济、基础设施和公共服务设施配套更是远低于及格水平。各类型包括村庄数量及名称见表 3-10，各类型经济发展、基础设施、公共服务设施、自然生态环境、社会环境各要素数量、最大值、最小值以及标准差计算情况见表 3-11。

表 3-10　北京市新农村建设中生态环境评价归类结果

类型村	数量	村　名
上游水平	6	东四道岭村、西宋各庄村、石城村、胡家堡村、仇庄村、酸枣岭村
中游水平	16	门头村、古北口村、东贯市村、保合庄村、西柏店村、黄柏寺村、庙耳岗村、河防口村、北马房村、梨花村、张家场村、雕窝村、车耳营村、大鲁店村、沿河村、石家营村
下游水平	7	香屯村、杨各庄村、太子峪村、长哨营村、三河渡村、琉璃渠村、苏子峪村

表 3-11　北京市新农村建设中生态环境评价归类统计分析表

类型村	要素	数量	最小值	最大值	平均值	标准差
上游水平	经济发展	6	58.8	68.8	64.5	4.2
	基础设施	6	74.1	86.8	78.8	4.3
	公共服务设施	6	51.4	74.0	65.0	7.9
	自然生态环境	6	71.0	90.3	82.1	6.9
	社会环境	6	78.9	84.0	80.8	2.4
中游水平	经济发展	16	40.0	79.4	57.7	9.9
	基础设施	16	58.3	81.8	71.8	6.9
	公共服务设施	16	49.3	76.3	63.9	7.1
	自然生态环境	16	65.0	87.0	76.3	5.9
	社会环境	16	53.8	75.3	67.8	6.1
下游水平	经济发展	7	32.0	55.3	47.0	8.1
	基础设施	7	38.0	66.8	54.2	11.3
	公共服务设施	7	28.4	70.3	53.4	13.2
	自然生态环境	7	47.8	66.8	60.6	6.5
	社会环境	7	53.4	67.3	60.4	5.1

从表 3-11 综合分析可以得出：

①上游水平类型村包括东四道岭村、西宋各庄村、石城村、胡家堡村、仇庄村、酸枣岭村。这些村庄社会和自然生态环境质量较好，道路、给排水等基础设施配置较好，是生态环境较为优越的地区，但经济环境提升的空间仍然较大，以配套人才、管理等为主的公共服务设施软环境有待进一步提高。

②中游水平类型村共16个，包括门头村、古北口村、东贯市村、保合庄村、西柏店村、黄柏寺村、庙耳岗村、河防口村、北马房村、梨花村、张家场村、雕窝村、车耳营村、大鲁店村、沿河村、石家营村。这些村庄自然生态条件和基础设施建设情况较好，但经济发展情况和公共服务设施建设情况相对较差。今后应按照“无害化、低排放、零破坏、高效益、可持续、环境美”的循环农业发展思路，统筹规划农业各产业发展，促进产业升级，进一步提升农村的生产方式，提高农业生产效率，为新农村建设夯实经济基础。同时，可以采用政府投入、鼓励企业投资、争取补助和村民入股等多种方法，多渠道建设公共服务设施。

③下游水平类型村包括香屯村、杨各庄村、太子峪村、长哨营村、三河渡村、琉璃渠村、苏子峪村。这些村庄除了自然生态和社会环境条件刚好及格外，经济发展、基础设施建设以及公共服务设施建设水平均低于60分。今后的发展中应因地制宜地发展节地、节水、节肥、节药的节约型和环保型农业，最大限度地创造就业岗位和就业机会，通过资本增值、劳动力与资本结合，增加固定性收入。此外，增加农村基础设施建设资金投入，集中财力优先安排农民最急需、受益面广、公共性强的农村公共品和服务。增加与农民生产和生活直接相关的农村道路、水利、能源等中小型基础设施，实现类型村生态环境质量的综合提高。

四、结论

1.2004—2008 年北京市新农村建设郊区农村经济发展水平有较为明显改善，但是农村经济增长潜力却逐年降低；2004 年近郊 3 个区的农村经济发展水平高于远郊，远郊地区又呈现“南北高、东西低”的变化特征，2008 年除延庆、平谷两个远郊山区和通州区外，总体远郊经济发展水平普遍高于近郊，说明新农村建设对远郊区农村经济发展的带动作用大于近郊。2004—2008 年各区、县经济发展差异逐渐减小。

2.2004—2008 年北京市新农村建设中郊区社会发展条件明显改善，并且以社会公共事业和基础设施建设为主的社会发展能力不断增强；2004 年近郊海淀区社会发展水平最高，远郊门头沟区、房山区、顺义区和平谷区社会发展水平较高，2008 年远郊农村社会发展水平整体高于近郊，且东部和西部远郊区的社会发展情况明显较好；2004—2008 年各区、县社会发展水平的空间差异略有上升；2004—2008 年农村社会发展水平保持较高的增长速度，并表现出近郊大于远郊、远郊南部大于北部的变化特征。

3.2004—2008 年北京市新农村建设中郊区自然环境条件明显改善，但新农村建设对京郊农村自然环境改善的推动能力先增大后减小；2004 年除近郊海淀区外，远郊房山区、通州区、平谷区和怀柔区自然生态环境条件较好，2008 年整体表现为近郊优于远郊，远郊西部门头沟区、昌平区等西部生态涵养区生态环境较好的特征，2004—2008 年各区、县生态环境水平差异有增大的变化趋势；自然环境水平多年变化率表现为近郊大于远郊，远郊山区大于平原的空间变化特征。

4.2004—2008年北京市新农村建设中郊区生态环境质量持续改善，但新农村建设对经济—社会—环境综合生态环境改善的推动能力有下降的变化趋势；2004年近郊海淀区和丰台区生态环境综合质量较好，远郊北部和南部生态环境综合质量较高，2008年近郊朝阳区生态环境综合质量较好，远郊东部和西部生态环境综合质量较好，2004—2008年各区、县生态环境综合质量空间差异增大；京郊农村生态环境综合水平多年变化率表现为远郊高于近郊，远郊北部高于南部，西部高于东部的变化特征。

5. 北京市农村产业仍以农业为主体，产业结构多元化态势显现，但农民生活水平改善有限，收支失衡，经济压力较大；以邻里关系、交通安全和社会治安为主的社会环境较好；自然生态环境优良；社会公共服务设施有较大改善但仍需提高；以基础设施为代表的生态环境配套设施改善显著。

6. 京郊新农村人居环境质量水平空间上呈现如下特征：近郊平原区整体感受水平高于其他地域类型整体感受；京郊新农村居民对经济发展满意度普遍较低，其中远郊山区经济发展的滞后性最为突出；基础设施配套水平呈现由平原向山区递减态势，远郊山区基础设施仍需提升；处于城乡结合部的近郊平原区公共服务设施配套水平低于其他地域，是京郊公共服务设施完善过程中的薄弱环节。

7. 基础设施、社会两子系统与村民对农村整体生态环境变化感受的相关性较大，且与生态环境评价系统的其他要素之间具有正相关性，说明基础设施建设和社会环境改善对农村良好生态环境的塑造具有重要推动作用；村民对农村整体生态环境变化感受主要受村内道路质量、村内清洁状况、交通安全和社会治安四项二级指标的影响，根据各因素间的相互作用，可以进一步把评价指标归纳为道路交通、三废排放、村容村貌、治安与邻里以及配套设施5个核心因素。

8. 京郊新农村生态环境质量可划分为上、中、下游水平三个类型，上游水平类型村共计6个，包括东四道岭村、西宋各庄村、石城村等；中游水平类型村共计16个，包括门头村、古北口村、东贯市村、保合庄村等；下游水平类型村共计7个，包括香屯村、杨各庄村、太子峪村、长哨营村。不同类型村庄需根据自身经济－社会－生态环境系统各要素的特征和问题，分阶段引导，逐步提升新农村生态环境质量。

五、首都新农村建设中生态环境优化的政策建议

1. 建立健全支持农村经济发展的长效机制

农村生态环境的改善，最终应建立在农村经济发展的基础上。新农村建设中应该始终坚持生产发展居于首位，在经济发展的基础上，致力于改善农民生活条件、解决人居环境和自然生态面临的问题。因此建议一是加大农业产业化发展的财政扶持力度。增加年度农业产业化专项资金预算，扶持龙头企业和重点产业基地建设，延长农产品生产、加工产业链，培育一批市场开拓能力强、经济效益好、吸收就业能力强的企业，真正带动区域农村经济的发展和农民生活水平的提高；二是加大对农村非农产业发展的支持力度。根据区域基础和特色，高标准建设发展有利于区域优势发挥的资源节约和环境友好型产业，包括农村房地产业、生态旅游、农业技术信息服务、交通运输和特色商贸餐饮等，就近吸纳农村剩余劳动力就业，有效促进农民增收；三是建立农村经济发展专项账户。目前新农村建设资金涉及部门较多，包括市发改委、农委、水务局等多个部门，有必要在区级的层次设立专款账户，完善资金配套使用机制，统筹管理支农资金，保证

资金和政策落到实处，提高资金的使用效率。

2. 继续完善区域生态环境协调发展的政策机制

从研究结果来看，目前北京市新农村建设中生态环境综合水平的空间差异较为明显，远郊山区和近郊差异较大，远郊南北和东西差异较大。与平原地区相比，远郊山区存在经济条件差、交通相对不变、发展限制因素多等困难，仅靠自身的发展存在较大困难，为建设和谐社会，促进全市的全面、协调可持续发展，政府要继续加大对远郊山区特别是生态涵养的农村发展和生态环境的建设保护。首先要加大财政转移支付力度，切实将转移支付的对象明确界定为县、乡基层政府，以缓解落后地区在新农村建设中公共产品提供和生态环境治理中的问题，并实施有条件转移支付，激励基层政府进行改革，防止滴漏现象，提高财政转移支付改善农村环境的效率；其次建立和完善山区民生性生态补偿机制，加大对远郊山区、生态涵养区农村基础设施、公共服务设施的资金补助力度；最后要建立生态补偿效益评估制度，通过生态补偿效益评估，监督民生性生态补偿资金的使用管理情况和生态补偿政策的落实情况，从而检验实施生态补偿工作的实际效果。

3. 建立“市区一郊区”、“城市一乡村”的对口支持机制

充分发挥北京市在产业、人才、技术、资本、管理等多方面的综合优势，建立“城市一乡村”以乡村一企业、乡村一科研院所、乡村一医院、乡村一学校等为主体的单位对口长效支持机制。加大乡村与市、区、县重点相关企业的结对发展，这些企业应与农村发展在资源、人力和发展空间上具有较强关联度和互补性，通过与这些企业的接轨，开展农民培训，培育农村龙头企业，加强农户和农村产业的经营能力建设、融资经营能力和科技应用能力；制定完善城区一乡村人才互动机制，出台针对新农村建设智力支持的相关政策，加强市区卫

生、教育、科研院所等事业单位与农村对口单位的合作交流，通过组织科技帮扶、教育互助、卫生资助、干部交流等形式，不定期选派各单位优秀人员、教师、医生、护士等相关人员支持新农村建设，加强城区与农村的双向合作力度，形成物质投资和智力投资双平衡，促进农村社会环境从量到质的有效改善。

4. 加强对以供暖、卫生医疗、道路交通等为主的基础设施的投入和建设力度

通过调查目前农村居民对供暖设施、卫生医疗设施、道路交通、饮用水等基础设施建设和改善需求迫切。因此政府要继续加大在这方面的投入，并积极探索适宜于新农村的市场融资模式，尝试用市场化运作的方式筹集资金，并在试点村先行先试。一是对卫生院、学校等这类公共设施建设，要制定优惠政策，建立投资主体多元化，投资方式多样化的投入机制，鼓励社会和个人举办农村卫生和教育机构；二是对农村一些大型的公共设施如道路、排水、污水处理、垃圾处理设施等可以考虑采用 BT(建设一转让)模式，筹集社会资金，环节政府对此类工程的筹资压力；三是综合运用农村的土地资本、地域空间和其他经济要素，按照现行国家对农村土地流转的相关优惠政策，探索建立以土地换资金的基础设施和公共设施融资模式；通过相关投融资方式的探索，逐步形成新农村基础设施和公共设施建设和运营的多元投资共建的良性机制。

5. 建立生态保障性基础设施的长效管护机制

相对于建设而言，农村基础设施和公共设施的运行管理更为复杂、更具有长期性，需要建立相应的长效管理方式。对于能够市场化或者部分环节市场化的，要坚决引入市场化机制，由专业运营单位负责设施的运行管护，实行专业队伍维护和农民组织管护相结合的方

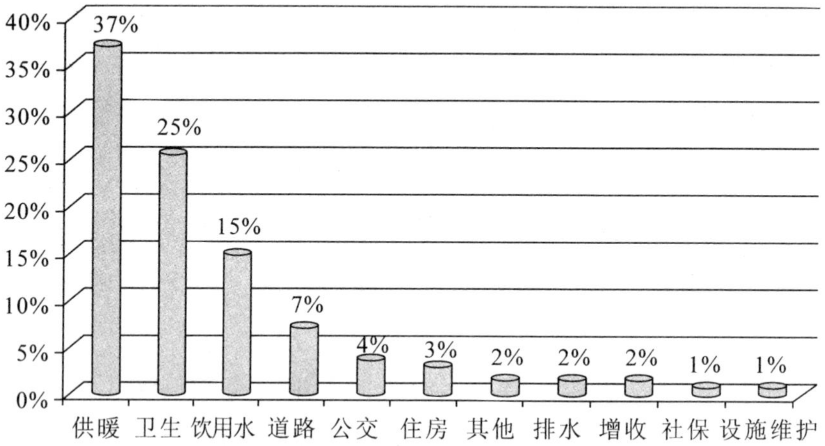

图 3-20　北京市新农村建设中村民最迫切需要改善的问题

式；政府可以通过税收、补助、贴息等政策手段，鼓励社会团体、志愿者等投入设施保护和环境治理领域；对于工艺复杂的污水集中设施、垃圾处理设施等，区、县和乡镇政府可以通过政府购买服务的方式，招标选取运营专业单位，负责相关设施的专业维护和管理，确保设施正常运转；最后是要加强对运营经费的支付力度，逐步由对以设施建设为主的生态环境治理保护向建设和管理双向平衡的资金使用状态转变，财政支出要向农村生态环境基础设施的运营、管理和维护经费相倾斜。

参考文献：

1. 宋祎，胡木春. 生态文明引领海南新农村建设，城市规划，2009，B09：82～85。
2. 杜受祜，丁一. 我国新农村生态文明建设中的几个问题，西南民族大学学报(人文社科版)，2009. 210(2)：29～34。
3. 徐玉明. 积极推进新农村生态文明建设，中国农学通报，2009，25(2)：287～290。

4. 北京市农委宣传处. 北京市新农村建设成就综述之一：北京农民人均纯收入首次突破万元，北京农业：实用技术，2009，3：3～4。

5. 郊区农村投资问题研究课题组. 北京郊区农村固定资产投资分析研究，北京社会科学，2008，3：47～52。

6. 北京市农委宣传处，北京市新农村建设成就综述之四：城乡统筹关注民生公共服务覆盖广惠及京郊百姓多，北京农业：实用技术，2009，13：5。

7. 北京市农委宣传处，北京市新农村建设成就综述之三：北京市 2 年内完善所有村庄五项基础设施建设. 北京农业：实用技术，2009，4：4。

8. 王孝东. 清新农村环境呼应新北京、新奥运. 中国建设信息，2008，19：12～16。

9. 北京市新农村建设领导小组综合办公室，北京市新农村“三起来”工程建设规划(2009－2012 年). 中国农村科技，2009，8：29～31。

10. 董谦，刘秀娟，王军. 河北省农村生态环境建设评价研究. 安徽农业科学，2008，36(13)：5611～5612。

11. 宁昭玉，魏远竹，徐学荣. 福建农村生态环境现状与评价指标体系构建，环境科学与管理. 2008，33(2)：37～41。

12. 于文柱. 应用多层次模糊综合评价法评价齐齐哈尔市农村生态环境，黑龙江环境通报，2005，29(2)：9～11。

13. 刘邵权，陈国阶，陈治谏. 农村聚落生态环境预警—以万州区茨竹乡茨竹五组为例，生态学报，2001，2：295～301。

14. 徐学荣，林雪娇. 社会主义新农村评价指标体系和评价方法研究. 福建农业大学学报(哲学社会科学版)，2007，19(5)：1～4。

15. 李树德，李瑾. 天津社会主义新农村建设的综合评价指标体系研究，广东农业科学，2008，7：148～151。

16. 詹华庆. 社会主义新农村建设的评价指标体系探讨，商场现代化，

2006，7，474：306～307。

17. 冯艳芬．珠江三角洲农村与农业生态环境保护指标体系构建，广东农业科学，2006(10)：77～79。

18. 刘明华，高国良，赵玉华．秦皇岛市农村生态环境现状评价与保护对策，农业环境与发展，1997，51(1)：35～39。

19. 方创琳，张文忠，鲍超．中国西部地区城市竞争力的综合评估分级与空间分异．昆明理工大学学报，2003，28(4)：59～67。

20. 陈浮，陈海燕．城市人居环境与满意度评价研究．人文地理，2000，15(4)：20～23。

21. 徐瑞祥，蔡龙，张侠等．南京市区人居环境质量评价研究．现代城市研究，2003，(2)：77～82。

22. 宁越敏，查志强．大都市人居环境评价与优化研究——以上海市为例．城市规划，1999，(6)：15～20。

23. 张文忠．城市内部居住环境评价的指标体系和方法．地理科学，2007，27(1)：17～24。

24. 李纪宏，马晓鹏，王建宙．对推进北京市新农村基础设施和公共设施建设的几点思考．中国工程咨询，2009，103(3)：21～23。

附件

首都新农村建设中京郊典型村镇居住环境评价抽样调查问卷

尊敬的女士/先生:

您好,非常感谢您在百忙之中接受我们的访问。本次调查希望了解首都新农村居民对居住环境质量的满意度,您的回答将为我们的研究提供重要参考,在此对您的配合深表谢意!

一、个人与家庭属性

性　别	□男　□女
民　族	□汉族　□满族　□回族　□其他少数民族______
年　龄	□20 以下　□21～30　□31～40　□41～50　□51～60　□60 以上
文化程度	□小学及以下　□初中　□高中或中专　□大学大专　□研究生及以上
家庭人口数	□1 人　□2 人　□3 人　□4 人　□5 人　□5 人以上
家庭劳动力数	□1 人　□2 人　□3 人　□4 人　□5 人　□5 人以上　□无

二、家庭经济运转情况

家庭外出务工人数	□1 人　□2 人　□3 人　□4 人　□5 人　□5 人以上　□无
非农生产比重	一年中从事非农工作的月份约为____个月
土地经营方式	□自己耕种　□承包、转租他人　□其他________　□无土地
家庭主要经济来源	□种植业　□养殖业　□手工业　□采掘业　□建筑业　□制造业 □交通运输　□批发零售　□住宿餐饮　□外出务工　□其他__________
家庭月收入	□1000 元以下　□1000～1999 元　□2000～4999 元　□5000～9999 元 □1～2 万元(不含)　□2 万元以上

三、新农村住房及内部设施

1. 您现在的住房(整套住房)建筑面积大约是____平方米,户型为__室__厅__卫。

2. 您现在居住的住房属于____。

①自建房　②集资建房　③经济适用房　④拆迁安置房

⑤单位分房　⑥商品房　⑦其他(请注明)____

3. 新农村建设前后供水设施情况

建设前	水源		①自来水 ②井水 ③窖水 ④泉水 ⑤塘水 ⑥河水
	取水方式		①统一管网供水 ②家庭压水井 ③挑(拉)水
	水质		①卫生清洁 ②含有少量杂质 ③含有大量杂质
	保障		① 24 小时供水 ②定时供水
建设后	水源		①自来水 ②井水 ③窖水 ④泉水 ⑤塘水 ⑥河水
	取水方式		①统一管网供水 ②家庭压水井 ③挑(拉)水
	水质		①卫生清洁 ②含有少量杂质 ③含有大量杂质
	保障		① 24 小时供水 ②定时供水

4. 新农村建设前后排水污水设施情况

建设前	排水设施		①管网 ②暗沟 ③明沟 ④无设施
	生活污水处理		①集中处理 ②简易化粪池处理 ③流入坑塘 ④任意排放
建设后	排水设施		①管网 ②暗沟 ③明沟 ④无设施
	生活污水处理		①集中处理 ②简易化粪池处理 ③流入坑塘 ④任意排放

5. 新农村建设前后垃圾处理设施情况

建设前	处理方式		①随意堆/排放 ②村里统一处理 ③堆到自家农田肥田 ④其他(请注明)____
建设后	处理方式		①随意堆/排放 ②村里统一处理 ③堆到自家农田肥田 ④其他(请注明)____

6. 新农村建设前后厕所建设情况

建设前	厕所形式		①水冲式厕所　②旱厕　③无厕所
建设后	厕所形式		①水冲式厕所　②旱厕　③无厕所

7. 新农村建设前后沼气设施情况

建设前		①有 ②无	主要用途		①照明 ②取暖 ③做饭
建设后		①有 ②无	主要用途		①照明 ②取暖 ③做饭

8. 新农村建设前后供热设施情况

建设前	采暖形式		①集中供热 ②煤炭 ③木柴 ④秸秆 ⑤燃气
建设后	采暖形式		①集中供热 ②煤炭 ③木柴 ④秸秆 ⑤燃气

9. 与新农村试点建设之前相比，您认为在居住环境的各个方面是否改善，并进行评价。

	改善很大	有一定程度改善	基本没有改善	比之前稍差	比之前差很多
经济状况					
基础设施					
公共服务设施					
生态环境					
社会环境					

10. 您认为下一步新农村建设中迫切需要改善的方面按重要性排列有哪些(可多选，不得超过三项)________。

①道路　②卫生　③饮用水　④供暖　⑤其他(请注明)________

四、新农村生态环境质量满意度

1. 请您对新农村居住环境进行整体评价________。

①非常满意　②比较满意　③一般　④比较不满意　⑤非常不满意

2. 请您对新农村经济环境质量进行评价。

	非常满意	比较满意	一般	比较不满意	非常不满意
收入状况					
	很轻	比较轻	一般	比较重	非常重
生产支出负担					
生活支出负担					
教育支出负担					
医疗支出负担					

3. 请您对新农村基础设施环境质量进行评价

	非常满意	比较满意	一般	比较不满意	非常不满意
村内道路质量					
到市、区中心的便利程度					
垃圾处理设施					
给排水设施					
防灾设施					

4. 请您对新农村公共服务设施环境质量进行评价

	非常满意	比较满意	一般	比较不满意	非常不满意
日常购物商店					
学校					
文化站					
卫生所					
小广场与健身场所					

5. 请您对新农村生态环境质量进行评价

	非常满意	比较满意	一般	比较不满意	非常不满意
植被绿化状况					
村内清洁状况					
	很轻	比较轻	一般	比较严重	非常严重
空气污染状况					
道路和工厂的噪声情况					
垃圾堆弃产生的污染					

6. 请您对新农村社会环境质量进行评价

	非常满意	比较满意	一般	比较不满意	非常不满意
民主管理					
社会治安					
交通安全					
邻里关系					
休闲娱乐					

调研员：________

调查日期：2009 年 11 月____ 日

调查时间：__时 __分至 __时__ 分

主持人：申玉铭(首都师范大学资源环境与旅游学院 教授)

蔺雪芹(首都师范大学资源环境与旅游学院 讲师)

参加人员：周 侃 吴立军 左双双 黄 霖 周 鑫 邓秀丽 计文颖 吴茜薇

首都新农村村民自治与生态文明建设研究报告

聂月岩

一、村民自治制度与生态文明建设概述

村民自治，是改革开放以来中国共产党领导亿万农民建设社会主义民主政治的伟大创举，是中国特色社会主义民主政治建设的重要组成部分，也是社会主义新农村建设的重大任务之一。生态文明建设是人类社会追求的共同目标，是中国共产党十七大提出的全面建设小康社会的奋斗目标之一，是对改革开放30年浪费资源和破坏环境深刻教训的总结，是科学发展观的内在要求。北京是我国的首都，是政治文化的中心。目前理论界把村民自治和生态文明建设结合起来进行研究尚显薄弱。因此，关注和研究新农村背景下的京郊村民自治和生态文明建设，对于贯彻落实中国共产党的十七大精神，推进社会主义新农村建设和农村基层民主政治建设，促进北京世界城市建设的步伐，具有重要的理论意义和现实意义。

(一)村民自治制度概述

1. 村民自治与村民自治制度的含义

村民自治，是我国社会主义民主政治建设的重要内容，是农村基层直接民主的一种重要形式，是农村经济体制和政治体制改革的必然产物。《中共中央关于农业和农村工作若干重大问题的决定》指出："扩大农村基层民主，实行村民自治，是党领导亿万农民建设有中国特色社会主义民主政治的伟大创造。"村民自治同家庭联产承包责任制和乡镇企业并列，被称为农村改革的三大创造。

村民自治制度，是村民通过村民自治组织依法办理与村民利益相关的村内事务，实现村民的自我管理、自我教育和自我服务的基层社会政治制度。根据我国《宪法》规定，村民委员会是乡镇群众性自治组织。以村民委员会组织为载体，自己组织起来，在基层人民政府的指导下，依照国家的法律、法规进行自我管理、自我教育和自我服务，即由村民群众依法办理群众自己的事情的整套制度，就是村民自治制度。村民自治制度是我国农村经济体制改革和社会发展的必然产物，是新历史时期农村群众的直接民主制度，村民自治制度的建立对农村的全面发展和社会进步有着十分重要的意义。

2. 村民自治制度的发展历程

村民自治制度是在人民公社制度废除及家庭联产承包责任制实施后逐步建立起来的。党的十一届三中全会以后，"政企合一"的人民公社制度解体，使得我国农村基层社会管理出现了暂时的"真空"。这时，特别需要一种新型的社会基层组织来填补制度空白。1980年初，广西宜山县果作村自发产生了村民自治组织。与此同时，四川、河南、山东等省的一些农村也陆续出现了类似的村民组织。这些村民组织建立之初的功能，是维护集体水利设施及社会治安等，后来逐步扩大为对农村基层政治、经济、文化、社会生活中诸多事务的自我管理，村民委员会的性质也向群众自治组织演变。经过近30年的建设，村民自治制度已经成为我国社会主义民主政治的重要组成部分。

村民自治主要经历了三个发展阶段：

第一阶段是从1980年村委会产生到1988年《村委会组织法》试行前的萌芽时期。人民公社体制解体后，在广西宜山农民自发成立了自我管理、自我教育和自我服务的自治性组织。这一创举迅速得到国家认可。1982年宪法首次出现了村委会的概念，确立了村委会的法律地位。由此，我国农村走上了一条在家庭承包制基础上组织农民、管理农村的新路。村民自治首创于广西的宣山和罗城两个县，在1980年冬创立了第一批村民委员会。从此，我们找到了由村民委员会组织农民自我管理、自我教育、自我服务和民主选举、民主决策、民主管理、民主监督的"民主建村"和"依法治村"新路子。广西为我国如何搞好农村政治体制改革，提供了新鲜的经验，作出了历史性的贡献。广西的做法很快得到党和国家的重视，给予充分的肯定。1982年4月，中央将村民委员会写入了宪法修改草案。1982年12月4日，五届全国人大第五次会议通过了中华人民共和国宪法。宪法在正式废除了人民公社，首次确认了村民委员会的法律地位。新宪法颁布后，中共中央在中发[1982]36号文件中，要求各地要"有计划地进行建立村民(乡民)委员会的试点"。1983年10月，中共中央国务院发出《关于实行政社分开建立乡政府的通知》，全国性政社分开，建立乡政府的工作陆续展开。1985年春，建乡工作全部完成，大陆5.6万多个人民公社、镇，改建为9.2万多个乡(包括民族乡)、镇人民政府。同时按照宪法规定，取消了原有的生产大队和生产小队，建立了82万多个村民委员会。从而完成了乡村组织与管理制度的在法律上和实践上的历史性转换。1987 年 11 月 24 日，第六届全国人大常委会第二十三次会议通过了《中华人民共和国村民委员会组织法》试行草案。

第二个阶段是从 1988 年《村委会组织法》开始试行到 1998 年《村委会组织法》正式施行前的试验时期。从思想认识分歧较多到逐步统一，从示范探索到基本普及，以“民主选举、民主决策、民主管理、民主监督”为主要内容的制度框架逐步建立，村民自治形式多样、效果显著。1990 年 9 月，民政部发出了《关于在全国农村开展村民自治示范活动的通知》，此后村民自治示范活动在全国各地普遍开展。1997 年党的十五大第一次把“四个民主”的内容写进了政治报告。“四个民主”逐步深入人心，村民自治制度日趋完善。在这一阶段我国已经基本形成以村民直选为主要方式的民主选举制度，以村民代表会议为主要载体的民主决策制度，以村规民约为主要依据的民主管理制度，以村务公开、民主管理和村民委员会定期报告工作为主要内容的民主监督制度等。1998 年，党的十五届三中全会对村民自治给予高度评价，指出“扩大农村基层民主，实行村民自治，是党领导亿万农民建设有中国特色社会主义民主政治的伟大创造。”为了进一步完善村民自治制度，保证农村基层群众直接先例民主权利，九届全国人大常委会根据党的十五大和十五届三中全会精神，总结《村民委员会组织法(试行)》十年实践经验，针对存在的实际问题，经连续三次常委会讨论于 1998 年 11 月，九届全国人大常务委员会第五次会议通过了正式的《中华人民共和国村民委员会组织法》，这是我国农村基层民主政治建设的基本法律。从此，我国村民自治正式纳入了法制化的轨道。

第三阶段是从 1998 年《村委会组织法》正式施行后到目前的普及时期。从基本普及到全面展开，从推进“四个民主”到开展农村社区建设，制度体系初步确立，自治组织逐步健全，民主形式更加多样，民主自治理念和技术程序得到推广，在改进农村社会治理状况，促进民主政治发展方面都发挥了重要作用。1998年11月，九届全国人大常务委员会第五次会议通过了正式的《中华人民共和国村民委员会组织法》后，各省、自治区、直辖市结合本地实际情况，纷纷制定出台了配套的村委会组织法实施办法和村委会选举办法。在2004年中共中央办公厅、国务院办公厅下发的《关于健全和完善村务公开和民主管理制度的意见》中，又提出了"进一步健全村务公开制度，保障农民的知情权；进一步规范民主决策机制，保障农民群众的决策权；进一步完善民主管理制度，保障农民群众的参与权；进一步强化村务管理的监督制约机制，保障农民群众的监督权。"至此，保障亿万农民的选举权、知情权、决策权、参与权和监督权成为村民自治工作的重心。截止到1999年12月31日，全国有14个省份颁布了新的《村委会组织法实施办法》或《村民委员会选举办法》。全国性及地方性村民委员会组织法的制订及《村民委员会组织法》从试行到成为正式的法律，是村民自治制度法制化的历史性飞跃。2006年2月，胡锦涛总书记在省部级主要领导干部建设社会主义新农村专题研讨班上强调，当前和今后一个时期建设社会主义新农村，要注意抓好的工作之一，就是要扩大农村基层民主，搞好村民自治，健全村务公开制度，确保广大农民群众依法行使当家做主的权利。2007年党的十七大报告史无前例地把"基层群众自治制度"确立为我国社会主义政治的四项制度之一和中国特色社会主义政治发展道路的重要内容，村民自治的地位得到重大提升。

村民自治在我国农村普遍推广后，在国内产生了强烈反响。有的把实行村民自治，称作"我国民主政治建设的一项历史性工程"。还有人形象地将村民自治比做农民当家做主的第三次飞跃。他们认为，第一次飞跃是新中国的诞生，农民翻身得解放，从政治上成为国家的主人；第二次飞跃是土地改革，农民分得了土地，真正成为土地的主人；第三次飞跃是村委会的建立，在农村实行村民自治，由农民自我管理、自我教育、自我服务，使农民成为管理国家的主人。美国《新闻周刊》记者吉布尼，在对我国的村民自治活动进行实地考察后，在报刊上发表了题为《OK！中国的村民自治》的文章。孟加拉国总理秘书凯米尔·斯迪克考察后说：我发现中国村民自治确实开展得很好，已取得了实在的进展，它把希望带给了农村。

3. 村民自治制度的基本内容和原则

村民自治的基本内容是"民主选举、民主决策、民主管理、民主监督"。其基本原则就是自我管理、自我教育、自我服务和自我监督。在实践中又具体化为村民的民主选举、民主决策、民主管理、民主监督四项民主权利和民主制度。民主选举是村民自治的基础；民主决策是村民自治的关键；民主管理是村民自治的根本；民主监督是村民自治的保障。实行村民自治必须坚持两条重要原则：一是坚持党的领导；二是坚持依法办事。

民主选举是村民自治的前提，就是要由村民直接选举村委会组成人员。不管是被认为最民主的"海选"方式，还是传统的在产生的"候选人"中进行选举的方式，村民选举已成为村民自治中最能体现民主的一个重要环节。从一开始的"选谁都一样"到"投好自己神圣的一票"，村民的民主选举意识在逐渐提高。民主决策是村民自治的根本。按照《村民委员会组织法》规定，在村民选举基础上产生的村民代表会议和村民直接参加的村民会议来讨论决定村内大事，村民有决定和知悉村内重大事务决策的权力。民主管理是村民自治的实体，就是要发动和依靠村民，共同管理村内的各项事务，维护村内的社会秩序。民主监督是村民自治的保障，村民对村委会的工作及村干部的行为拥有实际的监督权利。民主监督有两种主要形式：一是村委会定期向村民会议、村民代表会议报告工作，村委会干部定期述职，接受村民的评议；二是村务公开，把与村民利益相关的各类事项公之于众，接受监督。民主监督的实施，使农村各个方面的工作更加民主化、公开化，程序化和制度化，使村民自治有了可靠的保障。

实行村民自治必须坚持党的领导。中国共产党的领导地位是由历史形成的。《中华人民共和国村民委员会组织法》明确规定：“中国共产党在农村的基层组织，按照中国共产党章程进行工作，发挥领导核心作用；依照宪法和法律，支持和保障村民开展自治活动、直接行使民主权利。”党的十六大报告提出：“……完善村民自治，健全村党组织领导的充满活力的村民自治机制。”这是《组织法》和党中央对村民自治中要坚持党的领导的一个具体要求。根据这一要求，在村民自治中遵循坚持党的领导的原则，就是要坚持村级党组织的正确领导。只有正确地坚持了党组织的领导，才能确实赋予村民民主权利，扩大农村基层民主，才能使村民自治制度得到有效实施，才能形成村民群众当家做主的良好局面，才能使村民自治制度真正生机勃勃，充满活力。

实行村民自治必须坚持依法治村，完善制度建设。实行村民自治，必须建立健全选人、议事、管理、监督等各项制度，坚持依法建制，以制治村，使村民自治沿着制度化、法律化和规范化的轨道发展。首先，要建立健全民主选举制度。要坚持公平、公正、公开和直接、差额、无记名和秘密写票的原则进行选举。要认真做好选举工作，选举结果应当场公布。对选举中违法违纪事件，必须依法严肃查处。其次，要建立健全以村民会议或村民代表会议为主要形式的民主决策制度。真正做到凡村里的大事尤其是与农民切身利益密切相关的事项，都要提交村民会议或村民代表会议讨论，按多数人的意见作出决定。再次，要建立健全以村民自治章程和村规民约为主要内容的民主管理制度。要充分发动和依靠群众，制定符合本村实际的村规民约和村民自治章程，明确村民的权利和义务，村级各类组织之间的关系和工作程序，以及经济管理、社会治安、村风民俗、婚姻家庭、计划生育等方面的要求，使村级管理做到行之有规，处之有据，实现村民和村委会成员自我约束、自我教育、自我管理。最后，要建立健全以村务公开、民主理财与民主评议干部、民主评议村委会为主要内容的民主监督制度。做到凡是农民群众普遍关心和涉及他们切身利益的问题，都按期如实公开。同时要加强村务公开事前、事中、事后的监督，使民主监督落到实处。要进一步建立和完善民主评议制度。

改革开放后广大农村实施的村民自治，对整个国家的政治发展产生了积极的影响。首先，缓和了农村的社会矛盾。通过民主选举，村民大多数能够选出带领大家致富，热心为村民干事，为村民所信任的人当村干部；通过民主决策，村民能够通过村民大会或者村民代表会议决定与自己利益攸关的重大事项；通过民主管理，村民制定村民自治章程或村规民约，建章立制对村务规范化管理；通过民主监督，即实行村务、财务公开，民主评议干部，村民可以对干部进行监督，从而维护自己的利益。通过村民自治方式，密切了干群关系，减少了矛盾，村民则心情舒畅，真正有了当家做主的感觉。调动了农民的积极性，加快农村经济的发展。其次，增强了村民的民主意识。村民自治的实施，实际上也是村民公民文化的培育和形成过程。中国在历史上是一个缺乏民主传统的国家。改革开放后，中国共产党提出了要建立社会主义民主国家，邓小平特别强调，没有民主，就没有社会主义，就没有社会主义现代化。而要建设社会主义民主国家，就要培育公民文化，使人们从臣民文化中解放出来。现代公民文化包含公民的主体意识、平等意识、参与意识、权利意识、法治意识、自由意识、监督意识。村民在自治的实践中，逐步认识到自己是主权权威的参与者和拥护者，是以主人的资格加入村民自治的过程中。而村委会成员只是由村民以一定方式选举出来的，并对全体村民负责。他们的权利意识、平等意识也逐渐加强。村委会管理村中事务的权力来源于全体村民的授权，如果村委会不为村民谋公利，而为自己谋私利，村民有权罢免村委会成员。在民主决策、民主管理过程中，村民逐渐学会了运用民主的方法解决问题，遇到不同意见时，进行协商解决。民主的过程，实际就是各种利益博弈的过程。村民逐步认识到行使自己的权利就能维护自身的利益，就会积极参与到自治的过程中来，发挥主体作用。通过这个民主大训练班，村民逐渐熟悉民主的操作规程，提高了民主的参政议政的能力，增强了村民的民主意识，形成了基层民主所训练出来的宽容与协商精神，培育了村民独立的政治品格。

(二)生态文明建设概述

生态文明建设是人类社会追求的共同目标，是中国共产党十七大提出的全面建设小康社会的奋斗目标之一，是对中国改革开放 30 年来浪费资源和破坏环境深刻教训的总结，是全面贯彻落实科学发展观的内在要求。中国共产党首次把“生态文明”建设写进党的政治报告，必将在发展中国特色社会主义的历程中产生重大的影响。

1. 生态文明建设的涵义

生态文明的建设是一场涉及生产方式、生活方式和价值观念的世界性革命，是不可逆转的世界潮流，是人类社会继农业文明、工业文明后进行的一次新选择。生态文明观的核心是“人与自然协调发展”。生态文明的含义可以从广义和狭义两个角度来理解。从广义角度来看，生态文明是人类社会继原始文明、农业文明、工业文明后的新型文明形态。它以人与自然协调发展作为行为准则，建立健康有序的生态机制，实现经济、社会、自然环境的可持续发展。这种文明形态表现在物质、精神、政治等各个领域，体现人类取得的物质、精神、制度成果的总和。从狭义角度来看，生态文明是与物质文明、政治文明和精神文明相并列的现实文明形式之一，着重强调人类在处理与自然关系时所达到的文明程度。总之，生态文明是一个包括经济、政治、文化教育、科技、环境等五个方面的综合概念。

2. 生态文明建设提出的背景

生态文明是在人类对传统文明形态特别是工业文明深刻反思的基础上产生的，是人类社会继原始文明、农业文明、工业文明后的新型文明形态，是人类文明形态和文明发展理念、道路和模式的重大进步。众所周知，我国是一个农业大国，农村人口占全社会人口的70％，没有农村的发展，就无所谓整个社会的发展；如果没有农村与社会的和谐发展，很难真正实现整个社会的和谐发展。因此，破解“三农”问题一直是中共中央关心的重大问题，是我们全面建设小康社会的重要任务和内容。而在农村创建生态文明村正是在农村落实科学发展观，建设社会主义和谐社会的必然要求，是坚持以人为本，践行立党为公、执政为民的重大举措，是一项富民工程、民心工程，更是落实党的建设社会主义新农村政策，破解“三农”问题的重大举措。另外，也是实施工业反哺农业，城市支持农村战略，努力实现城乡协调发展战略的需要。胡锦涛同志指出：“综观一些工业化国家发展的历程，在工业化初始阶段，农业支持工业，为工业提供积累是带有普遍性的趋向；但在工业化达到相当程度以后，工业反哺农业、城市支持农村，实现工业与农业、城市与农村协调发展，也是带有普遍性的趋向。”改革开放30多年来，我国的农村建设已经到了以工促农、以城带乡的发展阶段，我们要顺应这一趋势，促进农村生态文明建设。

党十七大报告提出建设生态文明，这是中国共产党继提出建设物质文明、精神文明、政治文明与构建社会主义和谐社会之后，第一次把生态文明建设作为一项重大战略任务明确提出来，充分体现了中国共产党党对现代化建设规律的深刻把握，是中国特色社会主义理论体系的又一重大创新成果，是中国共产党执政兴国理念的新发展，是对拓展全面建设小康社会目标提出的更高要求。

3. 生态文明建设的主要内容和意义

生态文明建设是科学发展观的重要标志。2003年10月，中国共产党十六届三中全会提出了科学发展观，并把它的基本内涵概括为“坚持以人为本，树立全面、协调、可持续的发展观，促进经济社会和人的全面发展”。科学发展观的第一要义是发展，核心是以人为本，基本要求是全面、协调、可持续发展，根本方法是统筹兼顾。

生态文明着眼于经济社会与环境协调，人与自然和谐，根本目的是不断提高人们的生活质量。从本质上来看，生态文明与科学发展观是一致的，都是以尊重自然规律为出发点，以可持续发展为依据，以生产发展、生活富裕、生态优良为基本原则，以人的全面发展为最终目标。具体可以从以下四个方面来理解：

从政治方面看，科学发展观的重要思想来源就是可持续发展理念，即社会、经济、环境的协调发展，这与生态文明具有内在一致性。可持续发展理念起源于20世纪70年代的世界环境运动。其基本理念是：既满足当代人的需求，又不损害后代人满足其需求能力的发展。可持续发展以环境保护为发端，其内涵已经扩展至人口、环境、资源、经济等各个方面。中国共产党在此基础上创造性地提出了建设生态文明，把它作为科学发展的重要组成部分，是对社会主义本质的深化和拓展，是对社会主义现代化建设规律的深刻认识。

从经济方面看，生态文明所提倡的绿色生产与绿色消费，正是以走新型工业化道路为主要标志的科学发展观的重要内容。建设生态文明将为中国可持续发展战略提供新的依据。建设生态文明不仅将促进我国经济发展方式的转变，还将进一步促进我国生产方式和消费模式的改变。建设生态文明不仅能带动我国科技创新，实现创新型国家的发展战略，还能建立和健全科学发展的宏观经济调控体系。

从社会方面看，人与自然和谐是人与人、人与社会之间和谐的前提和基础。人与自然的关系不和谐，往往会影响人与人的关系。如果生态环境受到严重破坏、人的生产生活环境恶化，资源能源供应高度紧张、经济发展与资源能源矛盾尖锐，人与人、人与社会的和谐就难以实现。环境问题在本质上也是个社会公平的问题。建设生态文明，借环境利益的平衡推动全社会共同利益的实现，将有助于解决目前我国社会公平的问题，将有助于人们在良好的环境中生产生活。

从文化方面看，科学发展观与生态文化价值观也是统一的。资源和环境危机的实质不仅仅是单纯的经济和技术问题，而且是文化观念和价值取向问题。生态文明将生态问题提高到文明的高度，体现的正是中国传统文化中“天人合一”、“道法自然”等深刻的生态智慧，是中国优秀传统文化与现代生态理念的美好融合，显示出科学发展观重要的文化内涵。

中国共产党的十七大报告把生态文明和物质文明、精神文明、政治文明一起作为四大文明之一明确提出。胡锦涛总书记在此基础上进一步提出了经济、政治、文化、社会、生态建设“五位一体”的要求。这无论是从理论方面还是实践方面，都把生态建设和环境保护推向了一个更高的阶段，也提出了更高的要求。深刻理解生态文明的基本内涵，需要我们从不同维度去把握生态文明与其他文明形态的辩证统一的关系。

生态文明与物质文明、精神文明、政治文明相互依赖、相互渗透、相互促进，共同构成现代文明体系。一方面，社会主义的物质文明、政治文明和精神文明离不开社会主义的生态文明。没有良好的生态条件，人类既不可能有高度的物质享受，也不可能有高度的政治享受和精神享受。没有生态安全，人类自身就会陷入最深刻的生存危机。从这个意义上说，生态文明是物质文明、政治文明和精神文明的基础和前提，没有生态文明，就不可能有高度发达的物质文明、政治文明和精神文明。另一方面，人类自身作为建设生态文明的主体，必须将生态文明的内容和要求内在地体现在人类的法律制度、思想意识、生活方式和行为方式中，并以此作为衡量人类文明程度的一个基本标尺。也就是说，建设社会主义的物质文明，内在地要求社会经济与自然生态平衡发展；建设社会主义的政治文明，内在地包含着保护生态、实现人与自然和谐相处的制度安排和政策法规；建设社会主义的精神文明，内在地包含着环境保护和生态平衡的思想观念和精神追求。

建设生态文明必须以科学发展观为指导，从思想意识上实现三大转变，即必须从传统的“向自然宣战”、“征服自然”等理念，向树立“人与自然和谐相处”的理念转变；必须从粗放型的以过度消耗资源破坏环境为代价的增长模式，向增强可持续发展能力、实现经济社会又好又快发展的模式转变；必须从把增长简单地等同于发展的观念、重物轻人的发展观念，向以人的全面发展为核心的发展理念转变。

(三)村民自治和生态文明建设之间的关系

1. 新农村建设是村民自治和生态文明建设的背景

“社会主义新农村”这一概念，早在20世纪50年代就提出过。20世纪80年代初，我国提出“小康社会”概念，其中建设社会主义新农村就是小康社会的重要内容之一。胡锦涛总书记在党的十六届四中全会上指出，纵观一些工业化国家发展的历程，在工业化初始阶段，农业支持工业、为工业提供积累是带有普遍性的趋向；但在工业化达到相当程度以后，工业反哺农业、城市支持农村，实现工业与农业、城市与农村协调发展，也是带有普遍性的趋向。2004年我国国内生产总值达13万亿元，二三产业占国内生产总值的比重达到85%以上，财政收入2.6万亿元，已经初步具备了工业反哺农业、城市支持农村的经济实力。因此，国务院总理温家宝在2004年12月召开的中央经济工作会议上明确提出，要下决心合理调整国民收入分配格局，实行工业反哺农业，城市支持农村的方针。

正是在这样的历史背景之下，从2004年开始连续下达中共中央“一号文件”，主要内容是推进社会主义新农村建设；加快农业和农村发展；促进农民增收。2005年10月，中国共产党的十六届五中全会通过了明确提出了建设社会主义新农村的重大任务。2006年2月14日，胡锦涛在中共中央举办的省部级主要领导干部建设社会主义新农村专题研讨班讲话中，强调当前和今后一个时期建设社会主义新农村，要注意抓好以下工作。一是要全面加强农村生产力建设。二是要坚持把促进农民增收作为农业和农村工作的中心任务。三是要扩大农村基层民主，搞好村民自治，健全村务公开制度，开展普法教育，确保广大农民群众依法行使当家做主的权利。四是要加强精神文明建设。五是要坚持以解决好农民群众最关心、最直接、最现实的利益问题为着力点，促进农村和谐社会建设。六是要坚持社会主义市场经济的改革方向，稳定和完善农村基本经营体制。

中国共产党的十六届五中全会通过的《中共中央关于制定国民经济和社会发展第十一个五年规划的建议》，明确了今后5年我国经济社会发展的奋斗目标和行动纲领，提出了建设社会主义新农村的重大战略任务。新农村的一个“新”字，有着丰富而深刻的内涵。它是新的时代背景下提出的新目标，是经济社会发展新阶段所提出的新要求；它体现的是中共中央和国务院解决“三农”问题的新决策和新举措，凸显的是全面解决“三农”问题的新条件和新机遇；它还是我国农村振兴历史进程的新起点，是我国“三农”事业发展的新希望。

在新的历史时代背景下建设社会主义新农村，是经济社会发展水到渠成的结果，有着过去所不具备的诸多有利条件和非常难得的新机遇。在物质条件方面，当前我国显著增强的经济实力和综合国力，使我们完全有条件通过调整国民收入分配格局，进一步加大对农业农村发展的支持力度；在政策环境方面，最近几年，中央的支农政策力度在逐步加大，制定了一系列更直接、更有力的支持“三农”的重大措施；在社会氛围方面，凝聚全社会的力量加快农村发展不仅是农民的期盼，也成为全党和全社会的共识；在农村自身方面，农村建设已经有了一定基础，社会事业发展加快，基础设施开始改善，生态建设和环境保护得到加强，一些地方积累了统筹城乡发展的实践经验。所有这些主客观条件表明，只要我们抓住新机遇，加大推进力度，社会主义新农村建设就一定会取得较大进展。

2. 村民自治和生态文明是新农村建设的重要任务

“生产发展、生活宽裕、乡风文明、村容整洁、管理民主”，是中国共产党十六届五中全会对建设社会主义新农村的总体要求。短短20字的定位涵盖了多方面意义，充分表明我们要建设的新农村，是社会主义经济建设、政治建设、文化建设、社会建设和党的建设协调推进的新农村；是农村“四个文明”共同发展的新农村，是富裕、民主、文明、和谐的新农村。其中的重中之重，是增加农民收入。

“生产发展”是新农村建设的物质基础。新农村建设的首要任务是生产发展。“十一五”时期，农业要加大科学技术的推广应用，实现增长方式的转变。在调整农村经济结构的过程中，一方面协调粮食与其他作物的比例，力保我国的粮食安全；另一方面协调农业与非农产业的关系。在社会主义市场经济条件下，一家一户的农民由于生产生活分散，信息不灵，在社会主义市场竞争中处于弱势地位。专业合作经济组织在带领农民致富过程中有很大优势，要鼓励发展各种类型的新经济组织，提升农民的组织化程度。要达到生产发展的目的，就要激活生产力中最活跃的因素——劳动力。在新农村建设过程中，要把培育新农民作为一项根本措施来抓，通过提高农民的科技文化素质和致富能力，为增产增收和改变乡容村貌提供有力的人才保障。要加快实行免费义务教育；培养新型产业农民和务工农民，大力实施以农村实用技术、务工职业技能培训为主要内容的“阳光工程”，有针对性地举办相关技术培训。非农产业为农村经济的发展提供了空间，也包含在“生产发展”的要求之中。发展农产品加工业，拉长产业链，可以使农民在加工增值的过程中增加收入。在非农产业不发达的地区，要进一步加快农村工业化的进程。城市发展吸纳农村劳动力，也是“生产发展”的渠道之一。要促进农村富余劳动力的有序转移，就要对现行的一些政策措施进行清理，疏通农民进城的渠道。

“生活宽裕”是新农村建设的核心目标。要达到生活宽裕的目标，首先要通过开辟各种增收渠道，增加农民收入。从宏观层面来讲，农民增收可以激发广大农村的巨大消费潜力，使农民的需求成为一种有效需求，从而增强消费对国民经济的拉动力。建设与改善农民生活直接相关的基础设施，是农民生活宽裕的条件之一。统计数据显示，目前全国一半的行政村没有通自来水，60％以上的农户还没有用上卫生厕所。水、电、道路、信息通讯等基础设施条件的改善，需要发挥各方面积极性，引导社会力量共同参与。目前城乡社会保障覆盖率之比高达22∶1，占全国总人口近60％的农村居民仅享用了20％左右的医疗卫生资源，九成左右农民是无保障的自费医疗群体。从这些数字可以看出，农村公共事业滞后的现状。在新农村建设过程中，政府要通过公共财政补贴，帮助农民建立起包括合作医疗、农村养老保障等农村社会保障体系。目前，农村商品市场总量不足，分布不尽合理，同时假冒伪劣产品较多，这给农民的生活带来诸多不便。专家指出，建立健全农村市场体系，形成现代流通方式下的农村消费经营网络，是新农村建设中不可或缺的方面。

“乡风文明”是提高农民整体素质。乡风文明本质上是农村精神文明建设问题，内容包括文化、风俗、法制、社会治安等诸多方面。近年来，虽然一些地区的农村经济发展较快，但文化生活却单调乏味，同时一些不良文化有所抬头。农村文化建设与经济社会的协调发展还不适应，与农民群众的精神文化需求还不适应，主要问题是文化基础设施落后，现有资源尚未得到有效利用，文化体制不顺、机制不活。因此，如何使广大农民过上丰富多彩的精神文化生活，是新农村建设的重要任务。移风易俗是乡风文明的表现之一。一方面，随着经济的发展，在城市中出现的人情淡漠等现象，在农村地区已经有出现的苗头；另一方面，传统的陋习和迷信活动在一些农村地区还广泛存在。

这些都与新农村“乡风文明”的要求格格不入，亟待改变。

“村容整洁”是改善农民生存状态。新农村建设中“村容整洁”的要求，最主要的是为农村地区提供更好的生产、生活、生态条件。长期以来，大部分农村地区的人居环境不能令人满意。“露天厕、泥水街、压水井、鸡鸭院”，是对农民生活居住环境的形象描述。农村的房舍、街道建设缺乏规划，浪费大量土地；通行条件差，给农民的生产生活带来诸多不便；由于缺少硬件设施，加上农民的不良生活习惯，垃圾污染严重。另外，随着一些农村地区非农产业的发展，工业污染问题凸显，亟待改变。因此，在新村镇建设过程中，要特别注意两点：一是要尊重农民意愿，在国家、社会力量的支持下，根据当地经济发展水平量力而行，避免搞成形象工程、政绩工程；二是要根据当地的文化传统等，做一个长期规划，在规划过程中不能搞一刀切。

“管理民主”是健全村民自治制度。目前，我国农村地区实行村民自治制度。从全国来看，各地具体情况差别比较大，但基本制度已经确立起来。完善农村基层民主自治制度是实现乡村管理民主的关键所在。2006 年我国已全面取消农业税，在“后农业税”时代，转变乡镇政府职能是“管理民主”的要求之一。乡镇政府要为本地经济发展创造条件，要担负起社会管理的职责，为乡村提供公共服务。同时，乡镇政府要对村民自治进行正确引导。另外，农村基层党组织要紧紧围绕服务群众这个中心，切实发挥服务群众、凝聚人心的作用。在社会主义市场经济条件下，干部耗费的精力经常得不到应有的回报，这严重影响了基层干部带动农民致富的积极性，因此，基层民主建设与市场经济有机结合起来是新农村建设中一个很大的课题。

“生产发展、生活宽裕、乡风文明、村容整洁、管理民主”，这 20 个字的目标主要体现在五个“新”上：一是产业发展要形成“新格局”。

加快建设现代农业，繁荣农村经济，提高农村生产力水平，是建设新农村的首要任务。二是农民生活水平要实现“新提高”。千方百计增加农民收入，改善消费结构，提高农民生活质量，是新农村建设的根本目标。三是乡风民俗要倡导“新风尚”。加强农村精神文明建设，发展农村社会事业，培养造就新型农民，是新农村建设的重要内容。四是乡村面貌要呈现“新变化”。搞好乡村建设规划，加强农村基础设施建设，改善农村人居环境，是新农村建设的关键环节。五是乡村治理要健全“新机制”。深化农村各项改革，加强基层民主和基层组织建设，创建平安乡村、和谐乡村，是新农村建设的有力保障。

由此可见，建设社会主义新农村是我国现代化进程中的重大历史任务，是统筹城乡发展和以工促农、以城带乡的基本途径，是缩小城乡差距、扩大农村市场需求的根本出路，是解决“三农”问题、全面建设小康社会的重大战略举措，而村民自治和生态文明是社会主义新农村建设的历史任务。

3. 村民自治与生态文明建设相互促进

村民自治是社会主义和生态文明建设和新农村建设的主要内容和重要保障。在建设社会主义新农村的过程中加强农村基层民主政治建设和生态文明建设，具有十分重要的意义。因为村民是生态文明和社会主义新农村的建设主体，村民自治制度是农村社会管理体制的核心，是充分保障广大农民在建设新农村的主体地位的迫切需要，是推进社会主义民主政治建设的重要内容，是实现新农村建设其他目标的重要保证。因此，建设社会主义新农村和生态文明就必须要搞好村民自治。

加强生态文明建设是贯彻落实科学发展观和社会主义新农村的建设的必然要求，只有生态文明建设搞好了，才能完成社会主义新农村建设的历史任务，为村民自治提供良好的环境。新农村建设为村民自治和生态文明建设奠定物质文化社会基础。建设社会主义新农村是我国农村社会主义物质文明、精神文明、政治文明和生态文明建设的综合体现。它所包含的各个方面是相互联系、相互依存，不容分割，更不容只取其一，而不顾及其他方面。

发展农村经济，必须服务于农民生活水平的改善为这个根本目标，发展生产与生活宽裕是农村物质文明建设的两个主轴，如车之两轮，缺一不可。同样，农村物质文明建设也不可能脱离精神文明、政治文明和生态文明建设，发展农村经济与改善农民生活质量，必须建立在广泛调动农民积极性之上，必须全面依靠农业科学技术的支撑，必须尊重并发挥农民的民主权利等等。只有四个文明辩证统一、协调发展，才能全面推进社会主义新农村建设，新农村的物质文明为新农村的政治文明和精神文明的发展提供物质基础，新农村的精神文明和生态文明建设为新农村的物质文明和政治文明的发展提供精神动力和智力支持。新农村的政治文明和生态文明为新农村的物质文明和精神文明的发展提供主体力量、政治方向和生态环境。因此，四个文明建设溶于社会主义新农村建设的全过程，构成了一个有机统一的整体，也是科学发展观的现实反映和必然要求。

二、首都新农村生态文明建设现状分析

在新农村建设背景下，处于首善之区的京郊生态文明建设现状如何呢？有哪些成就及经验值得我们总结和推广，又有哪些问题及原因值得我们认真查找和分析？带着这些问题，我们成立了“首都新农村村民治和生态文明建设现状调查研究课题组”。课题组共分 4 个子课题小组，分别设计了问卷调查的题目。各课题小组力求多形式、多角

度、多层面地掌握情况，并加以理论分析，防止简单化和片面性。在选择调查研究的自然村方面我们尽量考虑到代表性和差异性，主要对延庆、密云和顺义等县等进行了调查研究。实地调查研究主要采取了召开座谈会、民意测验、问卷调查、个别访谈和实地考察等方式，采取点、线、面相结合的实证研究思路和坚持理论与实际相结合的原则。调查的对象包括各代表村的普通群众、村委会负责人、村党组织负责人、典型案例的跟踪调查。调查的内容主要包括被调查者对当前村民自治和生态文明建设状况的满意程度；北京农村村民自治和生态文明建设之间的关系；村民的民主意识和生态文明意识程度等。

下面主要对新农村建设背景下京郊村民自治和生态文明建设取得的成绩、存在问题和原因进行总结和分析。

(一)首都新农村生态文明建设取得的成绩

村民自治和生态文明建设，是社会主义新农村建设的重大任务之一。"民主选举、民主决策、民主管理和民主监督"是村民自治的主要内容，是符合中国农村实际的民主形式。在农村建设背景下，围绕"四个民主"，抓好生态文明建设，是京郊村民自治和生态文明建设实践的经验总结。

1. 生态文明村建设取得的了显著成效

改革开放以来北京市非常重视生态文明建设，特别是中国共产党十七大以来在生态文明建设方面取得了长足的进展。北京市环保部门有关人员通过深入农村开展调研后，提出落实科学发展观，统筹城乡环保，改善农村生态环境的具体目标是：到 2008 年，北京市郊区 70％的区县建成国家级生态示范区，40％的乡镇建成环境优美乡镇，15％的村建成生态文明村；郊区垃圾无害化处理率达到 60％以上，城镇污水处理率达到 60％。

北京生态文明村建设，紧紧围绕“生态环境优美、城乡结构合理、经济实力增强、人民富裕安康、社会全面进步”的目标，扎实、有序推进，并且取得了初步成果。在社会主义新农村建设中，延庆县作为北京市首批国家级生态示范区，提出了实施“生态文明发展战略”。为更好地实施这一战略，延庆从土地资源相对丰富，人均占有绿地比较多，生态环境比较好，发展生态农业潜力比较大等实际出发，突出生态优势，探索了一条有利于延庆发展的社会主义新农村生态文明建设的新路子。

一是全县 54 个生态文明建设试点村建设逐步推开，农村生态环境明显改观，基础设施建设得到加强。各镇村以改善镇容村貌为突破口，积极开展环境综合整治工作。东邵渠、高岭等镇大力实施生态恢复工程，对废弃矿坑进行整治，恢复植被和地貌。高岭镇完成生态林抚育 2500 亩，并对 10000 亩绿色速生丰产林进行科学补植，改善了当地的自然生态环境。各乡镇加快了基础设施建设的步伐，溪翁庄镇“两水”工程进展顺利，日处理污水 2500 吨的污水处理厂和日供水 5000 吨的供水厂主体工程完工，年内将投入使用。西田各庄、十里堡等镇各村通过改水改厕，推广使用太阳能、沼气等清洁能源，有效地解决了污水乱排放和环境污染等问题。全县生态文明试点村之一的白道峪村，投资 200 万元硬化村路，栽植花草，营造生态景观林；投资 53 万元，改造饮水工程，让全村群众饮用上干净水，部分村民开始以太阳能、沼气作为主要生活能源，村容村貌和生态环境得到了显著改善。通过环境综合整治，一些村庄呈现出绿树掩映、环境幽雅、空气清新的生态新景象。

2010 年 1 月 22 日，北京市新农村“五十三”工程建设和郊区环境建设工作会议公布了 2009 年度北京郊区生态文明村名单，阳坊镇镇西马坊村、八口村、四家庄村、前白虎涧村和东贯市村分别获此殊荣。截至目前，阳坊镇已有8个村荣获北京市“生态文明村”荣誉称号。近年来，阳坊镇紧紧围绕打造“商务花园城市”这一中心工作，结合“国家级环境优美镇”和“生态文明村”创建工作，统筹安排生态创建工作，继续加大投入力度，成立生态创建应急工作队，负责全镇生态创建突击任务，为进一步改善群众生产生活环境起到了积极作用。据调查，为确保“生态文明村”创建工作有序实施，阳坊镇镇以“生态文明村”保持和创建为抓手，对生态创建工作提出了“分步实施、连片推进”的工作要求，对于2008年已经通过验收的史家桥村、后白虎涧村、辛庄村等3个村，继续加强日常管理，加大绿化养护工作力度，确保“生态文明村”的称号创得来、保得住；对于2009年新申报的西马坊村、八口村、四家庄村、前白虎涧村和东贯市村，加强领导，加大投入，力求一次性验收通过；对镇中心片区的阳坊、西贯市2个改造村，坚持力度不变、投入不变，建成社会和谐、环境优美、管理有序、保障有力的环境优美小城镇。

2. 生态经济有了进一步的发展

首都新农村生态经济有了初步发展，主导产业已现端倪，涌现出一批生态经济示范村。密云县各镇和各村结合本地的实际情况，大力发展生态产业，一批村级专业化农产品基地已经初具规模。例如，巨各庄镇蔡家洼村投资2000万元，建起占地500亩的巨龙生态观光园，栽植10余种水果，是北京市屈指可数的高标准绿色生态园区之一。在态园区安排了300多人就业，人均可增收500元，成为名副其实的“致富园”。密云县的界牌峪村位于高岭镇域西北部，古长城脚下，北与河北省滦平县接壤，南距黄半路1.5公里，村庄林木覆盖率达到83.7%，自然风景优美。全村共127户，370口人，2004年农村经济总收入 499.5 万元，其中，第一产业收入 242 万元，占总收入的 48.4%，第二产业收入 148 万元，占总收入的 29.6%，第三产业收入 109.5 万元，占总收入的 21.9% 。

延庆县是首都郊区农业大县，是密云水库、官厅水库上游的水源涵养保护区，属河北坝上与北京平原地区的过渡地带，是风沙进入北京地区的通道之一，也是保护首都生态安全的一道屏障。因此，进行环境保护和水土保持，走资源消耗低、产出价值高、生态环境良好的发展道路，对于涵养首都水源、净化首都大气具有非常重要的意义。延庆县作为首都郊区大县，承担着为首都提供优质农副产品和优美旅游休闲度假基地的任务，新农村建设要紧密依托并服务于首都的城市需求，要更好地融入和服务首都经济。延庆建设生态文明的社会主义新农村，主要从以下几个方面入手：

一是大力加强农村生态环境建设。重点抓好妫河生态景观走廊、官厅水库东侧库滨带、北山农业观光带、龙庆峡荒滩治理、野鸭湖国家湿地公园建设、菜食河流域整治、风沙源治理等一批大型生态建设项目。二是加快生态型产业的发展。统筹生态涵养与生态经济发展，大力发展生态型产业，把宝贵的生态环境优势转化为现实的经济发展优势，打造延庆生态经济品牌。这包括进一步扩大康庄、沈家营、香营等无公害蔬菜基地建设，大力发展安全食品、绿色食品和有机食品，打造延庆优质农产品品牌；依托生态优势和丰富的旅游资源，策划实施一批生态休闲旅游项目，特别是加快建设长城脚下公社二期、水峪度假村、天一秀水五星级酒店、康西草原升级改造等生态旅游休闲项目；加快发展生态友好型工业，特别是发展生态友好型的农副产品加工业，延伸农业产业链，增加农产品附加值。三是发展循环经济。发展循环经济，目的在于引导自然资源的合理开发与利用，全面实施水土保持和环境保护工程，实现污染排放最小化、废物再生资源化和无害化，打造一流的人居环境，建设生态文明的社会主义新农村。延庆主要通过以下几个具体途径来发展循环经济：首先，实施以积蓄涵养水资源、节约水资源、有效保护水资源为主要内容的“水循环体系建设工程”。包括大力发展节水种植业、旱作农业，推进以微喷、滴灌为标志的节水种植新技术；积极发展节水型畜牧业，从源头上减少过量用水和大量排污；加快城镇污水处理，开发利用中水资源，用于灌溉农田；加强雨水收集和利用，开展新型集用雨水工程建设。其次，实施以畜禽粪便清洁化、无害化和资源化为主要内容的“种养循环体系建设工程”。包括扶持和引导企业利用畜禽养殖小区粪便加工生产高效有机肥、草坪土、食用菌培养土和花卉营养土；充分利用农作物秸秆、生活垃圾、污水等生产生活废弃物，大力发展和利用沼气，减少生产生活废弃物对环境的污染。再次，实施以农作物秸秆多元化利用为主要内容的“农作物循环利用体系建设工程”。尽快实现作物秸秆的综合开发利用：青贮加工成草颗粒、草砖、草捆、氨化饲料等，作为畜禽的主要饲料来源；将农作物秸秆压块，作为小型生物质气化炉燃料，既减少山区林木砍伐，保护植被和生态环境，又减少大气污染，为农户提供清洁能源。另外，全县每年产生的蔬菜废弃物总计 14 万吨左右，经过脱水、脱毒、烘干可加工成绿色维生素饲料，成为畜禽的精饲料添加剂，使蔬菜业废弃物发挥最大效益。

最后，延庆县还积极发展观光农业。推进农业与休闲业的融合，在为城市居民提供接触自然、体验农业及观光休闲场所的同时，拓宽农民增收渠道。重点发展以观光采摘为主的生态农业观光园区和民俗村，发展融教育、休闲观光和生产于一体的体验型农业。加强对观光农业的整体规划和管理，积极建设在北京市具有影响力的生态型观光农业带。

白家疃村位于北京西郊，温泉小城镇中心开发区。京密引水渠、颐阳路、温颐路贯穿村域东西。她南部青山环绕，与香山和北京植物园接壤。北部绿水相依，紧邻中关村科技园区。距著名的皇家园林颐和园仅 12 公里。村域面积 11.2 平方公里，其中山地面积占 60%。全村农业人口近 3000 人，城镇人口 2000 人，流动人口约 4000 人。2006 年村域经济总收入 15450 万元，同比增长 7.5%；村域经济纯收入 4027 万元，同比增长 5%；上缴税金 215 万元，同比增长 9%；产业增加值 4097 万元；劳均收入 15778 元，人均收入 8322 元。白家疃村是个具有 300 多年历史的古老村庄。清朝康熙六十年(1722)，户部总理怡贤亲王允祥因田猎，往来于此。因当地“泉甘木茂”，村民忠厚善良，故此修建了“别苑”，作为憩息之所。雍正八年(1730)，怡贤亲王允祥病逝，雍正皇帝拨官田三十余顷为祭田，将村域“别苑”改为祀堂。乾隆二十三年至乾隆二十八年，曹雪芹在此生活了五年(曾到两江总督尹继善处去做幕宾一年)，这五年时间是曹雪芹人生中最重要的五年，也是最为艰难的五年。除了《废艺斋集稿》的收尾以外，他把全部的精力都投入到了《红楼梦》的修改之中。白家疃村也因曹雪芹而声名鹊起。

现今的白家疃村青山似黛，植被丰沛，依山傍水。春暖花开、绿荫护夏、红叶迎秋、冬雪苍松、晴云碧树、鸟语花香，获得“京郊环境优美、村容整洁先进村”和“北京市郊区生态文明村”的称号。来到这里，会让您直接感受到绿色生命的呼吸，最近距离的贴近自然。特别是午后漫步于乡间小路，会让您品味“日望西山餐暮霞，庐结西郊别样幽”的“大餐”。近年来，白家疃村以科学发展观统领新农村建设，从建设新农村的新特点、新情况、新要求出发，按照“生产发展、生活宽裕、乡风文明、村容整洁、管理民主”的整体要求，全面推进新农村建设各项工作。

此外，顺义县马坡镇石家营村作为北京市首批“整理推进型”新农村建设试点后，按照“生产发展，生活宽裕，乡风文明，村容整洁，管理民主”的总体要求，大力发展二、三产业，先后引进包括家具、医疗器械等企业 25 家，集体经济实力不断壮大。到 2007 年，全村就已经实现税收 700 万元，人均劳动所得 11800 元。

3. 生态文化建设逐步展开

从整体上看，由于落后的经济状况和传统生活方式的长期影响，农村大部分农民生态意识薄弱，农村脏、乱、差的环境尚未得到有效治理。厕所简陋、人畜共处、柴草乱垛、垃圾污水随意排倒堪称当前农村的四大“顽疾”。如厕所多属地坑式，无任何保洁措施，尤其是夏季，不仅气味难闻，而且成为苍蝇的主要滋生地，加之粪便无专人管理，渗入地下，易造成地下水源的污染。随着首都新农村生态文化建设逐步推进，村民的生态意识有所增强。

近年来，密云县委、县政府启动了“生态县建设百村行”活动，通过普及生态知识、科技知识，为创建国家级生态县和生态文明村营造了良好的氛围。各乡镇普遍开展了“保护生态，爱护环境”、“生态知识进农家”、“创建生态文明户”等活动，大力倡导生态文明和绿色消费。溪翁庄镇石马峪村兴起“环保大集”，全村男女老少人人捡拾白色垃圾，不仅有效地改善了村庄环境，而且增强了村民的生态保护意识。冯家峪镇与北京崇阳光田设备有限公司合作，共投资 147 万元，完成了 4 个行政村、21 个自然村的广播电视村村通工程，全镇有线电视覆盖率达到 100%。随着有线电视入网、村级健身公园、文化广场和文化活动室等基础设施的建设和完善，农民的思维和生活方式发生了较大变化，生态环境意识逐渐深入人心。密云县自 1994 年在京郊率先开发民俗旅游，经过十几年的发展，已建成民俗旅游村 35 个，民俗旅游户 1500 多个，从业人员近万人。

延庆县在建设生态文明新村过程中，倡导健康文明的生活方式。他们认为，广大农民有没有生态意识，有没有文明健康的、符合生态要求的生活方式和行为方式，对延庆县的生态建设有着重要的影响。为此，延庆县在加强农村环境综合整治和管理的同时，倡导健康、文明、科学的生活方式，建设一批产业特色突出、农民致富有道、村容村貌整洁、生态环境良好、管理民主有序，安定、文明、祥和的社会主义生态文明新村。

顺义县马坡镇石家营村作为全市首批“整理推进型”新农村建设试点后，按照“生产发展，生活宽裕，乡风文明，村容整洁，管理民主”的总体要求，在经济发展的基础上，村党支部动员群众积极开展新农村生态文化建设。先后投资 2200 万元，在实现硬化、亮化、美化的基础上，兴建了村级综合服务中心楼，建成了电脑室、图书室、市民文明学校、文化广场、百米文化墙壁及乒乓球、台球室、健身室等室内外文体设施；铺设了有线电视网，投资农村远程教育，实现了宽带上网。为使村民充分享受新农村建设成果，该村每月为老人发放生活补贴；免费开放“婆媳澡堂”促家庭和睦倡新风，积极开展劳动技能、文明礼仪教育等各类培训和“七争当”评比活动；鼓励农民节水、节电、节能，安装太阳能路灯，建立利益导向机制引导群众节水见成效，村域文明程度和村民素质明显提升，促进了经济发展和社会全面进步。先后荣获“首都文明村”、“北京市卫生村”、“北京市生态文明村”等多项荣誉。

通过多年来的环境建设，首都新农村村容村貌大为改观，生活环境得到有效保护，资源得到合理开发和利用，产业结构合理、布局规范，为新型农村的发展奠定了坚实基础。自来水管网改造、硬化街道、安装路灯、绿化、美化、净化等基础设施的建成，极大地改善了群众生产生活条件。水冲式厕所的使用，不但消灭了蚊蝇的滋生地，而且对净化水质、防止传染病、阻断传染源意义重大。各项工程的实施，有力地保护了广大农民群众的身体健康，提高了他们的生活质量。

4. 村民自治在生态文明建设中发挥了重要作用

在首都新农村生态文明建设过程中村民自治发挥了重要的作用。各村都成立了村支部书记、村主任为组长，村委为成员的创建生态文明村领导小组，制定了详细的创建计划和保障制度。例如，密云县界牌峪村生态文明村领导小组制定了详细的规章制度，全面负责界牌峪村生态文明村的创建工作。他们做了如下工作：

第一，制定创建工作计划、任务，责任落实到人，层层抓落实，保证创建任务如期完成。

第二，加大宣传力度。利用广播、召开党员会、村民代表会、村民小组会等多种形式，广泛宣传创建市级生态文明村的意义、目的和创建的内容，做到家喻户晓，人人皆知。

第三，建立监督机制。村里成立了以老党员、村民代表组成的监督小组，对创建工作进度进行监督。

第四，组织实施。村主任为创建工作的第一责任人，全面负责生态文明村的创建工作，按照制定的每一项创建工程，抓好落实，保证各项工程保质保量地完成。

第五，教育农民树立文明向上的思想观念和健康的生活方式，树立环境意识、生态意识。通过广泛宣传教育群众、组织村民代表外出参观学习、做好争当“生态文明标兵户”、“生态文明标兵”和“十星级”文明户等工作，使全体村民积极、主动、自觉地参与到创建工作中，大家争先为创建工作出主意，想办法，提出创建意见和建议，为文明村创建工作出谋划策。在建设首都生态文明新村过程中密云县界牌峪村连续三年获得高岭镇“五好”党支部，连续两年获得县级“文明村”称号。最近，密云县界牌峪村村共投入15万余元用于环境建设，使村庄环境达到“五化”标准，改善了村民生活环境。

在调查访问中大家一致认为，通过北京市生态文明村创建工作，最大的成果就是村民的思想观念发生了很大的变化，现代文明的生活方式被群众所接受，树立起了保护环境，讲究卫生，文明向上的村风。在创建过程中，村干部与群众之间的关系融洽了，村民之间的关系也更加友善了，家庭内部矛盾减少了，干部办实事，村民协助村干部做好各项工作，全村树立起了文明风范，打架、骂人、赌博的人少了，做好事、树新风的人多了，呈现出良好的思想道德和文明风尚，为首都新农村经济发展，社会稳定营造了良好氛围，促使生态文明向健康、有序的方向发展。

(二)首都新农村生态文明建设存在的问题和原因分析

根据北京市环保部门调研统计资料发现，目前京郊农业的整体水平不高，科技含量和农民环境意识较低，农业生产相当粗放，资金短缺、生态破坏和环境污染问题日益明显；山区水土流失治理面积仅占流失面积的40%左右，15万亩沙荒地还没有得到有效治理；90%以上的村环境基础设施严重滞后，40%的农户没有改厕，仍有414个村的农民饮水不达标。因此，我们在充分肯定首都新农村生态文明建设取得的显著成效的同时，还调查分析了首都新农村生态文明建设还存在的问题和原因。下面，我们以密云县为个案分析。

1. 生态文明建设中的环境综合治理任务相当艰巨

由于落后的经济状况和传统生活方式的长期影响，在首都新农村生态文明建设调查中发现大部分农民生态意识比较薄弱，农村脏、乱、差的环境尚未得到有效治理。厕所简陋、人畜共处、柴草乱垛、垃圾污水随意排倒堪称当前农村的四大“顽疾”。如厕所多属地坑式，无任何保洁措施，尤其是在夏季，不仅气味难闻，而且成为苍蝇的主要滋生地，加之粪便无专人管理，渗入地下，易造成地下水源的污染。

例如，近年来，密云县农村养殖业发展很快，成为山区农民增收致富的主要项目。但个别村因场地有限，人的生活区和家畜家禽饲养区未能做到严格分离，人畜共处易造成各种传染病的发生。尽管一些村对垃圾进行处理，但因工艺和设施简陋，只是就地、异地填埋，并没有从根本上杜绝垃圾对环境的污染。此外，密云县早已提出农业生产禁止施用化肥，但至今未能禁绝，化肥施用在部分地区还相当普遍，影响了区域环境质量。

2. 农村破坏植被现象依然存在

目前北京郊区农村中因盗采铁矿造成的植被破坏的现象依然存在，并且恢复的难度较大。根据我们调查，密云县北部山区铁矿资源较为丰富。近年来，一些人把盗采铁矿石作为“发家致富”的门路。尽管县委、县政府和有关部门、乡镇虽然进行了有效治理和打击，但盗采盗运现象没有根本杜绝，库北某镇仅 6 个村就因盗采留下 18 个废弃矿坑。盗采造成矿产资源大量流失，而且对地表、植被造成破坏，恶化了当地的自然环境。要恢复原来的地貌、植被，需要几年乃至几十年的时间，并要投入大笔的资金。高岭镇为治理废弃矿坑，已经投入 300 多万元。

此外，由于采矿区多在密云水库上游，盗采盗运铁矿所造成的水土流失将会严重影响到密云水库的水质，这给密云经济和社会的发展造成一定的负面影响。

3. 农村生态经济还未得到充分发展

在首都新农村社会主义生态文明建设过程中，尽管大部分农村在经济结构调整中已分别确定了种植业、畜牧养殖业、林果业和水产养殖等主导产业，但尚未形成商品优势和规模效益，生态经济正在处于起步阶段。例如，密云县近年来，虽然出现了“西白莲峪柴鸡蛋”、“生茂鲜菇”、“密水鲜鱼”、“密云甘栗”等一批知名生态品牌产品，但无论是在首都还是在外埠，其市场份额的占有率都不高，有人曾形象地说，密云的农产品是“吃什么都有，卖什么都无”，因而对区域经济发展的贡献率不高，农民还不能依托主导产业增收致富。

作为农村二、三产业的主打项目山区民俗旅游业也是如此。密云县自 1994 年在京郊率先开发民俗旅游，经过十几年的发展，虽然已建成民俗旅游村 35 个，民俗旅游户 1500 多个，从业人员近万人，但近年来由于宣传攻势减弱，扶持力度不够，规范管理缺位，加上自身基础薄弱，民俗旅游内容单调，客源呈现出严重不足。据了解，目前，全县民俗旅游户还剩下 800 多户，减少了近 50％，作为山区农民致富主导产业的民俗旅游业形势目前还是比较严峻的。

4. 农村清洁能源还未全面推广使用

密云县 90％以上农村仍以煤、柴作为主要能源，品种单一，成本较高，加之农民用能设备落后，既浪费资源，又污染环境。早在 20 世纪 70 年代中期，密云县就在农村推广沼气清洁能源使用，当时共建成沼气池 7000 多个，其中绝大多数为户用沼气池，但由于缺乏规划和扶持力度，使沼气等清洁能源在农村推广使用后继乏力。

根据我们的调查，目前，密云县使用沼气等清洁能源的农户仅有2000多户，仅占全县农村总户数的5%，和先进地区相比，密云县推广使用清洁能源的政策和扶持力度都存在一定的差距。近年来，密云县政府能源办在西田各庄镇白道峪等村推广沼气和太阳能等清洁能源的使用，取得了一定的经验，但全面推广则受到资金和服务管理体制的两大限制。在镇一级，能源开发和推广工作，有的是部门代管、兼管，有的则根本没人管，缺乏明确的责任主体，也就缺乏工作的原动力。而在一些经济发展薄弱村，由于受经济状况的影响，村干部和群众的积极性普遍不高，清洁能源的推广举步维艰。

5. 生态文明建设缺乏有力措施和制度保障

在首都新农村生态文明村建设过程中，许多县、乡镇和部分村根据北京市政府关于环境整治的需要，相继出台了一系列的相关政策和措施。例如，有的乡镇购置了地埋式垃圾箱和垃圾清运车，组建了垃圾清运队伍，但因缺乏过硬的制度保障和有力措施，在实践中没有始终如一地坚持下来。例如密云县有的乡镇方圆二、三百平方公里，行政村多达二、三十个，自然村近百个，且许多村地处深山区，交通不便，采取垃圾“村集、乡运、县处理”方法，不仅难度大，而且成本也很高，要真正做到全县340多个行政村的垃圾日日清、处处净，也不是一件容易的事情。

另外，生态文明村创建缺乏工作科学化、规范化和制度化。例如，有的村没有认真按照《国务院关于加强农村环境保护工作的意见》和《全国农村环境污染防治规划纲要》，并结合本村的实际情况来制定必要的规章制度，生态文明村的创建工作缺乏制度保障。与此同时，社会主义生态文明村的评估验收还没有完全做到公平、公正、公开，也需要建立相关的规章制度。

6. 村民生态文明村建设的主体意识不强

生态文明村建设的成功与否，关键在于广大农民的参与意识、参与热情和参与行动，农民应成为生态文明村建设的主体。但是，我们在调查走访中发现，许多农民对于生态文明村建设这样一个对自己生产、生活和行为方式将产生积极影响的重要举措不理解、认识不到位、参与热情不高、行动迟缓。

例如，一些村在农民中推广“三格式无害化污水冲式厕所”，当地镇政府、村委会和县推广部门都给予了资金补助和物资支持，每户农民只需投入100元到200元即可，但有的农民就是不干，认为“既然政府为我办事，就得替我出钱”。甚至在自家改厕的过程中，还要政府为自己的劳动付工钱。

首都新农村村民生态文明建设虽然取得了可喜的成绩，但是也存在着不可忽视的严重问题。存在上述问题的原因是多方面的：有历史的原因，也有现实的原因；有主观的原因，也有客观的原因；有政策制度方面的原因，也有法律、法规方面的原因。分析首都新农村生态文明建设中存在的主要问题和原因的真正目的，是为了进一步提出解决问题的办法，更好地推进首都新农村生态文明建设健康发展。

三、搞好村民自治，建设首都新农村生态文明的几点建议

首都新农村生态文明建设的主体是农民。因此，通过村民自治，组织广大农民参加社会主义生态文明建设，建设自己美好的家园，是切实可行的。当前我国其他地方在搞好村民自治，建设新农村生态文明方面积累了一些成功的经验。例如，黑龙江等地通过村民自治，制

定了关于建设生态文明的“一事一议”等奖励和补贴政策。我们课题组在调查研究的基础上，根据首都新农村村民自治和生态文明建设的实际情况，并且借鉴其他地方取得的成功经验，提出以下意见和建议。

(一)通过民主选举把肯奉献、懂经济、会管理、重视生态文明建设的“能人”选上领导岗位

民主选举是村民自治的前提，基层组织一定要在生态文明建设的过程中坚持由村民直接选举村委会组成人员的权利和制度。我国村民委员会选举遵循的主要原则是普遍选举原则、平等选举原则、直接选举原则、差额选举原则、竞争选举原则、秘密投票原则。其中，普遍选举原则和平等选举原则是关系到选举的公平性与民主性的最重要原则。

在首都新农村村民生态文明村建设中，农民在民主选举方面要逐步走上制度化和法律化轨道。首都新农村村民要依据北京市人大常委会通过的《北京市村民委员会选举办法》和《北京市实施〈中华人民共和国村民委员会组织法〉的若干规定》，建立制度化、民主化的选人用人机制，要使一大批肯奉献、懂经济、会管理、特别是重视生态文明建设的“能人”通过民主选举走上领导岗位，使他们成为农民致富的带头人，从而促进首都农村经济社会的协调发展，为进一步搞好首都村民自治和开展农村生态文明建设奠定坚实的组织基础。

(二)通过民主决策制定严格规划，确保农村生态文明建设各项规划贯彻实施

民主决策是村民自治的根本，基层组织在生态文明建设的过程中一定要按照《村民委员会组织法》的规定，在农村设立村民会议或村民代表会议，共同决定村里大事，真正体现农民当家做主。民主决策的核心是开好村民会议。在首都新农村生态文明村建设和村民自治的实践中，京郊农民要围绕“民主决策”，依法健全村民议事制度，要按照《村民委员会组织法》的规定，在农村设立村民会议或村民代表会议，共同决定村里大事，特别是有关农村生态文明建设的问题要让村民自己参与决策，充分发扬社会主义基层民主，减少决策失误和经济损失，真正体现农民当家做主。例如，密云县就实行了村民代表设岗定责制度，建立了村两委联系会制度。

我们认为，实行民主决策生态文明村建设，要保障农民群众的参与权。在首都新农村生态文明建设中要注意处理好两个方面的关系。一要点面结合，做到抓典型带全局，引导、说服、教育农民扎扎实实推进新农村建设。二要调动农民的积极性，处理好政府主导与农民主体的关系。新农村怎么建设，以什么标准建设，先干什么、后干什么，都应该由农民根据自己需要来决定。政府主要是在基础设施和公共服务等方面加大投入，更好地把农民组织起来，调动起来，加快培养有文化、懂技术、会经营的新型农民，使建设新农村和生态文明的过程，成为组织农民、动员农民、教育农民的过程，成为培养一代新型农民的过程。

建议北京郊区各村民委员会根据北京市政府和各县政府关于首都新农村生态文明建设的指示和法律法规，根据本村生态涵养发展区的功能定位和镇村经济社会发展的不同特点及水平，通过村民委员会和村民代表大会讨论编制各村生态文明建设的详尽规划。详规应体现以下三个特点，一是坚持高起点，分步实施，循序渐进，在保护生态环境、发展首都生态经济、建设生态文化的前提下，因地制宜，依托主导产业搞建设。二是各种规章制度规要具有刚性，经县、镇人民代表大会和村民代表大会讨论通过后，必须严格遵守，不能朝令夕改。三是加强首都新农村基础设施建设要注意保护耕地和农民的实际利益，防止不顾主客观条件和群众意愿，用行政手段人为“造村”的现象。

(三)通过民主管理综合整治，建设首都新农村良好生态环境

民主管理是村民自治的实体，基层组织在生态文明建设的过程中一定要发动和依靠村民，依据法律制度共同管理村内各项事务。北京市民政局制定了有关村务公开制度的规定，有的正式实行，有的还处于“试行”阶段。目前，京郊村级事务管理已经逐步走上了民主化、程序化、规范化的轨道，增强了村级组织的管理和服务效能。如小红门乡肖村下辖 3 个自然村，常住人口接近 4000 人，流动人口大约 1 万人。肖村在建设生态文明村的过程中，坚持以科学发展观为指导，开展“民主法治示范村”的创建活动。村民代表大会制定了《村委会成员学法制度》及《村民学法制度》，使村干部和群众的民主法制意识进一步提高，促进了本村经济社会的发展。肖村先后被评为市级京郊“百富村”、市级敬老示范村、区级文明示范村、区级交通安全文明村、区级社会治安综合治理先进单位、乡级“五好”党总支、乡级普法依法治理先进单位等。

在社会主义生态文明建设中，随着京郊农民群众民主管理能力的逐渐提高，民主管理方面的制度也逐步健全。京郊各村农民群众更新管理理念，积极探索创新了多种管理方式。如有的村自创了民主管理监督委员会，有的村成立了村民议事评审会，使村务管理程序化和制度化。在民主管理的过程中，提高了广大农民的环境保护意识、公民意识和参政议政能力。

建议京郊各村民委员会综合整治，打造良好生态环境。一是要切实解决好垃圾污染问题。在总体上实施“村收、镇运、县处理”农村垃圾处理的同时，依据当地不同条件，采取不同的处理方法。如边远山区、贫困地区可在解决好防渗漏的情况下，采取填埋的方式。还应充分发挥市场配置资源的基础性作用，明确“谁投资、谁受益”的原则，拓宽投融资渠道，鼓励国内外资金、企业，包括激活民间投资介入本地方垃圾处理系统的建设。从长远的观点看，要对农村的生产生活垃圾进行资源化处理，做好垃圾分类，研究以垃圾制造有机肥料和发电等，达到变废为宝的目的。二是切实解决好生活污水等无害化处理问题。根据投资少、工艺可靠、排放稳定达标的要求，采取建渗水井和微生物方法等小规模污水处理技术，杜绝户户随意排放污水的现象。在主要乡镇和大村采取“人工合成湿地技术”。用这种方法处理污水，污染物去除率高，不滋生蚊蝇，有利于水体净化，还能有效地防止污染地下水。它原始投资少，无动力消耗，运行成本低廉，污水处理结果达到中水标准。由于人工湿地与当地自然环境相互协调，可建设湿地公园，构成新的景观。三是加大打击有的地方出现的盗采盗运铁矿石的现象，要加大力度并搞好所破坏的地貌、植被的生态恢复。实行公安、地矿等部门联合执法，对非法采矿点一律炸毁，对采矿机械一律处理掉。发动和组织当地村民参与对矿产资源的管理，相关镇村应结合本地实际，积极推进采矿地区各村的农业产业结构调整，发展特种种植、绿色养殖、生态旅游等产业和项目，向荒山要粮、要果、要富裕。

(四)通过民主监督，使京郊生态文明建设专项资金在投入和使用方面注重实效

民主监督是村民自治的保障，基层组织在生态文明建设过程中一定要制定对村委员会工作实施监督的权利和制度。在京郊村民自治和生态文明建设的实践中，京郊农民要围绕“民主监督”，依法健全村务公开制度。我们认为，京郊农民群众民主监督的重点要抓好村务公开，包括政务公开、财务公开和事务公开。凡是由村民会议讨论决定的事项及国家计划生育政策的落实方案、救灾接济款物的发放情况、水电费收缴情况等村民关心的问题都应及时公布。除此之外。特别是关于生态文明村建设等方面的财务情况，更要按法律规定进行定期公布，至少要一个月甚至半个月公布一次。此外，京郊村民民主监督还包括民主评议，听取村委员会关于生态文明村建设方面的工作报告等。例如，为了更好地让村民监督，坚持用制度管权管事管人，肖村就建立了“坚持七制度、落实八公开”的民主监督机制，韩村河制订了约束干部的九项条例等，从而密切了干群和党群关系，从而促进了生态文明建设和防腐倡廉建设。

建议为了确保首都新农村环境优美乡镇和生态文明村建设的顺利进行，各县政府明确县财政每年拨款金额度。各县政府在加强有效监管，防止滥用、挪用的同时，应科学安排好专项资金的使用，把有限的资金用到刀刃上，对重点村、重点项目进行重点扶持，不搞撒“芝麻盐”。应对改水改厕，垃圾消纳、清洁能源推广等关键性项目加大投资力度，做到投一笔便有起色，落一处便有效果，使有限的资金真正起到“四两拨千斤”的作用。各个县政府和镇政府也要安排相应的配套资金，并吸纳农民自有资金用于首都生态文明村建设。有关部门特别要让广大农民行使他们的监督权。

结语

从未来发展的角度来看，北京新农村村民自治和生态文明建设有很好的条件和发展趋势。特别是北京建设“世界城市”时代的到来，为京郊农村经济社会的发展提供了巨大的动力和难得的机遇。“世界城市”建设总体规划，既完善了城乡一体化的空间布局，也为郊区农村的发展和村民自治以及生态文明建设提供了更加广阔的空间。经过中国改革开放30多年来的发展，北京经济发展和城市建设水平大幅度提升，社会生产力发展水平总体上已经达到世界中等发达国家或地区的水平，并继续保持着良好的增长态势。北京市的情况，正如胡锦涛总书记在“两个倾向”重要论断中所指出的那样：已经到了“以工促农、以城带乡”的发展阶段，城市支持农村、工业反哺农业的条件和基础已经形成，并具有自己的独特优势。作为首都，北京各方面条件都比较好，我们有充分的理由相信，首都新农村村民自治和生态文明建设一定会发展到一个新的更高的阶段。

参考文献：

1.《邓小平文选》第1卷，人民出版社，1994年版。
2.《邓小平文选》第2卷，人民出版社，1994年版。
3.《邓小平文选》第3卷，人民出版社，1993年版。
4.《邓小平年谱》(上下册)中央文献出版社，2004年版。
5.《江泽民文选》第1、第2、第3卷，人民出版社，2006年版。
6. 江泽民：《在中国共产党第十六次全国代表大会上的报告》，人民出版社，2002年版。
7. 胡锦涛：《高举中国特色社会主义伟大旗帜 为夺取全面建设小康社会新胜利而奋斗》人民出版社，2007年版。
8. 胡锦涛：《不断开创妇女工作和妇女事业新局面 发挥全面建设小康社会“半边天”作用》，《人民日报》2008年11月2日。
9. 温家宝《政府工作报告2010年》人民出版社出版。
10.《中华人民共和国村民委员会组织法》，法律出版社，2006年版。
11.《中共中央关于构建社会主义和谐社会若干重大问题的决定》，(辅导读本)人民出版社，2006年版。

12.《中共中央国务院关于推进社会主义新农村建设的若干意见》，人民出版社，2006年版。
13. 中华人民共和国国家统计局："第二次全国农业普查主要数据公报"(第二号)，2008年2月22日。
14.《中国大百科全书·政治学》，中国大百科全书出版社，1992年版。
15.《十七大以来的重要文献选编》人民出版社，2009年版。

附录1

北京郊区生态文明村考核标准(试行)

北京市环保局

一、基本条件

(一)领导重视，组织落实，配备专职或兼职环保工作人员，有固定办公场所。基本达到郊区环境整治示范村和首都文明村标准。

(二)认真贯彻执行环境保护政策和法律法规，村域内无滥垦、滥伐现象，近三年内未发生环境污染事故或生态破坏事件。

(三)生活富裕，农民人均纯收入不低于本区县当年平均水平。

(四)环境质量达到环境功能区要求，生产企业达标排放。

(五)邻里和睦，干群关系融洽；村民具有环境保护意识，对环境状况满意。

二、指标体系

考核内容	序号	指标名称	具体要求
村庄建设	1	村域规划	编制并实施村域规划，规划布局合理，具有环保方案。
	2	村容村貌	村容村貌整洁；农户普及卫生厕所，主要道路路面硬化，有村民文体休闲场所。
	3	产业结构	产业结构优化，区域经济协调发展。
	4	饮用水源	饮用水集中供应，符合卫生标准。
	5	污水处理	工业废水达标排放，生活污水采取因地制宜的处理措施，无渗坑渗井。
	6	垃圾处理	生产、生活垃圾密闭收集和处置，无暴露垃圾。
	7	林木覆盖率	山区村林木覆盖率达到60%以上，平原村林木覆盖率达到40%以上。
合理利用和保护资源	8	耕地保护	无违法占用耕地现象，基本农田得到有效保护，无农膜污染。
	9	矿产资源	依法开发利用矿产资源，矿山做到边开采边恢复。
	10	水资源	无地下水超采和地下水污染情况。
	11	旅游资源	文物、遗迹及风景名胜等资源得到有效保护。
	12	可再生资源	因地制宜利用生物质能、太阳能、风能等可再生能源炊事、洗浴等普及清洁能源。

续表

考核内容	序号	指标名称	具体要求
农产品安全	13	畜禽养殖	居民区、水源保护区内无养殖场，养殖污染得到治理，畜禽粪便得到综合治理。
	14	合理施肥	采用测土配方、营养诊断、平衡施肥，推广施用有机肥、缓释肥。
	15	安全农产品	建立安全食用农产品、绿色食品和有机食品基地。不使用禁用农药，推广使用生物农药、物理防治技术。

北京市环保局
2006 年 9 月 27 日

附录 2

密云县人民政府关于推进创建北京市生态文明村活动实施意见

各乡、镇人民政府，县政府各委、办、局、公司：

生态文明村建设是深化实施首都水源区发展战略，落实北京生态涵养发展区的区域功能定位，推进国家级生态县创建工作的重要载体，是集生态经济、生态环境、生态人居、生态文化建设为一体的综合性重点工程，为全面抓好生态文明村建设，确保到 2008 年取得工程建设实效，提出以下实施意见。

一、指导思想

坚持科学发展观，以创建国家级生态县为总抓手，抢抓城乡统筹和北京承办奥运的战略机遇期，以打造生态环境、发展生态产业、建设生态人居、塑造生态文化为重点，大力实施生态文明村建设工程，全面推进产业培育、农民增收和农村发展进程。

二、建设原则

1. 坚持产业发展和农民增收原则。生态文明村建设必须强化产业发展基础，围绕区域资源特色，突出发展生态产业，形成生态文明村可持续发展的产业支撑体系，推进农民持续增收。

2. 坚持整体推进和突出重点原则。为保证生态县建设目标实现，生态文明村创建活动要在全面推进的同时，突出区域建设重点，围绕密云水库一级保护区周边村、民俗村、公路干线和中心镇周边村重点展开，率先建成一批精品示范工程，为其他村镇的创建活动起到示范带动作用。

3. 坚持实事求是因地制宜原则。在生态文明村规划和建设中，必须根据地区实际，紧密结合资源状况和经济基础，突出高标准、低成本、可承受、可操作和可持续的特点。

4. 坚持全民参与原则。建设生态文明村是创建国家级生态县的重要基础，必须最广泛地发动群众，做到全民参与创建活动，形成浓厚的创建氛围，促进创建活动的开展。

三、考核标准

（一）基本条件

1. 领导重视，组织落实，配备专职或兼职环保工作人员。基本达到北京市生态文明村考核标准。

2. 认真贯彻执行环境保护政策和法律法规，村域内无滥垦、滥伐现象，近三年内未发生环境污染事故或生态破坏事件。

3. 生活富裕，农民人均收入不低于全县当年平均水平。

4. 环境质量达到环境功能区要求，生产企业达标排放。

5. 邻里和睦，干群关系融洽；村民具有环境意识，对环境状况满意。

(二)指标体系

1. 村域规划。

因地制宜编制并实施生态文明村建设规划，规划要做到布局合理，符合发展实际，突出生态环境、生态产业、生态文化等建设内容。

2. 村容村貌。

村容村貌整洁干净，农户普及卫生厕所，消灭旱厕；村内环境达到“五化”标准。一是硬化，主要街道硬化率达到90%以上(沥青路、水泥路、石板路或石子路)，有条件的村向小街巷延伸；二是净化，生活垃圾从收集、运输到无害化处理全部落实到位，无柴草粪土杂物乱堆乱放，农村卫生状况明显改观；三是绿化，已硬化的街道全部栽上行道树，有条件的村要建村级公园和街头绿地；四是美化，主要街道垒砌花池，栽植花草、灌木，实现环境美化；五是亮化，主要街道安装照明路灯，明亮率和开启率均达到90%以上。有群众公共文化体育娱乐场所和设施。

3. 生态产业。

紧密结合区域发展实际，紧扣农民增收中心，大力发展特色经济，突出培育生态农业、民俗旅游等村级主导产业。积极发展生态庭院经济，全村生态庭院经济户达到50%以上，促进资源优势向产业优势、经济优势转化，拓展村民就业渠道，增加农民收入。

4. 饮用水源。

安全饮用水以村为单位集中供应，供水保障率达到95%以上，水质符合国家卫生标准。

5. 污水处理。

密云水库一级圈内行政村生产、生活污水采取生物处理措施集中处理，达到二级排放标准，污水处理率90％以上。密云水库一级圈外行政村生产、生活污水因地制宜处理，无渗坑渗井和乱排现象。

6. 垃圾处理。

生产、生活垃圾密闭收集和处置，村内建有固定垃圾储运点，有专人管护，负责村内垃圾的收集和简单分类，对建筑垃圾和生活中产生的无害垃圾进行就地掩埋处理，将有害垃圾封闭待运，垃圾处理率90％以上，无暴露垃圾现象。

7. 林木覆盖率。

库北山区村林木覆盖率达到60％以上，库南平原村林木覆盖率达到50％以上。

8. 耕地保护。

无违法占用土地现象，基本农田得到有效保护。

9. 矿产资源。

依法开发矿产资源，无滥采乱挖和盗采矿石现象，允许开采的矿山，要按照规划设计做到边开采边恢复，已开采的矿山植被得到有效恢复。

10. 水资源。

合理开发利用地下水资源，无地下水超采和地下水污染现象发生。

11. 旅游资源。

合理开发利用旅游资源，文物、历史遗迹和风景名胜等资源得到有效保护。

12. 可再生资源。

因地制宜开发使用沼气、太阳能、液化气和柴薪加工等新型能源，炊事、洗浴等普及清洁能源。新能源利用普及率达到40%以上。

13. 畜禽养殖。

居民区、密云库一级保护区内无大型养殖场，养殖污染得到治理，畜禽粪便得到综合利用。

14. 合理施肥。

采用测土配方、平衡施肥等先进的农业科学技术，推广施用有机肥、缓释肥，减少化肥对土地和环境的污染。

15. 农产品安全生产。

推行农业标准化生产，推广使用生物农药和物理防治技术，禁止使用禁用农药，发展安全食用农产品、绿色食品和有机食品，安全农产品的比重不低于农产品总量的50%。

四、验收程序

1. 由县农委牵头成立创建生态文明村验收工作领导小组。

2. 以乡镇为单位提交生态文明村验收申请和工作总结。

3. 考核验收：列入当年生态文明村建设计划的行政村，经乡镇政府同意后，向县农委提出申请，县农委牵头组织县生态办、环保局、精神文明办、发改委、财政局、国土资源分局、规划分局、水务局、林业局、旅游局进行联合验收，凡达到《北京市生态文明村考核标准(试行)》的行政村，县政府将按照其建设投资规模，采取以奖代补方式，给予一定的政策资金奖励。

五、工作要求

1. 提高认识，强化领导。

县直各部门、乡镇党委政府和村级领导班子，要给予高度重视。一是要不断加深对生态文明村建设的认识。二是要强化对生态文明村建设的领导。县政府成立以吴成全副县长为主任的生态文明村建设联席会议制度，在县农委设立生态文明村建设联席会议办公室；乡镇政府成立推进生态文明村创建活动领导小组，村级成立实施生态文明村创建活动工作小组；乡镇、村为生态文明村建设的投资和实施主体，安排专人负责，确保一抓到底；三是要推行乡镇生态文明村建设责任制，乡镇行政主要领导负总责。

2. 科学规划，扎实推进。

县政府决定利用4年时间，全面完成我县生态村创建任务，全县80％以上的行政村达到生态文明村标准。

2005年在全县建设生态文明村54个；2006年和2007年全县分别建设生态文明村90个；2008年全县建设生态文明村37个。

各乡镇政府要根据本地实际，制定切实可行的推进生态文明村生态文明村创建活动年度实施计划，按照《北京市生态文明村考核标准》逐项抓好落实。首先，要帮助行政村制定生态文明村建设规划；其次，积极帮助生态文明村培育发展主导产业，为生态文明村建设提供经济保障；第三，要加大对居民生活垃圾集中治理工作的投入，建立起村收集、乡镇运输、县处理的运行模式，形成长效机制。

3. 加强指导，严格检查。

县、乡镇政府都要切实加强对创建北京市生态文明村工作的检查和指导。县农委要组建专门工作机构会同有关部门深入到各乡镇，检查指导生态文明村建设工作。各乡镇人民政府要安排主要负责同志主抓创建工作，同时组建专门工作机构，加强对创建生态文明村工作检查指导，保证生态文明村创建活动的顺利进行。

密云县人民政府

二〇〇五年七月四日

附录 3

(一)首都新农村生态文明村建设调查问卷

(1)对生态文明村建设你感到(A)

A. 满意　　　　　　B. 不满意

(2)你们村是否有公共厕所(B)

A. 没有　　　　　　B. 有

(3)在文明村建设中你出过力吗?(A)

A. 有　　　　　　　B. 没有

(4)首都文明村的建设有没有改变你的生活(A)

A. 有　　　　　　　B. 没有

(5)首都文明村的建设有没有改变四周的环境(A)

A. 有　　　　　　　B. 没有

(6)首都文明村有没有举行文明活动(A)

A. 有　　　　　　　B. 没有

2. 简答题

(1)首都生态文明村的文明表现在哪里?

(2)你认为如何建设首都生态文明村?

(二)首都新农村生态文明村建设问卷调查

1. 建设首都生态文明村能否带动家庭经济的改善?

A. 能 67%　　　　B. 不能 5%　　　　C. 不一定 28%

2. 如果你是首都文明生态村的一员，你觉得有必要遵守文明守则么?

A 没有 5%　　　　B. 有 90%　　　　C. 可有可无 5%

3. 作为首都生态文明村的一员，是否应自觉提高自身的道德修养?

A. 应该 87%　　B. 不应该 9%　　C. 无所谓 4%

4. 在建设首都生态文明村的过程中，是否会引起村民间的小矛盾？

A 会 85%　　B. 不会 2%　　C. 可能会 13%

5. 你认为首都生态文明村的卫生状况如何？

A. 优 45%　　B. 良 49%　　C. 一般 6%

6. 首都文明生态村是否应定期进行每家每户的卫生评比？

A. 没必要 36%　　B. 有必要 55%　　C. 无所谓 8%

7. 建设首都文明生态村有利于提高村民个人的文明生态意识么？

A. 有 67%　　B. 没有 13%　　C. 可有可无 20%

8. 搞一些有关文明生态的活动是否也在传播着我们的人文精神？

A. 是 89%　　B. 不是 11%

9. 你认为建设首都文明生态村，应从以下哪方面先做起？

A. 先修路 33%　　B. 先搞好卫生 27%

C. 做好绿色生态建设 40%

10. 你认为有必要建设首都文明生态村么？

A. 有 80%　　B. 没有 2%　　C. 无所谓 18%

11. 你认为在首都文明生态村中，有必要每家每户都修建卫生间么？

A. 没有必要 5%　　B. 有必要 85%　　C. 无所谓 10%

12. 为了生态文明，你觉得以哪种方式饲养牲畜比较好？

A. 选择某个地点集中养殖 49%　　B. 随意放养 6%

C. 自家圈养 45%

13. 你认为首都文明生态村中修建沼气池好不好？

A. 好 56%　　B. 不好 6%　　C. 其他 38%

14. 你认为首都文明生态村应该注重村容村貌吗?

A. 应该 90%　　B. 不应该 3%　　C. 无所谓 7%

15. 假如你看到有人乱扔垃圾你会怎样做?

A. 不制止 2%　　B. 制止 98%　　C. 当做没看到 0

16. 首都文明生态村主要以“文明生态”为主吗?

A. 是 70%　　B. 不是 10%　　C. 不确定 20%

17. 你生活在文明生态村中，身边有随意大小便的现象存在吗?

A. 有 100%　　B. 没有 0　　C. 偶然 0

附录 4

关于首都新农村村民自治情况调查问卷表

一．村民方面：

1. 您知道《村委会组织法》吗?

A. 很熟悉

B. 知道一些

C. 不知道

2. 村里每年能否召开一次以上村民会议?

A. 能

B. 不能

C. 不清楚

3. 村里召开了村民会议和村民代表会议，能否做到讨论和决定村内重大事项，并保证会议决定的执行?

A. 能

B. 不能

C. 不清楚

4. 在村委会选举中，候选人是否由村民直接提名产生？

A. 是

B. 不是

C. 不清楚

5. 在村委会选举中，您所在的村是实行一人一票的直接选举还是实行差额选举？

A. 实行一人一票的直接选举

B. 实行差额选举

C. 不清楚

6. 在村委会选举中，投票时是无记名投票吗？

A. 是

B. 不是

C. 不清楚

7. 在村委会选举结束以后，选举结果是否当场公布？

A. 是

B. 不是

C. 不清楚

8. 在村委会选举中，作为一名投票人，您是直接到指定的投票地点去投票还是通过流动票箱进行投票？

A. 直接到指定的投票地点去投票

B. 通过流动票箱进行投票

C. 其他

9. 据您所知，在您所在的村，是否实行村务公开？（村里的财务使用情况，土地分配，计划生育落实情况，救灾物资发放情况等等）

A. 是

B. 不是

C. 不知道

10. 在本村的一些重大事务的决策中，您是否参加过？

A. 每次参加

B. 较少参加

C. 从未参加

D. 没听说过

11. 在村干部对村事务进行管理的过程中，您作为该村村民，能否对村干部进行民主评议？

A. 能

B. 不能

C. 不知道

12. 作为一名具有资格参与村民自治的村民，您希望参与村民的自治活动吗？

A. 非常希望

B. 比较希望

C. 不太希望

D. 无所谓

13. 您认为村支书是否应该让全体村民选举产生？

A. 不应该

B. 应该

C. 说不清，随便

14. 如果让您来选举村干部，在以下条件中您最重视哪个？（单选）

A. 办事是否公道

B. 是不是自己一家子

C. 能否带领大家致富

D. 敢不敢代表村民说话

E. 是否廉洁

F. 其他

15. 在村委会选举过程中，您认为什么样的人适合做村干部？

A. 经济(致富)能人

B. 族内有威望的人

C. 文化或技术能人

D. 无所谓

16. 在您村的主要干部中，您希望有您宗族的人吗？

A. 希望都是

B. 希望至少有一个

C. 有没有无所谓

D. 不希望有

E. 说不清

17. 如果让村民直接选举村干部，那么村干部特别是村主要干部将会从大家族中产生吗？

A. 完全有可能

B. 有较大可能

C. 不一定，因为村民不一定会选本家族的人

D. 说不清

18. 有的地方往往让大家族的人来当村干部特别是村主要干部，您认为这样好吗？

A. 好

B. 不一定

C. 不好

D. 说不清

E. 其他

19. 在本村下列问题中您最关心哪一个？

A. 农粮补贴

B. 计划生育指标的分配和超生罚款

C. 宅基地的分配

D. 责任田的分配和调整

E. 村办工矿企业或果园等的承包经营和分红

F. 生态文明村建设

20. 您认为当前农村最严重的问题是什么？（限选一项）

A. 农民负担过重

B. 干群关系不融洽

C. 社会治安不好

D. 贫富差距过大

E. 中央的好政策得不到贯彻执行

F. 说不清

G. 其他

21. 您对村干部哪个方面的工作最不满意？

A. 村财务的管理

B. 计划生育指标的分配和超生罚款

C. 宅基地的分配

D. 责任田的分配和调整

E. 村办工矿企业或果园等的承包经营和分红

F. 其他

22. 村干部对解决您和您家庭的困难有帮助吗?

A. 有很大帮助

B. 有较大帮助

C. 有时有帮助

D. 很少有帮助

E. 根本没有帮助

23. 您认为村干部们为什么要当干部?

A. 上级任命的,不得不当

B. 村民或党员选的,不得不当

C. 想为村民服务

D. 想趁机捞一把

E. 其他

24. 如果要您选举村干部,您会投现任村干部的票吗?

A. 全部会投

B. 多数会投

C. 只投少数干部的票

D. 一个也不会投

E. 到时再说

F. 其他

25. 本村的财务、村务、政务是否能做到公开和透明?

A. 一贯公开

B. 经常公开

C. 很少公开

D. 从不公开

26. 本村的水利设施、基础设施及生态文明建设状况发展如何?

A. 很好

B. 较好

C. 一般

D. 不好

27. 您对目前村委会组织制度及工作情况是否满意?

A. 十分满意

B. 比较满意

C. 一般

D. 不满意

28. 本村农业的种植结构是否进行过调整?是否有一定的特色?

A. 调整过且有特色

B. 调整过但没效果

C. 从未调整

D. 没调整但有特色

29. 据您了解,村委会干部是否存在外出务工现象?

A. 存在

B. 不存在

C. 曾经存在

D. 可能存在

30. 在村委会选举过程中是否能积极发动群众,规范选举过程?

A 一直这样

B. 有时这样

C. 很少这样

D. 从不这样

31. 您希望村委会在农村发展过程中主要起到什么作用？

A. 主要发展经济

B. 主要执行好上级的任务

C. 搞好治安和环保

D. 其他

32. 您认为村干部应该如何产生？

A. 上级任命

B. 村民选举

C. 上级提名候选人，由村民选举

D. 随便

33. 目前，国家对农业税实行取消制度，您认为在这过程中，村委会有没有起到作用？

A. 起到作用

B. 基本上有作用

C. 没什么作用

D. 不知道

34. 您认为村民自治在农村发展过程中有没有意义？

A. 很有意义

B 意义不大

C. 没意义

D. 不清楚

35. 村民之间发生矛盾，您首先愿意找谁解决？

A. 村委会

B. 族内有威望的人

C. 自己解决

D. 其他

36. 在村民自治过程中，您认为是否需要政府的规范、监督和引导？

A. 需要

B. 不需要

C. 可有可无

37. 您认为村民在自治过程中应该做些什么？（可多选）

A. 参加村上大会

B. 积极选举

C. 积极参加，配合工作

附录 5

关于首都社会主义新农村建设调查问卷综合

为了解广大农民对首都社会主义新农村建设的现状、建设和期望，我们进行一项无记名问卷调查。被调查的村群众积极配合，参与热情高，按时完成调查任务。现将调查结果整理归纳如下：

一、基本情况。这次问卷调查抽取 13 个镇 14 个自然村 192 户。入户调查前对调查员进行培训，调查工作由调查员入户询问，每户由一名成年人回答。被访者中男性 146 人，女性 46 人。年龄结构：20～30 岁的 16 人，31～40 岁 32 人，41～50 岁 68 人。51～60 岁 48 人，61 岁以上 28 人。问卷一共调查 15 项内容，被访者都作了回答。

二、调查内容及被访者回答结果。

1. 您知道“建设社会主义新农村”这个名词吗？如果知道，从什么渠道知道。被访者回答知道的占 70.8%。从领导讲话中知道的占 21.8%，从上级文件中知道的占 4.2%，从广播电视新闻媒体中知道的占 66.9%，其他途径知道的占 7.1%。

2. 您知道建设社会主义新农村的标准吗？被访者回答知道的占 56.3%。

3. 您是否支持进行社会主义新农村建设？被访者回答支持的占 83.3%，说不清的占 16.7%。在这一问题回答分年龄段来看：20～30 岁被访者 16 人，100% 支持；31～40 岁被访者 32 人，支持的占 78.1%；41～50 岁被访者 68 人，支持的占 83.8%；51～60 岁被访者 48 人，支持的占 88.1%；61 岁以上被访者 28 人，支持的占 67.9%。

4. 您对社会主义新农村建设是否有信心？被访者回答有信心的占 78.6%，说不清的 18.8%，没有信心的占 2.6%。

5. 如果建设社会主义新农村建设需要您出工出力，您是否支持？被访者回答支持的占 85.4%，说不清的占 13.5%，不支持的占 1.1%。

6. 如果建设社会主义新农村建设规划需要您拆旧建新，您是否支持？被访者回答支持的占 76.6%，说不清的占 21.4%，不支持的占 2.0%。

7. 发展农村经济，如果政府提供技术培训，您最希望得到哪项培训？被访者回答农业种养知识培训的占 69.3%。外出打工技能培训的占 30.7%。回答这个问题，20～30 岁被访者 16 人，希望得到打工技能培训的 12 人，占 75.0%。

8. 您的村委会是否实行村务公开？如果有，您对公开的内容是否满意？被访者回答“实行”的占 90.1%，“没有实行的”占 9.9%。回答满意的占 54.7%，基本满意的占 32.3%，说不清的占 10.9%，不满意的占 2.1%。

9. 北京市提出在全市农村开展评选“生态文明村”，您会参与吗？被访者回答参与的占 59.4%，不参与的占 13.0%，说不清的占 27.6%。

10. 您认为当前本地农村面临最主要问题：（选出最主要的五项）被访者回答综合排列如下：

①农村居民收入水平不高的占 57.8%；

②农田水利设施差的占 55.2%；

③农村社会治安不好的占 54.7%；

④农村生产水平落后、结构单一的占 53.6%；

⑤农村集体经济薄弱的占 51.0%；

⑥农村居民居住环境不好的占 45.8%；

⑦农村公共设施差的占 44.3%；

⑧农村教育负担重的占 41.7%；

⑨农村医疗条件差的占 37.0%；

⑩农村富余劳动力出路窄的占 22.4%。

11. 您希望政府在建设社会主义新农村中如何帮助你们？（请选出最主要的五项）被访者回答综合排列如下：

①加强水利设施建设的占 75.0%；

②推进改水、改路、改房、改厕、改灶的占 71.9%；

③发展生产增加收入的占 67.2%；

④加强农村治安工作的占 60.4%；

⑤改善农村卫生医疗条件的占 47.9%；

⑥美化村容村貌的占 38.0%；

⑦加快发展农村教育的占 35.4%；

⑧提供种养及市场信息的占 27.6%；

⑨执行村务公开的占 23.9%；

⑩推动农村生态文化建设的占 23.4%。

主持人：聂月岩(首都师范大学政法学院 教授)

参加人员：黄存金、丹青、白冰、刘春艳、陈笑

首都新农村生态文明教育体系研究

王淑芹

建设社会主义新农村，体现了科学发展观的宗旨，是实现中国特色社会主义现代化和构建和谐社会的必然要求。生态文明强调的是人与自然之间的相互依存、相互促进，其实质是正确处理人与自然的关系。我国是一个农业大国，农村是中国经济社会的基础，没有农村的生态文明就没有整个社会的生态文明，农村地区生态文明建设的好坏直接关系着我国整个生态文明建设的全局。因此，积极推进新农村生态文明建设则是全面建设小康社会的必然要求。北京作为国家首都和享誉世界的历史文化名城，应该发挥其在全国生态文明建设中的辐射作用，无疑，首都农村居民的生态文明素质和生态文明水平的提高，不仅直接关系着“文明北京”和“绿色北京”的建设，而且对全国的新农村生态文明建设具有引领作用。

一、引言

十六届五中全会提出的建设社会主义新农村，具有鲜明的时代特征和崭新的价值内涵。建设社会主义新农村，是我国解决农业、农村、农民问题的一种全新的治理理念，它包括“生产发展、生活宽裕、乡风文明、村容整洁、管理民主”的基本要求。富裕、文明、民主、和谐是新农村的重要表征，物质文明、精神文明、政治文明、生态文明是新农村的综合指标。毋庸置疑，生态文明作为新农村文明建设的基本内容，则是社会主义新农村建设的内在要求。

（一）课题研究的意义

十七大提出生态文明后，生态文明建设问题成为社会关注热点和研究焦点，学界对作为生态文明建设重要途径的生态文明教育问题开始广泛关注，对生态文明教育的重大意义、当前生态文明教育的现状和面临的形势任务、生态文明教育的途径等方面，都有较为全面的研究。尽管如此，但对农村生态文明教育的研究相对薄弱，尤其是有关“首善之区”的首都新农村生态文明教育体系的研究则更为薄弱。迄今为止，对农村生态文明教育体系的研究，从总体来说仍处在初始阶段：一是对农村生态文明教育体系现状的描述过于笼统，缺乏具有数据支持的定性定量分析；二是对农村生态文明教育体系中存在问题和原因的分析过于表象化，没有注重农村社会经济发展中的利益博弈、制度缺位和区位特点对农村生态文明教育体系的影响；三是对农村生态文明教育形式的研究存在一般性倾向，对符合农村特点和农民需要的具有针对性和实效性的教育形式缺乏创新；四是对农村生态文明教育体系构建囿于教育视野，对教育作用得以有效发挥的相关制度建设关注不足。

毋庸置疑，在首都新农村建设中，农村社会生态文明建设问题，将是首都经济建设与社会发展过程中亟需解决的并具有全局性的重大理论和实际问题之一。因此，准确把脉首都农村生态文明教育现状，探究农村社会生态文明教育体系建设的有效机制，对于北京构建社会主义和谐社会首善之区的城市建设，尤具重要的理论意义和实践价值。

(二)加强农村生态文明教育的意义

生态文明是指人类在改造自然以造福自身的过程中为实现人与自然之间的和谐所做的全部努力和所取得的全部成果，它表征着人与自然相互关系的进步状态，[①] 是人与自然、人与人、人与社会和谐共生、良性循环、全面发展、持续繁荣为基本宗旨的文化伦理形态。[②] 生态文明建设的主要目标是实现自然生态系统和社会生态系统的良性运行，实现生态、经济、社会的可持续发展。党的十七大报告明确指出要建设生态文明，到 2020 年把我国建设成为一个生态环境良好的国家。从实践来说，开展生态文明教育是促进生态文明建设的重要实现途径。生态文明能否转化为人们的自觉意识并最终落实于实践，关键在于形成生态文明意识、普及生态文明知识、树立生态文明理念，从而提高全民实践生态文明的自觉行为和能力。

农村生态文明建设是我国生态文明建设的重要组成部分，作为农业大国，建设农村生态文明是建设和谐新农村的基础和保障，是"三农"科学发展的方向和必然要求，只有农村生态文明建设取得实际效果，我国的生态文明建设才会有根本性改变和质的飞跃。农村生态文明建设是一项系统工程，倘若缺失对村民基本的生态文明教育，人们的生态文明观念和可持续发展意识就很难被普遍接受，在实践中也很

---

① 俞可平："科学发展观与生态文明"，《马克思主义与现实》2005 年第 4 期。

② 潘岳："科学发展观与生态文明"，人民日报海外版，2007 年 03 月 10 日第 1 版。

难贯彻生态文明的发展理念。因之，在农村生态文明建设这一复杂的系统工程中，开展广泛的生态文明教育具有重要意义，并发挥着基础性作用。

首先，生态文明教育是促进农村生态文明建设的重要抓手。生态文明教育以提高人们生态意识和文明素质为基础，建设农村生态文明，普及生态文明知识，树立生态文明观念，必须加强对农民的生态文明教育，促使农民自觉遵守自然生态系统和社会生态系统原则，树立生态理念，积极改善人与自然的关系、人与社会的关系以及代际间的关系，从而促进生态文明建设。只有通过对村民的全面系统的生态文明教育，加强生态文明的宣传，才能提升村民的环保意识，从根本上保证农村生态文明建设的全面开展。

其次，生态文明教育是新农村文化建设的主要内容。从农村改革的实践经验看，要实现社会主义新农村建设的各项要求和目标，必须在大力发展经济的同时，充分利用和依靠文化、教育等力量，切实加强农村文化建设，从而加速改变农村落后面貌，促进农村各项事业的长足发展。农村的文化建设是社会主义新农村建设的重要内容，生态文明教育能转变农民的伦理价值观，树立正确的生态伦理道德观，提高农民素质，培育新型农民，有助于转变农民的生产生活方式，构造一个以环境资源承载力为基础、以自然规律为准则、以可持续社会经济文化政策为手段的环境友好型社会，并推进新农村文化建设的大发展大繁荣。

再次，生态文明教育是提高农民生态意识，树立生态文明观念的根本途径。保护和建设好农村的生态环境，走可持续发展的道路，固然离不开科技手段的支持和法规制度的保障，但更离不开广大农民生态意识的加强和生态文明观念的树立，而要全面加强生态意识和提升生态文明程度，使农民自觉维护与其自身生存、发展休戚相关的生态环境，最行之有效的途径就是实现从“物的开发”向“心的开发”转换，建立生态文明教育体系，进行全民生态文明教育。

生态文明教育以传播生态知识和生态文化为手段，旨在提高农民的生态意识及生态素养、树立良好的生态文明观念。通过生态文明教育，能够直接提升农民的生态意识和文明意识，使个体的精神素质和文明程度得到全面提高，同时，生态文明对村民个体生活提出的新要求，也能够促使农民自觉改变对待自然生态的方式，促进文明转化，提升文明素质。

最后，生态文明教育的现实成效是衡量农村文明程度的重要标志。教育是促进可持续发展和提高人们解决环境与发展问题的关键，对于农民环境意识和道德意识的养成也是必不可少的途径。生态文明教育的目标是解决人与环境之间的矛盾，调整人的行为，建立生态伦理规范和生态道德观念，使农民正确认识自然环境的规律及其价值，通过生态文明教育，能够唤起村民自觉保护生态环境的意识。提高农村文明程度是建设社会主义新农村的灵魂，加强对村民的生态文明教育，强调以珍爱、尊重和保护生态环境为核心，通过提高村民的个体人文素养，从而全面提高农村的文明程度。

二、生态文明及其教育体系论要

(一)生态文明概论

关注环境问题，保护生态系统，维护生态安全，促进经济社会的可持续发展，已成为当前社会发展的客观要求。随着生态环境重要性的日益凸显，生态问题逐渐成为全社会关注的热点。

党的十七大报告提出：“建设生态文明，基本形成节约能源资源和保护生态环境的产业结构、增长方式、消费模式。循环经济形成较大规模，可再生能源比重显著上升。主要污染物排放得到有效控制，生态环境质量明显改善。生态文明观念在全社会牢固树立。”把生态建设上升到文明的高度，是我党对中国特色社会主义、经济社会发展规律和人类文明趋势认识的不断深化，是落实科学发展观，走可持续发展道路的必然选择，也是对传统粗放式经济增长方式的摈弃。

在近代，伴随着科学技术的迅猛发展以及人类对自然“控制”与“征服”能力的提高，人类创造了巨大的物质文明与技术文明。这种不断增长的社会生产能力却以人口暴涨、资源短缺、环境污染和生态破坏为代价。厄尔尼诺现象、温室效应、沙尘暴、大洪水、大旱灾、地震、沙漠化等，严重危及到人类的生存和发展。从 1972 年罗马俱乐部发表研究报告《增长的极限》中的“均衡发展”到 1992 年巴西里约热内卢召开的联合国环境与发展大会倡导的“可持续发展”，再到 2002 年中国共产党在十六大报告中提出“建设生态良好的文明社会”，都是围绕如何超越人类与自然之间的对立和矛盾展开的。显然，基于生态整体价值而构建人与自然共处相融的良好意识、制度和行为，已成为生态文明建设的重要任务。

生态文明是人类社会的重要文明形态，对于生态文明的内涵，学界有不同的理解。一种观点认为，生态文明是依赖人类自身智力和信息资源，在生态自然平衡基础上，经济社会和生态环境全球化协调发展的文明，其在本质上是价值观的革命。①另一种观点认为，生态文明主要体现两个维度：其一是人类对人与自然关系的觉悟所产生的新

① 李良美：“生态文明的科学内涵及其理论意义”，《毛泽东邓小平理论研究》2005 年第 2 期。

理念，比如，人与自然共生的思想，环境容量、土地承载力、生态平衡的思想、可持续发展理论等；其二是这种新理念所派生出的人类在人与自然关系方面的价值观和行为修养，即生态伦理、生态善恶观、生态正义、生态良心、生态责任等新的价值体系。①第三种观点认为，生态文明是人类在改造自然以造福自身过程中，为实现人与自然之间的和谐所作的全部努力和所取得的全部成果，它表征着人与自然相互关系的进步状态。生态文明既包含人类保护自然环境和生态安全的意识、法律、制度、政策，也包括维护生态平衡和可持续发展的科学技术、组织机构和实际行动。并指出，生态文明作为一种后工业文明，是人类迄今最高的文明形态。② 第四种观点认为，生态文明社会是一种理想的社会形态，其内涵表现在四个方面：生产发展，生活富裕，生态良好的整体性；经济与人口、资源、环境协调发展的一致性；生态意识成为社会主流价值观的共识性；人与自然和谐相处的共生性。③

生态文明是人类文明发展的重要领域，科学发展观是它的指导思想，可持续发展是它的发展理念，循环经济是它的模式选择，生态平等意识是它的核心价值观，资源节约型、环境友好型社会是它的制度平台，人与自然和谐相处是它的本质所在。

如前所述，目前生态文明建设已成为学界广泛关注的热点，而作为生态文明建设重要途径的生态文明教育的研究成果颇丰。尽管如

① 白光润："论生态文化与生态文明"，《人文地理》2003 年第 2 期。

② 俞可平："科学发展观与生态文明"，《马克思主义与现实》2005 年第 4 期。

③ 赵建军："生态文明的理论品质及其实践方式"，《深圳大学学报》2008 年第 5 期。

此，具体细化到对农村生态文明教育问题的研究则相对薄弱，尤其涉及新农村生态文明教育体系的研究更为鲜见。本课题恰恰聚焦于首都农村地区的生态文明教育体系的现状，试图对以上“空白”有所填补。诚然，在首都新农村建设中，农村生态文明建设尤其是相关教育问题，是首都经济建设与社会发展过程中亟需解决的重要理论和实际问题之一。2010 年北京政府工作报告中指出，首都已进入了全面建设现代化国际大都市的新阶段。换言之，首都农村的生态文明建设是实现北京建设世界城市这一战略目标的重要方面。我们认为，新农村生态文明的内涵主要包括以下四点：实现农村社会生产方式、生活方式特别是农民的思维观念的“生态化、环保化转变”；构建农村经济社会与资源、环境相协调的可持续发展模式，改变过去粗放型生产方式；从过去片面、单一追求经济效益的发展观，转变为实现“环境—经济—社会”的协调发展观；在农业生产中体现出保护环境、维护生态平衡的精神，注重对资源、能源的保护与循环利用，推进绿色生产，真正实现经济效益与环境效益的协调发展；最终建设成经济活动与生态环境有机共生、人与自然和谐相融的文明农村，实现农村经济、社会、环境的全面、协调、可持续发展。

(二)生态文明教育体系界说

面对日益严重的生态危机，西方国家尝试以理性的态度加以对待，立法和治理技术成为优先选择，然而，污染——立法——治理——再污染——再立法——再治理，恶性循环，难以从根本上解决问题。1962 年卡逊的《寂静的春天》，1968 年罗马俱乐部的研究报告《增长的极限》、《人类处在十字路口》宣布了环境问题上的理性乐观主义的破产，提醒通过教育改变人类在生态环境关系的意识、制度和行为等价值性议题的重要性。

建设生态文明是一项复杂的社会系统工程，要使其目标和任务得以协调、有序地实现，就必须选择和运用科学的行之有效的方法。从生态文明建设的现实运转形态上看，加强生态文明教育是推进生态文明建设的重要实现途径。

教育是一种对人类认识和改造客观世界及自身的积极的影响，一切有目的地影响人的身心发展的社会实践活动，对教育对象的思想和行为发生影响的因素，都是一种教育，在当代社会，完善的制度和有效的管理也是一种教育。

生态文明教育，有显性教育和隐性教育。显性教育是直接的有形教育，指充分利用各种公开的手段、公共场所，有领导、有组织、有系统的教育方法。隐性教育是一种具有间接性、暗示性、渗透性的无形教育，受教育者在没有意识到自己在受教育的过程中，不知不觉地接受教育。因此，生态文明教育体系也应分为显性教育和隐性教育两个层面。

首先，生态文明的显性教育，即理性认知教育是生态文明教育体系的基础性内容。生态环境现状教育是加强人们对生态环境问题危机感的必要前提，生态伦理教育是建设生态文明的精神依托和道德基础，科学的生态文明知识教育以及合理的生态文明规范要求，是促使人们养成良好生态文明品行的思想保障。

其次，生态文明的隐性教育，即约束性的规章教育、生态环境改善的熏染性教育、完善的生态文明制度体系和有效的管理手段等都属于生态文明教育体系中的隐性教育。隐性教育通过间接性、暗示性、渗透性的“无形”教育，促使受教育者在无形氛围的熏陶下，潜移默化接受教育，并对受教育者产生持久和稳定的影响，使得人们自觉树立生态文明观念。隐性教育由于没有明显的教育痕迹以及直观明确的教育要求，教育往往是在自然、和谐、愉快的氛围中进行，更容易为人们所接受。

概言之，生态文明教育体系应涵盖显性的理性认知教育和隐性的规章制度教育，在显性的理性认知教育层面，主要包括生态环境现状教育、环保意识教育、生态文明的法治教育、生态文明规范的宣传、环境保护的道德教育、生态伦理案例的评析、生态文明的科学知识教育等内容。在生态文明的隐性教育层面，主要包括约束性的规章教育、生态环境改善的熏染性教育、完善的生态文明制度体系和有效的管理手段等。通过显性教育和隐性教育的相互交织和渗透，达到生态文明教育的最佳效果。(见下图)

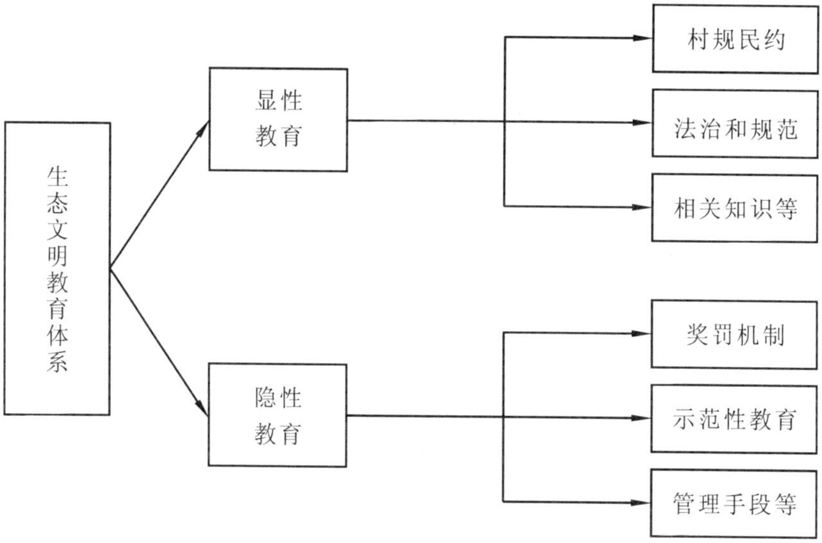

生态文明的教育确保了科学在认识和改造自然上的价值限度，使得技术服务于维护生态系统整体的价值存在，重构人与生态和谐共处的新伦理。生态文明教育揭示出一个相互依存的伦理世界，人只是其

中的一个，“既不优越于其他物种，也不能受大自然的制约”。[①] 作为一个体系，生态文明教育是要揭示各种生态环境议题背后的是非善恶，促使人们为改善生态环境作出决策、行为的态度和能力。1975年的贝尔格莱德会议揭示生态环境教育的目标是：“进一步认识并关注城乡地区在经济、社会、政治、生态方面存在的相互依赖的关系；为每一个人提供机会以获取保护和改善环境的知识、价值观、态度、责任感和技能；创造个人、群体和整个社会环境行为的新模式。”1977年的第比利斯政府间环境教育大会（以下简称“大会”）明确提出了环境教育的五项目标：意识、知识、态度、技能和参与。这五个项目都指向普通个人和社会群体：意识是指获得对整个生态及其有关问题的意识和敏感；知识是指获得对待生态及其有关问题的各种经验和基本理解；态度是指获得一系列有关生态的价值观念和态度，培养主动参与生态改善和保护所需动机；技能是指获得认识和解决生态问题所需的技能；参与是指对民众提供各个层次积极参与解决环境问题的机会。

至此，本题拟结合“大会”所提出的环境教育的五项目标，即尝试按照“意识、知识、态度、技能和参与”等五项目标，勾勒出一幅“首都新农村生态文明教育体系”路线图，它包含以下五点构成要素：

1. 生态文明教育实践应涉及多层次的参与主体，包括村民个体、政府部门、非政府组织和村自组织系统；

2. 以树立首都村民正确的生态文明态度和意识为“软目标”；

3. 以丰富村民生态文明知识和提高相关技能水平为“硬目标”；

4. 在教育手段上，倚重一种在日常生产、生活实践中实际参与

---

① ［美］唐纳德·沃斯特：《自然的经济体系：生态思想史》，商务印书馆，1999，第10页。

相关建设的教育模式，强调村民在实践中体悟并最终掌握教育内容；

5. 采取显性教育和隐性教育并重的具体教育方法。

总之，该体系是一种多层次、实践型、参与型的以提高村民生态文明意识并且丰富村民生态文明知识为根本诉求的生态文明教育体系。

三、调查问卷的相关说明

为准确把脉当前首都农村生态文明教育的现状，提升首都农村建设的软实力，首都师范大学的首都新农村社会与文化建设研究中心的“首都新农村生态文明教育体系研究”课题组，从 2009 年 8 月至 11 月，向北京 14 个区县的农村居民发放调查问卷 1000 份，回收有效问卷 834 份，有效率达 83.4%。(问卷覆盖范围如下表所示)：

居住地

		频次	百分比	有效百分比	累计百分比
Valid	海淀区	4	0.5	0.5	0.5
	朝阳区	14	1.7	1.7	2.2
	丰台区	3	0.4	0.4	2.5
	石景山	4	0.5	0.5	3.0
	门头沟区	4	0.5	0.5	3.5
	房山区	29	3.5	3.5	7.0
	通州区	21	2.5	2.5	9.5
	顺义区	220	26.4	26.4	35.9
	昌平区	260	31.2	31.2	67.0
	大兴区	232	27.8	27.8	94.8
	怀柔区	3	0.4	0.4	95.2
	平谷区	19	2.3	2.3	97.5
	密云县	16	1.9	1.9	99.4
	延庆县	5	0.6	0.6	100.0
	合计	834	100.0	100.0	

此外，课题组还对昌平的北七家镇等村镇进行实地考察调研，与当地的乡、村两级干部、村民进行了广泛深入的座谈、访谈。本次调查所采集的 834 个有效问卷中，性别、年龄、文化程度和主要收入来源的统计信息分别如下：男性村民 443 人，占被调查人数的 53.1%，女性村民 391 人，占总数的 46.9%。（见下表）

性别

		频次	百分比	有效百分比	累计百分比
有效	男	443	53.1	53.1	53.1
	女	391	46.9	46.9	100.0
	合计	834	100.0	100.0	

年龄在 18 周岁以下的村民有 29 人，占被调查对象的 3.5%；18～25 周岁的村民有 182 人，占总人数的 21.8%；26～35 周岁的村民有 189 人，占总人数的 22.7%；36～45 周岁的村民有 220 人，占总数的 26.4%，46～60 周岁的村民有 158 人，占总数的 18.9%；60 周岁以上的村民有 56 人，占总数的 6.7%。（见下表）

年龄

		频次	百分比	有效百分比	累计百分比
有效	18 岁以下	29	3.5	3.5	3.5
	18～25 岁	182	21.8	21.8	25.3
	26～35 岁	189	22.7	22.7	48.0
	36～45 岁	220	26.4	26.4	74.3
	46～60 岁	158	18.9	18.9	93.3
	60 岁以上	56	6.7	6.7	100.0
	合计	834	100.0	100.0	

被调查人群的文化程度情况为："没上过学"的村民有 22 人，占被调查总人数的 2.6%；小学文化程度的村民有 184 人，占总数的

22.1%；初中文化程度的村民有119人，占总数的14.3%；具有高中文化程度的村民有311人，占总数的37.3%；大专以上文化程度的村民有198人，占总数的23.7%。(见下表)

文化程度

		频次	百分比	有效百分比	累计百分比
有效	没上过学	22	2.6	2.6	2.6
	小学	184	22.1	22.1	24.7
	初中	119	14.3	14.3	39.0
	高中(含职高、中计、中专)	311	37.3	37.3	76.3
	大专及以上	198	23.7	23.7	100.0
	合计	834	100.0	100.0	

按收入来源分类后的人数分布为：务农人口207人，占被调查总数的24.8%；在村或乡办企业工作的人口共162人，占总数的19.4%；经商的人数78人，占总数的9.4%；而从事其他行业的人口387人，占总数的46.4%。

收入来源

		频次	百分比	有效百分比	累计百分比
有效	务农	207	24.8	24.8	24.8
	村(乡)办企业	162	19.4	19.4	44.2
	经商	78	9.4	9.4	53.6
	其他	387	46.4	46.4	100.0
	合计	834	100.0	100.0	

本次调查所获数据利用SPSS11.5统计软件包进行分析，以求在精确量化的描述统计基础上，进一步利用单因素多变量方差分析(ANOVA)等工具把握当代首都农村居民的生态文明教育状况。具体言之，本次统计分析过程分为两个层次，一是对本次调查量表进行描

述性统计分析(descriptive analysis)；二是对量表进行深入的技术性的多因素统计分析(deductive analysis)，即因子分析、方差分析等。调查问卷主体内容分为两部分：第一部分是对被调查者的基本信息的采集，包括被调查者的性别、年龄、居住地、文化程度和主要收入来源5项。第二部分即测试题目，针对农村生态文明教育的两个维度内容，设置了20道题目。在以上测试题目中，第1题到第11题以及第15题作为"定距变量或等距变量"而设置，即每题按照被调查对象的生态文明教育水平，由低到高依次排列3个选项，并且相对于各个选项分别赋予了1～3分的不同分值。其他题目(第12题、第13题、第14题、第16题、第17题、第18题、第19题和第30题)的选项没有被赋予分值，只对选项进行权重分析。

本调研对量表中题目进行了信度分析(Reliability Analysis)，即运用克朗巴哈α信度系数法(Cronbach's Alpha)进行测试，得出α信度系数值为0.6846，这一数值在数理统计学学理上表明本题的量表数据具有中上等信度，为进一步分析奠定了基础。(见下表)

克朗巴哈α系数值	项目数量	案例数量
0.6846	20	834

此外，在方法论上如何设置研究方案，对于调研报告的诠释效力以及相应对策的预期实践效果而言是至关重要的。它不仅涉及以何种恰当的理论原则为圭臬、更涉及如何组装其后续章节的"龙骨"问题。本研究分别因循两个层面上的指导原则，即"一般—上位"的高阶(high-order)指导原则以及"具体—下位"的低阶(low-order)指导原则。其中，"一般—上位"的高阶原则采取一种整合性的辩证统一指导原则，而"具体—下位"的低阶原则包括相辅相成的两种科学研究指导原

则——分别为“实证主义”(Positivism)原则和“否证主义”(Falsificationism)原则。①

总之，本课题实证研究的要义就在于把作为研究对象的可经验观察的首都农村生态文明教育现状这一社会现象视为“物”来展开研究。作为研究者，我们无法“先验”地就当代首都农村生态文明教育状况给予断言，而只能将其作为客观社会现象即从它们在观察者心灵中的主观表象区分出来，尽量减少主观投射。②本课题具体研究构架的铺设均围绕“实证性调研”这一主线展开。与前述理论指导原则遥相呼应，具体研究方法、路径划分为以下六个阶段：第一阶段，课题组根据对学界已有的类似或相关调研成果进行详细研究、总结，以此为基础提出本课题初步设想性框架(主要为草拟的“首都农村生态文明教育现状

① “实证主义原则”是一切以调研为核心的研究工作的基本指导思想，而“否证主义原则”则扮演一个互补的，又是在研究初始阶段不可或缺的理论环节的角色。当然，本研究是在有限意义上运用这一“否证主义”原则(亦称“试错法”或猜测反驳法)，即在调研问题构想和问卷设计阶段参考某种类似“问题(P1)——假说(TT)——证伪(EE)——问题(P2)”的四段论式的演绎过程，并在实践达到研究设计的较高的证伪度或逼真度。否证主义或试错法是西方著名科学哲学家波普尔(Karl Popper)首创的理论，其采取对经典实证主义的批判态度，主张一种以提出假说为肇始，继而以经验证伪，从而获益已达到更新假说的结果。具体路径即提出原始设问，再从中抽象出假说，又进一步以经验检验此假说而消除错误，最终提出修正后的设问。

② 诚然，正如当代西方著名科学哲学家波拉尼(Michael Polanyi)的默会知识(tacit knowledge)论的观点，任何科学性研究(特别包含以经验主义为特征的实证性研究)过程必然作为一个包容了研究主体意识或主体性的主、客观统一过程，因此任何“科学化”的社会问题研究均无法摆脱元层次的“视觉(vision)”问题——我们对本题研究对象的把握无法避免地建构于我们作为研究者的自身理论视域内，内含了一定主观建构性，甚至是“猜测”的成分。基于此意，研究中所获得的认识(即将于调研报告中呈现部分)是研究主体的主观推断性和客观现实性的有机统一，也是马克思主义的逻辑与历史的统一。

调查”样卷)；第二阶段，对此设想性框架进行“试验”——主要对草拟的样卷进行小样本量的试填写，并且搜集被测对象的评价性意见或反馈信息；第三阶段，课题组针对试验结果进行讨论，修正和完善框架，并最终对调查问卷定稿。第四阶段，即本调研的主体阶段，包括在目标区域大规模①投放问卷，以及对回收的问卷运用当代社科统计技术进行数据分析。第五阶段，在数据分析过程稍后展开对目标区域的田野工作(主要包括抽样访谈等实地考察)。最后阶段，即对数据分析结果和实地考察、访谈记录进行“双重证据”的综合评价分析，从中概括出首都农村生态文明教育现状中存在的问题，进而有针对性地提出建设性的治理对策。上述方法论中内含的操作步骤体现了本题所因循的辩证统一的指导原则(如下图所示)。

上图所示的研究方法中，由步骤 1～3 所组成的方法序列对应于否证主义原则，而步骤 4～5 组成的序列对应于实证主义原则。在更高阶的层次上，此两类“微观一下位”原则的应用整合于“宏观一上位”的辩证统一指导原则，即全部方法步骤在此一般原则下构成连续、完整的序列。

四、首都农村生态文明教育现状概观

上文的方法论和基本指导思想为我们下面的具体调查、分析工作提供了一般性进路。我们还需将此进路具体化，即按照调研所预设的首都新农村生态文明教育体系架构对量表进行设计以及对调研所获数

① 本题在调研过程中总共向目标区域投放问卷 2000 份。按照数理统计学相关规定，调查样本量在 100 例以上即属于大样本。本题的样本提取量远远高于上述规定，在此意义上被称为“大规模”。

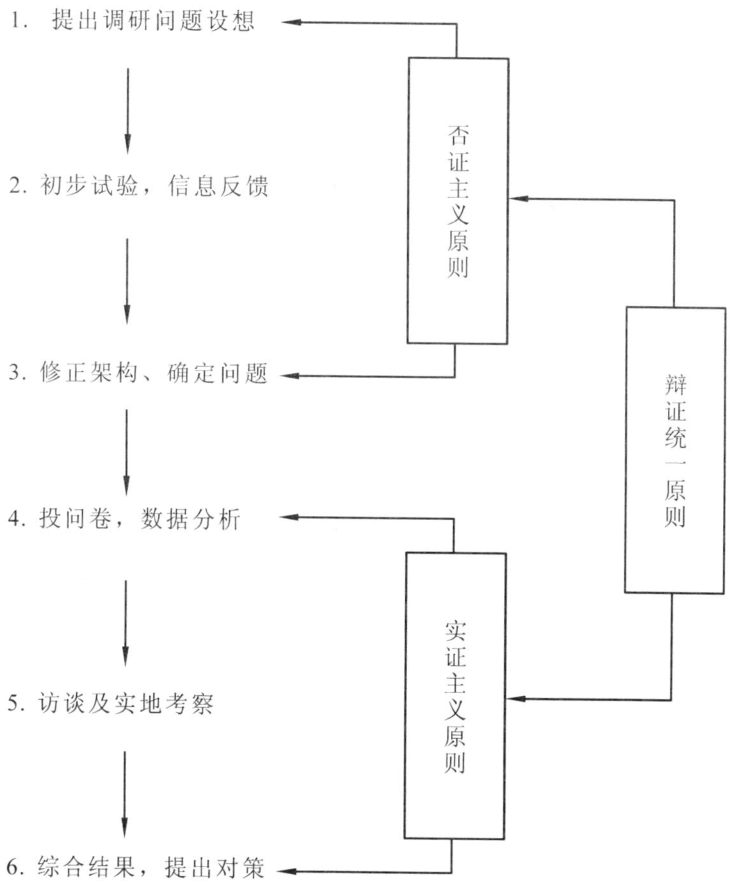

据展开分析。我们综合第二章中关于一般生态文明教育体系框架以及首都新农村生态文明教育体系五点要素，认为本调查所依据的相关教育体系架构应该充分体现“二维结构性”特征，即在具体教育途径、方法上，体现为生态文明显性教育和生态文明隐性教育——此二维的统一；而在教育目标上，则体现为生态文明意识、态度和生态文明知识、技能——此二维的统一。当然，无论是教育目标的达成还是教育方法的具体实施，均要在村民参与型的生态文明实践活动中现实化。于是，本题将所依据体系架构拟定为如下：

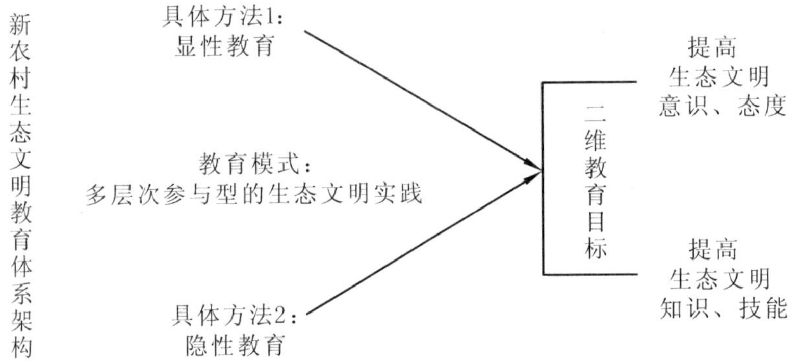

进言之，我们对量表题目设计充分考虑进显性和隐性教育两维度内容，并且将在以下调查数据分析中着重考察村民生态文明意识和态度两类教育目标的实现情况。

(一)调查数据的定量分析

本调研的定量分析特别针对当代首都农村生态文明教育现状采取一种间接、多层次的考察。这里的所谓“间接和多层次”的考察指本调研不仅简单地指向首都农村生态文明教育的“静态的现状”或“死对象”层——首都农村现阶段正运行的生态文明教育体系的制度性构架，通常表现为具体的有明文依据的相关政策、行政规定、开展办法和活动组织内容等；更是在一定程度上绕过这些“死对象”指向“动态的现状”或“活对象”层——作为首都农村现阶段生态文明教育“静态现状”伞盖下的村民生态文明道德水平或现状。并且，从逻辑的观点看，农村生态文明教育现状必然地蕴涵村民生态文明道德现状，后者乃前者的逻辑后承。毋庸置疑，村民作为生态文明实践的道德主体，他们的相关道德水平是农村地区生态文明教育的成果体现，我们不但要通过对当地村、镇政府的生态文明教育措施、政策和“硬件设施”等教育手段本身的考察，更要强调对这些教育手段的具体实践效果进行考察、研究和价值评价。如果抛开教育效果以及对其价值评价的考察，那么我们对首都农村生态文明教育现状的把握就会流于描述性的旁白，而丧失动态地把握当下首都农村生态文明教育体系的运作水平，即无法把脉该教育体系的优劣——生态文明教育体系的优劣往往反映在作为其教育实践后果的教育对象的相关道德水平的高低上。因此，这是在一定程度上通过考察村民生态文明道德现状来“间接”把握首都农村生态文明教育现状的“二维分析法”(本量表亦按此思路设计，详见报告后附)。简言之，以上“农村生态文明教育现状”和“村民生态文明道德现状”的相互关系可见于下图：

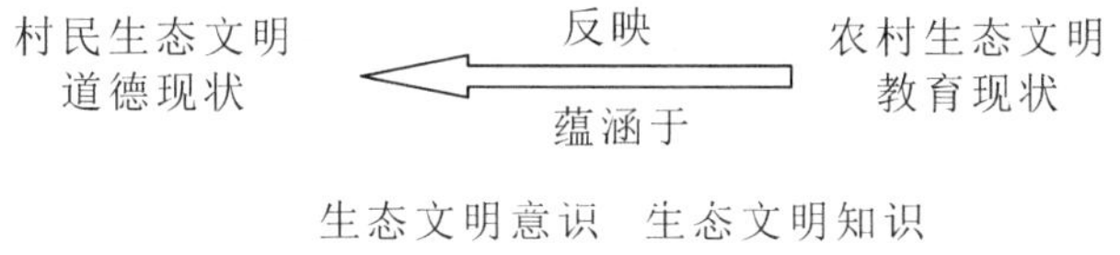

具体地，本次调研具体涉及首都农村居民生态文明教育道德水平的考察(其中，Q1 至 Q7 对村民生态文明意识水平考察，Q8 至 Q11 对村民生态文明知识方面考察)和对农村政府部门开展生态文明教育状况的民意考察(把握村民对当地生态文明教育措施的评价)两部分。以上可进一步地划分为“环境维护”、“节水”、“个人环保投入”等生态意识和生态知识的考察以及“相关教育环境”五方面的内容。

概括言之，调查分析结果显示，在市政府大力推进首都新农村建设各项政策的落实及多项治理工程的建设中，北京农村居民的生态文明意识有显著提高，多数人具备正确的生态文明观，但同时调查也反映出村民对于生态文明相关知识的欠缺。分析还显示，村民对于当地生态文明环境现状、政府部门相关教育措施等方面还不够满意，尚需地方政府相关部门继续加强和改进首都农村生态文明教育建设。概言之，现代生态文明理念在首都农村地区日渐形成，但是相关政策、法规和生态文明知识的传播、教育仍任重道远。

1. 在环境维护意识方面，村民的相关环保意识水平有明显提高

首先，村民在处理生活垃圾的方式上，表现出良好文明意识和道德素养。有56.5％和41.8％的人选择“投放到指定地点”和“按垃圾分类投放”。（见下表）

Q1

		频次	百分比	有效百分比	累计百分比
有效	随地乱扔	14	1.7	1.7	1.7
	投放到指定地点	471	56.5	56.5	58.2
	按垃圾分类投放	349	41.8	41.8	100.0
	合计	834	100.0	100.0	

其次，88.2％的人希望通过“规范管理”方式解决乡村旅游对环境造成污染和破坏的问题，相比仅有一成多的人（11.8％）仍桎梏于“挣钱重要”和“没办法”的狭隘视域。（见下表）

Q2

		频次	百分比	有效百分比	累计百分比
有效	挣钱重要	22	2.6	2.6	2.6
	没办法	76	9.1	9.1	11.8
	需要规范管理	736	88.2	88.2	100.0
	合计	834	100.0	100.0	

此外，对于正在推行的“自家周边环境责任制”，有高达96.6％的村民表示“赞同和服从”，其中74.1％的人对此“积极支持”。（见下表）

Q3

		频次	百分比	有效百分比	累计百分比
有效	反对，增加农民负担 不积极，但服从当地	28	3.4	3.4	3.4

续表

	频次	百分比	有效百分比	累计百分比
规定	188	22.5	22.5	25.9
赞同，积极支持	618	74.1	74.1	100.0
合计	834	100.0	100.0	

再次，绝大多数村民(93.3%)对当地污染企业持鲜明反对态度，说明村民的自觉环保意识远远超过"污染企业对本地经济发展具有贡献"的唯经济利益意识。(见下表)

Q4

		频次	百分比	有效百分比	累计百分比
有效	赞成	5	0.6	0.6	0.6
	无所谓	51	6.1	6.1	6.7
	坚决反对	778	93.3	93.3	100.0
	合计	834	100.0	100.0	

最后，对于一些村民的日常"小节"问题——比如被问及"在外面吃东西时，您会把包装和果皮"如何处理时，绝大多数村民(90%)选择"扔进垃圾桶，或者暂时放在塑料袋中"，选择"随手扔掉"者仅占1.9%。(见下表)

Q5

		频次	百分比	有效百分比	累计百分比
有效	随手扔掉	16	1.9	1.9	1.9
	扔到脏的地方	67	8.0	8.0	10.0
	扔进垃圾桶，或者暂时放在塑料袋中	751	90.0	90.0	100.0
	合计	834	100.0	100.0	

2. 绝大多数村民具有节水意识

88.5％的村民在“看到水龙头滴水”时，会“随手关紧水龙头”，仅有11.5％的人“没在意过”和采取“滴点水也没关系”的态度。通过访谈发现，村民之所以表现出较高的节水意识，一方面归功于当地政府长期以来的节水宣传教育，另一方面，在于农村地区用水改革计价措施的推行。(见下表)

Q6

		频次	百分比	有效百分比	累计百分比
有效	滴点水也没关系	12	1.4	1.4	1.4
	没在意过	84	10.1	10.1	11.5
	随手关紧水龙头	738	88.5	88.5	100.0
	合计	834	100.0	100.0	

3. 绝大多数村民具有节能环保意识

在个人节能环保投入的态度方面，仅有2.4％的村民倾向于“不安装”由政府给予补贴的太阳能设备。调查显示，即使存在少量个人环保“零投入”的“顽固分子”，他们也并非出自主观意愿，而往往是因为受困于自身所处的窘迫经济条件。另外“随大流”者占总数的四分之一(25.2％)，他们的“立场不坚定”源于欠缺对节能环保投入效用的了解，这恰可以通过适时的宣传教育来提高这部分村民的自觉环保节能意识。(见下表)

Q7

		频次	百分比	有效百分比	累计百分比
有效	不安装	20	2.4	2.4	2.4
	随大流	210	25.2	25.2	27.6
	安装	604	72.4	72.4	100.0
	合计	834	100.0	100.0	

4. 多数村民并未掌握相关生态文明知识或法规

在生态文明相关知识方面，村民普遍表现欠佳。这在一定程度上表明，目前开展的生态文明教育在生态文明知识和法规方面的宣传效果并不理想。例如，有将近半数的村民(49.5%)在购买商品时并不十分在意“绿色产品”标识，显示出村民未能在生态文明教育中获得相关知识并养成自觉意识。(见下表)

Q8

		频次	百分比	有效百分比	累计百分比
有效	不在意	89	10.7	10.7	10.7
	有时在意	324	38.8	38.8	49.5
	非常在意	421	50.5	50.5	100.0
	合计	834	100.0	100.0	

在调查村民对《环保法》最基本内容的熟悉程度时，有21.6%的人不了解“谁污染谁治理，谁开发谁保护”的基本原则，仅有17.1%村民对此“非常了解”。(见下表)

Q9

		频次	百分比	有效百分比	累计百分比
有效	不了解	180	21.6	21.6	21.6
	了解一些	511	61.3	61.3	82.9
	非常了解	143	17.1	17.1	100.0
	合计	834	100.0	100.0	

在考察村民对当前政府推广的环保型农业种植措施的了解程度时，有31.9%的人“不知道”政府推广的“测土配方，平衡施肥”工程，而对此“非常了解”的村民仅占13.7%。(见下表)

Q10

		频次	百分比	有效百分比	累计百分比
有效	不知道	266	31.9	31.9	31.9
	了解一些	454	54.4	54.4	86.3
	非常了解	114	13.7	13.7	100.0
	合计	834	100.0	100.0	

类似情况还出现在调查村民对于“超薄塑料袋对环境造成的危害”的了解程度上，仅有28.1%对此“非常了解”。(见下表)

Q11

		频次	百分比	有效百分比	累计百分比
有效	不知道	52	6.2	6.2	6.2
	知道一些	548	65.7	65.7	71.9
	非常了解	234	28.1	28.1	100.0
	合计	834	100.0	100.0	

5. 首都农村地区生态文明教育活动不够活跃

在考察生态文明环境上，调查显示，村民对当地政府开展的相关教育状况做出相对“保守”的评价。与高达79.3%(Q15)的人认为“有必要，积极参与”村镇开展生态文明教育的积极态度形成鲜明对照的是，首都农村地区相关教育活动普及度或开展“密度”还有待提高——有60.1%的村民反映其所在村镇“偶尔”和“没有”开展此类教育活动(Q12)。(见下表)

Q12

		频次	百分比	有效百分比	累计百分比
有效	没有	70	8.4	8.4	8.4
	偶尔有	431	51.7	51.7	60.1
	经常有	333	39.9	39.9	100.0
	合计	834	100.0	100.0	

Q15

		频次	百分比	有效百分比	累计百分比
有效	浪费时间，没有意义	20	2.4	2.4	2.4
	无所谓	153	18.3	18.3	20.7
	有必要，积极参与	661	79.3	79.3	100.0
	合计	834	100.0	100.0	

在此基础上，对当地已开展的相关教育活动的效果进行“民意测评”，结果显示有超过半数的人(52.8%)认为“本地政府对生态文明的宣传”仅“有些效果，但不明显”，另有13.2%的人抱怨宣传教育“没什么效果”。(见下表)

Q13

		频次	百分比	有效百分比	累计百分比
有效	没什么效果	110	13.2	13.2	13.2
	有些效果，但不明显	440	52.8	52.8	65.9
	有明显效果	284	34.1	34.1	100.0
	合计	834	100.0	100.0	

同时，在调查村民对政府推行的生态环境“硬件”改善效果的态度方面显示，绝大多数村民(91.6%)肯定了(即选择项是“还行”和“很大”)当地正开展的“五改工程”(改路、改水、改电、改厕、改厨)对生态环境的改善作用。可以看出，政府开展的生态文明教育的“软措施”在村民心目中的“威信”明显弱于“五改工程”等生态治理的“硬措施”。(见下表)

Q16

		频次	百分比	有效百分比	累计百分比
有效	很小	70	8.4	8.4	8.4
	还行	346	41.5	41.5	49.9

续表

	频次	百分比	有效百分比	累计百分比
很大	418	50.1	50.1	100.0
合计	834	100.0	100.0	

村民对当地相关教育现状的“满意率”不高的原因何在？调查分析显示，有34.3%的人认为当前农村生态文明教育存在的最大问题为“走过场，不切实际”，另有34.7%的人认为最大问题在于“缺乏专业指导”。（见下表）

Q18

		频次	百分比	有效百分比	累计百分比
有效	形式单一	110	13.2	13.2	13.2
	缺乏专业指导	289	34.7	34.7	47.8
	教育经费不足	149	17.9	17.9	65.7
	走过场，不切实际	286	34.3	34.3	100.0
	合计	834	100.0	100.0	

以上两项选项共同揭示了一个问题——正由于在开展生态文明教育过程中缺乏专业化指导，使此类活动流于笼统的“道德说教”，从而使村民认为是“走过场”。

为给首都农村政府部门的相关教育措施改进提供可供参考的依据，课题组就村民对生态文明教育途径、内容和改进措施的相关意见等也做出调查。首先，调研发现有半数以上(50.2%)的村民是通过村镇开展的宣传活动对生态文明的内容有所了解，及另有近半数(46.4%)的村民获取生态文明知识的途径是广播电视等大众媒体。(见下表)

Q14

		频次	百分比	有效百分比	累计百分比
有效	听邻里说的	28	3.4	3.4	3.4
	广播电视	387	46.4	46.4	49.8
	村镇开展的宣传活动	419	50.2	50.2	100.0
	合计	834	100.0	100.0	

其次，在被问及“哪种生态文明教育形式更有效”时，有接近半数的人倾向于“媒体宣传”和“违规处罚”(分别占25.5%和22.1%)，而其余按偏好降序排列为“知识讲座”(18.1%)、“评比活动”(17.9%)和“典型示范”(16.4%)。(见下表)

Q17

		频次	百分比	有效百分比	累计百分比
有效	典型示范	137	16.4	16.4	16.4
	媒体宣传	213	25.5	25.5	42.0
	知识讲座	151	18.1	18.1	60.1
	评比活动	149	17.9	17.9	77.9
	违规处罚	184	22.1	22.1	100.0
	合计	834	100.0	100.0	

值得注意的是，调查发现大多数村民体现出对相关教育内容的专业化、系统化和细化的需求倾向，将近80%的人更愿得到“生态文明的政策、法律知识”(47.5%)和“生态文明的技术指导”(31.5%)。(见下表)

Q19

		频次	百分比	有效百分比	累计百分比
有效	生态文明的相关知识	175	21.0	21.0	21.0
	生态文明的政策、法律知识	396	47.5	47.5	68.5

续表

	频次	百分比	有效百分比	累计百分比
生态文明的技术指导	263	31.5	31.5	100.0
合计	834	100.0	100.0	

最后，在建设社会主义新农村倡导的参与型管理、“村民自治”原则指导下，课题组向村民征求当地生态文明教育改进措施的意见，调查结果显示——选择项最高的措施是“完善生态环保公共设施及其配套服务”(32.7%)，其他三个选项可谓“平分秋色”，依次为“乡镇村加强相关管理”(22.8%)，“加强监督和处罚力度”(22.2%)以及“加强对村民的生态文明教育”(22.3%)。(见下表)

Q20

		频次	百分比	有效百分比	累计百分比
有效	乡镇村加强相关管理(如定立村规民约)	380	22.8	22.8	22.8
	完善生态环保公共设施及其配套服务	545	32.7	32.7	55.5
	加强监督和处罚力度(对违规行为进行公示或适当的经济处罚)	371	22.2	22.2	77.7
	加强对村民的生态文明教育	372	22.3	22.3	100.0
	合计	1668	100.0	100.0	

这说明首都农村居民并不满足于空洞的道德说教或仅仅依赖外在强制性约束，而更愿通过环境设施的改善和提高所造就的生态文明环境和氛围，来提高自身的生态文明自觉意识或道德意识，可谓一种内

隐式的农村生态文明教育需求。

以上数据分析表明，调研揭示出首都农村生态文明教育现状的“一高一低”的征候。其中，“一高”指村民主观上的生态文明意识较高，即在生态伦理道德水平上具有良好表现。与此形成鲜明对比的是“一低”，即村民相关生态文明知识(包括相关法律知识和技术常识等)的欠缺。显见，村民较高的生态文明意识、觉悟与其相对落后的生态文明知识之间形成一定“缺口”，从而造成了首都农村生态文明教育效果上的不协调、不同步——在首都农村生态文明教育的进程中，村民虽已养成一定的生态文明意识，但与此“不匹配”的是当前相关文明教育体系中缺乏更细致、专业化的适合首都农村当地情况或村民迫切需要的生态文明知识和相关政策法规的教育。

(二)多因变量方差分析

通过上述统计分析我们对首都农村生态文明教育现状有了一般性把握，下文将采用因子分析和一维方差分析法(ANOVA)把握不同分组数据间的生态文明教育水平差异，并结合实地访谈尝试进行组间差异的原因分析并进行初步判断。

首先，在因子分析过程中，对目标变量进行巴特里特(Bartlett)球度检验和KMO检验，以确定进行因子分析的适宜性。经检验，本课题研究范围内的定距变量的KMO值为0.821，满足衡量因子分析适宜性的KMO度量下限标准规定的0.8；同时巴特利特球度检验的P值0.000(SPSS分析系统自动保留小数点后三位，以后的数据分析结果如无特别说明均如此例)，小于系统默认的显著性水平α值。(见下表)

KMO and Bartlett's Test

Kaiser-Meyer-Olkin Measure of Sampling Adequacy.		0.821
Bartlett's Test of Sphericity	Approx. Chi-Square	2013.677
	df	66
	Sig.	0.000

以上结果表明本研究所提取的因子模型具有适宜性，即可在下文提供的诸因子基础上进行一维方差分析。本题量表(即采集完数据的调查问卷)中的第1至第24题，是对被调查对象的社会公德程度、水平的考察，因此按照一般社会科学统计研究的惯例视同定序变量处理(即可分值化)。其因子负荷值的下限设定在0.5以上。

其次，因子提取过程分为两步。第一步，运用基元分析法(Principle component analysis)并结合最大四次方因子旋转(Quartimax solution)，对量表中可赋分值的12道题目进行因子分析①，并确定本课题研究的两个因子分别为：

“生态文明意识因子”，包括第2题、第4题、第5题、第6题和第15题，其因子负荷值分别为0.697、0.577、0.680、0.701和0.628)。

“生态文明知识因子”，包括第8题、第9题、第10题和第11题，其因子负荷值分别为0.533、0.820、0.846和0.527。(见下表)

① 本题量表(即采集完数据的调查问卷)中的第1至第24题，是对被调查对象的社会公德程度、水平的考量，因此按照一般社会科学统计研究的惯例视同定序变量处理(即可分值化)。

旋转后的因子矩阵	因子			
	生态文明意识		生态文明知识	
	Q2	0.697	Q8	0.533
	Q4	0.577	Q9	0.820
	Q5	0.680	Q10	0.846
	Q6	0.701	Q11	0.527
	Q15	0.628		

第二步，在因子分析基础上分别从首都农村居民的年龄和文化程度两个因素视角展开方差分析。

1. 不同年龄段村民的生态文明教育水平

(1)不同年龄阶段的村民在“生态文明意识”方面的水平存在显著差异

通过对本量表运算结果的观测，发现其值为 $F(5)=8.045$，$P<0.05(P=0.000)$，即均值差异的显著性水平完全达到规定的范围。(见下表)

一维方差分析

因子 1

	平方和	自由度	均方	F	显著性水平
组间	68.948	5	13.790	8.045	0.000
组内	1419.303	828	1.714		
合计	1488.251	833			

其中，60 岁以上村民的“生态文明意识”较之其他年龄段村民差异明显(仅与 46～60 岁的中老年村民的相关分值相差 0.3958，不十分

显著），分别低 0.8602、0.8420、0.9914 和 0.8964。[①] 以上表明 60 岁以上村民的生态文明意识水平最低，而 46～60 岁村民的生态文明意识水平次之，相比以上两个年龄组，其他年龄段村民的意识均值差异不明显。[②]（见下表）

显著性差异组	(I) 年龄	(J) 年龄	均值差异 (I—J)	标准误差	显著性水平	95%水平的置信区间	
						下限	上限
老年	＞60	＜18	—.8602(*)	.29953	.004	—1.4481	—.2723
		18～25	—.8420(*)	.20007	.000	—1.2347	—.4493
		26～35	—.9914(*)	.19920	.000	—1.3824	—.6004
		36～45	—.8964(*)	.19596	.000	—1.2811	—.5118
		46～60	—.3958	.20361	.052	—.7955	.0039

以上数据分析所揭示的 60 岁以上老龄村民生态文明意识的“谷底”水平，充分印证了课题组在调研访谈中昌平区北七家镇鲁疃村书记的话：“保护环境的意识和不同年龄群体相关，比如老人比村里年轻人的环境意识要差”。通过村民集体座谈和个别深度访谈，调研显示老年村民受农村传统陋习影响较深，没有养成自觉的环保和公共卫生习惯[③]。具体分析，其成因主要有以下三点：

首先，传统积习的不良惯性使老龄村民身上的传统陋习最为顽固

① 分别对应以下各年龄段：18 岁以下、18～25 岁、26～35 岁和 36～45 岁。

② 各组间的分值差异在统计学上不显著的可以忽略不计，即此公德水平差异不具分析意义。同理，下文的不同因素下以及不同因子下的各组均值差异不显著的将被忽略，不予分析。

③ 很多老龄村民坦言自己不具备当代环保意识，其不良行为普遍见于随地吐痰、乱扔垃圾等陋习。

和严重。生态文明意识从来不是横空出世，而是长期教育的产物。对于出生在20世纪50年代前的老龄村民而言，他们囿于当时落后的社会环境和文化生活条件，很难获得生态文明的知识或教育。与此相对，他们受农村陋习的浸染最深且难于矫正——往往把如何“处置”农村环境视为“自己的私事儿”，不会将其纳入社会公德范畴予以考虑。同时，老龄村民虽然关注自身健康、期望长寿，但在思想意识上很难将对自身健康的关注同身边生态环境紧密联系起来。

其次，60岁以上老龄村民的传统思维意识往往立足于旧时期“熟人社会”观念——他们自身规范性行为的外在约束力更多依赖于其生活共同体内的熟人之间的舆论谴责，这正是乡土文化的一个重要特点。然而，现行的首都农村生态文明教育方式恰恰不是依赖于“熟人社会”的“民间监督”，而是以“官方教育－主体认知—躬身实践”的规范性伦理教育模式为圭臬展开，这种方式可以对生活于社会主义新时期的中青年村民产生积极有效的影响，但对早已被顽固陋习“浸染”的老龄村民而言不免“无的放矢”。于是，老龄村民的思想中栖居“污染事小，人际关系事大”的错误意识就不足为奇了。

最后，与前文呼应的是随着近年来首都农村民主化管理进程的推进，过去村、镇干部的颐指气使的“家长式”办事态度或待人形式很大程度地转变为劝导型的管理模式，其进步意义不言而喻，但在生态文明教育相对落后且村民各项公德意识薄弱的前提下，往往无力约束、引导村民形成正确的生态文明态度、意识。尤其是对60岁以上的老龄村民而言更是如此——在尊老传统根深蒂固的农村地区，无论是相关干部还是当地社会舆论在面对老龄村民违反生态文明行为时，往往采取“顺其自然”的姑息态度，不能找到恰当有效的教育手段。总之，农村生态文明监督力量在相关意识缺位的老龄村民面前终究有限，这在一定程度上“助长”了老龄村民坚守不正确的生态文明态度。

(2)不同年龄阶段村民在“生态文明知识”方面的水平差异显著

量表运算结果显示 $F(5)=9.756$，$P<0.05(P=0.000)$。其均值差异的显著性水平完全达到规定范围。

一维方差分析

因子 2

	平方和	自由度	均方	F 值	显著性水平
组间	149.347	5	29.869	9.756	0.000
组内	2535.004	828	3.062		
合计	2684.351	833			

其中，26～35 岁青年村民的生态文明知识水平较之其他各年龄段村民相比“立于峰顶”，而 60 岁以上的老龄村民相关知识水平则“坠于谷底”。青年村民的生态文明知识水平较其他各年龄段村民分别高出 0.9367、0.6589、0.2132(与 36～45 岁中年村民相比的正差异不显著)①、0.7348 和 1.5820；而 60 岁以上老龄村民与其他各年龄段村民相比，其生态文明知识水平均值分别低 0.6453(与 18 岁以下村民相比负差异不显著)、0.9231、1.5820、1.3688 和 0.8472。②（见下表）

① 分别对应以下各年龄段：18 岁以下、18～25 岁、46～60 岁和 60 岁以上。

② 分别对应以下各年龄段：18 岁以下、18～25 岁、26～35 岁、36～45 岁、46～60 岁。

显著性差异组	(I)年龄	(J)年龄	均值差异(I—J)	标准误差	显著性水平	95%水平的置信区间	
						下限	上限
青年	26～35	<18	.9367(*)	.34896	.007	.2517	1.6216
		18～25	.6589(*)	.18172	.000	.3023	1.0156
		36～45	.2132	.17354	.220	—.1274	.5538
		46～60	.7348(*)	.18862	.000	.3646	1.1050
		>60	1.5820(*)	.26621	.000	.8548	1.8829
老年	>60	<18	—.6453	.40030	.107	—1.4311	.1404
		18～25	—.9231(*)	.26738	.001	—1.4479	—.3982
		26～35	—1.5820(*)	.26621	.000	—2.1045	—1.0595
		36～45	—1.3688(*)	.26189	.000	—1.8829	—.8548
		46～60	—.8472(*)	.27212	.002	—1.3813	—.3131

这说明，青年村民对生态文明相关常识、法规的掌握情况最好，而60岁以上老龄村民的相关表现则差强人意。造成上述强烈反差的原因可从以下几个角度分析：

第一，较之长辈，26～35岁的青壮年村民受过更良好的文化教育，具备一定文化水平，这在客观上为他们接受生态文明教育及吸收相关知识、法规等提供了主体认知条件。第二，从青壮年村民的“社会身份”上看，他们大都在当地务农或在乡镇企业打工。而这种社会生产实践活动必然关涉农村生态文明或环保事项，其涉及相关生态法规、政策等——生态文明知识已如生产技术知识一样作为青年村民必备的“生存知识”之一；第三，在农村地区，26～35岁的青壮年村民大都已为人父母且正在养育年幼子女——这意味他们更具家庭责任感，更注重家庭成员(包括自身)、特别是子女健康。而家乡生态文明状况的好坏，环境状况优劣直接关系于此。因此，较之老年或少年村民，他们更关注生态文明教育，更积极地自觉掌握相关知识、政策和法规。正如在访谈中的某位30多岁村民所说："关注农村生态文明知识，搞好相关教育是一件造福子孙万代的好事"。第四，从青壮年村民所生活、成长的时代背景上看，他们生于国家改革开放前后，接受过建设中国特色社会主义新时期的思想政治和道德文化教育，这其中必然包含与人们健康生活息息相关的生态文明教育。因之，无论是在生态文明意识的环境、氛围，还是在获取相关知识、政策和法规上都占有得天独厚的优势。总之，他们受益于其成长时代，表现出思想开放，追求进步的性格特征，在生态文明认知过程中更具主动性、积极性。第五，与因子1分析暗合的是超过60岁的老龄村民在缺乏生态文明意识前提下，其生态文明知识、法规也自然贫瘠。因为，村民生态文明意识是他们欲求相关知识及实践相关行为的"内驱力"——老龄村民只有在意识到生态文明的重要性并对其持有正确、积极的态度时，才有意愿学习相关政策、法规和知识。所以课题组在访谈中发现老龄村民不大积极参与相关知识的学习或汲取有关信息，多持漠然视之的态度。

2. 不同文化程度村民的生态文明教育水平

(1)不同文化程度村民在"生态文明意识"方面的水平差异显著

通过对本量表运算结果的观测，发现其值为 $F(4)=17.842$，$P<0.05$($P=0.000$)，即均值差异的显著性水平完全达到规定范围。(见下表)

一维方差分析

因子 1

	平方和	自由度	均方	F 值	显著性水平
组间	117.967	4	29.492	17.842	.000
组内	1370.283	829	1.653		
合计	1488.251	833			

其中，没上过学的村民得分均值与其他文化水平村民相比明显低 1.3948、1.6982、2.0012 和 1.9444；① 其他文化程度村民组的均值随教育程度的提高基本呈递增趋势，如小学文化村民较之没上过学的村民明显高 1.3948；初中文化村民又较小学文化村民高 0.3035；而高中文化村民又比前者高 0.3029；值得注意的是，大专以上文化村民与高中文化村民相比，其生态文明意识反而轻微下降，即前者比后者低 0.0567。(见下表)

显著性差异组	(I) 年级	(J) 年级	均值差异 (I—J)	标准误差	显著性水平	95%水平的置信区间	
						下限	上限
文盲	没上学	小学	—1.3948(＊)	.29003	.000	—1.9640	—.8255
		初中	—1.6982(＊)	.29837	.000	—2.2839	—1.1126
		高中	—2.0012(＊)	.28363	.000	—2.5579	—1.4444
		大专以上	—1.9444(＊)	.28893	.000	—2.5116	—1.3773
九年制义务教育	小学	没上学	1.3948(＊)	.29003	.000	.8255	1.9640
	初中	小学	.3035(＊)	.15124	.045	.0066	.6003
	高中	初中	.3029(＊)	.13858	.029	.0309	.5749
高等教育	大专以上	高中	—.0567	.11689	.628	—.2862	.1727

① 分别对应以下各文化程度：小学、初中、高中和大专以上。

简言之，未受过教育的村民的生态文明意识最低，而接受过义务教育的村民的相关意识有大幅提高，但是高等教育并没使村民的生态文明意识向前迈进，反而出现微弱退步。针对以上情况，我们结合访谈做出下列简析：

第一，与前文中年龄因素分析暗合，通过访谈发现未接受文化教育村民基本上为60岁以上的老人，他们受农村陋习影响深，大多没有受过基础教育，生态文明教育更无从谈起，因此生态文明意识的缺乏也是必然。

第二，在义务教育阶段，随着教育程度的深入，村民的生态文明意识也在显著提高。接受过九年制义务教育的村民多为出生于20世纪60、70年代且经历改革开放大潮的一代人，他们具备一定科学信仰，易于接受进步的生态文明思想。应该指出的是，首都农村地区的高等教育普及率无法与市区相提并论，九年制义务教育文化程度在当地村民群体中尚居主流地位。多数务农或供职于乡镇企业的村民具有小学和初中文化程度，他们在日常生产生活实践中不断与自身所栖居的外部生态环境打交道，从实践中了解生态环境的重要性，善于通过多媒体途径(电视、广播和电脑网络等)接受当代前沿生态文明思想宣传或教育，从而强化相关意识。此外，在首都农村地区的中青年群体中，高中文化层次的村民已属较高学历人群。他们中很多人是当地各生产部门的业务骨干或部门领导，作为主动发挥表率作用的“领头羊”，他们较其他文化程度的村民更具相关责任感和较高生态文明素养，其生态文明意识相对较强。

第三，调查显示，大专以上文化程度村民的相关意识没有继续走高，反而微弱于高中文化村民。经过深入调查分析，课题组发现很多受过高等教育的年轻村民不满足于农村生活条件和当地提供的有限就业机会，而是纷纷奔向市区寻找工作机会以实现自我发展。这些脱离了具体农业生产、生活实践的大学生村民，同他们成长的农村生态环境渐行渐远——无异于“割裂”了农村生态文明现实状况与其自身生存利益的纽带。这在一定程度上削弱了高等文化程度村民对农村生态环境及生态文明状况的关注力，亦弱化了他们的农村生态文明意识。

(2)不同文化程度的村民在“生态文明知识”方面的教育水平差异显著

通过对本量表运算结果的观测，发现其值为 $F(4)=5.391$，$P<0.05(P=0.000)$，即均值差异的显著性水平完全达到规定范围。(见下表)

一维方差分析

因子 2

	平方和	自由度	均方	F 值	显著性水平
组间	68.053	4	17.013	5.391	.000
组内	2616.299	829	3.156		
合计	2684.351	833			

其中，没上过学的村民得分均值最低，较初中和高中文化程度村民分别低 1.1486 和 0.9943；小学文化村民比没上过学的村民略高 0.4200；初中文化程度村民的得分均值在各文化程度分组均值中位列榜首——明显比没上学、小学以及大专以上文化村民分别高 1.1486、0.3035 和 0.4264；然而，高中和大专以上文化村民的得分均值较之初中程度村民出现下滑——高中文化村民轻微下滑 0.1543，而大专以上文化村民显著下滑 0.4264。(见下表)

	(I) 年级	(J) 年级	均值差异 (I—J)	标准误差	显著性水平	95%水平的置信区间	
						下限	上限
文盲	没上学	初中	—1.1486(*)	.41228	.005	—1.9578	—.3394
		高中	—.9943(*)	.39192	.011	—1.7636	—.2250
九年制义务教育	小学	没上学	.4200	.40076	.295	—.3667	1.2066
	初中	没上学	1.1486(*)	.41228	.005	.3184	1.1388
		小学	.3035(*)	.15124	.001	.0066	.6003
		大专以上	.4264(*)	20606	.039	.0219	.8308
	高中	初中	—.1543	.19149	.421	—.5301	.2216
高等教育	大专以上	初中	—.4264(*)	.20606	.039	—.8308	—.0219

在考察初中文化村民的相关知识水平最好而大专以上文化程度村民表现令人失望的原因的过程中，调研显示：

第一，初中文化程度的村民具备了基本农业及环境知识(包括一些技术性较强的生化农业和水土保持专业知识)，他们以初中教育所获取的基本认识能力为基础，不断汲取相关生态文明知识——尤其那些有助于农业生产活动或自身生存利益的相关知识、法规等。他们还通过电视、电脑网络等现代化传媒途径了解当代生态文明前沿知识，在此方面上并不落后于更高文化程度群体。

第二，人的认知能力与其自身生产实践活动密不可分、相辅相成。人们只有在特定认知目的下的具体实践活动中才能有效提高认知能力、巩固所获知识。而具有初中文化的村民作为农业生产活动主力军，与农村生态环境联系最密切，对当地相关状况最了解。他们通过“身临其境”地在农业生产活动，深刻地学习到了生态文明知识、政策和法规。

第三，受过高等教育的村民大多脱离了具体农村生产活动，即离开了在实践中学习、内化生态文明知识的最活跃、有效的场所——势必会阻碍了其相关认知水平。他们在主观意识上松开了当地生态环境与其自身利益间的联系纽带，使得对当地生态文明的认知欲望或需求有所降低。综上原因我们不难理解，在一定程度上大学文化村民的农村生态文明知识水平反而低于初中文化村民的相关水平。

五、首都农村生态文明状况评析

首都农村生态文明要求生活其中的村民基于生态整体价值而构建出维护人与自然共处相融的良好价值、制度和行为，教育在这个过程中发挥着重要作用，但我们从前面调查报告中描述的意识与知识“一高一低”、不同年龄段存在差异、教育宣传的形式化，发现存在一些关键性的问题。

我们在调查中发现，首都村民已具备“较高分值”的生态文明意识，但当前农村生态文明教育过程中可能在一定程度上缺乏更细致、更专业化的适合首都农村当地情况和村民需要的生态文明知识和相关政府政策或法规的教育。村民现有的生态意识主要来自生活感受，而其知识、价值的水准难以形成完整深刻的符合善且正当的生态价值观念。

首都农村的生态环境复杂多样，村民更为关心生活环境整洁、农产品污染、沙尘暴等生活中直接感受到的生态问题，而对于严重危机到生态环境的温室效应、臭氧层破坏、生物多样性锐减等更为根本性的生态问题缺乏理解，也很难站在生态系统的完整而有尊严存在的高度反思人类中心主义的危害。这只是凭着经验和直觉而获得的一种浅层生态意识。

基础教育中的“环保”、媒体中的“报告”还停留在知识化、理论化、形式化阶段，远远没有进入村民对于生态环境的生活世界的价值建构之中。他们对于北京奇缺的水资源保护没有深切的理解和危机意识，还是局限于生活安排的便利、节省。我们在调查中发现，远郊区对于自打井、集体供水，没有收费，存在任意使用，而近郊上楼居住存在用水计量收费问题，大多是经济算计，而无节约的道德观念。村民对于环境污染也是来自生活的教育，调查中发现，城北村民存有对先前山清水秀的美好记忆，而对于污染严重的潮白河域的治理缓慢颇有微词。村民在生活上有对绿色消费的需求，但在“昂贵”的绿色产品的价格劣势下遭到抑制。在快速城市化进程中，京郊农村稀缺的土地资源显得更加珍贵。城市规划部门、当地政府和村民都需要在利益纠葛之外多些生态文明的思考。

现代的生态文明要求村民能够基于主体自身道德自觉而逐步具备一些深层的生态意识和高尚责任。利奥波德的大地伦理“扩展[道德]共同体的界线，使之包括土壤、水、植物和动物，或由它们组成的整体：大地”，并把“人的角色从大地共同体的征服者改变成大地共同体的普通成员与普通公民。这意味着，人不仅要尊重共同体中的其他伙伴，而且要尊重共同体本身。”这种义务的基础就是：共同体成员之间因长期生活在一起而形成的情感和休戚与共的“命运意识”。美国生态哲学家罗德曼(Jonh Rodman)把生态意识分为了四种形式：资源保护、荒野保护、道德扩展(Moral extensionism)和生态感受性(Ecological Sensibility)。资源保护和荒野保护是生态意识在实践层面的外在表现形式，这种行动来源于更深层的道德扩展理论和生态感受性。生态意识需要道德关怀的对象扩大到自然实体，但这种扩展不是由人及物的外推，而是对人类中心主义伦理思想彻底抛弃和改造的结果。这种道德扩展由来自生态整体价值和权利的敬畏、认同和责任，对人类在生态环境整体系统中行为后果的警惕和戒慎。由此，京郊村民能够基于自身生活面对的情境生态，不断深化对狼、树木、岩石、河流等自然存在物的价值认同，情同身受，命运与共，保护环境，由我做起，积极参与生态系统良好维持。生态文明行为善恶的标准，应看其是否有利于生态共同体的“完整、稳定和美丽”，对于所有生态共同体的成员而言，人类都有义务遵照这一标准对它施行善的行为。

生态文明教育的目的就是激发村民的价值认同和道德自觉。在这一过程中，专家、政府、传媒等外在的力量要通过村民内在的反思、觉悟和警惕才能发挥作用。村民一旦树立深层生态意识，才能自觉改变自身的不文明行为方式。生态文明的生活方式崇尚的是“物质简朴，精神富足”。生活消费不是简单的个人事务，不能看成个人对物质财富的占有和消耗，并以消费物质的多少，作为衡量其幸福和生活水平的标准。目前流行的消费主义，毫无顾忌，毫无节制的消耗物质财富和自然资源，并把消费看作是人生最高目的的消费观和价值观，表现为：对物质产品怀着无限制的占有欲望，毫无必要的更新换代，大量占有和消耗各种能源和资源，造成大量生活消费剩余物和废弃物，造成对环境的污染，降低了环境质量。

汤因比指出，要消除对于生态环境对人类生存的威胁，只有通过每一个人内心的革命性变革。这只能靠人的精神力量，要借助于人类的宗教和伦理变革才能实现。人类需要在关心自然以谋求与大自然和谐相处的新的思想指导下，把人类的生活消费纳入生态系统之中，接受生态系统对人类生活消费的约束，使之与生态系统协调和谐，这样就诞生了新的“绿色”消费价值观。这里有 5R 原则：减量(reduce)、再用(reuse)、回收(recycle)、拒买(refuse)、再生(regenerate)。绿色消费主义接受充裕的生活，而不是过度的消费；致力于人类精神生活品质的追求，而不是商品拜物教所引诱的对物质消费的盲崇，以及由此导致的人类精神生活的匮乏和灵魂的堕落。

生活品质的改善需要村民抛弃千百年来的陋习，利用当地资源和生态，珍惜财富，做到物有所值，俭朴节约、物尽其用和功能为本，以提高人类生活消费的效率和生活质量。村民要根据生活需要进行自主简约消费，而不是盲目跟风，求大求全，追新赶潮，形成不必要的资源浪费和污染。在承认人类生活消费权利的同时，绿色消费明确和建立人类生活消费的责任和义务，使生活消费的权利与责任及义务统一起来，建立健康的适度消费心理，形成人类生活消费的道德和规范。当然，要看到，相对城里居民，村民的消费总量够低，份额较少，也要主张消费生活的区域公正，合理、公平、公正地分配生态资源。

文明调查中发现，在政府要求、媒体宣传、村头标语、学校教育中，村民很少感受到生态文明教育的生命力所在。这些宣传主张，也大多是抽象的理论、空洞的口号，缺乏针对乡土生态情境下村民生态文明的需求的实践教育模式。Q12(您所在的村镇有生态文明宣传教育活动吗?)时，合计多达 60.1%(501 人)的村民反映其所在村镇“偶尔”和“根本没有”开展生态文明教育活动。村民对生态文明教育较高需求形成鲜明对比的是村民对当地政府相关教育的开展情况的相对“保守”的评价。Q15(您所在的村镇如果开展生态文明教育，您的态度是)得以体现，即有多达 79.3%(661 人)的村民认为应“有必要，积极参与”。

政府本身在生态文明教育居于主导地位，但 Q13(您觉得本地政府在生态文明的宣传上)，有超过半数(占 52.8%，440 人)的村民承认仅“有些效果，但不明显”，另有 13.2%(110 人)的村民干脆抱怨说

“没什么效果”。考察村民对政府进行的生态环境“硬件”改善的态度即Q16(您觉得农村正在开展的“五改工程”——改路、改水、改电、改厕、改厨，对生态环境改善的作用)，发现绝大多数村民对此表示肯定，选择“还行”和“很大”占到了91.6%(764人)。显见，政府开展的生态文明教育的“软措施”在村民心目中的“威信”显然弱于“五改工程”等生态治理“硬措施”。因此，政府在生态文明教育中的作用，不局限于在生态文明的执法、宣传的形式化的教育中，重点是以科学发展观扭转以浪费土地、破坏环境的粗放发展方式，强化官员生态文明评价指标体系，严格环境执法，强化“生态文明村”评比和奖励的教育功能。

现代的生态文明教育，看到政府在生态文明教育中的限度，比较注重社区的力量。调查中发现，乡村社区的生态文明保护社团大多来自城区，甚至有来自国外的绿色环保等非营利组织。他们的活动大多是短暂的、活动式的、功能式，来去匆匆，与当地的村民少有互动。来自本土的生态环境保护的民间组织和社区意识，是村民自我教育的主体和环境。

解决京郊农村地区的生态文明教育问题，最有效的方式是发现有争议的议题，必须面对社区村民，并能够促使村民在具体的情境下广泛深入的参与生态问题解决过程，以提高分析和解决问题的知识、态度、技能、价值和行动。京郊农村存在丰富的森林、土地、河流、绿色产品等生态系统，但也面临城区汲取、污染、扩张等吞噬。在调查中发现，城区治理环境，废弃物、污染产业大量郊区化，水源、河流、空气污染严重。城乡结合部的生活垃圾、污水处理设施还不完善。土地成为城市扩张的资源，大量农田、树林变成了钢筋水泥的堆积。我们在新闻报道中就看到，一个200多年历史的村庄竟然毁于小煤窑的胡扒乱采，而这竟然发生在北京的郊区！同样，多少个各具生态、历史悠久的村庄，在城区快速扩张中，迅速变成千篇一律的楼房街道，仅仅留下一个空空的名字，让人望之生叹。的确，每个人都应负起他对自然的责任，人类应保护生态过程及自然的多样性。村民不仅仅是农村社区生态问题的最大"利益相关者"，更是"共存共荣者"。他们拥有改善生态环境的最大动机和善意。生态文明教育讲究的是学习过程的村民参与，双向合作，问题探究，情境体验，并提供采取行动和解决问题的机会。生态文明教育绝不是种花、种草、栽树那么简单，也不是开设竖立一块广告、贴一副标语、开一次讲座、做一次报告那么简单，它关系到节省资源、减少污染、实施开放的民主管理、强调价值分享的观念、营造和谐的生态环境和尊重多样化的文化和价值取向等更重要的方面。因此，村民从来不是，也不可能被动地接受生态文明教育，而应从中受到提升和激励，更为主动，更负责任，建设更加良好的生态环境。

六、首都新农村生态文明教育体系建设的对策

通过对课题组问卷调查和深入访谈的结果分析，清晰反映出当前首都农村生态文明教育体系建设的总体状况：政府主导下的自觉性和系统性的生态文明教育体系还没有真正建立起来，与之配套的生态文明教育体系的规划和政策设置也没有提到各级政府日常行政管理的议事日程之中。

在新农村生态文明教育问题上，要避免两种片面的观点：一是唯制度管理论，认为只要在首都新农村建设中建立健全维护生态文明的各项管理制度，对农民的破坏生态文明的行为进行强制性的惩罚，村民的生态文明意识和品行就会自然而然地提高；另一种是孤立的生态

文明教育论，不把生态文明教育纳入新农村经济建设和社会管理的系统中，单纯地进行生态文明的宣传教育。

因之，新农村生态文明教育体系建设，必须立足于农村经济发展和农村生态环境基础设施改善基础上，针对农村现状和农民特性，注重教育与管理相携相进的综合化和体系化建设，体现教育重在提高农民的生态文明认知水平和培育农民的生态文明意识，管理重在促发农民生态文明行为习惯的养成。

(一)加强农村环境基础设施建设，为生态文明教育的有效开展创设优良环境

农民良好生态文明行为习惯的形成，绝不止于通过单纯的宣传教育来提高村民的生态文明认知问题，在很大程度上，还与农村环境基础设施建设的状况和水平密切相关。这一观点也在问卷调查和访谈实践中得到证实，问卷中我们设计了搞好农村的生态文明教育需要汲取怎样的改进措施的问题，数据结果为我们提供了有价值的参考答案，其中选择人次最多的措施为“完善生态环保公共设施及其配套服务”(占 32.7%，545 人次)，选中率远高于其他三项，即“乡镇村加强相关管理”(占 22.8%，380 人次)、“加强监督和处罚力度”(占 22.2%、371 人次) 以及“加强对村民的生态文明教育”(占 22.3%、372 人次)。结合访谈，我们发现首都地区村民不仅仅满足于“脱离实际”的说教或依赖于外在强制性约束，而更接受通过环境设施的改善和提高所造就的生态文明环境和氛围，来提高自身的生态文明自觉意识。从广义上来说，这可谓一种内隐式的农村生态文明教育措施。

农村环境基础设施建设面临的首要条件是资金支持。为此，需要各级政府部门和村委会在积极争取新农村建设配套资金支持的同时，借力村集体企业的经济支撑，积极吸引社会组织和村民个人资金的投入，着眼于多层次进行发动，多渠道筹措资金，使创建资金从单靠政府投资向多元化、多渠道融资方式转变，以此为农村环境基础设施建设和改善提供雄厚的经济条件。

此外政府部门和村委会必须加强农村环境的综合治理设施建设，积极进行农民生活环境的改善工作。如实施农村垃圾的源头分类和资源化管理，以期进一步升级改造当前北京农村普遍实施的村镇区三级垃圾处理系统。调查中发现大多数村民都已经认识到电池乱扔对土地和水体环境的极大危害性，认为政府应该回收电池并进行科学处理，而且表示强烈支持电池回收。但是，现实情况是农村普遍缺乏电池回收的有效途径。再如，改造生活污水排放处理系统、以期把"洗衣水"等暗垃圾纳入正规处理渠道中来减少对环境的危害；设置环卫岗位配备相应人员等来改善村容村貌，抑制人们的"加脏"行为泛滥，促使村民生态文明行为习惯的形成。可见，农村环境基础设施的完善既需要政府建设大型的垃圾、污水处理系统等，更需要政府关注到与村民生产生活息息相关的细节比如电池回收箱的设置等，既要从大处着眼，更要从小处着手。

(二)健全农村的各项生态文明管理规章制度，为生态文明教育提供良好的制度支撑

制度作为由一定的价值理念和思想凝结的硬性规范，本身即能够传达生态文明教育的内容和承载生态文明教育功能，从而直接影响着农民的生态文明观念和行为方式的养成。同时，制度规范的具体明确、实施的强制、执行程序的固定化等优势特征，可以弥补纯粹教育力量的软弱性，完成依靠教育自身力量无法实现的规范性要求。为此，新农村生态文明教育体系的建设，要注重相关制度的健全和完善，体现规范性、强制性和引导性。

1. 完善与生态文明和环境保护相关的法律法规

我国目前已经形成的涉及环境保护的法律有《土地法》、《森林法》、《草原法》、《水法》、《能源法》、《煤炭法》、《动植物资源保护法》、《环境保护法》、《大气污染防治法》、《水污染防治法》、《海洋环境保护法》、《固定废物污染防治法》、《噪声污染防治法》、《有毒化学品管理法》、《安全生产法》等，北京市也相继出台了《北京市排水和再生水管理办法》、《北京市实施〈中华人民共和国水污染防治法〉办法》等规章制度，但是这些法律法规的出台在为促进生态文明者给与保护和褒奖，破坏生态文明者给予制裁和惩罚提供法律依据的同时，实践中遭到忽视的状况却是普遍存在的，各种客观原因致使这些法律执行环节形同虚设，作用难以得到有效的发挥。

调查中发现，昌平区温榆河流域的污染治理问题久拖得不到解决，附近村庄的农民在感受到温榆河水几十年的变化中已经深刻认识到污染的严重性，以及带给他们的“臭气熏天”的困扰。但是出于经济条件和个体能力的限制都望河兴叹、无能为力，只能寄希望于政府早点关注、早点采取措施、早点改善环境。遗憾的是，法律法规中执法责任的不明确致使政府部门在管理权限和管理方式上互相推诿。群众的意见虽然不能直接左右问题的解决，但如果公众的需求和愿望通过正式的法律渠道得以表达的话，此类问题会得到更有效的关注。因此，今后法律法规的出台应趋向于各行为主体责任规定的进一步细化、措施的具体可操作化和法律后果的可预期化。

2. 确立城乡统筹发展理念指导下生态文明建设规划统一协调制度

建立规划统一协调制度，目的在于确保政策的前瞻性、发展定位的准确性和实现最大程度的资源整合。首先，市区级政府规划着眼于统筹较大区域的生态文明建设发展策略，具有地域整体利益的优先性。但是访谈中基层政府和普通村民一直抱怨的问题是这些规划信息没有得到及时的公布，致使他们在考虑自身发展时非常被动，盲人摸象，极易导致上下级之间规划冲突，造成资源浪费。因此市区级政府规划信息的及时公布、透明、公开是目前亟需完善的工作制度，应该引起政府部门足够重视。其次，镇级政府一方面作为政府部门的基层，必然承担着上级规划政策执行任务。另一方面，镇级政府又紧密联系和衔接着各个村庄，具有了解本镇甚至每个村情况的优势。因此，必然担负着及时汇集和反映民意、准确传达政府规划，做好民情民意的上通下达职责。同时要利用自身优势根据乡镇区域经济发展的特点和乡村风俗，确定工业主导型、农业主导型、旅游主导型村镇的农村生态文明道德建设类型，为各村的生态文明建设提供具体的导向。再次，村委会作为本村村民利益的直接代表者，更应从维护村庄发展的长远利益和突出本村发展特色出发规划本村的发展。

比如，昌平区北七家镇郑各庄村领导班子在几十年的建设和发展中，始终注重生态环境的保护和各种资源的合理开发利用，形成了集建设、治理和发展并举的机制。村委成员具有超前环保意识，抓住1998年旧村改造契机实行垃圾分类回收等环境治理的各项举措，此后一直把环境治理纳入本村发展的“十五”和“十一五”规划的目标任务体系之中，相继建成地热供暖设施以节能减排、建立污水处理厂回收中水用于景观灌溉、坚持做好村庄绿化、引入绿色产业等，这些举措使该村避免了在发展中出现的先建设、后治理的弊端，也实现了资源的合理化利用。

3. 建立“生态文明村”示范标准制度

建立“生态文明村”示范制度，以期通过明确具体的规范要求来提供具有广泛认可度的合理化规范。村庄是农村的重要建制表征，迄今为止，农村居民仍然是以村为生产生活聚居区的，因此以村域为单位设置生态文明建设的相关措施无论是在理论上还是实践中都具有可操作性，更能因地制宜地考虑不同村庄的特殊性。

鉴于村域发展不平衡的实际情况，在生态文明村的创建中，要坚持基本要求和地域特殊的动态平衡，不搞绝对量化标准。开展创建活动遵从两个基本原则：一是有目标，但不搞达标；二是有要求，但不搞强求。根据当地自然条件和发展水平，从实际出发，因地制宜，不搞统一的标准和模式。在具体实施时，尊重农民意愿，讲求实效，因村创建。此外，“生态文明村”示范标准制度既体现出政府通过合理化规范对村委会和村民行为倾向的有效导引，更是政府的一种行为激励政策。达到“生态文明村”标准的村庄不仅可以获得荣誉称号，而且还将获得政府每年三十万元的奖励性投资。

4. 完善生态文明建设的干部绩效考核制度

完善管理制度，通过制定村庄发展贯彻环境治理和经济发展同步进行的村镇级领导干部考核制度，以此规约村干部的政绩取向。一方面要建立生态文明建设岗位责任制，明确各级领导人员的岗位职责，实行权责利的有机结合。同时也要创新干部业绩评价机制。

主要表现在，首先在评估标准上，改变过去单纯地把 GDP 作为业绩评估主要指标的做法，而是把创建文明生态村活动当做领导干部“德、能、勤、绩”考核的重要内容。其次，在评估方式上，由俯瞰式的上级组织单向评估变为“上下结合”、“听汇报与实地考察相结合”的双向互动评估方式，实现生态文明建设绩效评估的科学化和客观化。第三，构建有效的激励机制。把文明生态村创建业绩作为各级领导干部年度考核内容，把机关干部帮扶创建的成效作为干部选拔任用的重要依据，奖优罚劣。通过改革体制和创新机制，将政府和干部的业绩和文明生态村建设、村民利益诉求的实现程度有机地统一起来，既调动了各级政府和官员的积极性，又比较彻底地改变了干部作风，从制度上和组织上有效地保证了文明生态村建设的成功。

（三）多元教育举措齐头并进

问卷调查结果显示，村民对本地政府生态文明教育的开展情况进行了相对“保守”的评价，认为农村政府部门的生态文明教育活动普及度或“密度”还有待提高：大多村民在回答“您所在的村镇有生态文明宣传教育活动吗？”时，合计多达60.1%的村民反映其所在村镇“偶尔”和“根本没有”开展此类教育活动。进而对农村政府开展类似教育活动效果进行“民意测评”时，有超过半数52.8%的村民承认本地政府在生态文明的宣传上“有些效果，但不明显”，另有13.2%的村民干脆抱怨说“没什么效果”。可见政府主导下的自觉性和系统性的新农村生态文明教育体系建设任重而道远。

1. 制定合乎农村实际的生态文明教育的内容体系

本次调查结果显示，农民的生态文明认知呈现出所谓“一高一低”的状况。其中，“一高”指村民主观上的生态文明愿望要求高，换言之其在相关生态伦理道德水平上具有良好表现。与此形成鲜明对比的是“一低”，即村民相关生态文明知识的欠缺。村民较高生态文明意识或觉悟与其相对“落后”的生态文明认知之间无疑形成了一定缺口和错位，构成了北京农村生态文明教育效果上的不协调。虽然随着北京农村生态文明教育的逐步开展，农村村民已具备一定的生态文明意识，但当前农村生态文明教育过程中在一定程度上缺乏更细致、更专业化的内容体系，同时适合北京农村当地情况和村民需要的生态文明知识和相关政府政策或法规的教育内容也相当缺乏。这在问卷中得到印证，当考察“您更需要哪种生态文明教育的内容?”时，大多数村民体现出专业化、系统化的相关需求倾向，即有将近80%(659人)村民更愿意获得“生态文明的政策、法律知识”和“生态文明的技术指导”(分别占47.5%和31.5%)。可见，尊重农民的生态文明需求科学设置生态文明教育内容，并实现生态文明教育内容的本土化，即语言表述要农民化、规范要求要农村化，是开展生态文明教育需要持之以恒改进的方向。具体来说新农村生态文明教育内容的设置应突出三个层次，即生活生态文明的相关知识、生态文明的政策法律知识和生态文明的技术指导。

首先，生活生态文明的相关知识渗透和体现在农民的日常生活中，非常繁杂，涵盖了农民每天进行垃圾分类所需要的分类常识、认识各种废气物排放危害等，尤其在合理利用和保护资源方面更要突出向农民介绍用水用电节约知识、因地制宜利用生物质能、太阳能、风能等可再生能源发展沼气、引进太阳能设施等节能环保效用知识，用于解决炊事、洗浴等的清洁能源知识等。其次，生态文明的政策法律知识是目前农民群体普遍缺乏了解的内容。虽然要做到让农民了解每一部与生态文明相关法律的具体内容是不现实的，但是对于像“谁污染谁治理，谁开发谁保护”的《环境保护法》原则只有17.1%的村民“非常了解”的状况则明显说明了农民相关法律意识的淡薄。因此生态文明教育的任务就是使法律意识在农民群体中建立起来，农民在从事涉及生态文明方面的行为时会自觉主动寻找相关法律了解相关情况，从而知晓什么能做，什么是法律绝对禁止的、会承担怎样的法律后果，减少行为的盲目性。再次，生态文明的技术指导知识方面，重点在于环保型农业生产中推广使用生物农药保障农产品安全、合理施肥保护农业生态良性循环、畜禽养殖粪便的合理化利用等与农业生产紧密相关方面的知识。

2. 开展尊重农民个体道德意义的生态文明道德教育

进行生态文明教育，要把道德与促进农民的美好生活、提高农民的生活质量紧密联系起来。道德的功能除了我们一向推崇和肯定的社会调节功能之外，还有我们容易忽视的另一方面，就是能够满足人们的自我完善和追求幸福生活的内在诉求的需要。因此深入挖掘道德与个体生活意义的关联，在社会成员自身生存和发展的意义链条中，引导教育对象感受到道德对个人的意义，即德行对个人发展的功效价值，应该成为新农村生态文明道德教育必不可少的有效环节。

具体而言，在农村开展生态文明道德教育，要把生态文明知识的普及、生态文明意识的培育和生态文明行为习惯的养成都融进农民每天的衣食住行之中，进行爱自己和爱家园的意义教育。如在生态文明知识的普及中，相比较于单纯的生态文明知识的普通宣讲，村民会更加关注与自己健康息息相关的系列讲座，因之讲座要成为生态文明教育的有效形式就必须基于村民强烈追求有益于他们的身体健康、能够善待自己生命和提高生活质量的需求来展开。总之，将生态环境与村民个体生命之间的关联性建立好是实现良好教育效果的一个根本性动力。再如，垃圾分类和回收处理制度是新农村环境保护的重要起点环节，家家户户对这一措施的支持不仅可以让自己生活在洁净的环境里免受各种病菌的污染，而且优美干净的环境更能愉悦人们的身心。同时，村域环境的治理和维护有益于本村村域经济的发展。因为良好的生态环境可以增强本村镇在对外招商引资中的吸引力，从根本上促进村民的经济收入，即生态文明教育要与吸引外来资金投资建厂、扩大村民就业联系起来；可以增强“一村一品”绿色产业发展的环保底蕴，提高农产品在市场上的竞争力，扩大农产品的销量；可以招徕更多的游客，促进本村旅游经济的发展。而本村的村民正是以上这些措施的最终受益者，也正是他们从身边实实在在的生活中所展现出来的实例感受到了环境保护和经济发展的有机联系。质言之，建立在尊重农民生产生活基础上的农村生态文明道德教育才是富有成效的。

3. 发挥村域媒体的教育功能

毋庸置疑，生态文明意识的培育离不开教育、引导等潜移默化的影响方式。因此，在人们生态文明意识的培育过程中，广播电视互联网等新闻媒体起到了不可替代的作用。因为它们以生动活泼、喜闻乐见或者直观感受的形式，宣传生态环保知识，使人们在潜移默化中接受生态文明理念、蕴染和认同生态文明行为方式。因之，利用文艺作品、新闻传媒的各种形式，形成立体、全方位的宣传网，使对生态环保意识的宣传深入千家万户，深入到社会的各个阶层，形成持久的影响和感染力，是培养人们的生态文明意识和养成生态文明行为的重要方式。近年来广播电视互联网等新兴媒体在农村地区也得到了广泛普及，大有替代以“喇叭”、“标语”为代表的传统农村信息传播方式的趋势，在这样的背景下，怎样整合广播电视互联网等新兴媒体和传统农村信息传播途径两种资源优势为新农村生态文明教育体系建设服务，成为我们必须认真思考的问题。

同时，在我们开展的问卷调查中，针对“您是通过哪种途径了解到‘生态文明’的相关内容的?”，数据显示，有半数以上(占 50.2%，419 人)的村民受益于村镇开展的相关宣传工作，而另有接近半数(占 46.4%，387 人)的村民通过广播电视接受教育。可见，村域媒体是村域公共舆论的重要组成部分和具体体现方式，也成为我们进行新农村生态文明道德教育必须选择的方式之一。具体而言，主要体现在以下两方面：

首先，依托传统村域媒体，挖掘辐射功能优势。如在村级社区杂志上对涉及环境保护的事件和村民的言行进行公开的点评，从而加强正面舆论监督和引导；继续发挥橱窗、板报等的直观教育功能，加强生态文明知识的正面宣传和灌输；在村里重点区域悬挂设计讲究的横幅，如“狗不道德，主人负责”标语依靠其简短、有力、到位的语言优势，时时提醒村民注意这一问题，潜移默化地感染他们，发挥其无所不在的提醒、警示和渗透功能。从而改变农民的生活态度，培育节俭、健康、文明的行为习惯。而观念的转变、文明生活方式的培育等恰恰是我们新农村建设实践中的盲点所在。

其次，引进新颖传播载体，凸显时效舆论优势。如邀请富有权威的专家来村办讲座，契合村民需要水平和兴趣进行针对性的知识补缺、行为引导；欢迎报纸杂志、环保企业、社工等多元主体到村直接发放“环境友好型、资源节约型”相关的书籍等宣传材料；尤其要利用好村域网站，发挥其新颖、信息容量大等特点，既可以刊载全国镇村生态环保政策法规、工作动态，又可转载生态文明示范村的经验做法等吸引村民参与发帖和讨论，互相解答生态环保问题。通过以上生动活泼、喜闻乐见或者直观感受的形式，宣传生态环保知识，使农民在潜移默化中提高生态文明意识水平。

4. 建立“奖以导、罚以规”的行动教育促发机制

新农村生态文明教育的根本目的要通过农民行为方式的改变得以体现出来，生态文明教育的有效度的衡量更要最终落脚在农民行为的践行上，因之，行动教育以其直接的显见性成为新农村生态文明教育的又一形式。而人的行为的产生有正反两种外在的推动力，一是肯定式的鼓励，二是否定式的惩罚。两者辩证统一，不可偏废，这两者的相互结合是行动教育得以推行的运行机制。因之，新农村生态文明道

德教育也要建立起“奖以导、罚以规”的行动教育促发机制。

具言之，一方面通过肯定式的物质奖励措施引导和鼓励农民环保行为的养成。如引入“垃圾分类，村民挣零花”的废旧日用品的置换机制，激发村民的环保主体意识，形成条件反射式的行为引导。实践证明通过经济利益调动农民环保积极性，效果显著，同时农民也具有环保的良好愿望和意识，只要方式得当，他们能积极配合。另一方面通过否定式的处罚措施规范和矫正农民的不良行为。一类是精神处罚，即利用农村中乡土熟人社会重视“面子”的传统习惯，对破坏生态环境的相关人员给与一定范围的正式与非正式批评，形成舆论压力进而矫正个别村民的行为；二是物质处罚，即对破坏生态环境的相关人员取消其相应的集体利益的分享，如取消卫生补贴等，以此规范农民正确环保行为的养成。

5. 利用“小手拉大手”的代际互动教育资源

代际互动指道德教育在代际关系中展开的成年人(包括老年人和中年人)与未成年人(青少年)间在道德价值观上的相互作用和影响。之所以在新农村生态文明教育中引入代际互动教育形式，是因为我们通过问卷调查发现，首都不同年龄段村民群体，在是否持有正确的生态文明态意识(以下简称“意识”)上具有显著差异。根据分组方差多重比较发现，60 岁以上的老龄村民的“意识”得分较之其他绝大部分年龄段村民相差明显(仅与 46～60 岁的中老年村民的“意识”分值相差 0.3958，不十分显著)，分别低 0.8602、0.8420、0.9914 和 0.8964。可见，60 岁以上村民生态文明意识水平最低，而 46～60 岁的中老年村民的水平紧随其后。中老年群体所呈现出的差强人意的“环保意识”与其生长阅历的局限性紧密相关。传统农村公共基础设施建设的落后以及环保观念的普遍缺乏，使得这一年龄阶段的农村村民，基本没有接受过“生态文明”的社会性教育。与之截然相反的是，当前农村家庭的青少年在中小学校教育中接受了规范化、系统性、广泛性的生态文明意识的培育与强化，是典型的“官方教育一主体认知—躬身实践”的规范伦理教育模式的直接受益者，也使他们具备了传授生态文明知识的能力，能够向作为农村居民的父母、祖父母传递最新的生态文明知识，甚至影响、监督和矫正长辈们的不良生活行为习惯。因之，孩子成为农村社会生态文明行为标准的先行者和示范者，充分体现出“后育时代”的“反哺”教育特征和功能。

(四)发挥农村各类组织在生态文明教育中的独特作用

农村生态文明教育作为开放的实践活动，吸引着社会众多主体的积极参与并各自发挥自身的优势。因此，必须在体系化视野下对这些主体间的相互关系、责权划分和协作配合进行有效整合。关键是要坚持政府主导型的农村生态文明教育体系建设模式。这一模式要体现政府地位与责任的相依性，做到在其位谋其政，既不越位也不缺位。不越位即要反对完全依靠政府的集权化农村生态文明教育体系建设模式，不缺位即要反对政府不作为甚至退出的农村自发型生态文明教育体系建设模式。

1. 发挥政府组织的主导作用

政府主导型的农村生态文明教育体系建设中，政府主导作用主要体现在以下三个方面：一是正像前面所论证的，加强农村环境基础设施建设，为生态文明教育的有效开展创设优良环境。在此不做赘述。二是做好农村生态文明教育的价值导向和舆论引导。客观而言，农村生态文明教育的宏观社会环境氛围相对薄弱，农民的环保意识和愿望较为一般，在环境维护和各种利益选择中极易倒向利益优先，对环境保护和生态文明建设的认识水平较低，缺乏形成正确认识的有效渠道。而政府组织在解决这些问题上有不可推卸的道德责任和其他组织无法替代的组织优势。三是不断完善农村生态文明教育的相关政策和制度供给。政府在生态文明教育中的作用，不局限于在生态文明的执法、宣传的形式化教育中，重点是在科学发展观指导下制定能够扭转浪费土地、破坏环境的粗放发展方式的经济发展制度，强化官员生态文明评价指标体系制度，严格环境执法制度，强化“生态文明村”评比和奖励制度等。以期发挥制度的强制性、规范性和引导性。

2. 发挥非政府组织的助力作用

随着我国公民社会进程的加快，各类非政府组织在社会中踊跃出现并承担起社会管理的功能。非政府组织在农村生态文明教育体系建设中发挥着“枢纽型”的凝聚社会力量、提高社会动员能力的作用。比如可以汇聚社会资金投入农村环境基础设施建设，可以吸引环保志愿人才投身农村生态文明教育等。目前，尤其是各类环保组织已经将活动视野和步伐深入进农村地区，关注农村的生态平衡，为农业发展提供具有环保生命力的技术咨询和支持服务；了解农民的生活习惯，通过讲座等各类宣传方式改变农民生活方式，促进他们接受先进的环保思想；支持农村的生态环保设施建设等。遗憾的是，他们的活动大多是短暂的、活动式的和功能式的。为改变这种状况，必须建立经常性志愿服务制度，吸引和培养农村生态文明教育志愿者，使他们成为新的农村社会生态教育动员机制中重要的组成部分，加强与当地村民的良性互动，帮助村民建立自己本土的生态环境保护的民间组织，激发农民树立社区家园意识，提高村民自我教育的主体自觉性。

3. 发挥农村自组织的辅助作用

农村自组织是农村社会组织的主要表现形式。其中建立在发展渐进成熟的村民代表大会制度基础之上，为体现村民自治精神发展起来的一事一议制度理应成为农村生态文明教育的重要制度和组织依托。因为解决京郊农村地区的生态文明教育问题，最有效的方式是发现有争议的议题，正视和直面社区村民，并能够促使村民在具体的情境下广泛深入地参与生态问题解决过程，以提高分析和解决问题的知识、态度、技能、价值和行动。可见，一事一议制度提供了这样一个平台，在具体事件的针对性解决中可以激发村民自觉参与，积极配合，并能够深入问题探究和解决，使农民获得切实情境体验和提高其生态文明意识，最终提供采取行动和解决问题的机会。此外，目前已得到村民的普遍认同和遵守的《村民自治章程》作为村规民约的典范，不但可以规范村民的生态文明行为，而且便于村民对本村涉及环境保护、生态文明建设相关规定执行情况的监督，是村民生态文明教育中实现自我管理、自我教育、自我服务的重要制度保障。

参考文献：

1. 佟庆远著：《新农村生态建设与环境保护设计》，中国社会文献出版社，2006 年版。
2. 焦守田，冯建国主编：《农村垃圾的资源化管理》，中国发展出版社，2008 年版。
3. 陈丽鸿，孙大勇主编：《中国生态文明教育理论与实践》，中央编译出版社，2009 年版。
4. 姬振海主编：《生态文明论》，人民出版社，2007 年版。
5. 薛晓源主编：《生态文明研究前沿报告》，华东师范大学出版社，2007 年版。
6. [日]岸根卓郎：《环境论——人类最终的选择》，何鉴译，南京大学出版社，1999 年版。

7.［英］艾沃·古德森：《环境教育的诞生》，贺晓星等译，华东师范大学出版社，2001年版。

8.［英］J. A. 帕尔默：《21世纪的环境教育——理论、实践、进展与前景》，田青，刘丰译，中国轻工业出版社，2002年版。

9.［美］唐纳德·沃斯特：《自然的经济体系——生态思想史》，侯文蕙译，商务印书馆，1999年版。

10.［希腊］道萨迪亚斯：《生态学与人类聚居学》，中国建筑工业出版社，2002年版。

11. 卓越，赵蕾："加强公民生态文明意识建设的思考"，《马克思主义与现实》，2007年第3期。

12. 张红霞，刘元珍："论农村生态文明建设中农民的思想政治教育"，《毛泽东思想研究》，2008年第4期。

附录：

首都农村生态文明教育现状调查问卷

您好：

为准确了解当前首都农村的生态文明教育状况，促进首都新农村生态文明建设，我们课题组展开此项问卷调查。调查采取匿名形式，对您提供的信息绝对保密。希望您如实填写，在"□"里打"√"，除标题注明外，全部是单选题。感谢您的支持与配合！

——"首都新农村生态文明教育体系研究"课题组

您的个人信息：

性 别：□男　□女

年 龄：□18岁以下　□18～25岁　□26～35岁　□36～45岁　□46～60岁　□60岁以上

居住地：□海淀区　□朝阳区　□丰台区　□石景山区　□门头沟区　□房山区　□通州区　□顺义区　□昌平区　□大兴区　□怀柔区　□平谷区　□密云县　□延庆县

文化程度：□没上过学　□小学　初中　□高中（含职高、中技、中专）　□大专及以上

收入主要来源：□务农　□村（乡）办企业　□经商　□其他

1. 您是如何处理生活垃圾的？

□随地乱扔　□投放到指定地点　□按垃圾分类投放

2. 如果当地开展的乡村旅游，对环境造成了污染和破坏，您的态度是：

□挣钱重要　□没办法　□需要规范管理

3. 如果您所在的村镇推行“农户自家周边环境责任制”，您的态度是：

□反对，增加农民负担　□不积极，但服从当地规定　□赞同，积极支持

4. 村附近有污染性的企业，您的态度是：

□赞成　□无所谓　□坚决反对

5. 在外面吃东西时，您会把包装袋和果皮：

□随手扔掉　□扔到脏的地方　□扔进垃圾桶，或者暂时放在塑料袋中

6. 看到水龙头滴水，您会：

□滴点水也没关系　□没在意过　□随手关紧水龙头

7. 政府给予补贴安装“太阳能”，但也需个人出钱时，您会：

□不安装　□随大流　□安装

8. 您在购买商品时，是否在意它是“绿色产品”（无污染的环保产

品)?

□不在意　　　□有时在意　　　□非常在意

9. 您听说过“谁污染谁治理，谁开发谁保护”的《环保法》原则吗?

□不了解　　　□了解一些　　　□非常了解

10. 对政府推广的“测土配方，平衡施肥”的工程，以减少化肥、农药的施用量，您知道吗?

□不知道　　　□了解一些　　　□非常了解

11. 您知道超薄塑料袋对环境造成的危害吗?

□不知道　　　□知道一些　　　□非常了解

12. 您所在的村镇有生态文明宣传教育活动吗?

□没有　　　□偶尔有　　　□经常有

13. 您觉得本地政府在生态文明(环境保护等)的宣传上：

□没什么效果　　　□有些效果，但不明显　　　□有明显效果

14. 您是通过哪种途径了解到“生态文明”的相关内容的?

□听邻里说的　　　□广播电视　　　□村镇开展的宣传活动

15. 您所在的村镇如果开展生态文明教育，您的态度是：

□浪费时间，没有意义　　　□无所谓　　　□有必要，积极参与

16. 您觉得农村正在开展的“五改”(改路、改水、改电、改厕、改厨)工程，对生态环境改善的作用：

□很小　　　□还行　　　□很大

17. 您认为下列哪种生态文明教育形式更有效些(只选一项)?

□典型示范　□媒体宣传　□知识讲座　□评比活动　□违规处罚

18. 您认为当前农村在生态文明教育上存在的最大问题是(只选一项)：

□形式单一　□缺乏专业指导　□教育经费不足　□走过场，不切实际

19. 您更需要哪种生态文明教育的内容？

□生活生态文明的相关知识　□生态文明的政策、法律知识　□生态文明的技术指导

20. 在您看来搞好农村的生态文明教育需要（请选两项）：

□乡镇村加强相关管理（如定立村规民约）　□完善生态环保公共设施及其配套服务　□加强监督和处罚力度（对违规行为进行公示或适当的经济处罚）　□加强对村民的生态文明教育

调查报告的统计量表

性别

		频次	百分比	有效百分比	累计百分比
有效	男	443	53.1	53.1	53.1
	女	391	46.9	46.9	100.0
	合计	834	100.0	100.0	

年龄

		频次	百分比	有效百分比	累计百分比
有效	18 岁以下	29	3.5	3.5	3.5
	18～25 岁	182	21.8	21.8	25.3
	26～35 岁	189	22.7	22.7	48.0
	36～45 岁	220	26.4	26.4	74.3
	46～60 岁	158	18.9	18.9	93.3
	60 岁以上	56	6.7	6.7	100.0
	合计	834	100.0	100.0	

居住地

		频次	百分比	有效百分比	累计百分比
有效	海淀区	4	0.5	0.5	0.5
	朝阳区	14	1.7	1.7	2.2
	丰台区	3	0.4	0.4	2.5
	石景山	4	0.5	0.5	3.0
	门头沟区	4	0.5	0.5	3.5
	房山区	29	3.5	3.5	7.0
	通州区	21	2.5	2.5	9.5
	顺义区	220	26.4	26.4	35.9
	昌平区	260	31.2	31.2	67.0
	大兴区	232	27.8	27.8	94.8
	怀柔区	3	0.4	0.4	95.2
	平谷区	19	2.3	2.3	97.5
	密云县	16	1.9	99.4	
	延庆县	5	0.6	0.6	100.0
	合计	834	100.0	100.0	

文化程度

		频次	百分比	有效百分比	累计百分比
有效	没上过学	22	2.6	2.6	2.6
	小学	184	22.1	22.1	24:7
	初中	119	14.3	14.3	39.0
	高中(含职高、中计、中专)	311	37.3	37.3	76.3
	大专及以上	198	23.7	23.7	100.0
	合计	834	100.0	100.0	

收入来源

		频次	百分比	有效百分比	累计百分比
有效	务农	207	24.8	24.8	24.8
	村(乡)办企业	162	19.4	19.4	44.2
	经商	78	9.4	9.4	53.6
	其他	387	46.4	46.4	100.0
	合计	834	100.0	100.0	

Q1

		频次	百分比	有效百分比	累计百分比
有效	随地乱扔	14	1.7	1.7	1.7
	投放到指定地点	471	56.5	56.5	58.2
	按垃圾分类投放	349	41.8	41.8	100.0
	合计	834	100.0	100.0	

Q2

		频次	百分比	有效百分比	累计百分比
有效	挣钱重要	22	2.6	2.6	2.6
	没办法	76	9.1	9.1	11.8
	需要规范管理	736	88.2	88.2	100.0
	合计	834	100.0	100.0	

Q3

		频次	百分比	有效百分比	累计百分比
有效	反对，增加农民负担	28	3.4	3.4	3.4
	不积极，但服从当地规定	188	22.5	22.5	25.9
	赞同，积极支持	618	74.1	74.1	100.0
	合计	834	100.0	100.0	

Q4

		频次	百分比	有效百分比	累计百分比
有效	赞成	5	0.6	0.6	0.6
	无所谓	51	6.1	6.1	6.7
	坚决反对	778	93.3	93.3	100.0
	合计	834	100.0	100.0	

Q5

		频次	百分比	有效百分比	累计百分比
有效	随手扔掉	16	1.9	1.9	1.9
	扔到脏的地方	67	8.0	8.0	10.0
	扔进垃圾桶，或者暂时放在塑料袋中	751	90.0	90.0	100.0
	合计	834	100.0	100.0	

Q6

		频次	百分比	有效百分比	累计百分比
有效	滴点水也没关系	12	1.4	1.4	1.4
	没在意过	84	10.1	10.1	11.5
	随手关紧水龙头	738	88.5	88.5	100.0
	合计	834	100.0	100.0	

Q7

		频次	百分比	有效百分比	累计百分比
有效	不安装	20	2.4	2.4	2.4
	随大流	210	25.2	25.2	27.6
	安装	604	72.4	72.4	100.0
	合计	834	100.0	100.0	

Q8

		频次	百分比	有效百分比	累计百分比
有效	不在意	89	10.7	10.7	10.7
	有时在意	324	38.8	38.8	49.5
	非常在意	421	50.5	50.5	100.0
	合计	834	100.0	100.0	

Q9

		频次	百分比	有效百分比	累计百分比
有效	不了解	180	21.6	21.6	21.6
	了解一些	511	61.3	61.3	82.9
	非常了解	143	17.1	17.1	100.0
	合计	834	100.0	100.0	

Q10

		频次	百分比	有效百分比	累计百分比
有效	不知道	266	31.9	31.9	31.9
	了解一些	454	54.4	54.4	86.3
	非常了解	114	13.7	13.7	100.0
	合计	834	100.0	100.0	

Q11

		频次	百分比	有效百分比	累计百分比
有效	不知道	52	6.2	6.2	6.2
	知道一些	548	65.7	65.7	71.9
	非常了解	234	28.1	28.1	100.0
	合计	834	100.0	100.0	

Q12

		频次	百分比	有效百分比	累计百分比
有效	没有	70	8.4	8.4	8.4
	偶尔有	431	51.7	51.7	60.1
	经常有	333	39.9	39.9	100.0
	合计	834	100.0	100.0	

Q13

		频次	百分比	有效百分比	累计百分比
有效	没什么效果	110	13.2	13.2	13.2
	有些效果，但不明显	440	52.8	52.8	65.9
	有明显效果	284	34.1	34.1	100.0
	合计	834	100.0	100.0	

Q14

		频次	百分比	有效百分比	累计百分比
有效	听邻里说的	28	3.4	3.4	3.4
	广播电视	387	46.4	46.4	49.8
	村镇开展的宣传活动	419	50.2	50.2	100.0
	合计	834	100.0	100.0	

Q15

		频次	百分比	有效百分比	累计百分比
有效	浪费时间，没有意义	20	2.4	2.4	2.4
	无所谓	153	18.3	18.3	20.7
	有必要，积极参与	661	79.3	79.3	100.0
	合计	834	100.0	100.0	

Q16

		频次	百分比	有效百分比	累计百分比
有效	很小	70	8.4	8.4	8.4
	还行	346	41.5	41.5	49.9
	很大	418	50.1	50.1	100.0
	合计	834	100.0	100.0	

Q17

		频次	百分比	有效百分比	累计百分比
有效	典型示范	137	16.4	16.4	16.4
	媒体宣传	213	25.5	25.5	42.0

续表

	频次	百分比	有效百分比	累计百分比
知识讲座	151	18.1	18.1	60.1
评比活动	149	17.9	17.9	77.9
违规处罚	184	22.1	22.1	100.0
合计	834	100.0	100.0	

Q18

		频次	百分比	有效百分比	累计百分比
有效	形式单一	110	13.2	13.2	13.2
	缺乏专业指导	289	34.7	34.7	47.8
	教育经费不足	149	17.9	17.9	65.7
	走过场，不切实际	286	34.3	34.3	100.0
	合计	834	100.0	100.0	

Q19

		频次	百分比	有效百分比	累计百分比
有效	生态文明的相关知识	175	21.0	21.0	21.0
	生态文明的政策、法律知识	396	47.5	47.5	68.5
	生态文明的技术指导	263	31.5	31.5	100.0
	合计	834	100.0	100.0	

Q20

		频次	百分比	有效百分比	累计百分比
有效	乡镇村加强相关管理（如定立村规民约）	380	22.8	22.8	22.8
	完善生态环保公共设施及其配套服务	545	32.7	32.7	55.5

续表

	频次	百分比	有效百分比	累计百分比
加强监督和处罚力度（对违规行为进行公示或适当的经济处罚）	371	22.2	22.2	77.7
加强对村民的生态文明教育	372	22.3	22.3	100.0
合计	1668	100.0	100.0	

主持人：王淑芹　（首都师范大学政法学院　教授）

参加人员：姒　鹭　刘丁鑫　张　起　靳海山　杜　凡　胡虹霞

首都新农村建设视野中的政府生态责任研究[①]

郑文涛

党的十六届五中全会确立了建设社会主义新农村的重大历史任务，党的十七大报告按照科学发展观的要求，明确提出了“建设生态文明，基本形成节约能源资源和保护生态环境的产业结构、增长方式、消费模式”。党的十七届三中全会通过了《中共中央关于推进农村改革发展若干重大问题的决定》，强调要按照建设生态文明的要求，发展节约型农业、循环农业、生态农业，加强生态环境保护。党的十七届五中全会通过的中共中央“十二五”规划建议，更加强调推进农业现代化，加快社会主义新农村建设；加快建设资源节约型、环境友好型社会，提高生态文明水平。在党和国家切实推进建设社会主义新农村和建设生态文明双重战略部署的新形势下，政府的职能必须按照科学发展观的要求重新予以定位和深化，除强调传统的政治责任、法律责任、道德责任、行政责任外，要切实把生态责任摆在更

① 本文为北京市哲学社会科学“十一五”规划项目（编号：09BaZH154）研究成果。

加突出的位置。北京市作为国家首都，着眼于建设中国特色世界城市，全面实施人文北京、科技北京、绿色北京战略，在此基础上，又明确提出了“两个率先”的具体目标，即率先形成创新驱动的发展格局，率先形成城乡经济社会发展一体化新格局，以“两个率先”引领首都在更高水平上科学发展。这些都更加凸显了首都推进社会主义新农村建设和生态文明建设的必要性和重要性，更加强调了各级政府和部门切实履行好政府生态责任的紧迫性和特殊性，这就要求我们必须以首善的标准积极推进社会主义新农村和生态文明建设，必须以更高的要求全面履行政府职能、践行生态责任。基于此，研究首都新农村建设中的政府生态责任具有重要的理论价值和现实意义。

一、生态文明、责任政府与政府生态责任

(一)生态文明理念及实现路径

近代科学技术的兴起和发展是一个将人类从迷信和各种神秘力量的压迫中逐步解放出来的过程。随着科技的迅猛发展，科技异化现象也愈演愈烈，给人类社会带来了诸多负面影响，如温室效应、臭氧层空洞、物种灭绝、环境恶化、能源枯竭等。生态环境危机对人类生存发展威胁的日益加剧，推动着人们更加深入地思考人类文明未来走向、探讨生态文明等理论问题，生态文明便应运而生。从人类文明发展的过程性来看，生态文明萌生于工业文明的母体中，是对工业文明的扬弃，将是工业文明之后新的人类文明形态。从人类文明系统的结构性来看，生态文明只是人类文明系统中的一个方面，但具有基础地位，与物质文明、精神文明、政治文明发生交叉渗透的相互作用。

所谓生态文明是指人们在改造客观世界的同时，积极改善和优化人与自然的关系，建设有序的生态运行机制和良好的生态环境所取得

的物质、精神、制度方面成果的总和。它反映的是人类处理自身活动与自然界关系的进步程度，是人与社会进步的重要标志。它是人类对传统文明，尤其是工业文明批判超越的结果，是人类文明形态、文明发展理念、道路和模式的重大进步。它以人与自然、人与社会和谐共生、良性循环、全面发展、持续繁荣为基本宗旨，以建立可持续的经济发展模式、健康合理的消费模式及和睦和谐的人际关系为主要内涵，以建设资源节约型、环境友好型及天人和谐、人际和谐型社会为目标，倡导人类在遵循人、自然、社会和谐发展这一客观规律的基础上追求物质与精神财富的创造和积累。

生态文明是一种积极、良性发展的文明形态，是可持续发展的文明，是一种科学的、自觉的文明形态。生态文明是人类文明螺旋上升发展过程中的一个阶段，是对工业文明生产方式的否定之否定，是对以往农业文明、现存工业文明的优秀成果的继承和保存。

党的十七大报告明确提出了实现全面建设小康社会奋斗目标的新要求，把“建设生态文明，基本形成节约能源资源和保护生态环境的产业结构、增长方式、消费模式”提到了发展战略的高度，要求到2020年全面建设小康社会目标实现之时，使我国成为生态环境良好的国家。这是党中央首次把“建设生态文明”写入党代会的政治报告，是建设和谐社会理念在生态与经济发展方面的升华，不仅对中国自身发展具有重大而深远的影响，而且对维护全球生态安全具有重要意义，充分体现了我党对生态建设的高度重视和对全球生态问题高度负责的精神。

建设生态文明要树立辩证思维。辩证思维在生态文明意义上的基本原理主要有：多样化统一原理、边缘优势原理、开放性原理以及未来优先原理等。近些年，我国经济社会发展之快举世瞩目，但这一发展对环境造成的破坏决不可漠然处之。人类今天的困惑往往起因于昨天的错误，而今天的错误则将导致明天的困境，未来世界的面貌是现代人的行为结果。因此，辩证思维要求我们在未搞清楚事物发展之间的序列之前不要匆忙决策，奉行生态谨慎，恪守未来优先，减少和避免因盲目决策造成的损失与浪费。辩证思维是生态文明的世界观、方法论，是建设生态文明的哲学基础。只有树立辩证思维方式，才能不断强化人们的生态意识和生态观念。

建设生态文明要弘扬共容精神，守护共生理念。心态与生态是人类文明始终存在的两大问题，心态关乎共容，生态关乎共生。共容方能共存，共存方能共生，我们不仅要学会与他人共容共生，而且要学会与自然共容共生。弘扬共容精神，守护共生理念，尊重与促进文化与自然的多样性统一。为此，在人格上应致力于"四心"的培育，即对自然要有感激之心、忏悔之心、敬畏之心、谦卑之心。

建设生态文明要推进经济发展方式的生态化。经济发展方式的生态化，就是以可持续的方式去实现经济发展，在经济发展中倡导资源节约、注重环境友好。推进经济发展方式的生态化是一个长期过程，结合中国国情，当前应致力于实现经济增长的三个转变，即"由主要依靠投资、出口拉动向依靠消费、投资、出口协调拉动转变，由主要依靠第二产业带动向依靠第一、第二、第三产业协调带动转变，由主要依靠增加物质资源消耗向主要依靠科技进步、劳动者素质提高、管理创新转变"。为此，各级政府部门以及作为经济活动之主体的企业就要在开发或吸纳环境工业与技术、采用环境管理标准、建立循环经济模式、遵守环境法律法规以及赞助环境公益事业等方面有所作为。而作为经济运行宏观决策与管理者的国家，则要在采取必要的行政手段之外，加强环境经济政策的完善与实施，加强环境立法与执法，尤其是环境评价的立法和执法。

建设生态文明要推进消费方式的生态化。生态与消费内在关联。环境污染与破坏主要在于不合理的生产方式和消费方式。没有消费方式的生态化，就不可能有经济发展方式的生态化。工业革命以来，人们在生存需求得到满足的基础上，开始追求享受与发展需求的满足，并且将享受与发展需求的满足定位在物质上，物欲的满足成为实现人类自我价值的主要标准，因此形成了消费主义。这种消费模式直接导致自然成了人盘剥索取的对象，人的贪婪最终造成自然界满足人类需求能力的降低，甚至于丧失。同时，过分强调物欲满足，造成人类精神家园的空虚和失落，人的可持续发展面临危机。因此，推进消费方式的生态化是实现人全面发展的生存基础，也是建设生态文明的必由之路。

建设生态文明要推进城乡建设的生态化。20 世纪 80 年代以来，中国的城市化步伐日益加快，如何借鉴发达国家城市化的教训和经验，走出一条既符合城市化一般规律，又切合中国国情的具有中国特色的城市化之路，在城市布局、城市规划和城市建设中尽可能避免或减少对生态环境的负面影响，并进而做到城市物质生活水平提高、文化生活水平提高、管理水平提高以及环境质量改善的统一？党中央提出建设社会主义新农村。新农村建设的生态需要是什么？如何去做？在新农村建设中怎样体现以人为本和可持续性……所有这些，都是我们在推进城乡建设生态化过程中所必须思考和解决的重大问题。

(二)责任政府与政府生态责任

建设责任政府是当代中国政治体制改革的基本目标和行政管理体制改革的重要内容，已经成为各级地方政府所确定的政府发展取向，而政府生态责任及其践行也是建设社会主义和谐社会和落实科学发展观的内在需要，越来越引起各级政府的关注和重视。

一般而言，责任政府或责任行政观念的真正产生是属于近现代以来民主政治发展以后的结果，其内涵应该主要涉及责任主体、责任对象、责任目的和责任含义等内容。在这里，责任主体显然是指政府及其行政人员，但从一定意义上说，政府行政人员才是最终责任主体。责任对象无论是指政府上级还是指政府下级，无论是指执政党还是指议政机构，无论是指法律还是指道德，但归根到底应该还是指社会或公民，即社会或公民是最终责任受体。责任目的也最终是为了追求与实现社会或公民的公共意志与公共利益，当然，这里的“公共意志与公共利益”应是“源于对共同价值准则的对话协调，而不是个体自我利益的简单相加”①。责任含义主要是指必须履行的义务或职责，否则，必须承担某种否定性后果。对此，我们可以基于以下三个层面对责任政府作一分析。

一是基于价值理念的层面，即认为责任政府是一种责任价值理念。责任政府首先表现为一种理念，将其“作为民主政治时代的一种基本理念，它要求政府必须回应社会和民众的基本要求并积极采取行动加以满足；政府必须积极履行其社会义务和职责；必须承担道义上的、政治上的、法律上的责任；政府必须接受来自内部的和外部的控制以保证责任的实现”②。基于此，这里的责任应当主要是指以人民主权与社会契约理论为基础的民主理念和以社会本位或公民本位的服务理念，以及由此派生的向社会或公民负责的责任理念。基于此，就

---

① ［美］罗伯特·B. 丹哈特，珍妮特·V. 丹哈特，新公共服务：服务而非掌舵[J]. 中国行政管理，2002，(10).

② 张成福. 责任政府论[J]. 中国人民大学学报，2000，(2).

当下而言，我国在责任政府的理念上亟待完成三大转变，即由管理向服务转变；由重权力轻责任向权责并重转变；由非完全责任向完全责任转变。

二是基于制度设计的层面，即认为责任政府是一种责任制度设计。责任政府既是现代民主政治的一种基本理念，又是一种对政府公共行政进行民主控制的制度安排。在现代政治实践中，责任政府体现为某种政治原则，以及建立在这种政治原则基础上的政府责任制度。当然，制度设计与价值理念相互依存、不可分割。一方面，基于制度安排的责任政府是对其公共政策和国家行为负责的责任理念或作为某种责任价值理念的“政治原则”的贯穿和渗透；另一方面，基于价值理念的责任政府也必须通过责任“政府体制”或“政府责任制度”才能得以实现。

三是基于实践操作的层面，即认为责任政府是一种负责任的实践行为。在我国，所谓责任政府就是一种负责任的行政体系，它以全心全意为人民服务为宗旨的政府，政府的一切措施及领导干部的一切行为必须以人民利益为依据，政府行为必须对民意负责，当政府行为出现重大过失时，它必须承担相应的政治、法律和道义上的责任。显然，基于实践层面的责任政府仍然是指一种贯穿和渗透了“全心全意为人民服务”理念和“必须对民意负责”理念的政府行为。同时，它也是在特定责任制度设计中的政府行为。而上述的责任价值理念和责任制度设计也必须通过特定的实践操作行为才能最终得以实现。

上述三个层面反映出责任政府模式的三个不同方面的构成要素，即责任政府作为一种政府模式，是由政府的责任价值理念、责任制度设计和责任实践操作所构成的有机统一体。而责任政府就是指具有民主理念和服务理念以及对社会或公民负责的理念，并将之贯穿和渗透于其制度设计和操作行为等公共权力运作的全部过程和环节之中去的政府。

政府生态责任是一种政府责任。而政府责任与责任政府是两个既有联系又有区别的概念。与责任政府内涵理解相适应，政府责任应该是指政府在民主理念和服务理念以及对社会或公民负责的理念指导下，在特定的责任制度设计和安排中，与特定机构与职位相联系的义务与职责。政府责任是表明责任类型和责任主体的；而责任政府是关于政府模式和政府性质的。政府责任只有在责任政府中才能得到真正履行，而具有政府责任的政府未必一定是责任政府。相比较而言，政府责任大致可以从两个方面来区分：一是政府对社会的责任形式，即把政府对社会的整体责任从理论上加以分割，结果形成政府责任的四种类型，即道德责任、政治责任、行政责任与法律责任。另一个是涉及政府责任的内容，强调政府对社会所承担的各种各样的具体责任。在这里，政府生态责任也应该是属于政府责任的内容，它并不能简单地被认为是除政治责任、道德责任、法律责任和行政责任外的一种政府重要责任。其原因就在于政府责任的内容与形式可以而且应该是不可分割的相互统一关系，即存在着生态政治责任、生态道德责任、生态法律责任和生态行政责任等。

政府生态责任也是一种生态责任。而生态责任就是指追求与实现自然生态平衡和稳定或人与自然的自然性和谐作为价值目标的特定责任，其本质反映的是人对自然的一种责任关系。当然，人与自然的关系同人与人、人与社会的关系互为中介、互相交织。因此，这种生态责任也表现在人与人或人与社会的关系之中。同理，政府生态责任在本质上反映的也应当是政府对自然的一种责任关系，它也不能简单地被区分为政府对自然的生态责任、政府对市场的生态责任和政府对公众的生态责任，因为这三者之间不是这样一种简单的并列关系，而是政府对自然的生态责任同时也表现在政府对市场和政府对公众的关系之中。

(三)政府生态责任的基本含义与运行特征

1. 政府生态责任的基本含义

如上所述，责任政府是现代政府的重要标志之一。所谓政府生态责任，是指在生态文明时代，在责任政府的现代化背景中，在民主和服务价值理念指导下，以追求与实现自然生态平衡和稳定人与自然的和谐作为价值目标，政府在生态建设、环境保护以及实现社会可持续发展方面应承担的义务和职责。其内涵要素主要包括：

时代性。人类文明经历了原始文明、农业文明、工业文明和今天的生态文明，不同历史朝代的政府对不同时代的文明承担着不同责任，扮演着不同的政府角色。应该说，现代文明是多种文明的集合体，诸如政治文明、物质文明、精神文明、社会文明和生态文明等等。其中，生态文明是一种崭新的文明，是一切文明的基础性文明，是新形势赋予政府的新的时代责任。

权威性。生态责任是生态文明时代每一个社会主体都应承担的责任，诸如政府、各类社会组织和自然人等。由于政府具有无与伦比的地位和公权力，决定政府的生态责任具有国家号召力、影响力、强制力和权威性。

战略性。政府在不同的时代，其战略重点是不尽相同的。在殖民主义时代，许多国家政府的战略重点在于通过战争来争夺土地和矿藏；在工业文明时代许多国家的战略重点在于科技、教育、人才和市场。在生态文明时代，生态环境危机直接威胁着当代人和子孙后代的生存与发展，各国政府不得不把构建良好生态提升为战略重点。因此，国家把生态良好列为全面建设小康社会的重要战略目标，把节约资源、保护环境上升为基本国策。由此可见，政府的生态责任已经具有了战略性定位。

公共政策性。现代政府是责任政府，而政府的主要职责就是制定与执行公共政策，因此政府的生态责任必然体现为公共政策性。一方面向社会提供有形的保护生态环境的公共性产品，诸如全民的公共生态环保教育、公共生态环保基础设施、公共生态环境监测与保护机制等；另一方面向社会提供无形生态环保公共产品，诸如生态文明理念、生态环保价值观与伦理观、生态环保法律制度、生态文明社会引导氛围等等。

双重性。传统意义的责任观，政府限于或对社会或对人民负责，这是人类中心主义的价值观取向所致。在生态文明时代、政府既要对人民负责任，又要对生态环境负责；既要对当代人负责，又要对子孙后代负责；既要对本国的生态环境负责，又要对国际生态环境负责。“我们不是继承父辈的地球，而是借用了儿孙的地球。”

2. 政府生态责任的运行特征

如前所述，国际社会、各国政府已经达成了共识，要改变人类的发展模式和生存模式，构建人与自然和谐发展的生态文明社会。作为担当关键角色的政府如何把生态责任落实在具体的行动中呢？这就涉及政府生态责任运行机制的构建问题。所谓政府生态责任运行机制，即在生态文明时代，政府为了实现资源节约型、环境友好型社会战略目标，充分运用其拥有的权力和资源，采用科学的管理方法和措施，推动、引导、监督、协调、规范、强化和促进全社会共同构建生态文明社会的管理模式和运行机理。其运行主要有以下特征：

行政权力与职责义务相统一。政府生态责任运行机制的建设是一个渗透国家行政管理多项工作的系统工程，因此，我们必须精心设计、整体规划、分层推进实施，兼顾立法、司法、行政和宏观、中观、微观而运转有序地健康发展。政府生态责任运行机制的形成，其动力来源于执政为民的宗旨，在科学发展观和生态文明观的指导下，将行政权力、行政职责与义务有机统一起来，将生态环保理念和可持续发展战略落实到具体行动之上。

科学决策与有效管理相结合。政府应借鉴生态学、循环经济学、管理学、环境学、法学、伦理学、社会学和教育学等多学科知识，从全局长远的利益出发，科学地考虑生态环境与社会经济发展之间的关系，对政府的生态责任机制进行科学决策、指标细化、责任到人、管理到位。与此同时，根据生态环境的发展态势和政府生态责任运行机制在实施过程中的效果，进行检查、评价修正和调节，纠正其机制中不合理的环节与措施，实现其机制不断创新、不断完善。

科技性与人文性相融合。保护生态环境、发展循环经济、构建和谐社会，一方面需要现代技术作为支撑，诸如零排放技术、高效节能技术、垃圾回收利用技术、太阳能利用技术等等。另一方面也需要人文科学的引导、规范、管理、教育作用。因此科学而实用的政府生态责任运行机制一定要体现高科技性与人文性的有机融合。

伦理性与法律性相贯通。一方面，人类的思想行为模式总是受其伦理价值所支配的，人类对生态环境的认识具有明显的时代伦理特征。从 1972 年的《人类环境宣言》到 1992 年的《21 世纪议程》，从“人类中心主义”到可持续发展战略，标志着人类的伦理观正在发生深刻的变革，构建节约型社会、环境友好型社会已成为人类的共识，生态伦理已成为 21 世纪的先进理念和主流伦理。在生态伦理支配下的政府生态责任运行机制，必然要渗透生态伦理性。另一方面，面对迫在眉睫的生态环境危机，面对缺乏生态伦理价值观和环境保护意识的不良行为，为了人类与自然的和谐发展，为了子孙后代的幸福，只能通过构建完善的生态环保法律体系，强化其执行力度，促进生态环保机制形成，实现人与自然和谐发展。

二、首都新农村建设与政府生态责任机制构建

农业兴则各业旺，农民富则国家强，农村稳则国家安。特殊的国情赋予了“三农”问题的特殊重要性。党的十六届五中全会通过的《中共中央关于制定国民经济和社会发展第十一个五年规划的建议》，提出了建设社会主义新农村的重大历史任务，为做好当前和今后一个时期的“三农”工作指明了方向。2006 年，《中共中央国务院关于推进社会主义新农村建设的若干意见》正式发布，成为新农村建设的重要行动纲领。它明确指出，建设社会主义新农村是我国现代化进程中的重大历史任务。全面建设小康社会，最艰巨、最繁重的任务在农村。加速推进现代化，必须妥善处理工农城乡关系。构建社会主义和谐社会，必须促进农村经济社会全面进步。农村人口众多是我国的国情，只有发展好农村经济，建设好农民的家园，让农民过上宽裕的生活，才能保障全体人民共享经济社会发展成果，才能不断扩大内需和促进国民经济持续发展。当前，我国总体上已进入以工促农、以城带乡的发展阶段，初步具备了加大力度扶持“三农”的能力和条件。要全面贯彻落实科学发展观，统筹城乡经济社会发展，实行工业反哺农业、城市支持农村和“多予少取放活”的方针，按照“生产发展、生活宽裕、乡风文明、村容整洁、管理民主”的要求，扎实推进社会主义新农村建设。北京作为全国的首都，必须以首善之区的高标准做好社会主义新农村建设工作，特别是要全面贯彻“人文北京、科技北京、绿色北

京”发展战略，转变经济发展方式，统筹城乡一体化建设，切实将城市发展建设与生态环境改善紧密结合，努力提升首都可持续发展能力，为建设繁荣、文明、和谐、宜居的首善之区，建成具有中国特色和国际影响力的世界城市奠定坚实的基础。

(一)推进首都新农村建设，率先形成城乡经济社会发展一体化新格局，是推进首都改革开放和现代化建设的必然要求。

“三农”问题关系首都改革发展稳定大局，没有农村的现代化就没有首都的现代化。以成功举办2008年奥运会为标志，北京已经进入从中等发达城市向发达城市迈进的新阶段，必须进一步推进新农村建设，加快农村改革发展，破除城乡二元结构，率先形成城乡经济社会发展一体化新格局，这是新形势下贯彻落实科学发展观的重大举措，是建设繁荣、文明、和谐、宜居的首善之区，努力使首都各项工作走在全国前列的必然要求。改革开放以来，北京农村面貌发生了翻天覆地的变化，实现了从温饱不足向全面小康的历史性转变；首都经济实力迅速壮大，为工业反哺农业、城市支持农村提供了雄厚的物质基础；北京作为全国政治文化中心，拥有着得天独厚的科技智力优势；特别是党的十七大以来，北京在统筹城乡发展体制机制上的一系列积极探索，已经取得阶段性成果；按照科学发展观的要求，面对新形势、新任务，北京进一步明确了建设“人文北京、科技北京、绿色北京”的发展思路，为首都各项工作指明了方向。这些都为率先形成城乡经济社会发展一体化新格局奠定了良好基础。然而，我们也要清楚地认识到，随着工业化、信息化、城镇化、市场化、国际化的深入发展，首都农村改革发展面临着许多新情况、新问题、新挑战：城乡二元结构造成的深层次矛盾依然突出，城乡社会事业和公共服务水平差距依然较大，农民持续增收困难依然较多，城乡居民收入差距持续扩大，人口资源环境的矛盾日益显现，加强农村民主法制建设、基层组织建设和社会管理任务繁重。解决好这些矛盾和问题，必须进一步解放思想，加大改革创新力度，努力在统筹城乡发展、率先形成城乡经济社会发展一体化新格局方面取得重大突破。

农村是首都可持续发展的战略腹地，是建设“人文北京、科技北京、绿色北京”的资源支撑区，是破除二元结构、推动体制机制创新的先行示范区。率先形成城乡经济社会发展一体化新格局，就是要按照科学发展观要求，着眼于建设“人文北京、科技北京、绿色北京”全局，充分发挥城市在资金、人才、技术、信息等方面的优势，充分挖掘农村地区在生态环境、发展空间等方面的巨大潜力，加大城乡统筹力度，在全国率先建立起以工促农、以城带乡长效机制，率先在统筹城乡规划、产业布局、基础设施建设、公共服务一体化等方面取得突破，率先构建起新型的工农、城乡关系，促进公共资源在城乡之间均衡配置，促进生产要素在城乡之间自由流动，促进城乡经济社会发展融合互动、优势互补、互利共赢。

围绕率先形成城乡经济社会发展一体化新格局这一根本要求，北京市确定了到2020年农村改革发展的基本目标和任务，即：建立完善城乡一体的社会保障体系，城乡社会保障制度实现并轨，农村社会保障水平大幅度提高；实现城乡教育、文化、卫生等基本公共服务均等化，农村基础设施和社会事业取得长足进步；都市型现代农业体系日臻成熟，环境友好型实体经济全面发展，农村经济实力显著增强，农民人均纯收入比2008年翻一番，占农户总数20%的相对低收入户人均纯收入到2015年翻一番；生态质量和人居环境显著改善，生态服务功能显著增强，农村基层组织建设、民主法制建设切实得到加强，农村和谐社会建设取得显著成效。为此，按照上述要求，在今后的工作中，首都新农村建设必须坚持把发展作为第一要务，按照“生产发展、生活宽裕、乡风文明、村容整洁、管理民主”的要求，结合新一轮产业结构调整，对农村发展的各项工作要实现新的突破和延伸。农业的发展，在继续强化生产功能的同时，向突出生态功能和服务功能的方向延伸；非农产业的发展，在继续增强区域经济实力的同时，向重点扩大农民就业的方向延伸；农村的发展，在继续夯实经济基础的同时，向重点加强社会事业、促进全面协调发展的方向延伸；农村的建设，在继续完善区域性基础设施的同时，向兼顾社区性基础设施的方向延伸；政府支持政策的重点，在继续支持和保护农业的基础上，向推进农村区域发展的方向延伸。

(二)推进首都新农村建设，更好地发挥农村生态和服务价值，是优化北京城市整体功能建设的基础环节。

2006年，北京市制订发布了《北京市“十一五”时期功能区域发展规划》，这是北京市在中长期规划中第一次打破行政区划编制的市域经济规划，它以“强化重点功能区、统筹区域协调发展”为原则，以充分履行首都城市功能为核心，以落实区县功能定位、调整产业布局为重点，明确各功能区域在北京城市总体发展中的思路、方向与主要任务，充分利用资源禀赋和比较优势形成各区县特色发展的格局，实现城市整体功能的最优化和整体效能的最大化。根据北京宏观经济环境转变和未来发展的目标，《规划》本着“产业集聚、布局集中、资源集约”的原则，提出重点构建“二大发展带、四大城市功能区域、六大重点产业功能区"①的区域经济发展总体框架(附图),形成点、线、面互动的空间发展新格局,并以此点轴支撑的空间网络系统引导产业尤其是传统产业由中心城区向城外转移,积极促进区域分工和要素流动,形成高效、完善的产业分工体系。在构建不同功能区域的重点产业群规划中,按照"优化市区、发展平原、涵养山区"的原则,依据各

---

① "二大发展带、四大城市功能区域、六大重点产业功能区":

建设北京东部、西部发展带。围绕京津冀都市圈的发展,加速建设北京东部产业发展带和西部生态发展带。进一步增强北京作为京津冀都市圈核心城市的综合辐射带动能力,逐步形成北京东部轴带扩散发展的空间结构,以顺义、通州、亦庄和大兴为重要结点,大力发展高新技术产业、现代服务业及都市型工业,适度发展现代制造业。进一步改善西部生态环境,积极引导高新技术研发与服务、旅游休闲、商业物流、教育等生态友好型产业向该地区集聚。

形成各具特色的四大城市功能区域。通过"优化城区、强化郊区",形成特色突出、分工明确、发展均衡的四大城市功能区域,即首都功能核心区、城市功能拓展区、城市发展新区和生态涵养发展区。首都功能核心区集中体现北京作为我国政治、文化中心功能,集中展现古都特色,是首都功能及"四个服务"的最主要载体。城市功能拓展区是体现北京现代经济与国际交往功能的重要区域。城市发展新区是北京发展制造业和现代农业的主要基地,也是北京疏散城市中心区产业与人口的重要区域,是未来北京经济社会发展的重心所在。生态涵养发展区是北京的生态屏障和水源保护地,是保证北京可持续发展的支撑区域。

推动六大重点产业功能区发展。在首都功能核心区,重点建设金融街,进一步强化首都的国际化金融中心功能,努力将其发展为国家级金融决策与监管中心、金融政策发布中心、金融信息汇聚中心和国际交往中心。在城市功能拓展区,重点发展中关村科技园区、北京商务中心区(CBD)、奥林匹克中心区等三个重点功能区,以满足城市功能拓展区承载的国家知识创新和高新技术产业基地,国际交往和现代服务业中心以及现代体育文化中心的职能。在城市发展新区,结合重点新城建设,发展顺义临空经济区和北京经济技术开发区两大重点功能区,以进一步增强城市发展新区的生产制造、物流配送和人口承载功能,推动全市经济持续、快速、协调发展。

城市功能区域的定位，建立产业筛选机制，规划引导投资方向，促进产业集聚发展，逐步形成各具特色、重点突出的产业格局，提高产业发展与城市功能和生态环境的和谐程度。

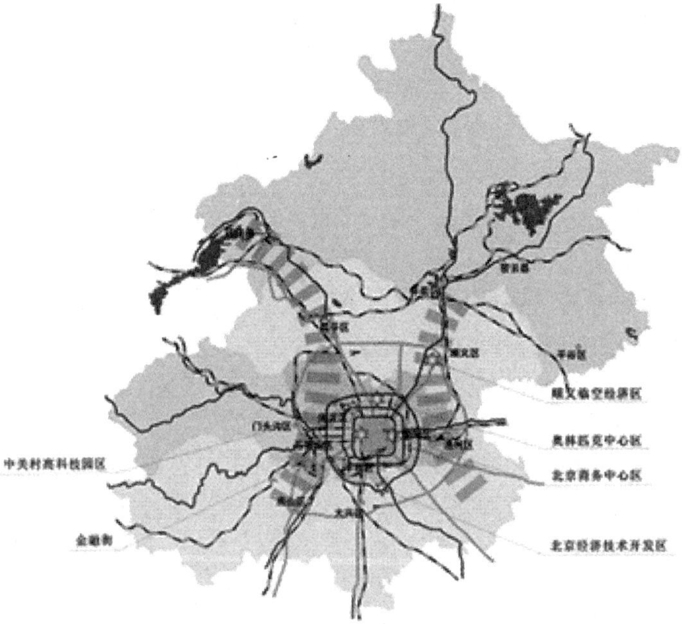

“十一五”时期北京市功能区域发展总体框架

北京区域发展的内外环境决定了首都经济社会发展的主要任务是提高综合实力和国际竞争力，适当平衡地区间、城乡间、产业间以及职能间各种利益关系，加强区域开发的分类指导，依照功能定位的要求和现实基础条件，分别实行优化开发、重点开发、限制开发和禁止开发。对各重点功能区，要加大开发投入力度，增强承载能力，实施重点开发和优化开发，对山区、浅山区、基本农田保护区及绿化隔离地区，严格控制不符合功能定位要求的开发建设，强化生态与水源涵养功能，实施限制开发和禁止开发。同时，最大限度地创造就业机会，降低经济增长对自然资源的依赖程度，建设和谐稳定的社会。

从功能区域划分的层面来看，京郊农村主要集中在城市功能拓展区①、城市发展新区②和生态涵养发展区③。截至2006年年底，北京市共有183个乡镇(其中41个乡，142个镇)，3957个行政村，常住户143.6万户，常住人口501.6万人，其中户籍住户117.5万户，户籍人口292.2万人。依据10个远郊区县编制的“村庄体系规划(2006—2020年)”，10个远郊区县共有3647个行政村，其中重点村2075个，63万户，164.4万人，一般村1572个，36.7万户，89.3万人。根据统计局统计资料，近郊3个区共有32个乡镇，310个行政村，18万户，38.5万人。要根据不同区域功能定位，有的放矢地开展新农村建设工作，务求取得实效。

在城市功能拓展区，要统筹城乡经济社会协调发展。将城市化作为解决“三农”问题的根本途径，努力加快城市功能拓展区农村地区的

① 城市功能拓展区。包括朝阳、海淀、丰台、石景山四个区，是国家高新技术产业基地，国内外知名的高等教育和科研机构聚集区，著名的旅游、文化、体育活动区，也是中国与世界联系的重要节点。该区总部经济、现代服务业、高新技术产业、科教文化产业等发展迅速，文化旅游产业发达。该区土地面积1275.93平方公里，占全市的7.78%

② 城市发展新区。包括通州、顺义、大兴、昌平、房山五个区和亦庄开发区，是北京发展高新技术产业、现代制造业和现代农业的主要载体，是北京疏散城市中心区产业与人口的重要区域，也是未来北京城市发展的重心所在。该区涵盖多个规划新城、国家级和市级开发区，同时是全市重要的农副食品生产基地。城市发展新区占地6295.57平方公里，占北京总面积的38.36%。

③ 生态涵养发展区。包括门头沟、平谷、怀柔、密云、延庆五个区县，是北京的生态屏障和水源保护地，是环境友好型产业基地，是保证北京可持续发展的支撑区域，也是北京市民休闲游憩的理想空间。该区域生态质量良好、自然资源丰富，但工业基础薄弱，产业发展空间相对较小。该区域大多处于山区或浅山区，全区占地8746.65平方公里，占北京总面积的53.30%。

建设，推进城市化进程。一是走改革创新的道路，坚决革除城乡二元体制弊端，深化农村行政管理和经济管理体制改革。二是按照“科学规划、整体开发、分步实施”的原则，以基础设施建设为先导，以完善土地储备制度为着力点，以招商引资为手段，基本建成规划的小城镇，创造拥有良好生态环境、一流服务功能和秀美城市风光的新型城市形态。三是下大力气解决农民的社会保障和农村劳动力就业问题，努力推进农村社会保障制度的建立完善。四是高起点地规划建设社会事业项目和公共、社区服务设施，大力加强精神文明和民主法制建设，促进社会全面进步和农民素质全面提高。同时还要推进生态环境建设，以城乡结合部地区为重点，加强城市综合开发，拆除违法建筑，消灭城中村以及治理环境脏乱差等问题，努力营建良好的生态环境。扩大城市绿化面积，加快旧村改造和新型村镇建设步伐，全面建设“绿色生态宜居区”。

在城市发展新区，发展现代都市农业，加快新区农村建设。一是突出重点，大力发展以籽种农业、加工农业、观光休闲农业等为代表的都市型现代农业。积极发展高附加值农产品，抢占农业高端市场，向农产品加工、储藏、流通农业等相关产业延伸与拓展，实现农业的产业化、集约化、规模化和生态化。二是发挥政府宏观调控作用，积极推进新区“新农村”建设，全方位建立“三农”发展的投入与分配机制，从根本上扭转农业劳动生产率及增加值过低的状况，在努力缩小新区农村与城区之间人均 GDP 差距的同时，更要缩小农村与城市之间居民享受的教育、医疗等基本公共福利水平的差距。

在生态涵养发展区，构建以“绿色农业”、“生态工业”、“休闲旅游业”等为特色的生态经济体系；城市功能不断优化完善，人口产业进一步向新城集聚，“现代化新城”格局初步形成；社会事业全面发展，公共服务能力大幅提升；水源涵养区保护能力稳步增强；为此，要采取有效措施，重点做好以下工作：一是培育良好的生态涵养系统；二是积极创新生态与农村发展模式；三是建设可持续的生态环境保护体系；四是积极发展循环经济。五是加快推进区域城镇化进程。

首都新农村建设在优化北京城市整体功能建设中发挥着重要作用，必须努力建设体现首都风貌的社会主义新农村。首都新农村建设应与农村实际紧密结合起来，与建设文明村镇结合起来，要从实际出发，从“新村镇”、“新产业”、“新组织”、“新农民”、“新作风”以及“新生活”等六个“新”入手，把农村建设成为生产发展、生活宽裕、乡风文明、村容整洁、管理民主的社会主义新农村，逐步改变农民的生产和生活方式，实现由传统的自然经济状态向城镇化、现代化的历史性转变，建立城乡统筹发展的长效机制，构筑城乡协调发展的空间结构，加速推进农村社会事业、农民利益保障与城区全面接轨。

（三）推进首都新农村建设，努力克服生态发展瓶颈制约，实现人口、资源、环境协调发展，是加快北京建设世界城市的现实选择

《北京城市总体规划（2004—2020年）》将北京发展目标确定为：国家首都、世界城市、文化名城和宜居城市，到建国100周年建设成为经济、社会、生态全面协调可持续发展的城市，进入世界城市行列。北京市委十届七中全会进一步明确提出，当前，首都经济社会发展已经进入了全面建设现代化国际大都市的新阶段。面对国家国情国力和国际地位的新变化，面对首都在国家工作大局中所承担的重要任务，面对推动首都科学发展、促进社会和谐的历史责任，按照科学发展观的要求，必须以更高的标准贯彻落实《北京城市总体规划（2004—2020年）》，瞄准建设国际城市的高端形态，从建设世界城市的高度，审视首都的发展建设，提高科学发展的水平、规划建设的档次和服务管理的水准，加快实施“人文北京、科技北京、绿色北京”发展战略。北京建设世界城市的战略构想充分体现了首都的危机意识、责任意识、进取意识和超前意识，这是我们国家被推向世界前台后，首都工作的一个新的奋斗目标，是“三个北京”建设的延续，对北京城市建设和发展具有重要的现实意义和深远的历史意义。如何建设世界城市，这是当前及今后一个较长时期北京面临的重大任务。笔者认为，北京在建设世界城市的过程中，无论从世界城市的空间形态看，还是从解决北京日益严峻的水、土地、能源和环境资源等方面考量，或是从提升周边区域承接北京功能辐射能力出发，北京建设世界城市始终都离不开农村的建设和农业的发展。

北京的农业占GDP总量不到2%，农村劳动力就业人口在减少，但是北京农业带给首都的生态环境价值，远远高于现在实际计算的经济产出量。北京城市绿带、京郊农村及周边河北地区起到保护水源、保护植被、调节气候、防止洪涝灾害、保留自然景观和生态环境的作用，为城市发展创造充足的休闲空间和生态环境。为此，北京要始终高度重视农业的生态效益和生态保障能力，充分发挥农业的环境保护和生态修复功能，提高农业生产的自净能力，发展生态农业和循环经济，提升农业生态服务价值，建设生态城市。然而，从目前情况分析，在推进首都新农村建设过程中，还面临着诸多生态发展瓶颈的制约，具体表现在以下几个方面：

1. 水资源短缺和水环境污染并存，农田水利灌排设施需要更新改造。“十五”以来连续干旱，上游来水量下降，官厅水库水质仍未达到饮用水源要求。由于缺乏新水补给，2005年达标河流长度、达标水库库容和达标湖泊容量仅占监测总长度、总库容和总容量的45.3%、66.1%和32.9%。市区南部地下水总硬度和硝酸盐氮超标，水质较差。地下水位持续下降，平原区地下水已累计超采数十亿立方米。总体上，全市生态用水明显不足。20世纪80年代建设的10754眼机井服务期已超过20年，农田节水设施明显老化。由于20世纪末以来持续干旱和城市应急水源的启动，部分地区地下水位下降较快，造成部分机井出水不足，农田灌溉保证率下降，急需对节水工程及水源工程进行更新改造。

2. 农田有机质含量有待提升，以满足"优质、高产、高效、生态、安全"需求。耕地肥力长期定位监测结果和近几年测土配方施肥相关数据表明，部分地区农田施肥过程中还存在以下问题：一是重化肥轻有机肥。据市土肥站调查，化肥施用量为90公斤/亩·年，高于全国平均值，化肥投入的边际效益开始下降；大兴、密云和顺义三个区县还分别有92％、75.9％和74.5％的农田土壤有机质含量低于全市平均值15.6g/kg；二是营养不平衡。部分地区土壤氮磷含量超量，钾含量不足，部分地区的农产品(如平谷大桃)因氮肥施用过量导致品质下降；三是重视氮磷钾大量元素忽视中微量元素的施用。农田肥力质量不能适应现代农业"优质、高产、高效、生态、安全"的要求。

3. 农业面源污染治理有待进一步加强，以满足食品安全的需求。据调查，因农民用药方法不规范和药械质量问题，施用的农药量仅有10％～20％沉积在作物上，农药利用率低是造成农业面源污染的重要因素，如不采取有效措施加以控制，将对土壤和农业生态环境产生不良影响，对农产品质量安全构成威胁。农业生产过程中产生的大量残枝、落叶等废弃物，如能有效循环利用，将变废为宝成为优质燃料、饲料或肥料，如果得不到有效利用则会传播土传病害，滋生有害微生物，影响农业生产环境，还会造成视觉污染破坏农田景观。据调查，全市菜田每年产生的废弃物约200万吨，循环利用潜力很大。另据耕地环境质量长期定位监测和一部分农田土壤中存在着汞、镉、铅、砷、铬的累积现象，按土壤环境质量标准（二级）评价，污染和潜在污染面积约占2%，呈散点分布，相对集中在通州、房山、大兴、海淀和朝阳等区县，对进入农田的污染物尚缺乏有效监控的法律依据。郊区环境污染治理及生态建设面临的形势依然比较严峻。郊区环境基础设施建设相对滞后，城市化进程加快造成的环境污染有上升趋势；郊区养殖业粗放式经营导致的畜禽粪便污染和农用化学品过量使用的面源污染仍未得到有效控制。

4. 生态涵养区发展面临诸多问题，功能仍需进一步提升。生态涵养发展区是首都最重要的生态屏障，随着经济快速发展和人口规模不断增长，生态涵养发展区的环境资源面临巨大挑战，山区生态体系总体比较脆弱。森林资源总量不足，森林资源结构不够合理，造成森林生态系统总体质量不高。山区水土流失还比较严重，平原地区风沙危害依然存在。土壤、地下水环境和生态监测体系和手段尚不完善。目前生态环境总体上依然比较脆弱，森林碳汇功能低，生态修复与保护任务艰巨。符合功能定位的产业支撑不够。生态涵养发展区产业发展仍处于调整转型关键时期，产业发展具体路径还不够清晰。生态友好型产业规模较小、水平较低，仍需大力培育和扶持。服务业发展与首都整体需求还有较大差距。资源开采转型地区替代产业发展还处于起步阶段，发展比较缓慢。基础设施和基本公共服务能力还有较大差距。区域基础设施总体水平偏低，承载能力较弱，特别是山区路网还不够完善。旅游、工业园区等支撑产业发展的配套设施建设相对滞后。城镇基础设施水平较低，不利于人口集聚和产业发展。基本医疗、基础教育、文化体育等公共服务设施条件有待进一步提高。促进持续发展的体制机制仍需完善。现行政策机制还需要更加系统化、规范化和长效化。区县合作、社会参与等方面的配套政策体系尚需健全。

5. 农田生态景观服务价值有待进一步开发。农业小规模生产和分散布局的现实，在一定程度上导致了田园景观破碎化；部分农田因基础设施受损出现破败荒芜、废弃撂荒等现象，降低了田园景观美感度；农田防护林树种结构单一，部分地区农田防护林存在残缺、断带，农田林网生态和景观服务能力下降；田间道路破损、路田交错带废弃撂荒、三种垃圾(生活、建筑、农业垃圾)乱堆乱放以及乱搭乱挂现象，导致严重的视觉污染，不能满足市民休闲、观光对田园优美景观的需求。农田作为城市"山水田林路乡村城"重要的景观构成部分，急需配套建设、综合治理与景观效果提升。

针对上述生态建设和发展的瓶颈制约因素，必须采取积极有效的措施，充分发挥政府职能，落实政府生态责任，大力推进首都新农村建设，不断加大生态环境保护力度，走经济、社会、资源、人口、环境相互友好的可持续发展道路。

如何科学地构建政府生态责任运行机制，充分发挥政府在生态文明建设中的能动作用，这是实现首都新农村可持续发展亟待解决的重大课题。笔者认为，应从首都"三农"发展实际和生态环境的现状出发，增强工作的前瞻性、科学性和创造性，选准突破口，找到着力点，重点完善法律保障、组织领导、目标管理、财政金融、环境准入、市场服务、产业支撑、评价考核、合作共建、宣传教育等方面的生态责任机制构建，充分发挥首都各级政府、部门的管理效能，形成政府全面系统地履行生态责任的发展张力和政策合力，科学推进首都新农村建设和生态文明建设，逐步将北京建设成为生产清洁化、消费友好化、环境优美化、资源高效化的中国特色的绿色现代化世界城市。

法律保障机制。政府要更好地承担和履行生态责任，法制建设无可替代。目前，我国生态环保立法发展较为迅速，经过几十年的发展，已经形成了较为完整的环境保护的法律、法规。虽然在一些方面还有空白，有的法规需要进一步升级完善，但当下我国环境保护法制建设所面临的最大问题却是由于体制机制的障碍，致使法律法规操作性偏弱，违法成本低、守法成本高。因此，当务之急在于构建具有中国特色切实可行、行之有效的中国生态环保执法机制，诸如调整环境监管体制、加重处罚力度、强化政府生态责任法律机制等等。为此，北京市政府及相关立法起草部门要从实际出发，针对新农村建设中生态发展问题，积极组织开展立法成本效益分析，探索对立法成本、法律实施成本和经济效益、社会效益等进行量化分析的科学方法，要通过在立法过程中确立科学合理的法律责任制度和法律实施保障机制，加大违法成本，降低法律实施成本和守法成本；要建立根据经济社会发展状况适时调整经济处罚的机制，保证法律责任制度对潜在违法行为人的威慑力，引导社会公众作出正确的行为选择，保障实体法律规范的有效实施。要完善地方环保法规标准体系，结合实际制定完善本市环保法规、规章和管理办法。要完善技术规范和环境标准，根据改善环境质量需要，不断加严排放限值。要健全环境执法监督体系，完善部门联合执法机制，实现市、区(县)两级环境执法部门的联动、共管，深入开展环保专项行动，坚决打击环境违法行为。要逐步形成职责明确、程序健全、反应迅速、能力一流的环境监管体系和执法队伍，确保环境监察能力满足日常污染源监管和突发事件处理的需要，对环境突发性事件做到及时妥善处理，确保公正、及时、严格、有效的依法行政。

目标管理机制。实践证明，目标管理是更好地落实政府生态责任、实现科学发展的重要抓手。目标的制定是否科学合理，直接关系目标管理工作导向功能和作用的发挥，直接影响到目标管理推动工作落实的成效。北京市“十二五”规划纲要在经济社会发展主要指标框架中，确定了经济发展、社会发展、创新发展和绿色发展四大类25个指标(附图)，其中预期性指标11个，约束性指标14个。与“十一五”相比，“十二五”规划指标大幅缩减，由39项缩减为25项。这其实也是一个减和增并举造成的变化。“十二五”规划纲要淡化了经济类指标，强化了社会发展、创新发展和资源环境的指标，经济指标只有四个，仅占16%。为了实现资源环境发展目标，政府生态责任的目标管理机制应当以约束性目标管理机制为主。“十二五”规划纲要中确定的10个绿色发展指标，其中9个均为约束性指标，特别是增加了单位GDP二氧化碳排放、氮氧化物和氨氮排放、生活垃圾资源化率等以前没有的环境监测指标，对此必须很好地予以落实。与此同时，充分运用预期目标管理，促进行业或各级政府不断加大改革力度，提升环保标准，实现环境优化增长和经济社会的可持续发展。

组织领导机制。各级政府和相关部门要从贯彻落实科学发展观、促进首都科学发展、建设世界城市的高度，充分认识推进首都新农村建实的战略地位和重要意义，统一思想，明确方向，落实措施，厘清责任，建立协调机制，切实履行职责，确保各项工作落到实处。特别是按照“绿色北京”建设的要求，将解决首都新农村建设中生态发展问题纳入重要议事日程，把资源节约型和环境友好型社会建设作为转变经济发展方式的重要着力点，细化分解建设任务，明确相应主责机构。各级政府和部门都要在农村找到为解决“三农”问题服务的结合点和事业发展的支撑点，通过各部门通力合作，努力形成“部门联动、

“十二五”时期经济社会发展主要指标

类别	序号	指标	目标	属性
经济发展	1	地区生产总值年均增速(%)	8	预期性
	2	服务业占地区生产总值比重(%)	>78	预期性
	3	最终消费率(%)	60	预期性
	4	地方财政一般预算收入年均增速(%)	9	预期性
社会发展	5	城镇居民人均可支配收入、农村居民人均纯收入年均增速(%)	8	预期性
	6	城镇登记失业率(%)	3.5	预期性
	7	城乡居民养老、医疗保险参保率(%)	95	约束性
	8	城镇职工五项保险参保率(%)	98	约束性
	9	全市从业人员平均受教育年限(年)	12	预期性
	10	亿元地区生产总值生产安全事故死亡率降低(%)	> [38]	约束性
	11	重点食品安全监测抽查合格率(%)	>98	约束性
	12	药品抽验合格率(%)	98	约束性
创新发展	13	全社会研究与试验发展经费支出占地区生产总值的比重(%)	>5.5	预期性
	14	每万人发明专利授权量(件)	8	预期性
	15	年技术交易额(亿元)	1800	预期性
绿色发展	16	万元地区生产总值能耗降低(%)	[达到国家要求]	约束性
	17	万元地区生产总值水耗降低(%)	[15]	约束性
	18	万元地区生产总值二氧化碳排放降低(%)	[达到国家要求]	约束性
	19	城市空气质量二级和好于二级天数的比例(%)	80	约束性
	20	二氧化硫、氮氧化物、化学需氧量和氨氮排放减少(%)	[达到国家要求]	约束性
	21	中心城公共交通出行比例(%)	50	预期性
	22	再生水利用率(%)	75	约束性
	23	生活垃圾资源化率(%)	55	约束性
	24	全市林木绿化率(%)	57	约束性
	25	耕地保有量(平方公里)	2205	约束性

【名词解释】 **预期性指标**：主要依靠发挥市场机制的作用实现。各级政府要通过改进经济调节、加强市场监管、健全利益导向机制和创造良好发展环境，引导市场主体行为与城市发展战略意图相一致。

约束性指标：要纳入各区县、各部门经济社会发展综合评价和绩效考核体系，要分解落实到区县和有关部门。

注：地区生产总值年均增速按可比价格计算；

城镇居民人均可支配收入、农村居民人均纯收入年均增速为扣除价格因素后的实际增速；

[ ] 内为五年累计数。

政策集成、资金聚焦、资源整合”的组织领导和工作机制，形成全社会重视、支持农村工作的合力，加快农村现代化建设的进程。要坚持规划先行，依据城市总体规划和土地利用总体规划的要求，积极引导农地向规模经营集中、工业向发展带集中、农民向城镇集中，高水平地科学谋划农村发展的经济、社会、环境、建设等布局和实现途径。通过统筹全市资源，切实加强城乡生态建设，加快形成绿色生产体系、绿色消费体系，大幅提高首都生态文明水平和可持续发展能力，把北京建设成为既服务于当代市民，又服务于子孙后代的宜居家园，为建设生态良好、环境优美、人居和谐的世界城市奠定坚实基础。

财政金融机制。在首都新农村建设中，政府要履行创造良好生态环境的重要职责，就必须加大对农村生态建设、环境保护的资金投入，要不断完善财政资金统筹管理机制，每年安排节能减排专项资金支持首都新农村建设和环境治理工作。要配合财政部、国家税务总局、环境保护部做好环境税相关研究及试点工作。要落实国家对节能环保产业发展和新技术产品应用的财税优惠政策，研究制定高效节能产品推广使用的财政补贴政策；研究探索农村地区清洁能源使用财政补贴政策，初步建立有利于保护绿地、湿地、水源地等资源的政策机制。落实“污染者付费利用者补偿、开发者保护、破坏者恢复”的环保基本原则，完善政府、企业共同加大环保投入机制，为可持续发展和创造良好生态环境提供坚实的资金支持。同时，要注重加强金融创新力度，建立北京市绿色产业投资基金；加强北京环境交易所、中国林权交易所为基础的要素市场建设；鼓励金融机构引入环境评价要素，开展绿色金融活动，实施绿色信贷、绿色保险、绿色证券政策，加大对新能源及节能环保产业的重点授信支持；探索开展碳交易，气候灾害保险和再保险等金融产品的研究，并适时推进；支持设立节能减排领域的产业投资基金和股权投资基金，支持金融机构开展能效融资等业务；鼓励企业通过市场化渠道、国际组织援助、发行中小企业集合债券等方式广泛融资。

环境准入机制。积极贯彻实施节能减排、污染物排放限值相关国家标准、行业标准和地方标准，围绕建设“绿色北京”的重点任务，研究制定部分地方标准，完善循环经济评价指标体系；研究制定绿色产业的准入标准，严格控制产能过剩行业新上项目；研究碳排放指标和碳汇生产、计量、交易等相关标准；研究制定主要耗能产品和大型公共建筑能耗限额标准，修订重点耗能单位节能标准，修订居住建筑节能保温工程施工质量验收、大型公共建筑低成本改造等相关技术标准；完善固定资产投资节能审查制度，探索能效评估机制；建立智能交通系统建设地方标准和技术规程。完善绿色产品检测、认证和监管体系，强化绿色标识推广应用。推动开展节水型产品认证工作；拓展能效标识标注在更多产品领域的应用，加大监督力度；强化环境标识应用，大力推进环境管理体系认证和节能环保产品认证；积极研究低碳产品认证机制，探索绿色建筑评价标识在大型公共建筑、居住小区等领域的试点应用。

市场服务机制。制订出台促进节能服务业发展的指导意见，规范节能减排服务市场；全面探索节能减排市场运行机制，以公共机构为重点推广合同能源管理机制；积极探索节能量和节水量指标交易，研究碳减排交易机制；研究制定林权流转管理办法，规范林权交易，促进林权合理流转，研究建立生态效益促进发展机制。支持在绿色产业领域的创业活动，培育、扶持一批实力雄厚、具有核心技术的节能减排市场服务机构，为工业、建筑、交通等领域的节能节水改造提供第三方审计、诊断、设计、融资、改造、运行、管理等服务。同时还要建立完善价格调控机制，要逐步建立反映市场供求、资源稀缺程度和环境损害成本的价格形成机制。研究制定促进风力发电、垃圾发电、太阳能发电的电价政策；完善用水定额管理和节水奖励政策，逐步提高污水处理费，对本市限制或淘汰行业实行高水价和再生水低价利用的双向调控政策；健全热计量收费机制，逐步推行分户计量；逐步建立超定额加价、能源级差价格机制；建立生活垃圾、餐厨垃圾产生单位排放登记制度，适时调整垃圾收费标准，探索推行垃圾计量收费。

产业支撑机制。一是提升服务业发展品质。优先发展服务主导型、创新驱动型和生态友好型的服务产业。加快发展金融服务、信息服务、科技服务、商务服务、流通服务等生产性服务业；着力发展文化艺术、新闻出版、影视动漫、广告会展等文化创意产业；大力发展满足市民需求、有利于吸纳就业的医疗保健、体育健身、社区服务、教育培训等生活服务业；重点培育节能环保技术服务、生态工程咨询、碳交易等低碳服务产业；积极发展总部经济，鼓励跨国公司、国内外金融机构、大企业、大集团来京设立总部、研发中心、营运中心、采购中心。二是推动制造业结构升级。加快推动电子信息、汽车、装备制造、生物医药等现代制造业和现代都市工业优化升级；做大做强移动通信、数字电视、液晶显示、集成电路、新能源汽车、成套装备、轨道交通、新型疫苗、医疗器械等产业；依托本市优势资源，集中精力发展研发设计、品牌营销等产业高端环节。三是加快培育新能源和节能环保产业。以建设中关村国家自主创新示范区为契机，加大新能源和节能环保产业培育力度，把北京建成全国新能源和节能环保产业技术创新中心和高端制造基地。重点研发电动汽车、新型电池、新型太阳能光伏光热材料及元器件、新型热泵机组、污水及固体废物处理等技术和装备，提升新能源汽车、太阳能领域研发和高端制造优势，促进生物质能利用技术、核电高端技术、地热能、风能关键技术研发及工程服务能力，培育扶持一批产品和技术综合解决方案提供商，抢占绿色经济发展制高点。四是重点发展都市绿色农业。进一步优化农业产业结构，以发展安全高效生态的有机循环农业为主要方向，加强农业基础建设，积极支持籽种农业、休闲农业和科技农业等业态；大力发展花卉产业、特色果品、有机蔬菜和农产品加工、销售等重点领域，提升农业的科技、生态、文化附加值，打造都市型现代农业体系，实现产业优化、农民增收。

评价考核机制。一是要发挥目标评价导向作用，按照共同但有区别的原则，逐步将“绿色北京”建设的相关指标纳入现有节能减排考核体系，建立统一考核机制。调整发展考核评价机制。以区县绩效考核和功能定位评价指标体系为基础，研究统一的区域功能定位考核评价指标体系，调整生态涵养发展区发展考评机制。优化评价指标，强化方向引导，突出生态涵养、民生改善指标，细化、优化产业指标。推行各区县、部门综合绩效的一次性考核，并定期公布考核结果。二是要建立健全"绿色北京"建设的统计体系。细化完善能源消费统计制度，健全能源消耗统计体系，加强地区能源流动消费的全过程统计；加强新能源和可再生能源使用的统计；继续完善重点资源统计指标，研究建立绿色生产、绿色消费相关指标；建立碳排放统计体系。三是要加快推进资源环境监测平台的标准化建设和统筹管理力度。建立重点污染源动态监测平台；推进建设市、区(县)、用能单位三级节能在线监测体系；逐步建立覆盖全市的垃圾排放统计监测和垃圾处理设施在线监测系统；加快建立碳排放监测体系。四是要强化监督保障。加大"绿色北京"建设相关领域各类监察执法的统筹协调力度；尽快建立区县节能监察执法队伍；强化新建项目环评、能评、环保设施"三同时"制度和排污总量控制制度的执行监管。

合作交流机制。在国家有关部门的统一领导和协调下，拓展区域合作机制，进一步加强与周边地区的区域环境整体建设合作，特别是加强与天津、河北、山西、内蒙古等省市在防治区域污染等方面的沟通与合作，探索建立京津冀地区的区域空气质量科研监测网络，逐步构筑互动共赢的长效运行机制。积极开展区域协商，探索编制区域统筹的污染防治整体规划。加强大气污染物远距离传输影响控制研究，共同采取控制措施，改善区域整体大气环境质量。加强与密云、官厅水库上游地区在水污染防治、水资源保护和合理利用及统筹调配等方面的合作，强化流域管理机制，建立周边地区水资源环境治理合作专项基金，推进各项治理工作，保证上游来水水量、水质。加强与周边地区的生态合作，开展防沙治沙、水土流失等方面的项目建设，共同改善区域生态状况。加强国际合作，继续深化拓展与北美、欧盟地区等主要发达国家和城市的环境保护交流与合作，通过技术联合研发、项目共同开发、培训研讨等多种模式，加强与国际社会在应对气候变化、节能减排等领域的多层次、全方位合作，积极争取国际项目资金技术支持，不断提高环境保护管理和技术水平。

宣传教育机制。广泛开展环境宣传教育，加强大众媒介对农民的环保宣传，充分发挥新闻媒体、网站的主导作用，大力宣传农业生态环境保护的方针、政策和法律法规，让农民认识农业生态环境所面临的严峻问题与实施保护的重要性和紧迫性，确保各类环境信息及时、准确发布，保障公众的环境知情权。完善各级环境教育体系，要充分利用各种形式加强对农民的环保教育，只有通过教育逐步改变农民观念，使他们掌握一定的农业生态环境保护基本知识，在以后的农业生产活动中自觉做到不破坏生态、不制造与扩大污染，农业生态环境才可能真正向好的方向转变。同时，要探索进一步完善公众参与的程序和规则。对可能造成重大环境影响并直接涉及公众环境权益的发展规划和建设项目，采用听证会、论证会或社会公示等形式，听取公众意见，接受群众监督。广泛开展绿色社区、绿色学校等创建活动。充分支持和发挥群众组织和非政府环保组织的作用，推动环境文化的普及，监督评价政府部门民主决策，架构政府与社会沟通的桥梁。

三、政府在首都新农村建设中履行生态责任的具体对策

众所周知，良好的生态环境是经济社会可持续发展的重要条件，是城市生存和发展的根本基础。加强生态环境建设，既是转变经济发

展方式的必然要求，也是转变经济发展方式的重要着力点。当前，北京的发展进入了新阶段。从建设世界城市的高度，审视首都的发展，未来将加快实施“人文北京、科技北京、绿色北京”发展战略，实现首都经济社会又好又快发展。这就要求在经济社会发展中必须以科学发展观为统领，坚持资源节约和环境友好的可持续发展战略，坚持统筹城乡发展的大政方略，坚持经济发展与生态保护并重的基本原则，坚持经济投入和环境投入同步加大、集约开发和资源保护同步推进、发展水平和环境质量同步提高、生态效益和经济效益同步放大的政策方针，按照区域功能定位调整发展思路，推进城镇化进程和新农村建设。要切实以生态文明理念为指导，采取切实对策措施，真正履行和发挥好各级政府和部门首都新农村建设中的生态责任和管理职能，积极构建现代农业发展体系，推进城乡一体化发展，统筹区域生态建设，加强农业农村基础设施建设，加快创新体制机制，培育社会环保意识，真正统筹好城乡和区域经济社会协调发展，统筹好人与自然的和谐发展，逐步将北京打造成一个环境优美、生态宜居、具有国际影响力和中国特色的世界城市。

(一)以生态文明理念构建现代农业发展体系

1. 按照“生态、安全、优质、集约、高效”的原则，大力发展都市型现代农业

以服务城市、改善生态和增加农民收入为宗旨，提高农业综合生产能力、社会服务能力和生态保障能力，实现功能多样化、布局区域化、设施现代化、生产标准化、经营产业化、产品安全化、景观田园化、环境友好化。

(1)优化都市型现代农业布局。根据北京大都市及其延伸地带不同地域的资源状况和功能特点，按照五个发展圈层规划首都区域农业

发展重点。由城区和部分城近郊区组成的城市发展圈，重点发展以城市绿地、园林景观、楼宇居室美化及农产品展示交易等为主要内容的景观农业和会展农业；由六环路以内城乡结合地区组成的近郊农业发展圈，重点发展园区农业、体验农业、科普农业和精品农业，即高科技示范园区、旅游休闲观光园区、精品农业园区和农产品交易市场、配送中心等产业形式，为市民提供调节城市生活节奏的休闲生活空间。由远郊平原地区及浅山区组成的平原农业发展圈，重点发展规模化、专业化、区域化、标准化的大宗农产品生产和加工农业；由郊区北部、西部和西南部山区组成的山区生态涵养发展圈，加强生态工程建设，挖掘山区独有的资源潜力，重点发展以唯一性特色农产品培育、山区民俗旅游、生态旅游等为主要内容的特色农业、生态农业和休闲农业；将北京周边津、冀部分地区纳入环京外埠合作农业发展圈，依托北京的市场优势，本着优势互补和区域合作的原则，加强合作，重点抓好安全生产基地建设以及生态保护屏障建设。

(2)加强农业产业结构调整。以国内外市场需求为导向，依靠科技优势，保持生态和品质安全，按照节约水资源和土地资源的要求，深化农业结构调整，向多功能和多链条方向发展。加快形成与本地资源和功能相适应的优势主导产业带及产品群。立足农业资源条件，创造唯一性产品，满足个性化需求，提升农产品的质量和水平，增加农业生产效益。充分利用首都科技资源优势，围绕特色产品和优势产业，尽快形成具有竞争力的产业体系。加快引进、推广优良品种，实现良种更新，保持生猪、奶牛、肉羊、水产、专用玉米、特种瓜菜等良种在全国领先的地位，强化特色良种产业。

(3)加强农业安全生产体系建设。继续完善以质量为核心的安全农产品生产体系，推进农业标准化工作，推进标准化工作由生产领域向加工和流通领域延伸。完善产品质量检测体系和监督检测制度以及产品质量跟踪、追溯制度，加强市场监管。加强国家和国际产品质量认证工作以及无公害农产品、绿色农产品、有机农产品的认定与管理工作，积极推进绿色和有机农产品生产，支持开展名优农产品创建品牌工作。全面加强动物卫生安全体系和植物保护监测体系建设，强化对各环节的监管，建立应急预警机制，提升农业公共安全水平，确保农产品质量检验合格。

(4)突出科教兴农战略。实施农业科技创新工程，在农业生物技术、良种选育技术、动植物疫病控制技术、食品安全控制技术、节水灌溉技术、农产品加工技术、农业工厂化技术、可持续农业技术、农业标准化体系建设等领域实现创新和突破；实施农业科技成果转化应用工程、科技培训工程，倡导涉农科研院所、院校与区县、乡镇开展技术合作，加大农、科、教统筹力度，显著提高农民应用新技术的能力；推进农业技术推广机构改革，强化政府农技推广部门的公益性服务职能，鼓励科技人员、科研推广机构以及经营性服务机构开展有偿服务，逐步建立健全高效和富有活力的新型农业社会化服务体系。建立健全农产品市场预警监测系统，开发信息资源，做好信息发布工作，为农民提供便捷、有效、及时的服务。

2. 以环境友好型产业为重点，加快促进农村二、三产业发展

非农产业的兴旺发达，是建设社会主义新农村的根本出路，也是繁荣农村经济的突出任务。要按照符合首都发展方向和适合本地特点的要求，加快发展农村二三产业，增加总量与优化结构并重，发展产业与扩大农民非农就业紧密结合，努力转变增长方式，走科技含量高、经济效益好、资源消耗低、环境污染少、人力资源得到充分利用的新型工业化道路。

(1)完善产业和区域布局。按照城市总体规划和区县功能定位，通过加快农村发展来落实“强化郊区”的要求。在城市功能拓展区，围绕首都各重要功能，发展服务型、生态型产业，加强绿地等环境建设。在城市发展新区，以工业园区和农民就业基地为依托，发展产业集群，打造新的增长极。在生态涵养发展区，转移影响生态和水源涵养功能的产业，严格控制并逐步淘汰资源开采型产业，发展环境友好型产业。主动适应与配合全市高新技术、现代制造业等支柱产业的发展，积极探索农村产业与城市产业联合发展的新路。在为城市产业提供发展空间的同时，促进农村产业升级，并充分利用其增加农民就业与收入的潜能，较大规模地、超前性地对农民进行就业培训和安置服务。积极发展都市型工业。以新城、重点镇等城镇为主要聚集区，在区县范围内实行统筹和集中布局，重点发育产业集群，扩张总量，促进集聚，优化结构，增强区域经济实力和就业容纳能力。放手发展中小型工商和服务业企业。以非公有制经济为主，以就地吸纳农村劳动力就业为主要目标，按照“大分散、小集中”的布局，在工业化地区的村镇预留工商和服务业发展空间，在生态建设地区的村镇预留服务业发展空间。

(2)加快农村工业发展。本着“整合资源、改造提高”的方针，加快发展乡镇企业，大力发展农产品加工业，大力发展都市型工业，积极发展高新技术产业和劳动密集型工业。农产品加工业着重发展利用郊区农产品增值幅度大，有较高科技含量，能够促进农产品生产的专业化、产业化、带动农民增收的加工项目。扶植市场潜力大，品牌知名度高，科技研发能力强，可形成较大规模的农产品加工项目。支持创建自主特色名牌。都市型工业优先发展利用郊区农产品原料及服务于人民生活的食品工业，优先发展利用人才、科技等优势及现有生产条件的时装工业，优先发展服务于城市功能的高档次、高水平、高质量、高科技的印刷包装工业，优先发展适合本地条件的劳动技术密集的项目。重点支持有利于山区提高就业能力的项目。现代制造业重点发展适合当地产业发展方向的科技含量高、市场潜力大、企业和产品知名度高、资源消耗少、有利于增加就业的项目。鼓励外来企业参与对农村现有企业的升级与改造。

(3)促进生态旅游业发展。生态旅游业优化升级，突出区域特色，明确各区县生态旅游业的发展方向、规模和布局，不断完善促进旅游产业发展配套政策。建立旅游大项目市级审批联席会议制度，结合新城建设、大型景区建设，适度引进一批旅游大项目，在土地利用、生态保护、建设规模等方面按照功能定位和相关规划加强调控。加强旅游项目推介，强化政策引导，吸引知名企业、民间资本等参与民俗旅游项目的开发建设，促进民俗旅游升级。结合特色镇建设，改造和建设一批标准化的乡村旅馆、餐饮、商店等旅游配套设施，推动形成各具特色的标准化区域旅游中心和集散地。规划打造一批产业融合、特色鲜明、具有一定规模的沟域产业带，发展多层次、多领域的沟域旅游业。加强古村落建设与修复，挖掘历史文化内涵，加快统一规划和修缮，合理开发利用，发展特色古村落旅游，促进农民增收致富。

要不断优化乡村旅游布局。近郊重点发展集生产、示范、观光休闲为一体的综合性农业园区；远郊鼓励发展以观光、采摘为主的专业型旅游观光休闲农业园区，发展融教育、休闲观光和生产于一体的体验型农业；山区重点发展民俗旅游、休闲旅游和观光旅游，发展一批为广大市民游客度假和疗养服务、规模较大、设施完善的中高档“绿色氧吧”。在此基础上，旅游业要努力扩大总量，提高质量，上规模，上档次，上水平，集中开发一批旅游景点和特色项目。全面整合现有观光农业项目，形成一批知名品牌。加强度假旅游产品的开发和建设，开发度假、运动、会展、体验等旅游产品，发展时尚休闲旅游，提升文化品位。以自然景点、景观、教育基地为主，以吃、住、行、游、娱、购、教为主要内容，开展民俗游、风景游、红色游、知识游等特色旅游项目。实行农户分散接待与集中接待相结合，提升旅游业对区域经济发展的贡献率。

(4)培育扶持替代产业发展。抓紧完成房山、门头沟两区已关停废弃矿山的生态治理，继续完善房山、门头沟两区的替代产业发展规划，细化建设任务，形成替代产业项目实施方案和项目库，把修复与产业相结合，为替代产业发展创造条件。重点引导扶持生态旅游业、特色种植养殖和农产品加工等替代产业的发展。大力促进产业园区共建，培育发展高端产业。在生态涵养发展区市级产业园区规划范围内加快区县合作园区共建，引导城区要素向山区流动，并在资金投入、土地供应、税收共享、金融支持等方面，研究提出倾斜政策。规划布局一批产业功能区，积极发展会展培训、医疗康体、影视、文化创意、科技研发等生态友好型产业。加强对区县发展高端产业的引导培育，加快完善园区的市政基础设施条件，打造若干个文化创意示范区和后台服务基地。

(5)积极发展循环经济。一是制定促进涵养区循环经济发展的政策，积极推动“环境一票否决”制度，建立产业项目筛选评价指标体系，进行环境保护与资源利用的综合评价，严格限制不合指标的项目进入。二是把发展循环经济作为转变经济增长方式的重要途径，以制度创新和技术创新为保障，推进资源综合利用，减少废物排放，倡导绿色消费，逐步形成保护环境、节约资源的生产和生活方式。三是推广促进资源循环利用的工业生产方式。逐步降低资源依赖型工业比重，增加企业污水处理、废弃物利用的费用投入。研究制定有关政策法规，建立发展循环经济的长效机制。四是建立农业循环经济链。以加工企业及相关服务组织为纽带，链接种植业和养殖业以及农民家庭生活，构建农业循环经济链。

(二)以生态文明理念推进城乡一体化发展

1. 推进区域协调发展，加快建设功能完善的现代新城

据资料显示，目前北京61.5%的常住人口集中在城六区，城六区人口密度为每平方公里7837人，超过了世界上以人口密集著称的大伦敦(每平方公里5437人)和东京(每平方公里5984人)。而在首都功能核心区，人口密度更高达每平方公里2.2万人。但是放眼整个市域，北京的人口密度仅为每平方公里995人，跟其他国际城市比较并不算高。人口的集中实际上反映的是城市功能的集中。这种不合理是历史长期形成的，解决人口的不合理分布，必须推进区域协调发展，抓准城市功能布局的根本。

北京的产业结构与经济布局，如何在优化配置功能时避免低水平重复的竞争？为此，必须通过疏解中心城功能、增强新城综合功能、加强区域合作，推动人口空间布局优化，有序疏解中心城人口。要按照《北京市国民经济和社会发展第十二个五年规划纲要》要求，将提升高端产业功能区辐射力，积极培育高端产业功能新区，构建“两城两带、六高四新”的创新和产业发展空间格局(附图)，成为全市高端产业发展的重要载体。资料显示，中关村、亦庄、CBD、金融街、奥林匹克中心区、临空经济区等作为6大高端产业功能区，以全市7%的平原面积，集聚了全市四成左右的GDP和资产，实现了全市四成以上的利润和税金。正是这种在实践中探索出集聚式发展的方式，爆发出的惊人能量也就成为未来北京要构建产业发展新格局的原因所在。

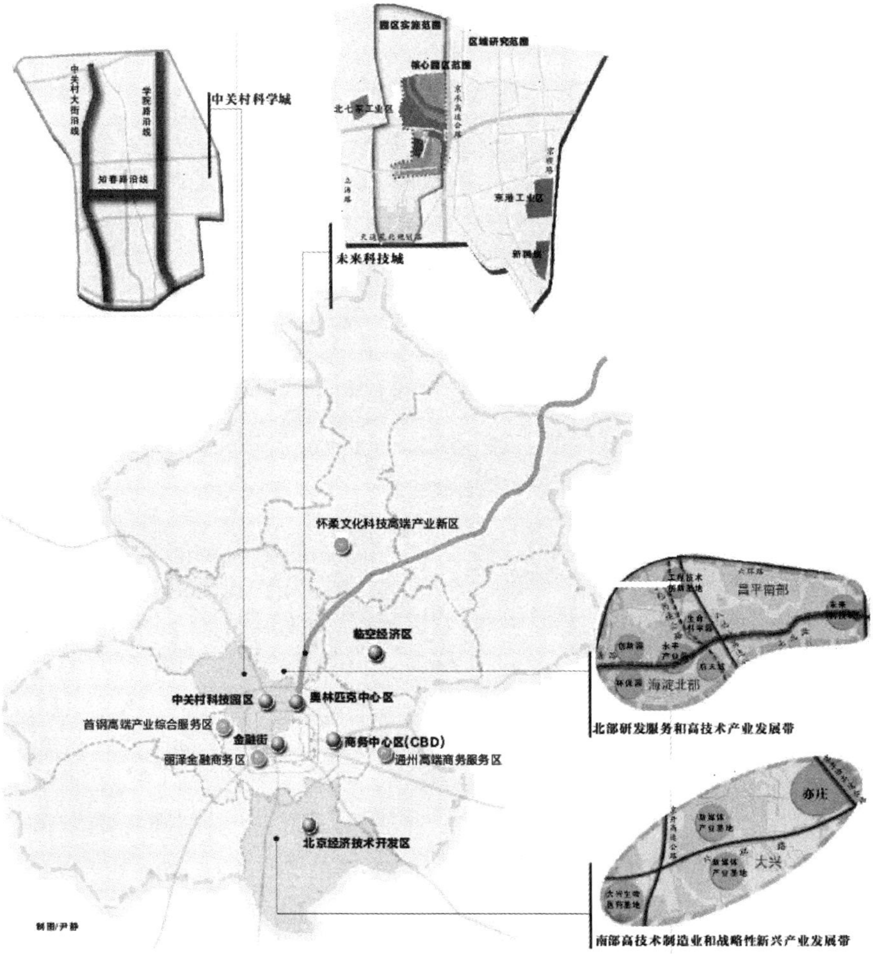

为此，在提出“六高”的基础上，“十二五”规划首次提出“两城两带”和“四新”的概念。“两城两带”，是指中关村科学城、未来科技城、北部研发服务和高新技术产业发展带、南部高技术制造业和战略性新兴产业发展带。“四新”，则是指通州高端商务服务区、丽泽金融商务区、新首钢高端产业综合服务区、怀柔文化科技高端产业新区。

“两城两带”一南一北，形成产业的带状分布。北部的中关村国家级自主创新示范区，依据现在比较好的存量资源，包括科研院所、高校、央企等，把握高端要素流动方向，进一步释放国家高端科技要素和资源。南部则依托大兴、亦庄行政合并，有效推动南部产业空间资源。

此外，“四新”的提出分别将通州高端商务服务区、丽泽金融商务区、新首钢高端产业综合服务区、怀柔文化科技高端产业新区相关功能区纳入了城市经济高地的范畴。通州新区定位建设彰显国际新城形象的特色高端商务服务区。新首钢服务区要吸引制造业企业总部和研发中心，成为产业转型升级示范区。丽泽商务区则区别于金融街，要打造具有全国辐射力的新兴金融功能区。而怀柔新区则要重点发展文化科技高端产业。

北京新城的定位和发展，过去主要依据的是新城的位置和空间。而在“十二五”规划纲要中，第一次按照城市功能配置划分了新城建设的定位和方向。以此分类，北京的新城可以分为面向中心城的综合新城和带动区域发展的区域新城。前者包括通州、顺义、亦庄—大兴、房山和昌平，后者分别是门头沟、延庆、怀柔、密云、平谷。（附图）

北京市“十二五”规划纲要提出，按照城市总体规划确定的空间发展格局，强化规划和政策引导，积极促进人口按功能区域合理分布，着力缓解中心城人口过度集聚带来的运行管理和资源环境压力。“十二五”期间，要通过疏解中心城功能、增强新城综合功能、加强区域合作，推动人口空间布局优化，有序疏解中心城人口，实现新城建设和新农村建设的良性互动、共同发展。

新城的建设在“十二五”规划中被赋予了以功能疏解带动人口疏解。大力推进中心城优质公共服务资源向新城转移。加大文保区人口疏解力度。加快建设定向安置房，完善基础设施和公共配套，为外迁人口提供便利服务。大幅提升新城的吸引力。促进重大功能性项目向

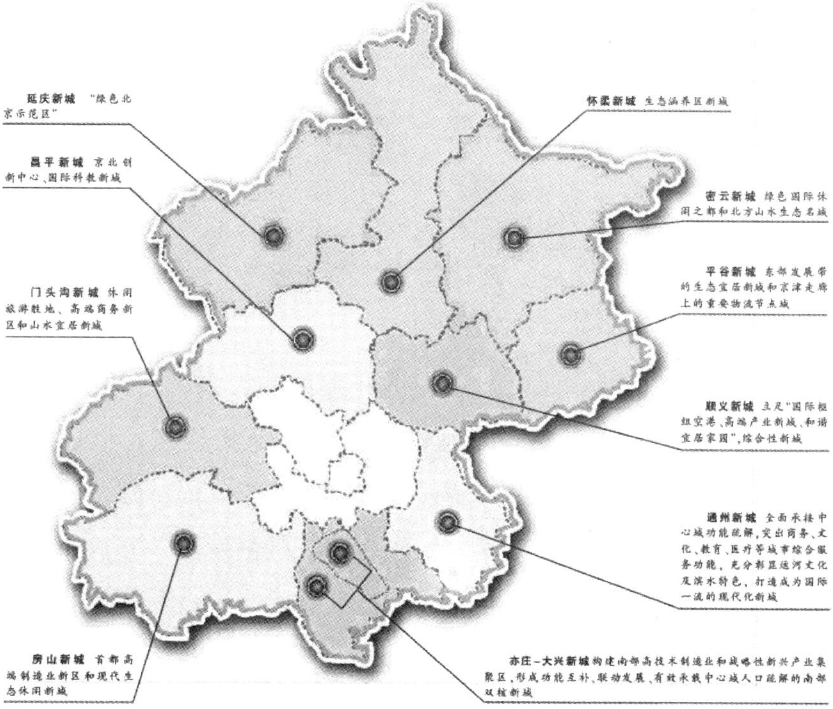

新城配置，全面提升新城综合功能，集中力量打造“业城均衡”的综合新城，显著增强新城的承载力和吸引力，有效承接中心城功能和人口疏解。促进流动人口在周边区域就业。深化基础设施、产业布局、城镇发展等方面的合作，促进周边区域的共同发展，以就业引导人口流动，减缓人口流入压力。

集中力量聚焦通州，重点建设发展新区顺义、亦庄—大兴、昌平和房山等新城，加快建设门头沟、延庆、怀柔、密云、平谷等生态涵养区新城。具体如下：

通州新城：要全面承接中心城功能疏解，突出商务、文化、教育、医疗等城市综合服务功能，充分彰显运河文化及滨水特色，坚持先进理念、技术和标准，将通州新城打造成为国际一流的现代化新城。通过不断完善城市化布局和形态，强化新城产业功能，增强城镇公共服务和居住功能，逐步构建“一核三区、三带四组团”的区域空间格局。

顺义新城：重点发展航空研发制造、汽车制造两大千亿元产业集群和航空服务、特色金融、现代物流、商务服务、文化创意产业等现代服务业。

亦庄—大兴新城：深化北京经济开发区和大兴区行政资源整合，共同构建南部高技术制造业和战略性新兴产业集聚区，形成功能互补、联动发展、有效承载中心城人口疏解的南部双核新城。

昌平新城：打造高端引领、创新驱动、绿色发展、开放包容的京北创新中心、国际科教新城。主动承接中心城区人口与功能疏解，在辐射带动区域发展的同时，着重提升面向中心城区的综合服务功能，成为综合城市。

房山新城：发挥兼具发展新区、生态涵养区的优势，立足打造首都高端制造业新区和现代生态休闲新城。重点引导发展高端制造业、新能源、新材料、旅游休闲、现代服务业、文化创意、现代都市农业等产业。

门头沟新城：打造首都西部的城市综合服务中心。依托永定河绿色生态发展带，重点发展文化娱乐、商务服务、旅游休闲等产业。

延庆新城：“绿色北京示范区”，在绿色产业发展、绿色生产生活方式、绿色生态环境建设、共享绿色发展成果四个方面做出示范。

怀柔新城：依托区域生态环境优势，重点发展旅游会展、休闲度假、影视文化创意、科技研发等现代服务业，适度发展汽车产业与先进制造业，重点建设北京雁栖湖生态发展示范区。

密云新城：作为北京重要的水源保护地，将密云新城打造成为绿色国际休闲之都和北方山水生态名城。全面推进"密云国际绿色休闲旅游产业综合示范区"建设。

平谷新城：打造"生态绿谷"、"京津商谷"、"绿能新谷"和"中国乐谷"，建设东部发展带的生态宜居新城和京津走廊上的重要物流节点城市。引导发展休闲旅游、现代物流、都市型工业和新能源产业等，强化提升内陆口岸、商贸会展等功能。

2. 以环境优美、和谐宜居为目标，搞好农村乡镇规划和建设

(1)抓紧做好村镇规划。根据城市总体规划，启动乡镇域和村庄规划，做好乡村布局、基础设施、生态环境、产业布局等专项规划。要从实现人与自然和谐发展、建设和谐村镇的高度进行规划设计，安排好生活与产业的发展，使规划符合改善农民生活条件、实现村容整洁、保持乡村风貌、营造文明村风、适应城乡居民休闲的需要。注意保护农村历史文化资源。不同地区、不同类型的村庄要根据需要进行不同深度的村镇规划。在原有村庄的基础上，通过推进旧村改造和新村建设，促进适当集中紧凑，使中心村成为具有地方特色、环境整洁、布局合理、设施完善、生态良好、生活便利、群众安居乐业的农村新型社区。加快推进区域城镇化进程，建设与资源、环境承载力相适应的发展聚落。通过生态移民、生产移民、生活移民等方式调整人口布局，推进农村人口向新城的集聚，坚持以环境友好型工业和服务业的产业集聚带动人口的空间集聚，构筑科学合理的区域城镇体系。继续以生态区县与生态示范区、环境优美乡镇和文明生态村"三级创建"为载体，推进郊区环境保护及生态建设。

(2)全面整治农村环境。村庄整治是新农村建设的核心内容之一。要积极在农村普遍开展环境整治活动。村庄整治要因地制宜，量力而

行，稳步推进，要尊重农民意愿，充分利用现有条件和设施，不搞不切实际的大拆大建，防止盲目照抄照搬城镇建设模式，防止以行政命令的方式强行推进。村庄整治的重点，是对垃圾、污水、厕所、道路进行四位一体的整治。通过农村环境治理，初步实现垃圾清理有序化、污水无害化、厕所卫生化，初步建立农村环境管理的运行机制和乡级专职环卫队伍，整合与完善村镇的各种活动设施，为创建和谐村镇创造条件。

(3)积极推进旧村改造。旧村改造是根本改变农村生产生活条件的重要形式。旧村改造要与产业发展有机结合，通过发展生产，为旧村改造创造条件。对全市不同类型的村庄要实行分类指导，多数村庄进行环境整治，达到整齐、干净、美观的效果；部分村庄以加强内部基础设施、公共服务设施建设为主，实现村庄整理；少数具备一定条件的村庄，可开展高水平的旧村改造，按照"节地、节能、节水、节材"的要求，在尊重农民意愿的基础上，全面进行民居和设施的改造建设，提高房屋质量和防灾性能。通过有序运作，再有一批村庄建成国内一流的现代化新村，再有一批村庄按照规划启动新村建设，再有较大一批村庄搞好现代化新村规划。

(4)继续加强中心镇建设。按照统筹规划、分类指导、突出重点、示范带动的原则，通过适当归并、重新整合和强化产业依托，基本建成一批经济发达、布局合理、规模适度、具有较强辐射力的重点镇，使之要素集聚和经济辐射功能明显增强，集散、生产、管理、服务和创新等功能强化，基础设施现代化水平明显提高。建成比较完备的交通、通讯、供水、供电、供气和污染治理、防灾减灾等现代化城镇基础设施体系，加快教育、科技、文化、卫生、体育等社会事业发展，改善人居环境，改善投资环境。

（三）以生态文明理念统筹区域生态建设

按照全面落实区县功能定位要求，针对性地开展区县和区域生态保护建设工作；按照城乡统筹要求和新农村建设的需要，重视和加强农村、农业生态环境建设；按照优化“山区绿屏、平原绿网、城市绿景”三大生态屏障的要求，全面增强生态服务功能及碳汇能力；按照“两屏、一网、多点”的森林生态基本格局，建设功能较为完善的城乡一体的绿地系统；按照环境资源优先原则，加强开发建设管理和自然资源保护；按照建立长效区域生态合作机制的目标，加强区域生态协同建设和流域综合治理。

1. 山区生态保障体系建设

在基本实现宜林荒山造林绿化后，重点优化森林结构。北部燕山山区结合密云、怀柔、官厅等水库水源保护，重点建设和改造不同类型的水源涵养林；西部太行山以恢复和提高植被覆盖为基本目标，飞、封、造、管相结合，重点建设乔、灌、草相结合的水土保持林系统。同时结合长城等旅游景区开发建设风景林，并在山前地区大力发展生态经济林，基本形成深远山以森林为主体、浅山前脸山以风景林、生态经济林为重点组成，具备缓冲和纵深防御功能的防护林体系。加强森林资源安全保障体系建设，实现林火综合管理，开展森林病虫害无公害防治。结合太行山绿化、京津风沙源治理，继续实施荒山绿化工程，加快宜林荒山、疏林地和未成林地的绿化建设；鼓励开发利用废弃、闲置土地，加快废弃矿山生态修复，努力控制水土流失；加强防风林地、农田保护林地建设，提升防护林功能；持续推进低效功能林地升级改造，着力提高森林碳汇功能。

2. 平原生态屏障体系建设

(1)平原生态防护带建设。以潮白河沿线的东部防护带、永定河沿线的西部防护带为主线，以公路、河流绿色通道和农田林带、片林为脉络，以规划新城、重点镇为重点，建设平原生态防护屏障，形成城乡一体的绿化体系。东部生态带以潮白河为线，重点建设潮白河森林公园、古运河森林文化公园、汉石桥湿地自然保护区等；西部生态带以永定河为线，重点建设榆垡、葫芦垡等大面积防风固沙片林，构成平原生态防护网络的两道主纲。

(2)绿色通道建设。形成乔灌花草相结合、多树种、多层次、多结构、纵横交错的绿色通道。加快第二道绿化隔离地区“两环、九楔、五片”的环城林带建设，防止城市及农村建设用地的无序扩展和蔓延，保证城市中心区基本的生态环境和合理的生态空间补给，打通城乡生态走廊。

(3)沙化土地治理。加强沙化或潜在沙化土地治理，重点在潮白河沿岸、永定河沿岸、大沙河沿岸、南口、康庄等风沙危害区，进行灌草覆盖、高效生态园和治沙示范建设工作。

(4)郊野公园建设。结合第二道绿化隔离地区和楔形绿地建设，因地制宜建设4个功能明确、规模适度、生态作用明显的郊野公园。结合风景名胜区、森林公园和自然保护区建设，加快实施南苑生态公园、东郊游憩公园、北郊森林公园和西北郊历史公园等4大郊野公园工程。开展相关景观资源和自然资源评价，编制相应规划，对涉及的区域提出控制要求。对4大郊野公园用地范围内所涉及的河湖湿地、自然保护、水源保护等生态限制要素，按相关规定从严执行。

3. 城市及城乡结合地区生态圈建设

(1)中心城绿地系统建设。紧密结合城市环境综合整治、危旧房改造、文化遗产保护、城市路网建设、“城中村”整治等工作重点，继续在中心城建设生态效应突出的万米以上集中大绿地，努力提高城市绿地总量和建设质量。积极推进公共绿地建设，逐步实现市民出行500米见公园绿地的目标。围绕旧城区明清城垣，建设、拓展和完善“绿色城墙”，围绕城市环路建设环状绿化生态圈层，完善沟通环状圈层的快速路、铁路和河道绿化带的建设，形成经络分明的城市生态绿网。加强单位庭院绿化整治提高、新建居住区绿化监管、老居住区和街巷胡同绿化改造等工作。

(2)郊区新城和重点镇绿地系统建设。加快完成规划新城绿地系统规划的编制，制定分年度实施计划，切实保证新城生态建设的高起点、高水平，加强对重点镇和中心村的绿化建设的指导，使每一个重点镇的绿化建设都能自成完整生态系统，同时与全市城市绿化和周围农村生态环境成为有机整体。

(3)强化城市景观水系整治。强化城市景观水系整治，对现有20余个湖泊分期分批进行疏挖治理，修理堤岸、护坡，适时补充清洁水，改善湖泊水质。切实建设管理好奥运公园、朝阳生态园等5个景观生态公园，确保市区水面稳定增长。

(4)增加生态用水。根据中心城水系的功能及水质标准，采用不同水源，努力保证生态用水，改善河流水质。适当增加人均拥有的水面面积，在城市中心区新建湖泊型湿地。在郊区有关新城附近，通过水资源合理调度，恢复永定河三家店—黄良公路段水面，恢复顺义、怀柔以及密云附近潮白河河道水面。

4. 生物多样性保护及自然保护区建设

(1)自然保护区建设。加快永定河三家店等自然保护区建设，重点完善松山、百花山、喇叭沟门、野鸭湖等自然保护区，条件成熟的提高保护区级别，确保全市自然保护区总数稳定增长。重点建设和恢复汉石桥、南海子、潮白河上游等7大湿地；重点提高野鸭湖、密云水库等湿地生态系统整体功能；积极推动城市湿地公园的申报，提高湿地公园管理与保护水平。

(2)加强乡土、珍稀动植物保护，防范外来生物入侵。开展平原地区植物、鸟类、鱼类的摸底调查工作，加大乡土植物选育和应用力度，挖掘地带性植物基因多样性潜力，增加城市绿地中乡土植物种类的比例。充分利用动、植物园资源保护的优势，研究推广珍稀动植物的迁地保护技术。加强对重点地区重点物种的监测，及时掌握重点保护物种资源的消长动态。加大生物引进后期的监管和入侵有害生物的治理力度，制定外来入侵有害生物综合控制预案，防止境外有害生物的入侵，确保本市生物安全。

5. 农业及农村环境保护

(1)生态示范区及环境优美乡镇建设。以生态区县与生态示范区、环境优美乡镇和文明生态村“三级创建”为载体，推进郊区环境保护及生态建设。要确保把 9 个郊区县建成国家级生态示范区，努力使更多的乡镇建成“环境优美乡镇”，更多的村庄建成“文明生态村”。

(2)农村地区环境综合整治。加快郊区镇、村的垃圾无害化处理场建设和收运体系建设，推广“村收集、镇集中、区(县)处理”的城乡生活垃圾一体化处置模式，力争郊区垃圾无害化处理率达到80%。所有规划新城、卫星城和重点镇的建成区要建成污水处理厂和配套的排污管网，有条件的建设小型污水处理系统，不断提高郊区城镇污水处理率。严格执行环境影响评价法和环保“三同时”制度，按照统一规划布局，郊区新建工业企业原则上进入市政府批准的工业开发区。加强现有工业企业污染治理，推进乡镇企业重组和产业结构调整，大力发展循环经济。

(3)农业废物污染治理与资源化综合利用。要加大对现有规模化猪场粪便污染治理力度，带动其他规模化养殖场污染治理工作。鼓励现有养殖小区进行适度规模集中，并开展以沼气发酵处理技术为主的生态化治理，实现农牧生产的有机结合。加强农业废物减量化、资源化、无害化工作，鼓励其综合利用的产业化发展。大力推广机械化保护性耕作技术，实现农作物秸秆和果树残枝综合利用。鼓励秸秆还田、能源利用和有机肥料等利用方式，推广生物质成型燃料、发酵和饲料转化技术，提高秸秆残枝综合利用率。研究和制定经济激励政策，积极扶持郊区农民利用太阳能、生物质能等清洁、优质的可再生能源，改善农村用能结构，提高农民生活质量。

(4)农业面源污染控制。继续开展季节性裸露农田机械化综合治理。大力推广免耕播种机械、深松机械等现代化农业机械设备和生物覆盖技术、防虫除草技术一体化的农田保护性耕作方式。根据全市裸露农田治理需要，结合畜牧业发展规划，重点发展牧草和多年生中草药等季节性裸露农田生物覆盖技术。以生态农业为核心开展节约型都市农业建设，大力节肥、节药、节能、节地、节水，建设节约型和都市农业持续发展的社会主义新农村。全面开展化肥、农药等农业面源污染控制，调整和优化农田用肥结构，鼓励和引导增施有机肥和缓释肥，逐步减少氮、磷、钾等单质肥料的用量。推广生物和物理防治农田病虫害技术，科学施用农药并逐步减少化学农药的使用量，提高生物农药施用比例，使全市农用化学品使用量逐年减少，保护地下水质、空气质量、生态系统和农产品安全。

(四)以生态文明理念推进农业农村基础设施建设

1. 加快推进农业四项基础建设，不断开发农业生产功能、生态功能、生活功能和示范功能

通过现代农业基础建设及综合开发，全力打造优势产业田、优良

生态田、优美景观田，提升农业综合生产能力、生态服务能力和景观服务能力，开发农田生态、经济、景观价值，努力实现提高粮食生产能力，基本实现安全无公害产品生产标准；同时，将农田作为首都“山水林田路村城”大环境的重要组成部分，努力提升农田景观，打造田成方、林成网、渠相通、路相连、人与自然和谐的田园风光，使基本农田成为首都优良的生产性绿色空间。按照首都城市的四区功能定位和都市型现代农业五圈产业布局，针对优势主导产业特点，重点建设以九大基本农田集中分布区(附图)为主的基本农田，加快推进农业四项基础建设。

北京市土地利用总体规划（2006–2020年）

——基本农田集中分布区规划图

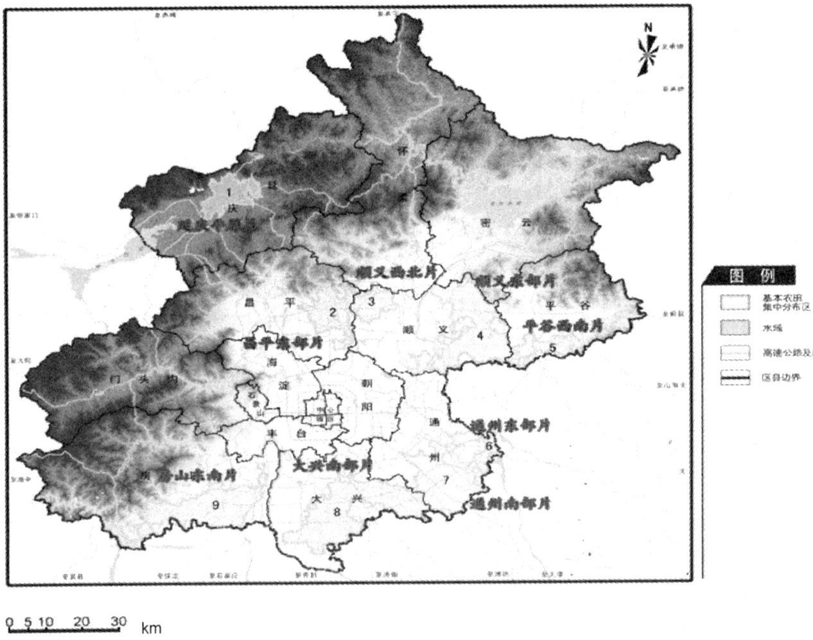

（数据来源：北京市国土资源局）

(1)以配水节水为中心的农田水利改善工程

以深入挖掘农业节水潜力和全面提高农业生产综合能力为目的，通过更新改造现有水源及输水工程，提高农业灌溉保证率，增强农业生产抗旱能力；实施大田和新建设施农业(包括设施花卉)田间节水设施配套及升级改造，全面提高灌溉水利用效率；以科学管理和先进技术为手段，实行最严格的水资源管理制度，加强水资源的科学调度，减少地下水的开采，构建从水源到农艺节水、工程节水、管理节水的现代农业节水体系。同时，在试验、示范的基础上，科学合理利用再生水，实现农业用水的可持续发展。要具体落实好水源及输水工程、田间节水配套工程以及建设应用“3S”与遥感ET技术的水资源监测系统，进一步明确用水与节水主体，通过对农民节水知识培训和参与节水管理，建立起行之有效的农业用水管理体系，实现总量控制、定额管理、以供定需的目标。

(2)以质量提升为中心的农田培肥工程

紧紧围绕农田培肥工作的基础性、长期性与公益性，通过有机肥、配方肥(缓释肥)、玉米秸秆还田和土壤深松技术的推广与应用，提高土壤有机质含量，逐步减少农田化肥投入数量，合理搭配施肥结构，有效提升土壤质量，促进农产品品质提高，减少因肥料流失造成的环境污染；逐步建立有机肥补贴长效机制与农化技术服务常态机制；建立农田肥力动态监测网络与耕地质量管理信息平台，实现对北京市耕地肥力质量的动态管理，为宏观决策提供依据。

(3)以改善环境质量为中心的田园清洁循环工程

突出“公共植保、绿色植保”理念，贯彻“预防为主，综合防治”的植保方针，一要控制农业面源污染，全面推行生物防治和农药包装物回收补贴工作，加快推进新型植保体系建设和专业化防治工作；建立健全农业有害生物（农药）监测预警网络，加强农业生物防治天敌培育中心建设，提升农业害虫天敌商品化和生产能力。二要大力推广农业废弃物的分类回收和资源利用，筛选国内外先进的资源循环利用技术和工艺，在示范的基础上，选择规模化设施农业园区、规模果园、采摘园、观光园、集中连片菜田和民俗村周边，建设农业废弃物循环利用示范点，探索农业有机废弃物循环利用的模式，实现农田污染有效监控和预警，并在全市逐步推广。

（4）以农田景观建设为中心的沟路林渠配套工程

农田景观建设主要是在现有沟路林渠的基础上，进行必要的完善和修复，通过实施以农田景观建设为中心的沟路林渠配套工程，开展土地规模整理，推进规模化生产，修复沟路林渠网络，整治农田脏、乱、差和地表裸露等不良现象，有效提高耕地综合生产能力和农田植被覆盖度，拓展农田生态景观和游憩功能，提升田园景观和乡村风貌，服务于首都宜居城市建设，改善城乡人居环境，把农田打造成城市的生产性绿色空间。

2. 加强农村基础设施建设，提高农民生活的质量和水平

农村基础设施是为农村发展和居民生活提供基本条件的公共设施，包括公用事业、公共工程、农村环境和交通设施等，是农村赖以生存和发展的基础，在新农村建设中处于重要的先导地位。要按照村镇规划建设标准，以提高生活安全质量为主线，抓好“五项基础设施”建设①，逐步配套搞好与农村居民日常生活密切相关的公共服务设施建设，重点解决农村饮水安全、道路硬化、能源清洁、环境美化、防

---

① “五项基础设施”建设：专指郊区范围内村庄的街坊路、安全饮水、污水处理、厕所改造和垃圾处理五方面的建设。

灾减灾、信息畅通等问题。重点做好以下几个方面的工作：

(1)发展交通运输网络。形成内外衔接、方便快捷、城乡一体、功能完善的道路运输网络，改善乡村公路网络，改善村内主干道。加快建设旅游道路，加强道路交通安全设施建设。确保实现所有平原区重点镇与高速公路相联结，行政村通油路，自然村主干道路路面硬化，形成城乡一体化的路网系统。

(2)建立农村安全饮水保障体系。实施农民安全饮水工程，通过新城自来水管网扩户覆盖，乡镇新建集中供水、联村或单村供水，提高水源保证率。改善农村供水基础设施，逐步更换老化设施。确保农民饮用水质达到国家要求，平原地区自来水普及率达到100%。提高农民节约用水意识，逐步实现计划用水、定额管理、适当收费，从多方面节约农村生产和生活用水。

(3)逐步完善供电供气体系，优化能源结构，确保能源供应安全。完善城乡供电网络，逐步提高太阳能、风能、生物质能等清洁新能源的生产消费比重。依托通讯管线、基站等设施建设，形成高标准的城乡通讯网络体系。加快城乡燃气一体化建设工程，做好区县燃气管网建设工作，并逐步向中心镇、一般建制镇所在地延伸。鼓励使用天然气、液化气等清洁能源和沼气等生物质能。

(4)健全基层环卫机构。实现乡镇有专职环卫队伍，村村有专门环卫人员，提高乡村垃圾收集、清运和处理的水平。生活垃圾处理实现资源化、无害化和减量化。限制工业垃圾和建筑渣土进入生活垃圾，建立有毒有害垃圾收集系统。各类环卫设施要合理布局，做到隐蔽、美观和园林化。

(5)建立乡村水环境保护体系。加强污水处理、水源地保护、水土保持，提高乡村污水处理能力，完善小城镇排水体系建设。切实加强对地表饮用水源保护区和地下水源防护区污染的治理工作。提高农村污水收集率和处理率。选择和推广工艺简单、成本较低、净化效果高的自然生物处理技术，并为污水处理工艺升级留有余地。继续鼓励乡村改厕，实现农村卫生厕所(户厕)基本普及。加强雨水资源化和再生水利用。

(6)加快农村信息化建设。逐步实现光缆入村，网络入户；健全市、区县、乡镇、村及企业(专业合作组织、协会)等各级各类信息服务机构，研发适合农村需要的信息化产品，推动信息入户；开发适合农村的农业专家系统、信息管理系统、市场信息系统，提高农业生产管理水平；积极发展以农村远程教育为主导的信息化培训体系。加强农村防灾体系建设。做好农村安全隐患调查，健全乡村公共消防设施。抓紧农村防洪体系建设，逐步健全防洪排涝基础设施网络。

(五)以生态文明理念加快创新体制机制

1. 围绕实现生态保护、城乡建设和产业发展的相互协调，坚持生态优先、生态服务经济、融合化发展、区域合作等发展策略，明确重点发展任务和途径，提出产业准入标准，建立退出机制；完善差异化政府投资机制，健全生态补偿和管护机制；实施山区交通环线、放射线及旅游集散地建设，建立旅游从业人员培训和认证制度；利用区县合作政策加快共建基地建设，引导现有市级产业园区高端产业发展；加快编制浅山区发展利用规划，制定浅山区废弃工矿土地利用政策等一系列政策措施，形成促进生态涵养发展区协调发展的系统性政策意见。

2. 完善生态补偿机制。要扩大政策受益群体，加强资源保护力度，探索建立基于资源化补偿的生态补偿机制。一是完善生态作物补贴政策。要全面落实对全市农户在耕地内种植的小麦(40 元/亩)、牧草(35元/亩)实行生态补贴政策二是完善生态林补偿机制。将生态林补偿制度作为一项长期机制予以坚持，通过加大对生态涵养发展区的一般性转移支付规模，增加区县生态补偿力度。三是完善水资源补偿政策。远郊区县收取的水资源费，100%作为远郊区县的固定收入；从应急水源地取水收取的水资源费，要按50%返还应急水源地所在区县，主要用于水源保护和生态建设；对怀柔水库一级水源保护区农民，按照密云水库一级保护区补助标准发放生活困难补助。同时，针对其他重点水源保护区开展相关政策研究，统筹全市水源保护工作。远期逐步建立生态服务价值的量化测算指标体系，完善碳汇功能的评价、计算和交易体系，探索按照碳汇理念引入市场机制支持生态建设。通过生态补偿和生态服务机制的建立，有效地促进郊区生态水平的提升。

3. 健全区县合作共赢机制。要加快编制各结对区县合作规划，明确具体合作任务和目标，积极推进重大合作项目。在生态涵养发展区市级产业园区中认定一批共建基地，研究落实相关优惠政策。制定区县合作评比奖励办法，加强对合作工作的督促和鼓励。对跨行政区的潮河、白河等流域涉及的环境保护、水源涵养、产业发展、新农村建设等问题进行统筹考虑，加强区域协调协作。

4. 调整发展考核评价机制。以区县绩效考核和功能定位评价指标体系为基础，研究统一的区域功能定位考核评价指标体系，调整生态涵养发展区发展考评机制。优化评价指标，强化方向引导，突出生态涵养、民生改善指标，细化、优化产业指标。

5. 深化重点领域体制改革。继续深入推进集体林权制度改革，加快明晰集体商品林、公益林产权，实施以家庭承包经营为基础、多种经营形式并存的集体林经营管理措施，逐步完善碳汇生产、计量、评价、交易、管理等各环节的政策，探索按碳汇理念对涵养区进行补偿的措施。扎实推进农用地流转，以促进农民向城镇集聚、土地规模经营和生态保护为主要目标，鼓励和引导农田、果园、山场经营权的流转集中。逐步推进农村集体经济产权制度改革，重点做好集体资产的清查和评估、改制方案制定、股权配置等工作，保障农民合法权益，增强集体经济发展活力。

6. 建立完善金融支持政策。适时建立金融支农联合工作机制，整合金融支农资源，研究提出农业投资、农业担保、农业信贷等相关政策，创新适合新农村、适合生态涵养发展区的金融服务产品，支持生态涵养区发展，努力为新农村生态建设和发展创造较为宽松的金融环境。

(六)以生态文明理念培育社会环保意识

1. 建设绿色发展示范区。总结北京作为全国首批循环经济试点城市建设的典型经验和发展模式，充分发挥首都科技、信息、资金等资源优势，深化大都市发展循环经济的系统化建设力度，形成城市绿色发展的辐射示范效应；以生态涵养区为重点，加快生态环境与绿色产业统筹发展力度，从区(县)域、沟域等层面深入开展绿色发展示范区建设；开展低碳经济试点建设，鼓励引导中关村自主创新示范区核心区、高端产业功能区、丽泽金融商务区等重点区域采用低排放、低污染的设计理念和执行标准，集成节能环保新技术，打造若干低碳示范园区。推进市级循环经济试点。在区县、园区、企业三个层次全方位推进绿色发展。

2. 加强舆论科学引导。推进“节能警察”、“节能医生”、“节能管家”、“节能小天使”、节能减排义务宣传员、“节能大篷车”等品牌宣传活动；加大报纸、影视、网络等媒体对资源节约、生态环保理念的宣传，宣扬绿色典范；加大“地球环境日”、“世界水日”等节能生态环保纪念日的宣传力度；持续开展“义务植树”、“少开一天车”、“再生资源回收日”等系列体验活动。

3. 引导全社会广泛参与。搭建多层次的渠道，鼓励和引导公众参与环境保护，充分发挥北京“12369”环保举报热线的作用，保证公众反映问题渠道的畅通，保障人民群众对生态环境的参与权、监督权，形成社会监督氛围。注重发挥社会组织优势，鼓励开展各种形式的生态环保行动。把企业主动承担环境建设的社会责任与支持生态建设结合起来，引导企业积极参与生态建设。鼓励企事业单位、市民通过认养植树、购买碳汇等多种方式主动承担更多的资源节约和环境保护义务；整合节能环保志愿服务资源，加强“绿色北京”建设志愿服务力量；鼓励社会各界踊跃捐赠和捐助，引导社会公益性、非营利组织积极参与，大力支持“绿色北京”建设。

4. 倡导科学消费方式。通过宣传教育、政府绿色采购，引导全社会绿色消费，节约消费。鼓励使用绿色标志食品、环保标志产品和节能节水论证产品。倡导使用洁净能源和可再生能源。减少煤炭使用量，并实施“全程管理、清洁高效”的措施。在农村减少使用薪柴秸秆等燃料，发展生物质工程，提倡使用沼气等可再生能源，继续实施“绿色照明”工程。

5. 加大教育培训力度。以中小学为重点，逐步建立“绿色北京”教育体系，提升学生节能减排意识，发挥“小手拉大手”作用；充分利用各类环境及科普教育基地，加强对广大市民特别是京郊农民的节能环保意识普及教育；开展“绿色北京”建设相关政策、标准、技术的专题培训。

参考文献：

1. 解振华. 关于循环经济理论与政策的几点思考．光明日报，2004.11.03。

2. 李亚. 论经济发展中政府的生态责任．中共中央党校学报，2005，(5)。

3.[美]罗伯特・B. 丹哈特，珍妮特・V. 丹哈特，新公共服务：服务而非掌舵．中国行政管理，2002，(10)。

4. 张成福．责任政府论．中国人民大学学报，2000，(2)。

5. 李鸣．我国政府生态责任运行机制研究．学术论坛，2007，(3)。

6. 张强．政府责任模式的演变及启示．华东师范大学学报，2004，(5)。

7. 刘铮．从农民失地问题看社会主义新农村建设过程中的政府责任．毛泽东邓小平理论研究，2006，(12)。

8. 蓝光喜、聂爱云．社会主义新农村建设视角下的政府责任．中国行政管理，2007，(7)。

9. 李军鹏．公共服务政府．北京大学出版社，2004。

10. 王浦劬、傅军．政府管理研究．中国经济出版社，2003。

11. 谢地．政府规制经济学．高等教育出版社，2003。

12. 林卿、高继红、于琳、金彦平．可持续发展农业经济发展论．中国环境科学出版社，2002。

13. 段昌群、杨雪清等．生态约束与生态支撑．科学出版社，2006。

14. 姜达炳．农业生态环境保护导论．中国农业科技出版社，2002。

15. 陈丽鸿，孙大勇. 中国生态文明教育理论与实践. 中央编译出版社，2009。

16. 俞可平．生态文明与马克思主义．中央编译出版社，2008。

17. 秦书生．生态技术论．东北大学出版社，2009。
18. 杨通进、高予远．现代文明的生态转向．重庆出版社，2007。
19. [英]J. A. 帕尔默. 21世纪的环境教育——理论、实践、进展与前景. 田青，刘丰译. 中国轻工业出版社，2002。
20. [英]伊凡·邦德．生态补偿机制：市场与政府的作用．社会科学文献出版社，2007。

主持人：郑文涛（首都师范大学宣传部助理研究员、哲学博士后流动站研究人员）

参加人员：黄胤英、张凯、殷乐

京郊农村青少年社会生态系统状况与完善建议

——基于社会生态系统理论与抗逆力要素相关性的分析

田国秀

美国心理学家布朗芬布伦纳创立了人类发展生态学，他认为个体的发展在很大程度上受生态环境影响，与此同时，个体也在影响着周围的生态环境。不同层面的生态环境组成了一个生态系统，运作良好的生态系统在个体有需求时，会向其提供精神、物质上的帮助，满足其需求，从而有利于个体的身心健康，此时，健康发展的个体也会对生态系统产生积极的影响，达成良性循环。相反，若个体需要时，社会生态系统没能向其提供有利的帮助，便不利于个体的发展，由此产生恶性循环。于是，对青少年的社会生态系统状况进行调查与分析，是我们研究与了解青少年发展状况的重要路径。

随着积极心理学的发展，抗逆力(又称弹性、恢复力)逐渐成为被人关注的理论热点，这一理论在青少年教育与发展方面被广泛应用。个体自身和环境中的保护因素是影响抗逆力形成的决定性条件，前者指内部保护因素，后者指外部保护因素。形成青少年抗逆力的外部保护因素与青少年的社会生态系统是相通的，本研究旨在借用抗逆力理论对青少年的社会生态系统状况进行呈现和探讨。

一、社会生态系统理论与抗逆力理论的概述

(一)社会生态系统理论的概述

生态是指有机体或个人正在经历的、或与个体有直接或间接联系的环境。布朗芬布伦纳在其理论模型中将人生活于其中并与之相互作用的不断变化的环境称为行为系统。该系统分为四个层次，由小到大分别是：微系统、中系统、外系统和宏系统。这四个层次是以行为系统对青少年的发展的影响直接程度分界的，从微系统到宏系统，对青少年的影响也从直接到间接。① 微系统是与青少年关系最紧密的系统，也是对个体的活动和交往产生直接影响的系统，这一系统包括家庭、学校、社区和朋辈四部分。中系统是指微系统间的联系或相互关系。如果各微系统之间的联系是积极的，就会形成健康的中系统，促进青少年的发展；相反若各微系统间联系不恰当，甚至脱节，便会阻碍青少年的发展。例如，学校教导学生要谦让，但如果在家庭生活中青少年被过分宠爱，那么他就很难学会谦让的美德。这说明微系统的各个部分并不是独立的，只有相互配合才会产生一加一大于二的效果。外系统是指青少年并未直接参与但仍对他们的发展产生影响的系统。这一系统是微系统的衍生系统，外系统通过微系统对青少年产生间接影响。具体来说，父母的工作状况、教师的待遇状况、社区的建

① 刘杰，孟会敏．关于布朗芬布伦纳发展心理学生态系统理论．中国健康心理学杂志，2009，2。

设状况、朋辈的家庭状况等，影响到家庭、学校、社区和朋辈因素，而后会对青少年本身产生影响。宏系统指的是存在于以上三个系统中的文化、亚文化和社会环境①。实际上，宏系统既是贯穿于其他系统当中的，也是包含着其他系统的，它规定着青少年应该学什么、做什么，是青少年生存和发展的大环境。

可以看出，生态环境的四个系统中，微系统(家庭、学校、社区和朋辈)是直接对青少年产生影响的，其他系统都是通过或者借助微系统影响青少年，微系统是生态环境中最根本的系统。

(二)抗逆力理论：社会生态系统作用的具体化

到目前为止，抗逆力还没有一个确切的定义。研究者普遍认为，抗逆力是个人具有的某些特质或能力，使个人处在危机或压力情境时，能发展出健康的应对策略。这种特质或能力是个体内部保护因素与外部保护因素相互适应并作用的结果。其中，内部保护因素指个体自身具有的能够应对危机情景，减少问题行为，帮助个体成功克服压力的心理能力和人格特质；外部保护因素指个体以外的环境中所具有的促进个体成功调试、积极应对、克服危机、获得良性适应的条件与资源。②

抗逆力的外部保护因素和生态系统理论在对青少年产生影响的看法上不谋而合。生态系统的核心是微系统，即家庭、学校、社区和朋辈四个因素，而抗逆力外部保护因素的核心也正是家庭、学校、社区和朋辈这四个因素。由直接对青少年发展产生影响的微系统(家庭、

① 刘杰，孟会敏．关于布朗芬布伦纳发展心理学生态系统理论．中国健康心理学杂志，2009，2。

② 田国秀．抗逆力研究及对我国学校心理健康教育的启示．课程教材教法，2007，3。

学校、社区和朋辈），同间接产生影响的中系统、外系统和宏系统一起组成的生态系统，正起着抗逆力外部保护因素所起的作用。生态系统理论指出了影响青少年发展的外部因素，抗逆力肯定了这些因素的作用，其运作模式也进一步解释了这些因素是如何作用于青少年发展的。

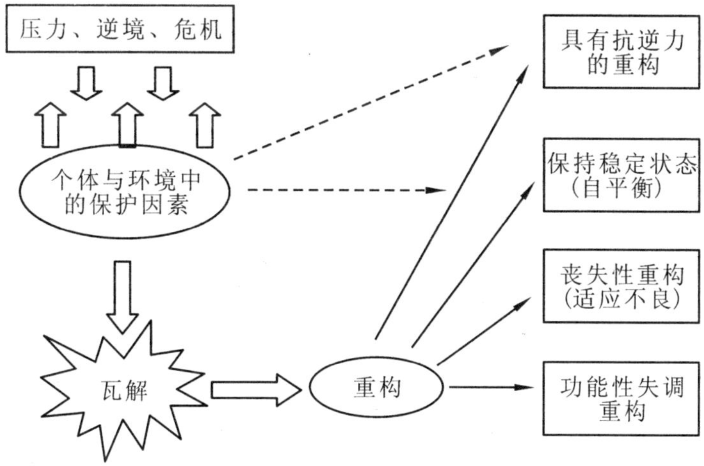

图 1① 抗逆力结构图

如图 1 所示，当个体处于压力、逆境和危机等环境时，会激发其内部保护因素和外部保护因素进行互动。如果互动是良性的，那么个体就会相对于压力等占上风，达到具有抗逆力的重构，或保持稳定即自平衡的状态。如果内、外保护因素的互动是恶性的，则个体容易被压力、逆境和危机等压垮，导致瓦解状况的出现。个体瓦解后并不是永远处于瓦解状态，而是会积极重构，保持生命的延续与发展。重构之后的个体，有可能恢复到良好状态，即达到具有抗逆力的重构，或

① Richandson G. E (2002). The metatheory of resilience and resiliency. [J] *Journal of clinical psychology*. 58(3): 307～321.

者保持稳定的状态，也可能处于消极状态，即丧失性重构(适应不良)和功能性失调性重构的状态。其中，具有抗逆力的重构表现为克服压力、潜能发挥、适应性、反应、胜任力、人格提升等。保持稳定状态(自平衡)表现为没有大起大落、维持原有状态、自我调节等。丧失性重构(适应不良)表现为低自尊、无价值感、自我否定、自卑、逃学、自我放弃等。功能性失调重构表现为酗酒、吸毒、暴力、网络成瘾、精神问题、犯罪等。

可见，当外部保护因素，即家庭、学校、社区和朋辈发挥出积极作用的时候，就会激发抗逆力的形成，随即促进青少年的发展，这也正是生态系统作用的具体体现。

(三)抗逆力表现：社会生态系统与青少年发展需要的契合

生态系统对青少年的发展产生积极的影响并不是无条件的，只有社会生态系统满足青少年的发展需要，才会发挥出积极的作用。也就是说，当微系统(家庭、学校、社区和朋辈)、中系统、外系统和宏系统提供了符合青少年发展需要的条件和资源时，青少年便会健康的发展，抗逆力的形成正是青少年健康发展的重要表现。可以理解的是，要想完善社会生态系统并提高其作用，了解青少年的需要是必须的。本研究借用“三 I”和“七类需要”原理来分析满足青少年需要的条件和内容，并以这两个原理作为标准来测试青少年的需要得到满足的状况，以期对京郊农村青少年社会生态系统有更深入的了解。

1. 通过“三 I”原理分析满足青少年需要的条件

国际抗逆力研究计划(The International Resilience Research Project)总结出的“三 I”结构，对抗逆力要素进行了分类和整合。“三 I”即 I HAVE、I AM、I CAN，其中 I HAVE 指青少年的外部保护因素，即社会支持，I AM 指青少年的内部保护因素，I CAN 指人际交往和解决问题的能力。

I HAVE：外部保护因素

(1)有一个或多个值得信赖的家人，他们无条件地爱我；

(2)有一个或多个值得信赖的朋友；

(3)有明确的行为规范；

(4)周围的人鼓励我独立；

(5)身边有好榜样；

(6)能够得到我所需要的健康、教育、社会和安全方面的服务；

(7)生活在稳定的家庭和社区。

I AM：内部保护因素

(1)是一个大多数人都喜欢的人；

(2)情绪稳定，性格好；

(3)憧憬未来，渴望成功；

(4)自尊并尊重他人；

(5)有同理心，关心他人；

(6)对自己的行为负责，承担后果；

(7)自信、乐观、充满希望、有信念。

I CAN：人际交往和解决问题的能力

(1)能够形成新想法和新办法；

(2)持之以恒；

(3)幽默地面对生活，自我减压；

(4)与人沟通，表达想法和感受；

(5)有能力解决学业、工作、自我和社交方面的问题；

(6)对自己的情绪、冲动、行动有自控能力；

(7)需要的时候能够寻求帮助。

I HAVE 是对个体的生活环境进行描述的。无疑，好的生活环境是抗逆力形成的重要条件。只有学校、社区、家庭和朋辈具备可利用的条件，青少年才能从中获取积极的因素。人在情境中(person in situation)，所以 I HAVE 和 I AM 是分不开的。第一，I AM 的状态决定了一个人从 I HAVE 获得积极因素的状况。抗逆力理论认为，每个人的环境中都有有利资源，关键是你能否发现并加以有效利用。没有一个人的环境是绝对坏的、消极的、负面的。即使是相对不利的环境，如果一个人能以积极的心态看待，能在不利的条件下挖掘有利，事情仍然有出现转机的可能。所以，I AM 的状态直接关系到你能否在你的环境中发现并找到资源。环境永远是相对于具体个体而言的，每个个体的内在状况都会影响到其周边环境呈现的状态。① 第二，人的心理和身体都是在环境中成长的，即 I AM 在 I HAVE 中形成，良好的外部环境对青少年形成个体自身的保护因素巨大的促进作用。如果不被人尊重和关心，那就很难学会尊重和关心他人，如果没有一个稳定的生活环境，也就很难对未来充满希望。I HAVE 和 I AM 相互作用，就形成了 I CAN。个体处于特定的社会环境状态，被激活、被触动的内在素质对特定的环境刺激做出反应，表现出的就是 I CAN。I CAN 是目的，一切 I HAVE 和 I AM 都是为了达到 I CAN 而服务的。

良好的 I HAVE 是满足青少年需要的重要条件。I HAVE 是青少年的资源，青少年从中获得满足需要的因素。尽管在形成 I CAN 的过程中，I AM 起着决定性的作用，但是如上所述，I AM 也是在 I

---

① 田国秀，蒋剑玫．抗逆力视角下对地震灾区青少年的成长干预的干预．抗逆力与和谐社会建设研讨会论文集。

HAVE的大环境下形成的。可见，青少年的社会生态系统对其各方面都有深刻的影响。运行良好的社会生态系统可以使青少年具备健康的人格，积极的心态，这样在面对困境时才能采取常规方式来解决问题，而不是消极、懈怠、自我伤害。

2. 七类需要原理——青少年需要的内容

青少年从I HAVE中得到满足其需要的因素，那么，青少年有哪些需要呢？美国加州健康儿童调查中心对抗逆力评估的指标(见图2)

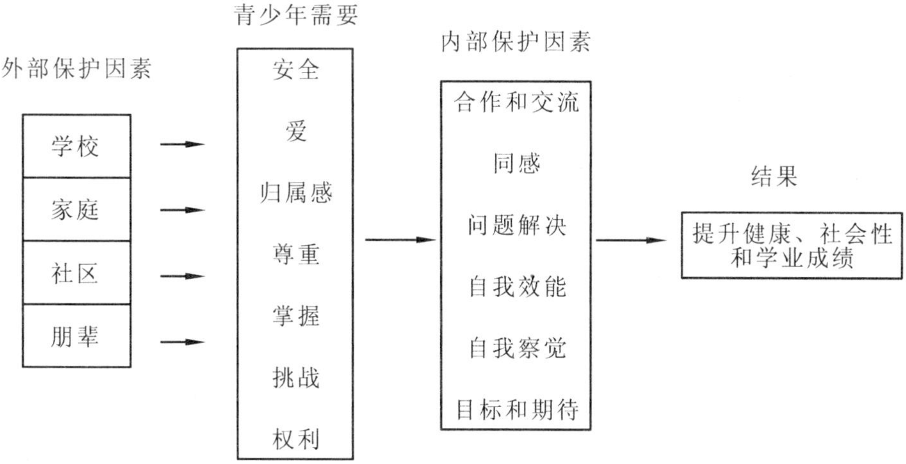

图2① 抗逆力评估指标

回答了这个问题。“指标”将青少年的需要划分为对安全、爱、归属感、尊重、掌握、挑战、权利的需要。如图所示，青少年从外部保护因素中获得这七类需要，需要得到满足的状况直接影响他们内部保护因素形成的状况。如果七类需要均得到适当的满足，便会形成健康的内部保护因素，即在合作和交流、同感、问题解决、自我效能、自我察觉、目标和期待等方面表现出积极的认知和行为，从而达到乐观的

① 沈之菲．青少年抗逆力的解读和培养．思想理论教育，2008，1。

结果。相反，若青少年的需要得到满足的状况不佳，内部保护因素的状况也会受到消极影响，这一切都将导致青少年的发展不良。

现实生活中，每个青少年需要得到满足的状况不同，常常是有些需要被满足的同时，另外一些需要又被忽略了。只有七类需要都能受到重视，青少年才能有条件获得一个光明的未来。

二、京郊农村青少年生态环境中微系统(I HAVE)的数据呈现及分析

微系统是社会生态系统的根本，是唯一一个直接影响青少年发展的系统。由于中系统、外系统、宏系统都是通过或者借助微系统对青少年的发展起作用的，所以对青少年生态环境中微系统的了解，是了解整个生态系统的重中之重。没有微系统，其他系统也就不会存在。问卷中的题目主要关于微系统，测试结果在一定程度上展露了京郊农村青少年社会生态系统的特征，了解了微系统，也就有了对其他系统了解的依据。

我国在与加拿大、哥伦比亚、新西兰、南非四国合作的有关抗逆力途径的研究项目中，与其他国家一起设计并采用“青少年社会生态系统状况测量”问卷对本国的青少年进行访谈调查。问卷既涉及五国青少年共同面对的问题，也涉及各国的特点问题。经过多次研究和修改，终于得到了一份符合我国青少年特点、测试内容全面的访谈性问卷。在研究初期，五十位京郊农村青少年接受了试测。

(一)被试基本状况及施测方法、施测工具

1. 被试状况。在试测中，五十位年龄在13～19岁的京郊农村青少年接受了问卷调查，13岁一人、14岁一人、15岁三人、16岁十一人、17岁十七人、18岁七人、19岁七人、三人未填。其中，男生二

十三人，女生二十七人。他们来自北京市的各个区县，包括朝阳区、海淀区、石景山区、丰台区、昌平区、怀柔区、延庆县、平谷区、密云县、房山区、大兴区和门头沟区。五十个被试中，四十九人是在读学生，一人已退学。

2. 施测方法。测试采用访谈的方法来进行问卷调查。它与一般问卷调查的不同之处在于，在测试过程中伴有深度结构式访谈，每个问题的选择都是在施测者和被试进行充分的交流之后进行的。问卷是在施测者和被试建立信任关系的基础上开展。其中，在测试前，施测者对大约60％的被试进行了为期近两年的参与性观察。这种关系的建立在很大程度上保证了问卷结果的真实性。

3. 施测工具。“青少年社会生态系统状况测量”问卷共有六部分。其中，第一部分由14道题组成，意在了解青少年自身及其家庭的基本情况；第二部分由55道题组成，重在了解青少年与学校、家庭、朋辈成员的相处状况；第三部分由81道题组成，了解接受过正式服务的青少年接受服务的状况；第四部分由7道题组成，了解青少年的社区环境及学校环境；第五部分由34道题组成，了解青少年的行为习惯以及其近期的状态；第六部分由21道题组成，了解青少年在课余时间参加各种活动的状况。整个问卷全面涉及了青少年自身状况及其社会生态系统状况，帮助我们了解青少年的生活环境，及其在环境中形成的认知和行为状况。

(二)社会生态环境中微系统的数据呈现

研究通过对问卷的整理，挑选出部分测试青少年社会生态环境中微系统(学校、家庭、社区和朋辈)的问题，进行了数据整理。

1. 学校因素数据呈现

表 1① 学校因素

(1)你经常接受学校医院的服务吗?	从不	只有一次	一两次	三次或更多	没有此项服务
	10	6	17	15	(2)
(2)你经常接受班主任(或辅导员)的服务吗?	从不	只有一次	一两次	三次或更多	没有此项服务
	4	6	7	33	(1)
(3)你经常接受教师的课后辅导/家访吗?	从不	只有一次	一两次	三次或更多	没有此项服务
	13	7	8	20	(1)1
(4)老师看到有学生在相互伤害时会做一些事情阻止他们	完全不符合	不太符合	有些符合	比较符合	完全符合
	2	3	10	16	18(1)
(5)你经常接受一对一结对帮助服务吗?	从不	只有一次	一两次	三次或更多	没有此项服务
	12	12	7	16	2(1)
(6)你经常接受主题教育服务吗?	从不	只有一次	一两次	三次或更多	没有此项服务
	4	6	11	28	(1)
(7)你经常接受选修课服务吗?	从不	只有一次	一两次	三次或更多	没有此项服务
	13	6	5	24	3(1)
(8)你经常参与学校和校外机构的合作项目吗?	从不	只有一次	一两次	三次或更多	没有此项服务
	14	11	10	10	2(1)

(1)学校医院是学校为青少年提供保障身体健康的服务机构。50个被试中，38个接受过学校医院的服务，15个较常接受此服务。表明青少年可以从学校得到健康服务，且学校医院的利用率较高。

(2)班主任(或辅导员)是在学校里对青少年负责的直接责任者，不仅负责青少年的学习，更负责他们的生活。21个被试接受过三次或更多次班主任(或辅导员)的服务，占总数的58%，是学校这一系统

① 括号里的数字表明未作答的人数．后表同．

里总数最高的测试题。这类服务提供给青少年的有学业方面的帮助，更有精神上的关怀和支持。

(3)教师课后辅导/家访同班主任(辅导员)提供的服务性质类似，都可以为青少年提供学业上和生活上的帮助，给他们带去关怀和支持。29 个被试接受过这项服务。

(4)老师在看到学生相互伤害时进行阻止，可以让青少年明确事情的界限，懂得哪些事应该做、哪些不该做，有利于其进行自制。50%的被试选择完全符合，说明教师对学生的责任感很强，在学生眼中教师可以有效地对他们进行管理。

(5)一对一结对服务是指在老师指导下，学生之间结成帮助小组。一般情况下是由一个学习成绩好的学生帮助一个成绩较差的学生。有 9 个被试未接受过这项服务，表明这项服务在青少年人群中还是较为普遍的。

(6)主题教育是就某一主题对青少年进行思想等教育的服务，如爱国教育、生命教育等。这项教育内容广泛，可以使青少年学习到丰富的知识。接受过三次或三次以上此项服务的被试占总数的 50%，说明大部分学生都受过主题教育服务的影响。

(7)20 个被试接受过三次或更多次选修课服务。选修课是青少年根据自身兴趣在学校里自主选修的课程，对学生的兴趣培养、创造性培养以及个性发展等方面作用重大。表面上看，选修课已经深入学生的校园生活，但访谈得知，很多学校开设的选修课已经背离了这类课程开设的初衷。选修课几乎成了一个挡箭牌，表面上是培养学生的兴趣爱好，实际上却被数学、语文等考试课程占据。

(8)参与学校与校外机构的合作项目，是锻炼青少年实践能力的好机会。学校利用资源为学生开发书本知识以外的学习内容，如理财、与人交往等。但是接受这项服务的青少年并不比接受学校里其他服务的多，9个被试从来没有接受过，10个只接受过一次，只有5个接受过三次或更多次。

2. 家庭因素数据呈现

表2　家庭因素

(1)如果我饿了，有足够的东西吃	完全不符合	不太符合	有些符合	比较符合	完全符合
	0	0	6	17	26(1)
(2)我和我的照管人待在一起时感觉很安全	完全不符合	不太符合	有些符合	比较符合	完全符合
	1	0	3	12	34
(3)在我有困难时我的照管人会帮助我	完全不符合	不太符合	有些符合	比较符合	完全符合
	0	0	3	14	33
(4)我的照管人对我关注很多	完全不符合	不太符合	有些符合	比较符合	完全符合
	0	0	8～2	15	25
(5)我和我的照管人谈论我的感受	完全不符合	不太符合	有些符合	比较符合	完全符合
	2	3	13	18	13(1)
(6)过去一年里，你的父母/监护人/照管人经常阻止你参加社区或校园活动，而导致你不能去参加吗?	从来没有	很少	有时	经常	非常频繁
	23	14	10	1	1(1)

(1)有足够的食物是人生存的基本条件之一，满足青少年对食物的需求是对其安全的基本保证。所有的被试都选择了不同程度的符合选项。访谈中了解到，被试选择有些符合或比较相符，主要是由于感到饿的时候处于不能吃东西的环境(如上课)，不是因为家庭不能提供给他们足够的食物。

(2)一般情况下，家庭范畴下的照管人是和青少年关系最亲密的人。和照管人一起感到安全，是青少年健康成长的重要条件。这道题中，25 个被试选择了非常符合，占总数的 69.4%。

(3)在困难的时候可以得到照管人的帮助，说明照管人可以提供给青少年足够的支持。所有被试都选择了不同程度的符合选项，表明家庭对青少年的支持作用是很大的。

(4)被关注是青少年的需求，尤其在家庭环境下，人与人之间的关系是最紧密的，得到家人的关注是他们做事的动力之一。同上题一样，所有被试都选择了不同程度的符合选项，表明青少年都能从照管人处获得关注。

(5)和照管人谈论感受，是在被爱的前提下进行的。只有青少年预测到自己的感受会被照管人重视，并且被尊重和理解的时候，他们才会去和照管人谈论。虽然有 32 个被试选择了符合的选项，但是有 22 个选择了有些符合和比较符合这两个程度较低的选项，说明青少年和照管人交流的还不够充分。

(6)照管人允许青少年参与正当的活动，是对青少年提高与人交往能力、增强社会实践能力等的巨大贡献。青少年需要走出家庭，去接触各种各样的人和事，从中得到成长和锻炼。有 47%的被试选择从来没有，31%选择很少，表明青少年参与社会活动的机会、条件不够完善。

3. 社区因素数据呈现

表 3　社区因素

(1)你觉得你的社区有多安全?	非常安全	比较安全	一点也不安全		
	5	33	11(1)		
(2)我所在的社区里，人们是可以信任的	一点也不	不太符合	比较相符	非常相符	不知道
	1	7	23	6	12(1)
(3)如果在你的社区里有一群逃学的青年，你的邻居有多大可能会主动对此采取一些行动?	非常可能	有可能	不可能	非常不可能	不确定
	4	21	13	5	7
(4)如果一个儿童或者青少年被他或她的家人虐待，你的邻居有多少可能报告这件事?	非常可能	有可能	不可能	非常不可能	不确定
	12	23	6	0	9
(5)我所在的社区里大家相处得很好	一点也不	不太符合	比较相符	非常相符	不知道
	1	4	22	13	8(1)
(6)我在社区中被公平对待	完全不符合	不太符合	有些符合	比较符合	完全符合
	2	1	9	7	30(1)
(7)我觉得我所在的社区服务很重要	完全不符合	不太符合	有些符合	比较符合	完全符合
	9	9	17	6	9(1)

(1)有 11 个被试觉得自己的社区一点也不安全，占总数的 30.6%之多，只有 3 个人觉得自己的社区十分安全，占总数的 8.3%。青少年需要安全的社区环境，然而数据表明社区给青少年带来的安全感还不够充分。

(2)只有当青少年认为社区里的人们是可以信任的，才可能从社区获得积极的因素，从而更好的构建抗逆力。23 个被试认为所在社区里的人在一定程度上是可以信任的，占总数的63%。

(3)社区里有逃学青年时，如果邻居主动采取行动，说明社区居民之间互相关心。只有关系紧密的人看到对方有违规行为时才会去主动阻止。这道题中有12个被试认为他们的邻居可能这样做，19个认为不可能，表明社区居民间关系还不够紧密。

(4)如果居委会上报有人被虐待，说明这个社区居民的责任感和正义感较强，生活在这样的社区也就更安全。有22个被试认为所在社区居民会上报，远远超过认为不可能的9个。

(5)社区居民间相处的好，是社区稳定的重要条件。稳定的社区是青少年健康发展的有利因素。居民间相处的好，就会给青少年一个轻松和谐的生活环境，有利于培养他们与人相处的能力。有3个被试认为社区居民间相处得不太好，只占总数的8.3%。

(6)在社区中被公平对待是青少年健康生活的前提，表明他们被尊重。如果不被公平对待，他们就很可能对他人不公平。有23个被试选择完全符合，说明社区给青少年提供了一个健康的发展环境，大多数人在社区中得到了足够的尊重。

(7)社区是青少年生活的主要场所，社区服务是抗逆力外部保护因素中重要的一部分。测试青少年认为社区服务是否重要这道题，选择第一项和第五项的被试人数均为6，第二项和第四项的人数分别为5和7，结果并不是像其他题目一样有偏向性，而是相对平均。这样的结果表明社区服务在青少年抗逆力的建构中发挥的力量还不够大，需要继续加强。

4. 朋辈因素数据呈现

表 4　朋辈因素

<table>
<tr><td rowspan="2">(1)你的好朋友有多少人触犯法律?</td><td>没有</td><td>一些</td><td>很多</td><td colspan="2">全部</td></tr>
<tr><td>45</td><td>5</td><td>0</td><td colspan="2">0</td></tr>
<tr><td rowspan="2">(2)我感到有朋友支持我</td><td>完全不符合</td><td>不太符合</td><td>有些符合</td><td>比较符合</td><td>完全符合</td></tr>
<tr><td>0</td><td>2</td><td>6</td><td>17</td><td>24(1)</td></tr>
</table>

(1)好朋友触犯法律，会对青少年有很大的负面影响。近朱者赤、近墨者黑，接触触犯法律的朋友，很可能会导致其本人走进触犯法律的圈子。有 33 个被试选择没有这样的朋友，3 个选择有一些，说明青少年身边触犯法律的朋友还是十分少的。

(2)有朋友支持，是青少年做事的重要动力之一。青少年更容易和朋友而不是家人交流，更经常与朋友而不是家人一起做事，所以朋友的支持是十分重要的。除 2 个被试选择不太符合，1 个被试没有做出选择外，其他 32 个被试均选择了不同程度的符合选项，说明大多数青少年都能从朋友处获得支持。

(三)社会生态环境中微系统的数据分析

1. 按照青少年需求对题目的归类

美国加州健康儿童调查中对抗逆力评估的指标(图 1)指出，社会生态系统满足青少年各方面的需要，便会对内部保护因素的形成产生影响，最终达到提升健康、社会性和学业成绩等结果。满足青少年对安全、爱、归属感、尊重、掌握、挑战、权利的这七类需要，对内部保护因素的形成和结果的影响是直接而积极的。

表 5　按照青少年七类需求对题目归类

题目 \ 青少年需要		安全	爱	归属感	尊重	掌握	挑战	权利
学校	(1)你经常接受学校医院的服务吗?	√						
	(2)你经常接受班主任(或辅导员)的服务吗?		√					
	(3)你经常接受教师的课后辅导/家访吗?		√			√		
	(4)老师看到有学生在相互伤害时会做一些事情阻止他们	√		√				
	(5)你经常接受一对一结对帮助服务吗?					√		
	(6)你经常接受主题教育服务吗?					√		
	(7)你经常接受选修课服务吗?					√		
	(8)你经常参与学校和校外机构的合作项目吗?					√	√	
家庭	(1)如果我饿了,有足够的东西吃	√						
	(2)我和我的照管人待在一起时感觉很安全	√						
	(3)在我有困难时我的照管人会帮助我		√					
	(4)我的照管人对我关注很多		√					
	(5)我和我的照管人谈论我的感受				√			
	(6)过去一年里,你的父母/监护人/照管人经常阻止你参加社区或校园活动,而导致你不能去参加吗?				√			√
社区	(1)你觉得你的社区有多安全?	√						
	(2)我所在的社区里,人们是可以信任的	√						
	(3)如果在你的社区里有一群逃学的青年,你的邻居有多大可能会主动对此采取一些行动?		√	√				

续表

题目 \ 青少年需要		安全	爱	归属感	尊重	掌握	挑战	权利
社区	(4)如果一个儿童或者青少年被他或她的家人虐待，你的邻居有多少可能报告这件事？	√		√				
	(5)我所在的社区里大家相处得很好			√				
	(6)我在社区中被公平对待				√			√
	(7)我觉得我所在的社区服务很重要							
朋辈	(1)你的好朋友有多少人触犯法律？	√						
	(2)我感到有朋友支持我		√					

2. 微系统四部分满足青少年需求的状况

研究将题目分别作了标记，目的是分析社会生态系统的每个部分满足青少年需要的状况。每道题目都涉及青少年的多种需要，我们只对题目可测试出的最主要的需求进行分析。

学校因素里第 1 题和第 4 题涉及青少年对安全的需求。从上述数据中可知，校医院为大多数青少年提供过服务，几乎所有教师看到学生互相伤害时都会做阻止他们的事，表明青少年的安全在学校里可以得到较大程度的保障。第 2 题和第 3 题涉及青少年对爱的需要。青少年大都接受过不止一次班主任(或辅导员)和课后辅导/家访服务，学生接受服务的过程，也是被爱的过程，可知学生可从学校里获得较多的爱。第 4 题涉及学生对归属感的需求。教师阻止学生互相伤害，表明了教师对学生的关心和重视。在被重视和安全的校园里，学生更容易感受到归属感。第 3、5、6、7、8 题涉及了学生对于掌握的需要。其中 3、5、6、7 题测试学生掌握知识和技能等的状况，8 题测试学生掌握实践能力的状况。3、5、6、7 题的测试结果较为乐观，但第 8 题测试结果状况不佳，表明学校提供给学生实践机会的状况并不能让人满意。第 8 题同时也涉及青少年对挑战的需要，不能在学校里经常参加实践活动，面临的挑战也就少，青少年需要更多的挑战。

家庭因素里，第 1、2 题涉及青少年对安全的需要。测试结果表明，青少年可以从家庭获得足够的安全，这种安全不仅是生理上的安全，更有心理上的安全感。第 3、4 题涉及青少年对爱的需要。在这两道题上所有被试都选择了符合的选项，可见家庭给予青少年的爱是足够多的。5、6 题测试家庭对青少年的尊重，第 6 题还涉及青少年在家里获得权利的状况。只有在自己的感受被尊重的前提下，青少年才会和照管人谈论感受。照管人不阻止青少年去参加健康的活动，也是对其尊重的表现。从测试结果可知，家庭环境下青少年获得尊重的状况还是比较乐观的。青少年可以不被照管人管制而去参加社区或校园的活动，也表明他们在家庭中有一定的权利。

社区因素中，第 1、2、4 题测试了青少年对安全的需要。总体看来社区是可以提供给他们安全的，但是大多数被试都选择了中间选项，即表明社区虽然能提供安全，但是程度并不高。第 3 题测试了爱，同时第 3 题也和 4、5 题一起测试了社区提供给青少年归属感的程度。第 3 题的测试结果并不如 4、5 题那样令人满意。表明社区可以在一共程度上提供给青少年归属感，但是这种归属感并不是建立在足够的爱上的。第 6 题的测试结果是喜人的，表明社区可以满足青少年尊重和权力需要。

朋辈因素中的两道题，分别测试了满足青少年安全和爱的需要的程度，结果表明在朋辈的圈子里，他们是安全且被爱的。

综合以上分析可知，社会生态系统可以满足青少年的大部分需求，他们可以从社会生态系统中感受到足够的安全和爱，具有归属感，被尊重，学习知识和各种技能，有一定的权利。但是社会生态系统并没有提供给青少年足够的面对挑战的机会，使青少年生活在过于安全的环境中。社会生态系统里的人们倾向于认为给他们安全就是对他们最好的，但实际上这样的生活环境并不利于青少年的健康发展，只有接受适当的挑战才能在面临困境的时候冷静而积极，才可能用常规的行为去表现抗逆力。同时可以看到，社会生态系统四个部分里，社区给青少年的支持是最薄弱的。"我觉得我所在的社区服务很重要"这道对社区服务的综合测试题的结果，并不能让人满意。在北京，青少年对学校、家庭、朋辈的概念比较清晰，但是社区的概念就相对模糊，社区并没有发达到可以在很大程度上满足青少年的需要。如何加强社区建设，在青少年的头脑里深化社区概念，如何使社区更加发达，从而发挥出社区的力量，这也是我们应该思考的。

3. 微系统状况总结

总体看来，京郊农村青少年生态环境中的微系统是稳固、积极的，能够满足青少年的大部分需求，但与此同时，也存在着一些"死角"。

第一，学校因素：重视知识传授 忽视能力培养。

学校因素十分尽责的为学生提供学习知识的机会，在传授知识方面，已经总结出了很多方法，培养出了一批又一批基础知识扎实的学生。但是，在学校里几乎一切的活动都是围绕考试进行的，为了制造出"高材生"，过度重视死知识的传授，却忽视了对青少年创造性等其他能力的培养。实际上，高知识并不等于好人才，只有知识与能力兼备，才是名副其实的高材生。

第二，家庭因素：充满爱 但缺乏交流。

如果说学校因素的主要作用是给青少年提供知识，那么家庭因素的主要作用就是让青少年感受到爱与被爱。家庭成员对青少年给予期望，期待他们取得成就，一切都源于爱。但是，这并不能化解青少年和家长之间的矛盾。孩子和家长相互了解不够，产生了很多问题，很大程度上都是由缺乏交流引发的。

第三，社区因素：对青少年的影响作用有待提高。

社区是青少年生活的大环境，与青少年之间有着密不可分的关系，完全有条件对青少年进行积极的影响。被试所呈现出的社区，可以提供适当的安全，有一群不会对自己有积极影响但也不会伤害自己的邻居，仅仅是一个可以居住的场所。我国的社区概念相对于西方国家要泛化许多，实际上社区可以像学校和家庭一样很大程度的去影响青少年，为青少年提供各种服务，但就当下而言，它的作用尚未被完全开发出来。

第四，朋辈因素：青少年发展的重要推动力。

朋辈因素是青少年与青少年相互作用的系统，所以这一系统的运行状况是最容易对青少年本身产生影响的。被试向我们呈现出了一个健康的朋辈因素，这一系统是他们发展的重要推动力。

三、京郊农村青少年中系统、外系统和宏系统的状况呈现

中系统、外系统和宏系统是间接影响青少年的生态系统。中系统关注的是微系统各因素之间的互动状况。如家庭与学校在教育理念上是否一致，教师之间是否能够积极配合，同学关系是否友好等。各因素之间的良性互动、协调发展对青少年的促进最为积极。外系统与宏系统都是青少年的间接系统，虽然是以间接的方式影响或作用于青少

年，但因为它们呈现的是青少年成长的社区状况、社会背景，从一定意义上说，影响反而更加深刻与持久。宏系统中的社会文化、经济发展水平、社会政治观点都是关系社会发展进程的宏大主题，决定着每一个生命个体的生存状况和社会处境。另外，外系统中存在纷繁复杂的因素，如父母的经济状况与社会地位、教师的伦理水平与学术思想，社区的人员构成与稳定程度都会影响青少年的生活环境、人际关系、心理感受和伦理道德。为了了解与研究这些因素与青少年成长的关系，课题组利用两年多的时间，对 50 例被试中的大多数进行参与式观察、个案跟踪、深度访谈，获取了更为丰富的研究资料，也使我们对京郊农村青少年的社会生态环境有了更为宽阔的视野。在此，我们呈现部分研究材料，体现研究被试更为丰富的生态状况。

(一)中系统的影响作用令人喜忧参半

青少年成长过程中，总会遇到几位对其影响极其重要、极其深远的人，或是家人，或是老师，或是朋友，这就是心理学研究中所说的重要他人。他们的思想态度，认识问题的思维方式、在是非问题上的基本立场，对青少年往往产生着潜移默化的影响。我们的研究被试以学校在读学生为主，学习是其主要的生活内容，师生关系、同学关系是他们必然面对的社会关系。父母如何对待他们的成绩、如何看待他们在学校的得与失、如何回应他们对校园事件的解释与态度、如何引导他们处理师生和同学关系等，这些生活内容构成京郊农村青少年中系统的重要线索，使我们了解到社会生态环境中系统的作用状态与作用方式。

小静是北京某高中的一名高二学生，家住门头沟区，父母都是农民，有个在读小学的妹妹。母亲在她小学时候生了一场病，此后只能基本自理，不能照顾家人。父亲在母亲生病后，承担着全家的重担。

小静平时住校，父亲每天凌晨起床，在村子里做体力活挣钱，中午回家做完饭，来不及休息就又要去工作了，晚上回来已经很累了，但是还是要给母亲和妹妹做饭。尽管这样，父亲还是把自己的工作做得很出色，把家人照顾得很好。父亲就这样从不间断地工作了很多年，因为勤奋、能吃苦，现在一个月能赚三千多块钱。虽然很辛苦，但是父亲从来不抱怨，每天都积极生活，想着怎么才能通过努力赚更多的钱，让家人过上更好的日子。村里有了新政策，可以以家庭为单位承包大棚了，对于已经没有休息时间父亲来说，这是件十分费力的工作，但是他还是准备多承包几个。在小静眼里，父亲是个有着无限潜力的人，是她的榜样，尽管父亲只有初中文凭，但是小静认为父亲是最有文化的人。

小静从村里考入市区的高中后，一直努力踏实地学习。学校里总有各种各样的考试，尤其是离高三越来越近，月考、模块考、模拟考，几乎不到一个月就有一次全年级大排名的考试。虽然学习压力很大，任务也很紧，总有做不完的作业，几乎没有休息时间，但是她还是一直认真对待。别人周末在教室里聊天、看小说的时候，她坐在角落看书，她也是宿舍里晚上睡觉最晚的孩子，总是学到夜里十一点多才睡。小静学习的最大动力，就是能考出来，以后有好的收入，好为父亲分担。但是让她一直有压力的是，尽管她用尽所有时间学习，但是成绩就是上不去，高一还是学习班长，但是高二成绩一点点地下降。终于有一次，在老师的指点后，她掌握了正确的学习方法，考了班里第二名的好成绩，这让她十分高兴。高兴的同时，她也有着担心，她不知道接下来的考试是不是可以保持这种好成绩，她想向同学证明，自己考得好并不是运气好，而是有实力。但是让人欣慰的是，无论是面对母亲的病患，还是面对学习压力，她总是积极而又坦然。

她在短信里这样说：

小静 2010—04—12 22：49

我相信成绩和平时努力是成正比的，所以我并没有太大压力。

小静 2010—04—24 16：41

不知道怎么形容这种感觉，想考好，但并没复习好，没有底气，有点小紧张，但我会尽力的。

小静 2010—04—24 22：17

发现自己越来越喜欢化学了，开始开窍了，很开心。

在学校里认真学习，回到家里为了让父亲能休息，她会承担起所有家务，还帮助教育妹妹。在与小静的交流交往中，能感到她是一个十分成熟懂事的孩子。在压力和困难面前，她没有抱怨，也没有退缩，而是能积极地面对，并且借助困难，形成了坚韧的性格。她很乖巧，不太爱主动说话，但是只要张口了，就十分让人信服。从言谈举止中可以感觉到她的稳重和正派。

小民是个普通高中生，现在读高二。刚进高一的时候，他是个非常积极的孩子，大家都觉得他是一个很有想法，活跃又聪明的孩子，参加各种活动都很踊跃。由于十分配合老师的工作，所以非常受老师欢迎。那时候尽管他的学习成绩也不太好，但他很用功。但是到高一第二学期，小民突然变了。他不再像从前那么积极，参加各种活动的时候也都处于游离状态，也不用功学习了，好像变成另外一个人。

小民有个姐姐，是大学生，刚刚毕业参加工作，在医院做个小医生。姐姐的经历让小民觉得，就算大学毕业，也就找个普通的工作做着，没什么大出息，导致他的学习积极性下降。过去他积极参与学校活动，抢了别的同学的风头，没给别人留下表现的机会，同学们认为他这是过分积极，以至于他每次发言，同学都会嘘声一片，这在一定程度上也打消了他的积极性。小民的学校是封闭式管理，非常严格，但是小民是个向往自由的孩子，不喜欢被束缚，所以在学校里他显得很不自在，尤其同学们都被高考压抑着，每天除了学习就是学习，但他认为，人生除了考大学，还有很多有意义的事值得做。于是在一个学期的兴奋状态过后，他摸清了学校活动的规律，不再像以前那样感兴趣，再加上学校除了学习，不能让他有别的收获，他就一下泄气了。

与前面两个孩子不同的是，小飞是一个中等职业学校的毕业班学生。也许中职学生的学习压力小些，但由于他们的前途并不如普通高中学生那样光明，所以生活的压力更大。

小飞家住大兴区，父母都是纯朴的农民，在家务农。他说他的妈妈非常通情达理，还很厉害，村里有领导视察的时候，妈妈能在很多领导面前说话，不怯场，还说得十分有道理。在同学中间有不少人家庭条件还是不错的，相比之下他的家庭条件一般，于是在大家面前，他显得不太自信。他喜欢历史，关注时政，有着敏锐的洞察力。他是个很内向的人，不愿意表达，但是当有人极力鼓励他的时候，他又可以说得头头是道。他还擅长长跑，在一次运动会上他跑出了好成绩，得到了大家的关注，尽管已经时隔很久，但是这件事到现在对他的影响还是很大。他很想努力学习，但是学校的学习气氛不浓，他也就没什么心情了。小飞对自己的处境认识的很清楚，又有些悲观，对于未来会是什么样的，他显得有些迷茫，他很后悔当初没好好学习，导致自己落到现在的境况。前一阵有公司来学校招聘，小飞被录取在一家单位实习，虽然很累，挣得也不多，但是可能会有一份比较稳定的工作了，他很开心。他说，如果今后能在一家公司踏实上班，待遇不太低，他就会很满足了。

中系统对青少年的影响可谓喜忧参半。一个典型的状况是，在升学压力巨大的前提下，学校单纯强调学习成绩的重要性，对青少年的人际关系、成长困惑、内心焦虑关注较少，相应的很多家庭也一味强调学习，导致孩子厌烦，感到生活没有意义。学校、家庭都只关注学生的学习成绩，多数父母、老师只是在家长会、学生出问题的时候才有动机见面交流，沟通孩子情况，交换意见，达成理解与共识。这表明青少年周边的中系统的运作没有形成积极互动，微系统因素之间没有搭建起良好的桥梁，而是“各自为政”。

（二）外系统与宏系统的深刻影响不容忽视

小白，高二男生，来自北京郊区，父母是地地道道的农民，家庭经济状况不好。小白一直是班里的优等生，每次考试都名列前茅，令同学羡慕的是他并不十分刻苦，很轻松地就能应付目前的学习强度。进入高二以来，小白的学习成绩有所下滑了，不是他考不好，而是认为“考那么好没什么用。”“我没有太高的要求，我父母也并不过高要求我，说只要不比我哥差就行。”小白的哥哥初中毕业后进入了一所职业高中，三年学习后找到了当地一份维修锅炉的工作，是正式工，每月的收入虽不高，但还算稳定。父母、亲戚经常对他说：“瞧你哥多好，高中毕业就挣钱了。现在很多大学毕业生还找不找工作呢！我们没有太高的要求，能考上大学也行，就是担心你大学毕业后没工作，那四年大学不是白上了吗。”小白的学习动力被影响了。高一时他学习是努力的，因为学习方法得当，加之确实属于聪明孩子，成绩很优秀。随着年级的升高，学校不断强化他们的高考意识，提醒他们早思考、早定位、早努力，不要等到高三的时候再着急。可是家长的态度不是这样的，并不强求小白一定要上大学，能考上就上，考不上也无所谓，大学四年花不少钱，出来后找不到工作，家长认为不值。这样两种态度令小白困惑了，一边是学校如火如荼的备考，一边是家人不温不火的态度。小白没了方向。

小方，高二女生，来自北京郊区。父母虽是农村户口，但父亲是个头脑灵活的人，前些年做生意家庭条件在当地是好的。后来生意不行了，还欠了不少的账，家庭收入一下子没有了，父母都没了工作，靠打零工、做协管员获得很少的收入。小方多次说："我的童年特别幸福，当时很多小朋友没见过的东西，我都吃过、用过，那时候的家里欣欣向荣的。现在看着父母愁眉苦脸、心事重重的样子，我感觉自己身上的胆子特别重。我一定要考上好大学，出来找一份好工作，一定要让我父母回到原来的幸福生活。"因此，小方的学习压力格外大，总担心自己成绩不好，总担心自己考不上好大学。每次考试成绩都不能达到她理想的状态，存在深深的自责，焦虑心情一直挥之不去。而且，小方不敢让父母知道自己的压力，总在父母面前装出轻松、幸福的样子，回到学校却生活在闷闷不乐，自罪自责的状态。她说："我父母已经够不容易的了，整天风吹日晒的站在马路上维持交通，每个月才很少的钱。我看着都心疼，不想让他们再为我操心了。所以，我必须努力学习，一定要考上好大学，让父母因我而自豪。"

小李，男生，一所职业高中的应届毕业生，能歌善舞，颇具管理能力。在学校担任学生会文艺部长，把学校的娱乐生活搞得有声有色，得到老师和同学的赞赏。临近毕业了，小李越来越焦虑。他学的是地铁驾驶专业，学习成绩一般。这两年企业的用人条件越来越苛刻，小李担心自己未必能被企业选中。更重要的是，小李的理想不是当一名地铁驾驶员，而是想搞音乐，想在短时间内走红乐坛。问他为什么有这样的想法，他说："我不想像我父母那样一辈子辛辛苦苦，到老了什么也没有。不瞒您说，我们家条件不好，原因是父母一辈子就是老实巴交的农民，连点积蓄也没有，日子过得挺难的，有点钱都用在我上学上了。看着他们那么辛苦，我感觉我的生活不能像他们一样，我一定要干点大事业，至少多挣些钱，让父母过上好日子。"小李想走音乐之路，成名快，挣钱快。但他十分清楚音乐之路并不容易，有很多在音乐上执著追求的青年人，也都是以失败告终的。小李对自己的未来一片茫然。

上述案例表明，京郊农村青少年面对的家庭压力是较大的，父母经济地位低下、受教育程度有限、经验与视野局限，使得他们在关注孩子发展、预见孩子未来、谋划孩子人生生涯方面都显示出较为明显的短视、急功近利。家庭的短视是有原因的。经济地位低下使得他们渴望尽快改变经济上捉襟见肘的局面，盼望过上无忧无虑的生活，走出贫困，过上小康生活。于是在对孩子的影响上就表现出希望孩子尽快工作，希望孩子找到好工作，希望孩子找到收入高的工作，很难从长远的、可持续的、终生的视角为孩子提出建议。而且，父母的文化水平也限制他们对社会、国家、新信息、新科技的了解与理解，在孩子的职业选择与生涯定向上，难以提出富有建设性的意见和建议。相反倒有可能限制和阻碍孩子对更高远目标的追求和奋斗。

20世纪80年代，美国社会学者布迪厄将资本视角纳入社会学的框架下进行分析，提出了社会资本的概念，并将资本按形式划分为经济资本、文化资本、社会资本等不同类型。社会资本是社会结构中的资源，其可以创造价值，使各种资源要素得到增值，促进个体在系统中获得新的或巩固既得资源，从而促进自身的成长、发展。社会资本的要素包括成员身份、社会网络及个人关系等。之所以在此提及社会资本概念，我们认为京郊农村青少年及其家庭占有的社会资本是残缺的、稀少的和有限的，社会资本的不足导致他们社会处境与生活条件的有限。由此表明，这些青少年身处的外系统和宏系统是有缺欠的。外系统与宏系统构成了青少年成长的社会文化环境，大环境不是个人能够改变的，也不是短期内能够变革的。会以根深蒂固、潜移默化的方式影响青少年的人生定位、价值追求、职业规划与行为方式。上述三个案例说明，家庭的经济状况、父母的社会地位、家人的人生轨迹都以生态系统的方式作用于青少年，使得他们放弃追求、过早承担、渴望改变，又常常因为资源的缺乏和阻碍，导致这类青少年无所事事，碌碌无为。

四、京郊农村青少年抗逆力状况的数据呈现及分析

I HAVE、I AM 和 I CAN 三者是密不可分的，I AM 和 I CAN 的状况在很大程度上可以反映 I HAVE 的状态。如果 I HAVE 状态良好，那么青少年就会具有较好的 I AM 和 I CAN，反之，如果 I AM 和 I CAN 状态不佳，I HAVE 也一定存在问题。所以，对青少年社会生态系统的研究，是三者缺一不可的。笔者选取了问卷中有代表性的关于 I AM 和 I CAN 的题目，将其结果进行展示，以说明青少年抗逆力的状况。

表 6　I AM 数据呈现及分析

(1)人们认为与我相处很有趣	完全不符合	不太符合	有些符合	比较符合	完全符合
	0	2	17	13	16(2)
(2)过去的一周，我经常哭	几乎没有（少于 1 天）	有些时候（1～2 天）	经常（3～4 天）	多数时候（5～7 天）	
	33	14	3	0	
(3)过去的一周，我享受生活	几乎没有（少于 1 天）	有些时候（1～2 天）	经常（3～4 天）	多数时候（5～7 天）	
	0	9	18	23	
(4)我努力对其他人有善，我关心他们的感受	不符合	一部分是真的	符合		
	0	21	29		
(5)如果有人受伤、沮丧或者感觉不舒服，我会去帮助他	不符合	一部分是真的	符合		
	0	21	29		
(6)过去的一周，我感到对未来充满希望	几乎没有（少于 1 天）	有些时候（1～2 天）	经常（3～4 天）	多数时候（5～7 天）	
	2	8	19	21	

表 7　I CAN 数据呈现及分析

(1)我会完成我已经开始做的事	完全不符合	不太符合	有些符合	比较符合	完全符合	
	0	4	7	24	14(1)	
(2)过去的一周，我感觉很压抑	几乎没有（少于 1 天）	有些时候（1～2 天）	经常（3～4 天）	多数时候（5～7 天）		
	13	31	6	0		
(3)上课或工作的日子里，我会用____小时与朋友通过电子手段聊天	从不	1 小时左右	1～2 小时	3～4 小时	5～6 小时	7 小时以上
	7	24	11	3	3	2

续表

(4)我能在不伤害自己或他人的情况下解决问题	完全不符合	不太符合	有些符合	比较符合	完全符合
	4	3	8	11	23(1)
(5)我知道怎样在不同的社会环境里表现	完全不符合	不太符合	有些符合	比较符合	完全符合
	0	3	17	20	8(2)
6. 我容易生气并常常发脾气	并非这样		一部分是真的		完全正确
	17		29		4

从表6和表7的数据中可以看出，被试的京郊农村青少年的I AM和I HAVE状况从总体上看是喜人的。绝大多数青少年都是被人喜欢的，他们情绪稳定、渴望成功，关心他人并且自信、乐观，也能够持之以恒、自我减压，有能力解决学习和生活中的各种问题，并且有自控能力。这一切都是与社会生态系统(I HAVE)分不开的。

总而言之，虽然社会生态系统有的部分还并没有发挥出它的最大作用，但是从北京市青少年的抗逆力状况来看，社会生态系统还是起到了十分积极的作用的。良好的社会生态系统使得北京市青少年能够在学习和生活中展现出健康的一面，这是值得欣喜的。当然，也不能忽略测试中少数青少年消极的一面，每个青少年都是一个独立的个体，我们追求的不仅是让大多数青少年能够过得开心，而且是让每一个青少年都能够健康快乐的生活。

五、完善京郊农村青少年社会生态系统的对策建议

(一)完善生态环境中微系统的建议

要想让青少年有更好的发展空间，重中之重就是给予青少年社会生态系统足够的重视。有学者认为，每个个体身边都有足够的资源，一个人发展的如何就是看他获取资源的能力如何。这种说法忽视了社

会生态系统的重要性，要知道，个体和环境是相互作用的，青少年获取资源的能力也是在社会生态系统的大环境下形成的。个体和环境是生命发展的两翼，只有给予社会生态系统足够的重视，提高其水平，协调发展，才能走的稳健和踏实。

那么，如何提高京郊青少年的社会生态系统呢？“抗逆力轮”(见图 3)指出了具体的操作方法。“抗逆力轮”包括两大部分，六个步骤。两大部分：危机缓冲系统，重在帮助学生在面对危机与压力时学会缓冲，作出调整；抗逆力建构系统，重在促进学生建构抗逆力，提升心理能量。六个步骤：增加亲社会性连结，建立清晰、稳定的边界，教授生活技能，提供关怀与支持，建立和表达高期望，提供机会促进参与。

图 3① 抗逆力轮

① 田国秀．抗逆力研究及对我国学校心理健康教育的启示．课程教材教法，2007，3.

第一，增加亲社会连结。具有良性人际关系的青少年不易陷入危机中，因其与他人的良好关系相当于在他周围建立的一道保护膜。保护膜的作用有两方面，一方面是青少年在良好的社会关系中，会有足够的安全感、归属感等，应对挑战、承受压力的能力会更强。另一方面是在他人的影响与帮助下，青少年会更加积极向上的学习和生活。

第二，建立清晰、稳定的边界。由于年龄和阅历关系，青少年头脑中对是非、应该做和不该做、正义和邪恶等的界限并不清晰，所以更容易采取问题行为来解决问题。帮助青少年建立清晰、稳定的边界，有利于将他们向正确的行为引导。

第三，教授生活技能。沟通、合作、决策、学习等是学生需要掌握的生活技能。这里的学习技能并不单指在学校里学习文化知识的技能，而是包括学习各种知识、能力、思想、行为等的技能。具备丰富并高质量的生活技能，是青少年抵抗压力和危机的重要武器。

第四，提供关怀与支持。他人的关怀与支持是青少年的强大后盾。在压力、危机的状况下，这在很大程度上是青少年战胜困难的力量源泉。

第五，建立高表达和高期望。对青少年有信心、有期待，并通过表达让他们了解这种信心和期待，是支持青少年努力进取的重要动力。并不是每个青少年都能一直表现良好，做到高表达和高期待的关键是对那些处于“问题阶段”的青少年也能一视同仁。

第六，提供机会促进参与。青少年的很多能力都是在参与中学习到的，很多需要也是在参与中可以得到满足的。给青少年提供各种参与的机会，比把他们框住要明智得多。

根据研究中发现的京郊青少年社会生态系统的不足之处，同时参考上述生态系统建设的六个步骤，我们主张从学校、家庭、社区、朋辈四个领域齐抓共管，协调发展，综合建设。

1. 学校因素

第一，测评学生创造性、道德等的状况，将结果纳入学生评奖、升学的测评体系

学校要改变用学习成绩评价学生的单一评价机制，促进评价机制的多元化发展。学习成绩并不应该是评价青少年的唯一标准，对青少年的评价标准应该是多元的，除了学习成绩，还应该有对创造性的评价、对道德的评价等等。评价机制改变了，培养的方向也就跟着改变了。从本质上讲，学校是育人场所，育人并不是指培育会考试的人，而是要培育出全面发展的人。为此，学校应该建立测评学生创造性、道德等重要能力和品质的机制。

· 与测评机构合作，设计测评问卷。“首都师范大学学生思想道德发展测评与研究中心”等机构是专门为中小学校设计评价问卷并实施测评的机构，与这类机构合作，设计科学的测评学生创造性、道德状况等的问卷。

· 学生、老师共同参与测评。根据问卷对每一个同学进行评价，同学、老师共同参与，可以增加测评的公平性。

· 回收数据。测评机构施测后将数据进行统计，并核算成分数，学校将分数计入学生的测评档案。

· 测评结果利用。在各种评奖(如优秀团员、优秀班干部)中，将测评结果列入评奖标准中。甚至可以将结果作为学生升学的重要依据，如升学考试成绩占70%，测评结果占30%，二者相加决定学生的最终成绩。

第二，开设学生管理项目

学生管理项目是由学生提案的项目，学校根据学生的提案，给予

其一定力度的扶持，从而让学生走出课堂，提高他们的积极性，以及策划、执行等能力。学生在学校，不仅是为了学习文化知识，还为了学习各种生活技能。学校应该为学生提供条件，让学生有机会在校园里认识并彰显自己的才能。此外，构思并申请项目的过程，也是要学生与同学、老师进行交流沟通的过程。实际上项目申请并不是唯一目的，增强学生之间、学生与老师之间的交流沟通也是目的之一。

·重视学生管理项目。开设学生管理项目，最根本的是要学校将其重视起来，在校园生活中强化此类项目的重要性，将项目成果列为考察学生校园生活的重要指标。

·设立校园专项经费，为学生管理项目提供经济基础。

·成立项目评审小组，制定项目评审标准。评审小组由教师代表和学生代表共同组成，对学生的项目提案进行评审，并确定最终的校园扶持项目。项目评审标准，是小组对学生的项目提案进行评审的依据，标准需体现出对学生自主创新的鼓励和支持。

·评审学生项目提案。根据标准对学生提交的项目进行评审，选出有价值的项目确定扶持力度，包括经济上和政策上的力度，并要求学生按时提交项目成果。

·学生管理项目成果的利用。项目得出成果并不是最终目的，将有益的成果运用现实生活中才是根本。若项目成果有价值，应加大对学生的奖励。

2. 家庭因素

在家庭中，要加强与青少年的沟通和交流。家庭给了青少年足够的支持和爱，但是家长与青少年之间缺乏沟通，有时候导致青少年对家长产生误解，看不到支持和爱。望子成龙是人之常情，但是家长最本质的愿望通常是让孩子健康幸福的生活。沟通可以帮助青少年感受家庭的期待，体会家庭的爱。

家庭是特殊的社会组织。与其他三种因素不同的是，家庭并不是一个行政机构，在家庭中权利和义务都是隐性的，将家庭凝聚在一起的最大力量就是感情。感情是看不见、摸不着，是无法限制、无法规范的，所以在家庭环境下，只能通过对家长和青少年的双重教育，尤其要教育家长转变原始观念，让其了解交流沟通的重要性。而对青少年和家长的教育工作，是学校和社区应该承担的，也是社会上每一个人应该承担的(如邻里间的劝说，同事间的说服等)。

3. 社区因素

第一，选举青少年代表，为其提供参与社区管理的机会

青少年是社区的重要成员群体，他们活跃的思维、开阔的眼界、丰富的知识是社区管理所需要的。青少年不仅是社区的成员，也是社区的主人，应该参与社区事务的管理，但是由于他们年龄轻，不够成熟，往往被排除在社区管理层之外。实际上，让青少年为社区管理献计献策，参与社区管理，既有利于培养青少年的主人翁意识，也有利于社区的发展。

· 在社区内选举优秀青少年代表，加入社区委员会。

· 青少年代表参与社区内的大小事务的提议和决策。

第二，组织社区集体活动

社区活动能够强化社区概念，增强社区成员的团结感，社区因素之所以并没有发挥出应有的作用，首先体现在青少年的观念里社区概念并不清晰。社区活动是一个将社区成员凝聚在一起的过程，通过活动社区成员可以彼此熟悉、了解，也会让青少年感受到自己是社区大集体的一员。参与活动的过程，也是青少年了解社区及社区成员的过程。活动不仅是加强青少年在社区内的亲社会性的机会，也是提高他

们各种生活能力的机会。社区的概念清晰了，青少年才愿意接受来自社区的关怀和支持。在问卷中有一道题目为：你参与过什么社区项目或活动？几乎所有施测者都表示，被试在回答这道问题时很困难，这说明社区在这方面做的是十分不够的。

·定期策划社区活动。例如，第一季度组织滑冰，第二季度组织踏青，第三季度组织秋季运动会，第四季度组织跨年联欢会。

·在社区内进行活动宣传，并组织报名。

·做好活动准备工作。如协调场地、运动员训练、联欢会节目准备等。

·开展活动，并做好活动记录工作，如拍照、摄影等。

·将活动资料以板报、纪录片等形式公布。

·进行活动总结，收集社区居民建议，为下次活动更好地开展做准备。

4. 朋辈因素

第一，通过家庭、学校、社区教育规范青少年的认知

朋辈因素是最容易对青少年产生影响的系统，是由众多青少年组成的系统。青少年具有不稳定的特性，他们的人生观、价值观都在形成当中，只有通过正确的引导，才能使青少年具有清晰的边界概念。要想让朋辈因素中的互动是良性的，就必须规范他们的认知，让他们明晰对与错等的边界。

·学校开设道德教育课程，将道德教育纳入日常教学体系。

·家长在生活中注意自己的言行，做青少年的好榜样。

·社区开展健康的活动，如组织运动会；用板报、影像等方式对正确的价值观进行宣传，如播放立志电影。形成良好的社区风气，从而使青少年受到积极的影响。

第二，设立专门帮助青少年的社工岗位

青少年的特性决定其思想和行为不可避免地存在偏差，只是程度不同而已。并不是所有的偏差都是问题，也并不是所有的问题都是无法挽回的。社工的存在可使青少年得到更多的专门的关注，让他们在出现偏差甚至问题的时候，能够及时“回头”，通过与社工的交往，也能为他们灌输积极生活的信念。

· 在学校和社区设立社工岗位，选拔优秀的社工人才。

· 向青少年和家长进行宣传，使其理解社工的性质及重要性、合理性。

· 向社工赋权，给予其足够的帮助青少年的客观资源。

(二)完善生态环境中中系统、外系统、宏系统的建议

针对中系统、外系统、宏系统所提出的建议，实际上也就是对微系统四因素提出的建议，因为其他三个系统的作用都是通过微系统实现的。

中系统：要求家庭、学校、社区和朋辈之间加强联系，做好工作分配，各自扮演好自己的角色，做到相互协调。只有这样，才能达到一加一大于二的效果。比如，家庭除了重视青少年学习外，也适当的重视他们发展的多种可能性；学校除了强调学习，也重视青少年的能力培养；社区配合家庭和学校，为青少年提供提高能力的场所；朋辈除了自我教育外，也和其他人群相互教育和引导。

外系统：言传不如身教，这就要求人们在教育青少年之前，先要做好自我教育。把自己教育好了，自己的言行得当了、态度端正了、工作勤奋了，才有可能对青少年产生积极的影响。如果教育者自己身上就存在不少问题，那么要想让青少年在这样的环境下健康成长，是困难很大的。

宏系统：实际上，不仅是青少年，几乎每个人都受着当今社会功利化、效益化的消极影响。过分功利和过分强调效益体现在教育上，必然带来对青少年的消极影响。人们必须认识到，青少年是存在多种可能性的，不是只有学习好才是一个优秀的青少年。尽管以学习为评判标准是普遍的，但是应该尊重青少年的多样性。教育就像一个模子，想把每一个为学者都框在自己的体制下，却忽略了青少年的个性。

六、促进青少年健康成长的具体策略

（一）理念层面

1. 相信人具有自我学习和负责的能力

“个人具有合作、学习与接受挑战的能力，并能负责其生活，达成自我实现与社会能力提升。”①每个人在成长过程中都会遇到困扰，只要给予必要的外部环境条件，他们就能利用自己的潜能克服面临的困扰，不断成长。挑战的出现是一件非常正常的事情，每个生活在现实世界中的人都有可能面对，困难不是你一个人所独有的，你正在经历的痛苦、困惑等也是别人曾经遇到过的或以后会碰到的。你的一些能力、资源并没有因此而消失，只是被一时的负面生活事件遮蔽住了。相信青少年具有自我学习和负责的能力，相信青少年有能力与周边环境形成积极互动，并能从自己的生态系统中获取资源，这是青少年工作的基础理念。

---

① 林万亿．当代社会工作理论与方法．台北：五南图书出版公司，2006：245.

2. 全面评估青少年面对的挑战与影响

重视青少年的整个生活和例外事件对他们的影响，尝试从多侧面、多角度、多层次、以多样化的方式来理解和解释他们的困惑，努力把握个人日常的、具体的生活经历和成功经验，并鼓励他们以故事的方式将其呈现出来，告诉自己或别人目前生活中发生的事情和感受。故事的呈现过程就是生活的建构过程，不存在所谓的预先存在的意义。还需清醒地意识到：在青少年表达自己生活经验的时候，他们除了会受到有关过去和现在事件的影响外，还会受到对将来事件预计的左右。因此，评估不能只停留在过去的维度上去思考，更要用发散性的思维引导青少年去想象，关注其提出的要求和对未来的希望，利用他们的发展机会推动个体本身发生改变。其中，语言起着非常重要的作用。在社会建构主义看来，沟通过程就是语言的实践过程，从语言本身入手，通过与青少年的对话让他/她不断地筛选和组织自己的生命历程，重新建构自己的问题和影响，并在建构过程中消解自己的困扰，重塑自己的生活，使生活成为自己的故事。

3. 关注个体能力与资源，充分赋权使其激活

时刻关注个体的能力与资源，始终从优势的方面着手。我们需要关注的是青少年展现动力的一面，是他们回应环境的积极方式，是生命存活的标志，是对找到能够适应周围一切的永不放弃的探求。另外，环境中的各种资源不会主动地来为青少年提供帮助，不仅要找到环境中潜藏的资源，还要将其激活，使其显性化地呈现出来，“使他们的资源成为可能，并产生有资源感。”①这样才能协助他们做出行动

① 林万亿．当代社会工作理论与方法．台北：五南图书出版公司，2006：244.

上质的改变。为此，要对青少年充分赋权，为他们提供宽松、和谐的成长环境，给他们留有选择的余地和展现的平台。只有这样，青少年才能运用优势消除困扰，对自己、对别人更加开放，从而更好地把握自己，发展人生。

4. 注重双向互动，建立合作伙伴关系

社会与青少年之间建立起来的是双向的互动过程及参与式伙伴关系。发展的过程是社会与青少年通过对话交流帮助后者发现自己的潜能和资源，并与其一起创造新的感受和理解，确定未来发展方向的过程。这表明成长过程是双向的，影响过程是相互的，不是一边压倒另一边。不仅存在社会影响青少年的过程，也存在着青少年对社会的影响。青少年不是社会的累赘，而是社会发展的积极力量。任何富有前瞻性、富有建设性取向的社会，都会重视与青少年群体形成合作伙伴关系，积极为青少年寻求机遇，创造机会，提供条件，既为青少年经营健康的、丰富的、进取的社会生态环境，也使青少年成为环境的有机组成部分，犹如海洋与岛屿的关系，你中有我，我中有你。

(二)实施策略

1. 资源的寻求与整合

我们研究的被试大多来自北京经济发展程度相对较低的远郊区县，如平谷、顺义、密云、怀柔、延庆等地方。他们的家庭经济状况都比较差，家庭收入水平低，父母的职业大都是农民、下岗职工等，社会地位相对比较低，家庭社会网络也比较狭窄。由于其所处的社会地位及其相关的社会网络使其获取的资源比较匮乏。对于资源获取的研究，社会资本研究领域，有一个非常重要的命题——社会地位命题：行动者的社会地位越高，其获得的社会资本就越丰富。行动者的社会地位是决定其拥有社会资本多寡的一个至关重要的因素。在一个类似于金字塔结构的社会分层体系中，地位越高，人数越少，但是每个人拥有的权力、地位或声望却越高。社会地位越高，发展社会关系就越容易，摄取各种稀缺资源的能力也就越强。

资源被定义为在需要和渴望时，能够提供帮助和支持的人、家庭、组织和公共机构。为提高和改善京郊农村青少年资源匮乏的不利境地，需要政府、社会、地方职能部门加大改革力度，制定出台切实有效的政策法规，提高农民收入，减轻农民负担，为农村青少年就学、考试提供必要的政策补偿。另外，通过政策导向，动员和整合社会资源，如青年志愿者、有责任感的企业、专业人士通过捐资助学、专业服务、志愿支持等形式帮助农村青少年开辟社区活动场所、成长助学基金、结对子援助服务、文化娱乐中心、家长发展学校等。以多种多样的形式，改善和优化农村青少年的成长环境和发展机会。

2. 促进家校联合

为了保证青少年环境影响的一致性，形成积极互动。学校和家长要建立高效、畅通的家校沟通渠道，如定期召开家长会、开办家长发展学校、校园开放日、家校合作网络、网上沟通平台等，以及其他适当形式，密切学校与家庭的关系，帮助农村青少年建构学校与家庭良性沟通、资源互补的成长环境。

3. 学校与社区合作

社区是学校的所在地，也就是学校的背景，它一方面为学生提供校外的生活环境，一方面也为学校提供资源基础。学校与社区的关系可以说是十分密切的。因此，在解决青少年成长问题时，不可避免地要与所在社区进行合作，争取社区支持。主要通过以下途径：

第一，参与社区发展。“面对青少年成长问题时，不能忽视社区的影响因素，而在拟定学校社区工作计划时，也不能不设法争取社区认识与社区机构的了解与支持，最直接有效的途径，就是参与社区发展工作。”①在参与社区发展的过程中，学校可以协助社区管理机构召开会议、拟定计划、运用资源，并推展各项社区活动。为了使青少年良好适应城市与健康发展，同时促进社区的良性发展，学校可以协助社区开展丰富多彩的活动，如知识讲座、娱乐开放、送教上门等。将学校打造成为社区的积极力量，学校与社区互通互助，优势互补。

第二，运用社区资源。为青少年寻求并整合社区资源是社会生态理论的基本思路，社区资源一般区分为人力资源、物力资源、财力资源与组织资源等。在帮助青少年的过程中，可以向社区招募志愿者，为青少年讲解城市历史文化和风俗习惯等，此为人力资源的运用；可以透过社区宣传报或有关刊物宣传公民道德礼仪，此为物力资源的运用；可以鼓励社区大众捐助集资，作为青少年开展各种交流和出游活动的经费，此为财力资源的运用；可以发动社区居委会举办相关的团体活动，此为组织资源的运用。

参考文献：

1. 薛烨，朱家雄．生态学视野下的学前教育．华东师范大学出版社，2007，8。
2. 杰克·瑞启曼，马克·弗瑞瑟．青少年暴力理论：抗逆力、危险和保护．穆光宗等译．北京：中国人口出版社，2007：134。
3. 穆杨．恢复力．台海出版社，2005。
4. 单菁菁．社区情感与社区建设．社会科学文献出版社，2005，11。
5. 原晋霞．幼儿园班级课程个案的人类发展生态学研究．南京师范大学学

① 林胜义．学校社会工作．台北：巨流图书公司，1988.

前教育专业硕士学位论文。

6. 杨莉萍．社会建构论心理学．上海：上海教育出版社，2006。

7. 郑信军．聚焦处境不利学生：社会性发展研究的对象关注．杭州：浙江大学出版社，2007。

8. 张广利．社会资本理论几个命题的解析．华东理工大学学报，2007，3。

9. 潘敏．信任问题——以社会资本理论为视角的探讨．浙江社会科学，2007，3。

10. 李燕萍．青少年研究的新趋势——恢复力研究述评．青年研究，2005，5：1～8。

11. 曾守锤，李其维．儿童心理弹性发展的研究综述．心理科学，2003，6：17～24。

12. 张友琴．社会支持与社会支持网——弱势群体社会支持的工作模式初探．厦门大学学报，2002，3。

13. 赵志一，窦路明．父母教养方式对中学生人际关系的影响．中国学校卫生，2005，5。

14. 周林刚，冯建华．社会支持理论——一个文献的回顾．广西师范学院学报，2005，7。

15. 周湘斌，常英．社会支持网络理论在社会工作实践中的应用性探讨．中国农业大学学报，2005，2。

16. 周沛．社区工作中的社会支持网络构建及其意义．社会科学研究，2003，6. 17、Gail Moloney，Lain Walker（c2007）. *Social Representations and Identity*. New York：Palgrave Macmillan.

17. Ruth Panelli，Samantha Punch，Elsbeth Robson（c2007）. *Global Perspectives on Rural Childhood and Youth*. New York：Routledge.

18. Thrift，N. J（2008）. *Non－representational theory：space，politics，affect*. London：Routledge.

19. Elaine Norman (2000). *Resilience Enhancement: Putting the Strengths Perspective into Social Work Practice*. New York: Columbia University Press. 72.

20. Michael Ungar (2005). *Handbook for Working with Children and Youth: Pathway to Resilience Across Cultures and Contexts instruction*. SAGE Publications.

21. Nan Hende. rson, Mike M. Milstein (2003). *Resiliency in Schools: Making It Happen for Students and Educators*. New York: Corwin Press, INC. 7.

22. Michael Ungar (2000). Constructing Narratives of Resilience with High-risk Youth. *Journal of Systemic Therapies*, 2: 58—73.

23. Noddings N (1988). School face "crisis in caring". *Education Week* 32.

24. Mihaly Csikszentmihaly (1991). Flow: The Psychology of Optimal Experience. *Perennial*.

25. Garmezy N (1993). Children in poverty: Resilience despite risk. *Psychiatry*. 56.

附录

参与者编号：	由工作人员填写 研究地点编号： 指定(referral)机构： 部门编号： 施测日期：

青少年社会生态系统状况测量

感谢你参与到《青少年的社会生态系统》研究项目当中，请根据自己的实际情况回答下列问题，答案没有对错之分。

第一部分

1. 你现在几岁了？

2. 男性［1］　　女性［2］

3. 人们通常会认为自己归属于一个族群，你觉得自己属于下面的哪一种？（选出一项最符合自己情况的）

[1]土著人（比如，莽人）

[2]南亚人（比如，东印人，巴基斯坦人，斯里兰卡人）

[3]东南亚人（比如，柬埔寨人，印度尼西亚人，老挝人，越南人）

[4]中东人（比如，亚美尼亚人，埃及人，伊朗人，黎巴嫩人）

[5]亚洲人（比如，中国人，韩国人，日本人）

[6]黑人（比如，非洲人，加勒比海人）

[7]白人

[8]菲律宾人

[9]拉丁美洲人（比如，墨西哥人，南美洲人，中美洲人）

[10]其他（请具体写明）：________________

[11]混合种族（请列出所有适合的群体）________________

4. 你的民族是________________

5a. 你现在是否在上学或者在学习函授课程？（包括网络学习、自考、成考等）

[1]是的

[0]没有

5b. 你已经完成的最高年级是什么？

____

6. 你现在和谁一起居住？

[1]已婚的父母或监护人

[2] 未婚同居的父母或监护人

[3] 单个或单身的父母或监护人

[4] 类家庭

[5] 短期寄养家庭

[6] 我住在有人监管的房子里(有独立居住空间)但是自己对自己负责

[7] 我独自居住

[8] 我和朋友一起住

[9] 其他(请描述一下具体情况)____________________

[10] 寄宿学校

7. 如果在问题6里你说你和一个以上的父母一起居住，他或者他们是你的亲生父母吗？

[1]是的

[0]不是

8. 你有几个兄弟姐妹？(包括继父母的孩子、同父异母或同母异父的兄弟姐妹)____________________

9. 你在家讲什么语言？中文(方言)____________________

10. 你现在是否在与某人恋爱，或正在追求某人/被某人追求？

[1]是的

[0]没有

11. 你是否已经做了父母?

[1]是的(继续回答问题 12)

[0]没有(继续回答问题 13)

12. 你现在是否关心你的孩子?

[1]是的，关心

[0]没有，不关心

13. 你家有几个卧室? ______________________

14. 通常有多少人在你家住?

成年人的数量(大于等于 18 岁) ______________________

儿童的数量 ______________________

第二部分

下列陈述在多大程度上描绘了你?

	完全不符合				完全符合
1. 我可以与身边的人合作	1	2	3	4	5
2. 我会完成我已经开始做的事	1	2	3	4	5
3. 人们认为与我相处很有趣	1	2	3	4	5
4. 我能在不伤害自己或他人的情况下解决问题(比如使用药物或暴力或两者皆有)	1	2	3	4	5
5. 我清楚自己的优势	1	2	3	4	5
6. 精神信念是我生活力量的源泉	1	2	3	4	5
7. 我觉得为我所在的社区服务很重要	1	2	3	4	5
8. 我感到有朋友支持我	1	2	3	4	5
9. 在我有困难时朋友会帮助我	1	2	3	4	5

下面的陈述在多大程度上描述了你？

	不符合	一部分符合	很符合
10. 我对人友善，关心他人的感受	0	1	2
11. 我经常和其他人分享如CD、游戏、食物等这样的东西	0	1	2
12. 如果有人受伤、沮丧或者感觉不舒服，我会去帮助他	0	1	2
13. 我对比我小的人很亲切	0	1	2
14. 我经常帮助其他人(父母、老师、同伴等)	0	1	2
15. 我有一个或一个以上的好朋友	0	1	2
16. 和我一样大的人大体上都喜欢我	0	1	2

你的好朋友有多少人有下列行为？

	没有	一些	很多	全部
17. 吸烟	0	1	2	3
18. 喝酒	0	1	2	3
19. 吸毒	0	1	2	3
20. 有性行为	0	1	2	3
21. 触犯法律(除了使用非法药品之外)	0	1	2	3

下面的陈述在多大程度上描述了你？这里的照管人指的是最常照顾你的人(比如亲生父母、养父母、或者家族里的其他人)。

	完全不符合我的情况				很符合我的情况	不可应用
22. 我的照管人对我关注很多	1	2	3	4	5	99
23. 我的照管人很了解我	1	2	3	4	5	99

续表

	完全不符合我的情况			很符合我的情况	不可应用
24. 如果我饿了，有足够的东西吃	1	2	3	4	5	99
25. 我和我的照管人谈论我的感受	1	2	3	4	5	99
26. 在我有困难时我的照管人会帮助我	1	2	3	4	5	99
27. 我和我的照管人待在一起时感觉很安全	1	2	3	4	5	99
28. 我喜欢照管人的文化和家庭传统	1	2	3	4	5	99

下列陈述在多大程度上描述了你的处境？

	不符合	有些符合	完全符合
29. 与其和同龄人待在一起，我更愿意独处	0	1	2
30. 同龄人总是会作弄我或者欺负我	0	1	2
31. 我与成年人相处比与同龄人相处更好	0	1	2

一周里，做下列事情的时候，你的父母/监护人/照管人有几天在家？如果你没和他们住在一起(例如住宿)，请跳到35题继续回答。

	一天都没有	一天	二天	三天	四天	五天或以上
32. 你早上起床的时候？	0	1	2	3	4	5
33. 你从学校或者工作地点回到家的时候？	0	1	2	3	4	5
34. 晚上上床睡觉的时候？	0	1	2	3	4	5

35. 想一个在生活中你大部分时间都与之在一起，最接近妈妈和爸爸这两个角色的人，他们是你的什么人？请在每一栏用“√”标记。

	A. 扮演妈妈角色的人是我的…	B. 扮演爸爸角色的人是我的...
亲生母亲/亲生父亲	1	1
领养父母	2	2
继父母、女朋友/男朋友或伴侣的合法监护人	3	3
寄养父母	4	4
祖父母，阿姨（姑姑）/叔叔（舅舅），或者其他亲戚	5	5
其他人（请具体写明）______	6	6
没有合适的人	99	99

36. 想想你在上一题填写的扮演妈妈和爸爸角色的人，你从他们那里得到了多少爱？

	A. 妈妈的角色	B. 爸爸的角色
很多	3	3
一些	2	2
很少	1	1
一点也没有	0	0
没有合适的选项	99	99

37. 总体上说，你如何描述你和扮演妈妈和爸爸角色的人之间的关系，请在每一栏用“√”标记。

	A. 妈妈的角色	B. 爸爸的角色
很亲密	3	3
有些亲密	2	2
不是很亲密	1	1
没有合适的选项	99	99

下列陈述中在多大程度上符合你在学校上课的情况？如果你已经不上学了，请按照你还在学校时的情况回答。

	完全不符合				非常符合
38. 获得教育对我很重要	1	2	3	4	5
39. 我在学校有归属感	1	2	3	4	5
40. 我们学校的老师看到有学生在相互伤害时会做一些事情阻止他们	1	2	3	4	5

41. 你希望自己能学到哪个年级？(单选)

[0] 我不知道

[1]初三

[2]高中(含职高、中专)

[3]大专（可以这样代替）

[4] 本科学位

[5] 本科以上学位(不含本科)

[6] 其他________________

42. 在上一个学年里，你逃课一整天的情况有多少次？

[0]从来没有

[1]一次

[2] 一年中有几次

[3] 一个月一次

[4] 一个月几次

[5] 一个星期一次

[6] 一个星期几次

[7]每天

43. 在上一个学年里，你被处分过多少次？

[0]从来没有

[1]一次

[2]一次，因为缺课

[3] 一年中有几次

[4] 一个月一次

[5] 一个月几次

[6] 一个星期一次

44. 你曾经被学校开除过吗？

[1]有过

[0]没有

45. 你在学习上是不是跟不上同班同学？

[1]是

[0]不是

下列陈述在多大程度上描绘了你？

	完全不符合				非常符合
46. 我有尊敬的人	1	2	3	4	5
47. 我知道怎样在不同的社会环境里行事	1	2	3	4	5
48. 我有机会向其他人展示我正在成为一个成年人，并可以为自己的行为负责	1	2	3	4	5
49. 我知道在社区里去哪里可以得到帮助	1	2	3	4	5
50. 我有机会培养在今后的生活中有用的技能(像工作技巧和照顾他人的能力)	1	2	3	4	5
51. 我为自己的民族(指五十六个民族)背景骄傲	1	2	3	4	5

续表

	完全不符合				非常符合
52. 我在社区中被公平对待	1	2	3	4	5
53. 我参与有组织的宗教活动	1	2	3	4	5
54. 我享受我所在社区的传统	1	2	3	4	5
55. 我很骄傲自己是中国的公民	1	2	3	4	5

第三部分

想想你和你的家庭曾经从__________(把你引荐给我们的这家机构)接受过的服务，请标明你对下面这些描述的认可程度。

	非常不同意	不同意	不确定	同意	非常同意
1. 总体来说，我对我接受过的服务满意	1	2	3	4	5
2. 我曾自主选择我的服务	1	2	3	4	5
3. 正在帮助我的人一直陪伴着我	1	2	3	4	5
4. 当我遇到困难时我有人可以诉说	1	2	3	4	5
5. 对于我接受的如何我有发言权，并且能对我想要的东西提出要求	1	2	3	4	5
6. 我接受过一些适合我的服务	1	2	3	4	5
7. 当我需要的时候我能得到服务	1	2	3	4	5
8. 服务机构的位置很方便	1	2	3	4	5
9. 提供服务的工作人员很尊重我的生活哲学、人生观	1	2	3	4	5
10. 工作人员说话的方式我能明白	1	2	3	4	5
11. 工作人员对我的文化和民族背景尊重、接纳	1	2	3	4	5

续表

	非常不同意	不同意	不确定	同意	非常同意
12. 在接受了服务之后，当遇到问题时我现在能更好地解决处理了	1	2	3	4	5
13. 这正是我需要的服务	1	2	3	4	5
14. 这里有我需要的服务，但我没得到	1	2	3	4	5

15. 这项服务在哪些方面对你最有帮助？

____

____

____

16. 这项服务在哪些方面对你的帮助最少？

____

____

____

17. 总体来说，你怎样评价这项服务？

[3]很有帮助

[2]有些帮助

[1]一点帮助都没有

请回顾迄今为止你所参加的所有服务。你多久接受一次服务？以下是否缺少你所接受的服务类型？请写下来并且注明你多久接受一次。

	你经常使用下列服务吗	从不	只有一次	一两次	三次或更多	没有此项服务
医疗保健服务	18. 校医院/学校医务室	0	1	2	3	99
	19. 社区卫生服务站/私人诊所	0	1	2	3	99
	20. 疾病预防控制/接种疫苗	0	1	2	3	99
	21. 专科医院(如口腔医院、骨科医院、眼科医院等)	0	1	2	3	99
	22. 牙科保健(牙齿清洁及保健)	0	1	2	3	99
	23. 药店	0	1	2	3	99
	24. 医院或诊所的急诊服务	0	1	2	3	99
	25. 住院治疗	0	1	2	3	99
学校	26. 班主任(或辅导员)	0	1	2	3	99
	27. 德育老师/政教处老师	0	1	2	3	99
	28. 一对一结对帮助	0	1	2	3	99
	29. 教师课后辅导/家访	0	1	2	3	99
	30. 主题教育	0	1	2	3	99
	31. 选修课	0	1	2	3	99
	32. 特殊教育与辅导	0	1	2	3	99
	33. 与校外机构的合作项目	0	1	2	3	99
子女与家庭服务	34. 社会工作者	0	1	2	3	99
	35. 儿童福利院	0	1	2	3	99
	36. 类家庭	0	1	2	3	99
	37. 社会福利与保障	0	1	2	3	99
	38. 家政服务(如生活照顾、学业辅导等)	0	1	2	3	99
	39. 民事调解	0	1	2	3	99
	40. 居家治疗	0	1	2	3	99
	41. 救助站	0	1	2	3	99
	42. 兴趣班/夏令营	0	1	2	3	99

续表

	你经常使用下列服务吗	从不	只有一次	一两次	三次或更多	没有此项服务
心理健康服务	43. 心理辅导师、心理咨询师，心理治疗师	0	1	2	3	99
	44. 治疗小组/成长支持小组	0	1	2	3	99
	45. 针对药物滥用、成瘾治疗的服务	0	1	2	3	99
	46. 心理健康教育	0	1	2	3	99
	47. 针对心理不适的药物治疗	0	1	2	3	99
	48. 针对心理不适的住院治疗	0	1	2	3	99
	49. 心理危机干预	0	1	2	3	99
	50. 心理服务热线(含网络服务)	0	1	2	3	99
矫正	51. 在法庭上作为被告	0	1	2	3	99
	52. 受到过警察审问	0	1	2	3	99
	53. 被判入狱	0	1	2	3	99
	54. 被判缓刑	0	1	2	3	99
	55. 被判社区服务	0	1	2	3	99
	56. 接受过帮教	0	1	2	3	99
	57. 与矫正相关的团体辅导或活动	0	1	2	3	99
精神文化服务	58. 东西方民间方术	0	1	2	3	99
	59. 宗教活动	0	1	2	3	99
	60. 精神文明建设	0	1	2	3	99
	61. 弘扬传统文化	0	1	2	3	99

你还接触过其他的服务吗？请把它们写在下面，然后勾出你使用它们的频率。

	从没有	一生只有一次	一到两次	三次或以上
62.	0	1	2	3
63.	0	1	2	3
64.	0	1	2	3

65. 想想在你成长过程中与你密切相关的另一项服务，它是什么？

____

这项服务

[3]很有帮助

[2]有些帮助

[1]一点帮助也没有

想想这另一种服务，请标明你对如下描述的认可程度。

	非常不同意	不同意	不确定	同意	非常同意
66. 总体来说，我对我接受过的服务满意	1	2	3	4	5
67. 我曾自主选择我的服务	1	2	3	4	5
68. 正在帮助我的人一直陪伴着我	1	2	3	4	5
69. 当我遇到困难时我有人可以诉说	1	2	3	4	5
70. 对于我接受的如何我有发言权，并且能对我想要的东西提出要求	1	2	3	4	5
71. 我接受过一些适合我的服务	1	2	3	4	5
72. 当我需要的时候我能得到服务	1	2	3	4	5
73. 服务机构的位置很方便，很容易到那里	1	2	3	4	5

续表

	非常不同意	不同意	不确定	同意	非常同意
74. 提供服务的工作人员很尊重我的生活哲学、人生观	1	2	3	4	5
75. 工作人员说话的方式我能明白	1	2	3	4	5
76. 工作人员对我的文化和民族背景尊重、接纳	1	2	3	4	5
77. 在接受了服务之后，当遇到问题时我现在能更好地解决处理了	1	2	3	4	5
78. 这正是我需要的服务	1	2	3	4	5
79. 这里有我需要的服务，但我没得到	1	2	3	4	5

80. 这项服务在哪些方面对你最有帮助？

____

____

____

81. 这项服务在哪些方面对你的帮助最少？

____

____

____

第四部分

下面的句子在多大程度上描述了你的社区？每个问题只能选一项。

	一点也不			非常相符	不知道
1. 我所在的社区里，人们是可以信任的	1	2	3	4	98
2. 我所在的社区里大家相处得很好	1	2	3	4	98

续表

	一点也不			非常相符	不知道
3. 我所在的社区里有乱丢的垃圾，碎玻璃杯等	1	2	3	4	98

4. 如果在你的社区里有一群逃学的青年，你的邻居有多大可能会主动对此采取一些行动？

[3]非常可能

[2]有可能

[1]不可能

[0]非常不可能

[98]不确定

5. 如果一个儿童或者青少年被他或她的家人虐待，你的邻居有多少可能报告这件事？

[3]非常可能

[2]有可能

[1]不可能

[0]非常不可能

[98]不确定

6. 你觉得你的社区有多安全？

[2]非常安全

[1]比较安全

[0]一点也不安全

7. 你怎么描述你的学校（或者你最后就读的学校）？请选择一个回答

我的学校是个不好的地方			我的学校是个好地方	
1	2	3	4	5

第五部分

过去的这一周，你经常有这些感觉吗？

	几乎没有（少于一天）	有时候（1～2 天）	经常（3～4 天）	多数时候（5～7 天）
1. 我经常哭	0	1	2	3
2. 我感觉很压抑	0	1	2	3
3. 我过得很开心	0	1	2	3
4. 即使有朋友和家人的帮助我，我还是感到悲伤	0	1	2	3
5. 我对未来充满希望	0	1	2	3
6. 我享受生活	0	1	2	3
7. 我对正在做的事不能集中注意力	0	1	2	3
8. 我不想吃东西，胃口不好	0	1	2	3
9. 我睡眠不好	0	1	2	3
10. 我觉得自己太累了以至于不能正常做事	0	1	2	3
11. 我觉得大家不喜欢我	0	1	2	3
12. 我觉得很孤独	0	1	2	3

在过去的一年里，下面的这些事你做过多少次？

	从没有过	一次	两次	三至四次	五次或以上
13. 从商店偷东西	0	1	2	3	4
14. 跟警察发生摩擦或冲突	0	1	2	3	4
15. 打人	0	1	2	3	4

续表

	从没有过	一次	两次	三至四次	五次或以上
16. 损坏个人或公共财物(例如砸玻璃、刮坏了车、在墙上乱涂等)	0	1	2	3	4
17. 携带枪支武器(例如枪、刀、棍)	0	1	2	3	4

过去一年下面的事你做过多少次?

	一次也没有	一两次	有时	经常
18. 抽烟	0	1	2	3
19. 咀嚼烟草或吸鼻烟	0	1	2	3
20. 喝啤酒、红酒、白酒或烈酒	0	1	2	3
21. 喜欢闻特殊气味(汽油、油漆、强力胶等)	0	1	2	3
22. 使用大麻、麻药	0	1	2	3
23. 服用其他毒品,例如迷幻药、安非他明、海洛因、可卡因等	0	1	2	3
24. 在没有医生处方的情况下服用或注射类固醇药物(如兴奋剂)	0	1	2	3
25. 发生性关系(包括有无保护)	0	1	2	3
26. 发生没有保护的性关系	0	1	2	3

下列陈述在多大程度上描绘了你?

	并非这样	一部分是真的	完全正确
27. 我容易生气并常常发脾气	0	1	2
28. 我很听话	0	1	2
29. 我常打架	0	1	2
30. 我常被人认为爱撒谎骗人	0	1	2

续表

	并非这样	一部分是真的	完全正确
31. 我会从家、学校或其他地方拿走一些不是我的东西	0	1	2
32. 我总是作弄或者欺负别人(包括通过短信或网络，在身体上或情感上)	0	1	2

33. 过去的一年中，你经历的哪些事情改善了你的生活？对于每一种不同的经历，它在你生命中的影响有多大？(例如，找到了工作，搬家，去某个特别的地方旅游，和某人有一段有特殊意义的关系等)

改善你生活的经历	影响				
	一点				很大
a. ________________	1	2	3	4	5
b. ________________	1	2	3	4	5
c. ________________	1	2	3	4	5

34. 在过去的几年中，你经历了哪些困难？它们对你的影响如何？(例如，在学校遇到的麻烦，被开除，做了违法的事等)

生活中的困难经历	影响				
	一点				很大
a. ________________	1	2	3	4	5
b. ________________	1	2	3	4	5
c. ________________	1	2	3	4	5

第六部分

1. 你参与过什么社区项目或活动(不包括与学校有关的)？例如，俱乐部活动、戏剧社团、音乐、运动，比如说足球、篮球或滑板等。

社区活动	你多久参加一次					
	一年几次	一月一次	一月两次	一周一次	一周几次	每天
a. ________	1	2	3	4	5	6
b. ________	1	2	3	4	5	6
c. ________	1	2	3	4	5	6

2. 你现在参与了什么由员工或学生在校组织的学校活动（体育队、学生会、剧团、乐团等等）？如果你已经离开了学校，那你在校最后一年参与的活动是什么？

校园活动	你多久参加一次					
	一年几次	一月一次	一月两次	一周一次	一周几次	每天
a. ________	1	2	3	4	5	6
b. ________	1	2	3	4	5	6
c. ________	1	2	3	4	5	6

你经常参与这些活动吗？

	从不参加	一年几次	一月一次	一月两次	一周一次	一周几次	每天
3. 参加志愿者（无薪帮助别人）	0	1	2	3	4	5	6
4. 做有工资的工作	0	1	2	3	4	5	6
5. 和朋友出去玩	0	1	2	3	4	5	6
6. 在一个群体或组织中担任领导者	0	1	2	3	4	5	6

过去一年中，以下原因经常导致你停止参与社区活动或校园活动吗？

	从来没有	很少	有时	经常	非常频繁
7. 没有足够的钱	0	1	2	3	4
8. 没有交通工具	0	1	2	3	4
9. 你的父母/监护人/照管人告诉你不能再参加了	0	1	2	3	4
10. 你在家里有太多的责任	0	1	2	3	4
11. 你正在参加一个有偿工作	0	1	2	3	4
12. 参与其中让你感觉不舒服	0	1	2	3	4

上课或工作的日子，你会花费多长时间做以下活动？在每个活动的答案上画“√”。

	从不	1小时以内	1～2小时	3～4小时	5～6小时	7小时以上
13. 写家庭作业（如果你已经离校，请不要回答）	0	1	2	3	4	5
14. 看电视	0	1	2	3	4	5
15. 玩电子游戏	0	1	2	3	4	5
16. 娱乐性上网浏览	0	1	2	3	4	5
17. 与朋友通过电子手段聊天（通过短信、聊天工具等）	0	1	2	3	4	5
18. 在家做家务/工作	0	1	2	3	4	5
19. 休闲阅读	0	1	2	3	4	5
20. 练习一种技能	0	1	2	3	4	5
21. 锻炼身体	0	1	2	3	4	5

在你成长过程中，你生活的地方和你成长中所发生的事情都会对你产生影响。通过了解青少年生活的时间最长的地方，将有助于我们

更多地去了解这些地方对青少年的影响，因此，如果你能告诉我们迄今为止你生活时间最长的地方，对我们会有很大帮助。

你居住时间最长的地方：

详细住址(完整的)：

现常住地址：

非常感谢您的配合！

主持人：田国秀(首都师范大学政法学院 教授)

参加人员：李宏鹤、邱文静、张妮、汤小清、韩玥、张方圆

后记

首都师范大学首都新农村社会与文化建设研究中心成立以来，坚持围绕京郊农村建设中的热点难点问题，立足学校自身学科优势和特色，每年确定一个研究主题，组织相关学科的研究力量开展课题研究。2008年我们组织了“首都新农村社会建设应用对策”的课题研究，研究成果已在“首都新农村社会建设论丛”（第一辑）中出版。2009年我们组织了“首都新农村生态文明建设与对策研究”的课题研究，本书就是这一课题的研究成果。

“首都新农村生态文明建设与对策研究”课题涉及政治学、伦理学、社会学、地理学、生物学、生态学等多个学科，组织动员了政法学院、资源环境与旅游学院、生命科学学院的部分师生参加研究。为保证研究工作正常进行，课题组成员多次深入京郊农村进行问卷调查、入户访谈、数据采集、跟踪分析，掌握了大量的第一手研究资料，在此基础上提出了可供操作的对策建议，确保了研究成果的质量和水平。

本项目的子课题主持人王晓燕、洪剑明、申玉铭、王淑芹、聂月岩、田国秀、郑文涛等老师为完成这项研究任务付出了辛勤的努力。北京市农村工作委员会李成贵研究员、北京市农村经济研究中心焦守田高级经济师、北京大学城市与环境学院许觉工教授、北京水利规划设计研究院高鹏杰研究员对课题研究成果提出了宝贵的意见和建议，在此一并表示衷心的感谢！

梁景和
2011.2